Con Revuela puedes acceder a un entorno de aprendizaje para ver tu libro digital, recursos, contenidos y relacionarte con tus docentes y compañeros.

Entrar en Revuela es muy fácil

Accede a la siguiente web: **smaprendizaje.com**

Si ya tienes un usuario puedes seguir utilizándolo. Si no tienes usuario tendrás que registrarte en el entorno.

Accede con tus datos e introduce el código de licencia que aparece en la página izquierda para activar tu libro.

Si tienes alguna duda, puedes contactar con nosotros a través de la sección de Ayuda desde **smaprendizaje.com**.

Revuela

Esto no es solo un libro de Matemáticas, es el camino para empezar a entender.

2

secundaria

Matemáticas

sm

Así aprendes con REVUELA

Revuela te ofrece **situaciones de aprendizaje** contextualizadas que vinculan el aprendizaje de las Matemáticas con RETOS que tienes que superar. Estos RETOS están conectados con cuestiones que ocurren a nuestro alrededor o en otras partes del planeta y que nos afectan a todos. Con Revuela:

Colaborarás con tus compañeros.
Aprendizaje cooperativo

Organizarás tus ideas y cada vez pensarás mejor.
Estrategias de pensamiento

Actuarás para cuidarte a ti y a los demás, y cuidarás del planeta.
Ética del cuidado

Adquirirás destrezas para expresarte con seguridad.
Habilidades comunicativas

Te darás cuenta de cuál es la mejor manera de aprender.
Autonomía y autoconocimiento

Las **situaciones de aprendizaje** se organizan por bloques de contenidos:

- **BLOQUE 1.** Sentido numérico
- **BLOQUE 2.** Sentido de la medida y espacial
- **BLOQUE 3.** Sentido algebraico
- **BLOQUE 4.** Sentido estocástico

Así son las **situaciones de aprendizaje** de Revuela:

Rúbrica descargable.

Empezamos
Los nuevos contenidos se presentan contextualizados en situaciones reales.

¡Vamos a aprender!
Descubrirás lo que vas a aprender en cada situación.

Nuestro reto
Aquí conocerás tu reto. ¿Lo harás solo o con tu equipo?

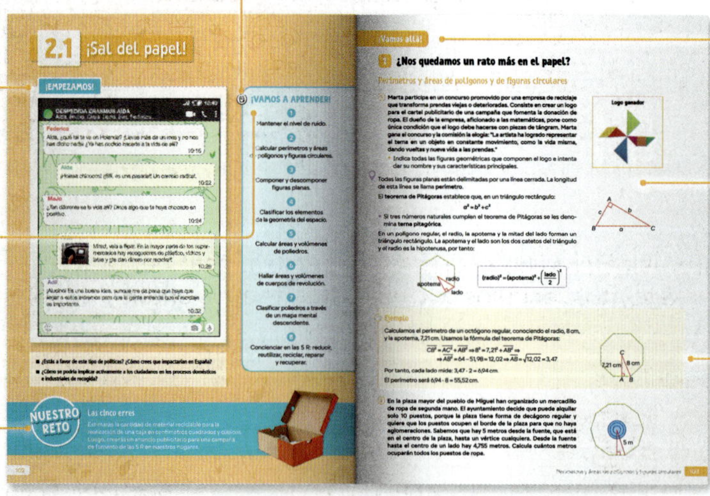

¡Vamos allá!
Aprenderás de forma práctica y competencial.

Explicaciones teóricas imprescindibles para que puedas enfrentarte a las actividades.

Ejemplos que te mostrarán de manera inmediata y directa lo expuesto en la teoría.

Encontrarás recursos digitales como vídeos, audios, plantillas e interactivos que facilitan el aprendizaje de toda la clase.

Las primeras actividades te ayudarán a descubrir qué sabes sobre el contenido que vas a trabajar.

Actividades que podrás resolver utilizando aplicaciones de GeoGebra para que practiques y comprendas mejor los conceptos.

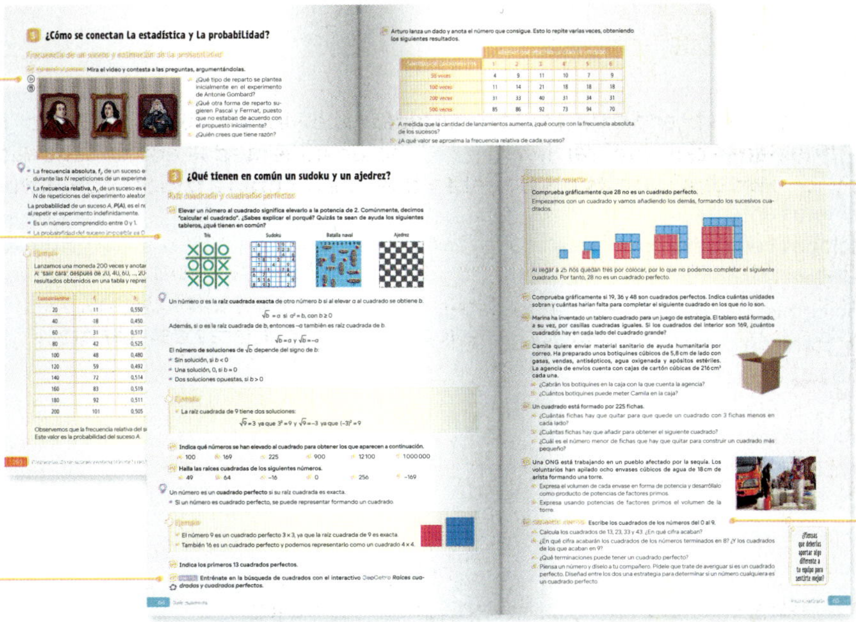

Actividades resueltas que complementan la teoría y te permitirán ver su aplicación.

Encontrarás propuestas para resolver las actividades o comprobar tus resultados con diversos programas.

Nuestro reto

Pondrás en práctica lo aprendido y entregarás una evidencia clave de tu aprendizaje que será importante para tu evaluación.

¿Cómo te ha ido el reto?

Con esta escala valorarás cómo has hecho el reto.

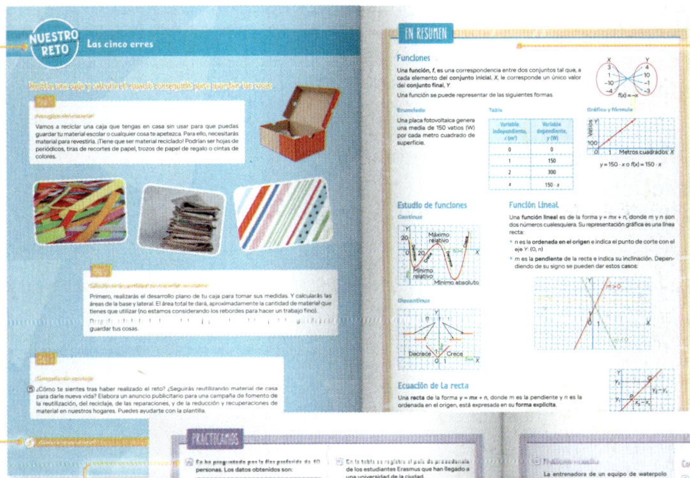

En resumen

Podrás consultar los conceptos que has aprendido.

Practicamos

Encontrarás actividades y problemas para aplicar los conocimientos adquiridos en diferentes contextos.

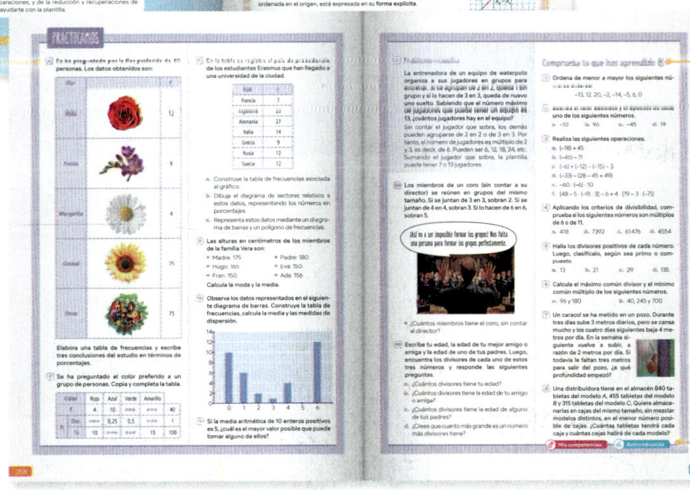

Comprueba lo que has aprendido

Estas actividades recopilan todo lo trabajado en la situación y podrás consultar las soluciones para comprobar si las has resuelto correctamente.

En tu entorno digital encontrarás una rúbrica y actividades interactivas para valorar las competencias y conocimientos que has adquirido en la situación.

En las páginas de este libro encontrarás estos iconos.
Indican distintos recursos que encontrarás en tu entorno digital.

Materiales

Vídeo · Plantilla · Ofimática · GeoGebra

Avance de tu aprendizaje

Metacognición · Autoevaluación

Índice

Bloque 1 SENTIDO NUMÉRICO

1.1. El espejo de los números

1.2. Entre dos enteros

1.3. Crecemos más rápido

1.4. La medida apropiada

1.1 El espejo de los números

¡EMPEZAMOS!

La multiplicación árabe

En al-Ándalus, entre los siglos VIII y XIV, los árabes desarrollaron un método para multiplicar muy parecido al que usamos hoy en día.

Por ejemplo, para calcular 346 · 2674, hacían lo siguiente:

1. Escribían los dos números (en negro) en una *celosía* (tabla).
2. Multiplicaban cada cifra del primer factor por cada una del segundo y colocaban el resultado (en rojo) en la casilla correspondiente. Por ejemplo, 4 · 7 = 28, escribían el 2 y el 8 en su lugar.

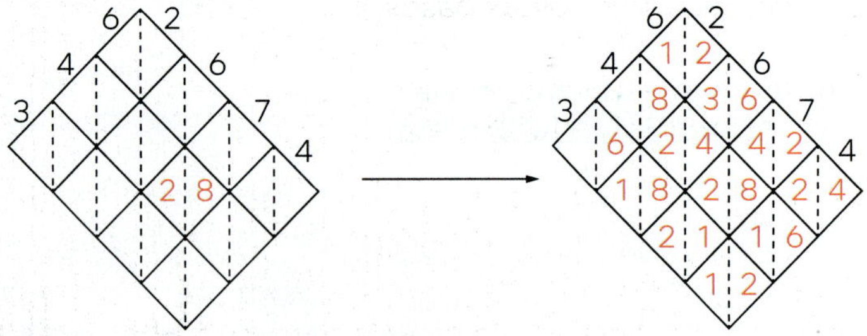

3. Para terminar, sumaban verticalmente, llevando.

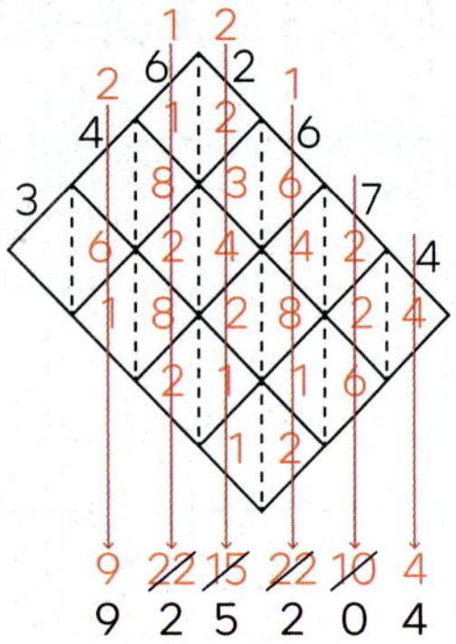

- ¿Conocías esta forma de multiplicar? ¿Te parece fácil?
- ¿Serías capaz de multiplicar números enteros con este método?
- Quizás haya en tu clase estudiantes de varios países. ¿Sabes si hacen alguna operación de forma distinta a la que aprendiste?

¡VAMOS A APRENDER!

1. Prestar atención al profesor cuando la pide.
2. Ordenar los números enteros.
3. Operar con números enteros.
4. Distinguir entre múltiplos y divisores.
5. Clasificar un número en primo o compuesto.
6. Aplicar los criterios de divisibilidad.
7. Calcular el m.c.d. y el m.c.m. de dos o más números.
8. Tomar decisiones ayudándote con diagramas de Venn.
9. Valorar la importancia de la educación en todas las culturas.

NUESTRO RETO

Multiplicando por el mundo

Vas a resolver un problema en el que hace falta multiplicar, pero con métodos diferentes al que conocías. Cuando todos lo hayáis resuelto, un compañero saldrá a la pizarra para enseñar su solución y comprobaréis si es correcta. Finalmente, habrá un debate sobre otras culturas y los diferentes métodos de operar en ellas.

¡Vamos allá!

1 ¿Necesitamos el menos en nuestra cotidianidad?

Números enteros: representación y distancias sobre la recta

1 Existen situaciones en la vida diaria donde no basta con utilizar los números naturales. En ellas necesitamos utilizar los números enteros: variaciones de la temperatura, ganancias y pérdidas de dinero, deudas, disminuciones o decrecimientos...

¿A que utilizas los números negativos más de lo que pensabas? Encuentra otras situaciones de la vida cotidiana donde se utilicen números negativos.

El **conjunto de los números enteros** se representa con la letra $\mathbb{Z}$. Está formado por los números enteros negativos, el cero y los números enteros positivos (que corresponden a los números naturales, $\mathbb{N}$, y no hace falta escribirlos con el signo + delante).

$$\mathbb{Z} = \{..., -3, -2, -1, 0, 1, 2, 3, ...\}$$

Para **representar los números enteros** en la recta numérica seguimos estos pasos.

REPRESENTACIÓN EN LA RECTA NUMÉRICA

Representamos en la recta numérica −4, −2, 0, 1, 3 y 5.

Paso 1

Señalamos en la recta el 0 y a su derecha el 1, a una distancia cualquiera.

Paso 2

Usamos dicha distancia para ir situando, a partir del cero, los números positivos a la derecha, y los negativos, a la izquierda.

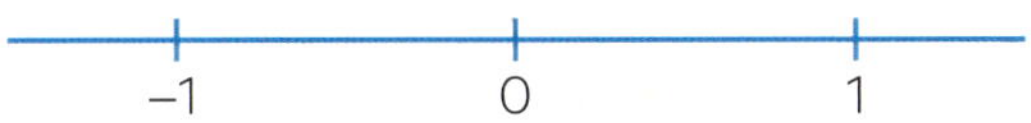

Paso 3

Representamos los enteros pedidos: −4, −2, 0, 1, 3 y 5

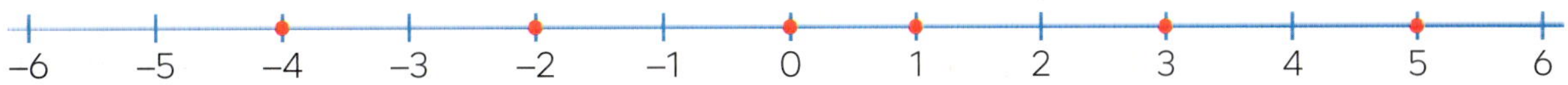

El **valor absoluto** de un número entero a, $|a|$, representa su distancia al 0 y es igual al mismo número tomado con signo positivo. Si es un número positivo, coincide con su valor absoluto.

La distancia es algo medible, por eso solo puede ser positiva.

Ejemplo

El número 4 se encuentra a 4 unidades de distancia del 0, y el −6, a 6 unidades: $|4| = 4$ y $|-6| = 6$

Por tanto, −6 y 4 están a 10 unidades de distancia.

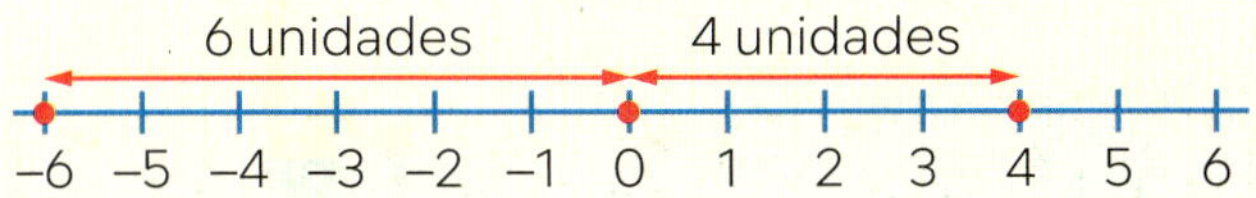

2 Representa estos pares de números y halla, con la ayuda de la recta numérica, la distancia entre ellos.

a. −9 y 3

b. 1 y 8

c. 11 y −2

d. −7 y −3

El **opuesto** de un entero *a*, **op(*a*)**, es otro número entero con el mismo valor absoluto y signo contrario.

Se representa en la recta numérica, marcando primero el número *a*. Después, tomando como referencia el cero, representamos simétricamente la misma distancia hacia el lado opuesto, como si se tratara de un espejo.

- El **opuesto del opuesto** de *a* es *a* mismo: **op(op(*a*)) = *a***

Ejemplo

- El opuesto de 8 es op(8) = –8.

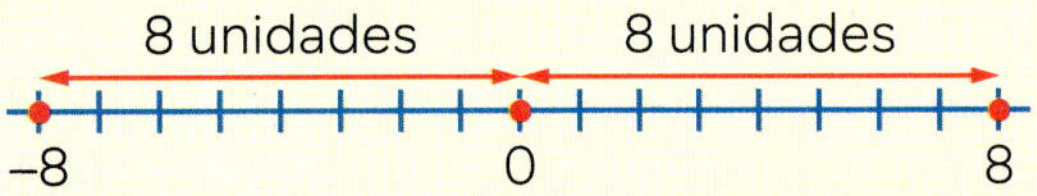

- El opuesto de –5 es op(–5) = +5.

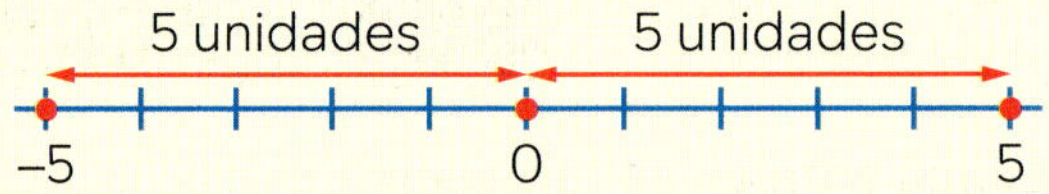

3 **Calcula el valor absoluto y el opuesto de cada número.**

a. –4 b. 15 c. 32 d. 0 e. –58

4 **Encuentra dos números que estén a 10 unidades de distancia y que no sean opuestos. ¿A qué distancia están entre sí los opuestos de esos números?**

Ordenación de números enteros

Si representamos varios números en la recta numérica, el mayor es el que está más a la derecha y el menor el que se sitúa más a la izquierda.

- Cualquier número entero positivo es mayor que cualquier número entero negativo.
- El 0 es menor que cualquier número entero positivo y mayor que cualquier número entero negativo.
- Dados dos números enteros positivos, es mayor el que tiene mayor valor absoluto.
- Dados dos números enteros negativos, es mayor el que tiene menor valor absoluto.

ORDENACIÓN DE ENTEROS

Ordenamos, de menor a mayor, los números enteros 3, –2, 1, –4, 0 y 5.

Paso 1

Ordenamos los números negativos, –2 y –4.

Como |–4| > |–2|, entonces:

–4 < –2

Paso 2

A continuación, ordenamos los positivos, 1, 3 y 5, y el cero, 0. Cuanto mayor es su valor absoluto mayor es el número. Por tanto:

0 < 1 < 3 < 5

Paso 3

Cualquier número entero positivo es mayor que cero. Y el cero es mayor que cualquier número negativo, de forma que:

–4 < –2 < 0 < 1 < 3 < 5

5 **Representa –7, 5, –4, 0, –2 y 9 en la recta numérica. Ordénalos de menor a mayor.**

6 **Ordena de mayor a menor, sin representarlos, los números –12, 54, –36, –21, –25 y 13.**

7 **El número de profesores de un centro educativo ha variado en los últimos años. El primer año hubo 3 menos que el anterior y en los siguientes aumentó 5 profesores, bajó 2, subió 6 y en el último se mantuvo igual. Ordena esos números de menor a mayor, teniendo en cuenta el signo.**

- ¿Crees que influye el número de profesores en la calidad de la educación? Discútelo con tus compañeros.

2 ¿Estamos sumando o restando?

Sumas y restas de números enteros

8 Observa la imagen y lee atentamente la pregunta.

- ¿Se te ocurre una respuesta?

Operación	Ejemplo
Para **sumar** números enteros con el **mismo signo**: 1.° Sumamos sus valores absolutos. 2.° Dejamos el mismo signo.	Calculamos (–6) + (–3). $\|-6\| + \|-3\| = 6 + 3 = 9 \Rightarrow (-6) + (-3) = -9$ 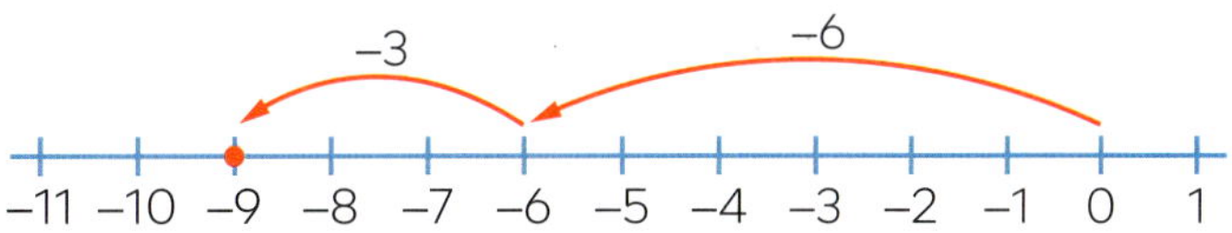
Para **sumar** números enteros con **distinto signo**: 1.° Restamos sus valores absolutos. 2.° Dejamos el signo del sumando que tenga mayor valor absoluto.	Calculamos (–7) + 4. $\|-7\| - \|4\| = 7 - 4 = 3 \Rightarrow (-7) + 4 = -3$ 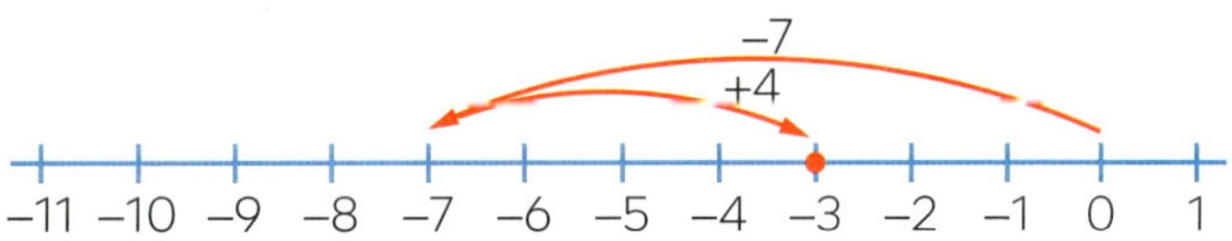
Para **restar** dos números enteros, sumamos al primero el opuesto del segundo. Recuerda que restar es la operación inversa de sumar, por eso podemos transformar una resta en una suma, cambiando el signo menos por un más y el signo del número entero que lo sigue por su opuesto.	Calculamos 3 – (–7). $3 - (-7) = 3 + \text{op}(-7) = 3 + 7 = 10$ 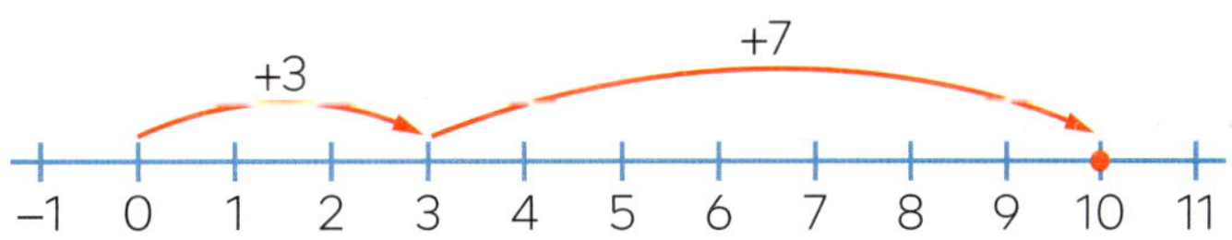 Calculamos (–5) – 4. $(-5) - 4 = (-5) + \text{op}(4) = (-5) + (-4) = -9$ 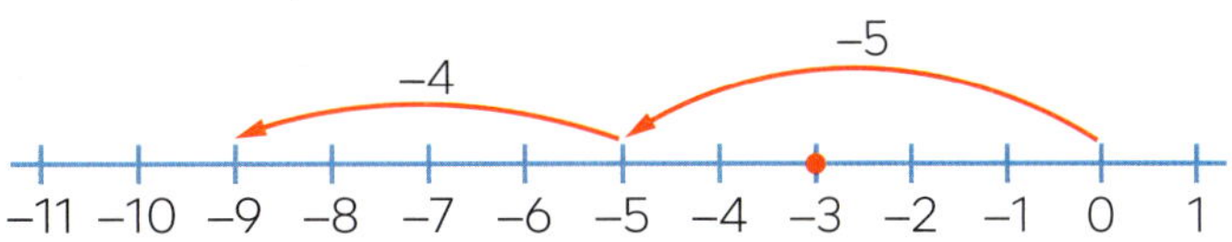

9 MAT-TIC Realiza las siguientes operaciones y compruébalas, si puedes, gráficamente. Sigue entrenándote con el interactivo de GeoGebra *Un triángulo con enteros.*

a. (–24) + (–47)
b. (–102) + (–18)
c. 405 + 99
d. 63 + (–59)
e. 552 + (–211)
f. (–228) + (–715)
g. (–1220) + 78
h. 5 + (–31)

10 Escribe las siguientes operaciones como sumas de enteros y resuélvelas.

a. (–98) – (–99)
b. 108 – (–100)
c. 331 – 249
d. 12 – 441
e. (–222) – 333
f. (–504) – (–306)
g. 301 – (–662)
h. (–48) – 53

¿Qué contenido nuevo has aprendido hoy?

Sumas y restas combinadas

11 Observa la imagen y lee atentamente la pregunta.

- ¿Se te ocurre otra manera de hacerlo?

La suma de números enteros cumple las mismas **propiedades** que la de los números naturales: **conmutativa** y **asociativa**, que podemos utilizar en las operaciones combinadas.

- **Conmutativa**: $a + b = b + a$
- **Asociativa**: $(a + b) + c = a + (b + c)$

12 **Actividad resuelta**

Resuelve la siguiente operación: $-(6 - 12) - (3 - 4 + 2) + (11 + 9 - 3)$

Primero, resolvemos las operaciones dentro del paréntesis y después operamos.

$-(6 - 12) - (3 - 4 + 2) + (11 + 9 - 3) = -(-6) - 1 + 17 = 6 - 1 + 17 =$

$= 6 - 1 + 17 = 6 + 17 - 1 = 23 - 1 = 22$ (primero los positivos y, luego, los negativos)

$= 6 - 1 + 17 = 5 + 17 = 22$ (sumamos según el orden que tenemos)

13 **Realiza las siguientes operaciones.**

a. $(-12) + (-5) - (-7) + (-10)$
b. $(-25) + (-49) - (-88) + (-36)$
c. $120 - (16 - 5) - [38 - (-6)]$
d. $12 - (-5 - 33) + (-4 + 89) - (-30)$
e. $-40 - (-20 - 33 + 15) - (-80) + (13 - 91)$
f. $(120 - 45) - (120 + 45) - (45 - 120)$
g. $(12 - 88) - (35 - 47 - 102) + 6$
h. $25 + (41 - 25) - [16 - (-25) - 4]$

Recuerda que puedes operar de dos maneras:
- Sumando según el orden que tenga la operación.
- Sumando primero los positivos y, luego, los negativos y resolver.

14 **En golf, cada hoyo tiene asignado el número de golpes necesario para meter la bola en el hoyo, llamado par. En la tabla se muestran los resultados que cuatro jugadores de golf han conseguido en los 6 primeros hoyos del campo. Un resultado positivo significa que el jugador ha dado esos golpes de más respecto al par, y un resultado negativo, golpes de menos .**

Sabiendo que gana el jugador que menos golpes ha realizado al final, contesta las siguientes preguntas.

a. ¿Qué jugador va ganando?
b. ¿Algún jugador ha metido la bola de un solo golpe? Explica el motivo.

Hoyo	Par	J_1	J_2	J_3	J_4
1	4	2	−1	Par	−2
2	6	−1	1	2	Par
3	3	Par	2	Par	−2
4	5	−2	Par	−1	3
5	4	3	Par	−1	Par
6	4	Par	−1	2	1

3 ¿El menos lo cambia todo?

Multiplicaciones y divisiones de números enteros

15 Observa la imagen y contesta a las preguntas.

- ¿Quién tiene razón? Halla el resultado de $-2+3$ y el resultado de $-2 \cdot 3$, ayudándote con una calculadora.

Para **multiplicar o dividir dos números enteros**, lo hacemos considerando sus valores absolutos y luego aplicamos la **regla de los signos** para determinar el signo del producto o del cociente.

Si los dos números tienen el mismo signo, el resultado es positivo.		Si tienen signos opuestos, el resultado es negativo.	
+ · + = +	+ : + = +	+ · − = −	+ : − = −
− · − = +	− : − = +	− · + = −	− : + = −

El producto de números enteros cumple las propiedades:

- Conmutativa: El orden de los factores no altera el producto.
- Asociativa: La forma en que se agrupan los factores no altera el resultado.

16 MAT-TIC Realiza las siguientes multiplicaciones. Sigue entrenándote con el interactivo de GeoGebra *Multiplicación de números enteros.*

a. $12 \cdot (-4)$
b. $(-9) \cdot 5$
c. $(-8) \cdot 9$
d. $14 \cdot (-5)$
e. $(-25) \cdot (-7)$
f. $(-11) \cdot (-12) \cdot (-4)$
g. $(-27) \cdot (-11)$
h. $18 \cdot (-2) \cdot 5$
i. $14 \cdot (-3) \cdot 7$
j. $4 \cdot (-8) \cdot 20 \cdot (-10)$
k. $(-10) \cdot (-21) \cdot (-4)$
l. $9 \cdot (-2) \cdot 30 \cdot (-12)$

Ejemplo

Realizamos de dos formas la multiplicación $(+12) \cdot (-5) \cdot (-4) \cdot (-10) \cdot 3$.

- Multiplicamos de dos en dos de forma sucesiva.

$12 \cdot (-5) \cdot (-4) \cdot (-10) \cdot 3 =$

$= (-60) \cdot (-4) \cdot (-10) \cdot 3 =$

$= 240 \cdot (-10) \cdot 3 =$

$= (-2400) \cdot 3 = -7200$

- Determinamos el signo del resultado y multiplicamos todos los valores absolutos.

El signo del producto es negativo:

$$+ \cdot (-) \cdot (-) \cdot (-) \cdot + = (-)$$

El producto de los valores absolutos es:

$$12 \cdot 5 \cdot 4 \cdot 10 \cdot 3 = 7200$$

Por tanto, el resultado de la operación es -7200.

17 Realiza de dos maneras las siguientes operaciones.

a. $3 \cdot (-4) \cdot 5 \cdot (-6) \cdot 7 \cdot (-8)$
b. $(-23) \cdot (-12) \cdot 4 \cdot 10 \cdot 7 \cdot (-1) \cdot (-9)$
c. $(-11) \cdot (-1) \cdot (-3) \cdot (-6) \cdot 13 \cdot (-8) \cdot (-5) \cdot (-12)$

18 Realiza las siguientes divisiones.

a. 39 : (–3)
b. (–64) : (–16)
c. (–195) : 13
d. (–245) : 35
e. 399 : (–19)
f. 552 : (–24)

19 **Actividad resuelta**

En una división el divisor es 3, el cociente es –40, y el resto, –2. ¿Cuál es el dividendo?

Aplicamos la prueba de la división: dividendo = divisor · cociente + resto

En este caso, 3 · (–40) + (–2) = –122. Por tanto, el dividendo es –122.

20 Averigua el término que falta en estas igualdades.

a. (–6) · ● = 72
b. ● : (–13) = –169
c. (–114) : ● = 19
d. (–2) · ● · (–2) = 80
e. ● : (–105) = 1
f. (–5) · ● · 11 = 110

21 Calcula e indica el resto de cada división.

a. (–32) : (–4)
b. 342 : (–5)
c. –1267 : 23
d. 200 : 25
e. (–320) : 16
f. 875 : (–6)
g. 1245 : (–57)
h. (–244) : 122

Al combinar multiplicaciones y divisiones o varias divisiones consecutivas, es necesario seguir el orden en el que aparecen, de izquierda a derecha.

22 **Actividad resuelta**

Resuelve las siguientes operaciones.

a. 72 : (–3) · 12 : (–6)

b. (–600) : (–50) : (–3) · 13

a. 72 : (–3) · 12 : (–6) =

= (–24) · 12 : (–6) =

= (–288) : (–6) = 48

b. (–600) : (–50) : (–3) · 13

= (+12) : (–3) · 13 =

= (–4) · 13 = –52

23 Realiza las siguientes multiplicaciones y divisiones encadenadas.

a. (–8) : (–2) · 3 · (–4)
b. (–20) · 10 : (–5) : 8
c. 1000 : (–10) : (–10) · (–3)
d. (–231) · (–1) : (–3) · (–5) : (–11)
e. 24 : (–3) · 5 · (–2)
f. (–35) · 10 : (–7) · 4
g. 1460 : (–10) : (–73) · (–3)
h. 12 : 4 · (–5) : 3 · 18

24 Dos arqueólogos van a descender hasta los 1500 m de profundidad en una cueva, recorriendo 344 m cada media hora. ¿Cuántos metros recorrerán en una hora y media? Expresa el resultado como un número entero.

25 Una piscina tiene 1250 L de agua. Si se vacía a razón de 250 L por hora, ¿cuántas horas tardará en vaciarse?

26 En un refrigerador la temperatura baja a razón de 5 °C por minuto. Si su temperatura inicial es de 20 °C, ¿en cuántos minutos alcanzará los 10 °C bajo cero?

27 La nota de un examen se califica sobre 1000 y cada falta de ortografía resta 25 puntos. Un estudiante cometió 7 faltas. ¿Cuántos puntos bajará su nota?

Operaciones combinadas con números enteros

Para realizar operaciones combinadas seguimos los siguientes pasos.

OPERACIONES COMBINADAS

Resolvemos la operación $85 + 7 \cdot [-2 + 4 \cdot (-3)] + (-12) : [3 \cdot (-2)]$.

Paso 1

Resolvemos primero las operaciones que aparecen dentro de paréntesis y corchetes siguiendo este orden:

1. Multiplicaciones y divisiones, de izquierda a derecha.
2. Sumas y restas.

$$85 + 7 \cdot [-2 + 4 \cdot (-3)] + (-12) : [3 \cdot (-2)] =$$

$$= 85 + 7 \cdot [-2 - 12] + (-12) : (-6) =$$

$$= 85 + 7 \cdot [-14] + 2 = 85 - 98 + 2$$

Paso 2

Realizamos las operaciones que nos quedan sin paréntesis siguiendo el mismo orden anterior. En este caso, solo tenemos sumas.

$$85 - 98 + 2 = -11$$

28 MAT-TIC Realiza las siguientes operaciones. Sigue entrenándote con el interactivo de GeoGebra *Operaciones combinadas de números enteros.*

a. $7 + 13 \cdot (-6)$
b. $(-10) + 8 : (-2)$
c. $60 - (-16) : (-4)$
d. $-(-5) - (-9) \cdot (-4)$
e. $42 : (-2) \cdot 3 - 4$
f. $100 - 99 \cdot (-4)$
g. $6 - 6 : 6 + 6$
h. $(-10) \cdot (-3) + 23$

29 Resuelve las siguientes operaciones.

a. $(-5) + (-5) \cdot 4 - (-2) \cdot (-9)$
b. $6 - 4 \cdot (-20) + 20 : (-5)$
c. $-(-8) \cdot (-11) + (-3) \cdot (-15) - 6 \cdot (-20)$
d. $200 - (-45) \cdot (-3) : (-5) + (-12) \cdot 8$
e. $150 : (-15) : (-5) - 20 \cdot (-18) + 300 \cdot (-1)$
f. $67 - 96 : (-12) + 43 - 5 \cdot (-17)$

30 Comprueba si las siguientes operaciones son correctas. En caso contrario, corrige las erratas.

a. $(-8) \cdot 7 - 3 \cdot (-2) = -62$
b. $18 + 12 : [-(-8) + 3 \cdot (-2)] = 24$
c. $12 - 3 \cdot 2 + 6 = 12$
d. $(-40) : [(-2) \cdot (5 - 3 \cdot 2)] = 20$
e. $60 : 20 \cdot 3 - 2 \cdot (-7 + 4) = 15$
f. $5 - 4 \cdot [7 + (-3) \cdot 2 + 2] = -7$

31 Halla el resultado de las siguientes operaciones.

a. $5 - 4 \cdot [12 + 3 \cdot (-6)]$
b. $(-8 + 3 \cdot 7) - [44 - (-6) + 5 \cdot (-9)]$
c. $18 : (-2) : 3 - (-5) \cdot (-6) : 2 - [(-7) - (-7) - 9]$
d. $[240 : (-2)] : [9 - (-3)] - [-148 - (-11) \cdot 12]$
e. $(-9 - 3 \cdot 2) - [34 - (-3) \cdot (-12)] - (-1) \cdot (-7)$
f. $[(-14) : 7 - (-25)] - [5 - (-6) \cdot (-8)] - [-(-7)]$

32 Coloca los paréntesis necesarios para que las igualdades sean correctas.

a. $10 - 8 \cdot 4 : 2 = 4$
b. $10 - 8 \cdot 4 : 2 = -11$
c. $10 - 8 \cdot 4 : 2 = -6$
d. $24 - 15 \cdot 4 - 10 = -54$
e. $24 - 15 \cdot 4 - 10 = 114$
f. $24 - 15 \cdot 4 - 10 = -46$

33 Resuelve las siguientes operaciones.

a. $16 - [5 - (-9)] : (-7) + 7 \cdot [-5 - 3 \cdot (-2)]$

b. $40 : (-2) \cdot (+5) - 6 + 6 \cdot [101 + 53 \cdot (-2)]$

c. $(5 - 10) \cdot (5 + 10) - 12 : [16 - 15 \cdot (-1) - 29]$

34 A lo largo de una mañana el precio de una acción en la bolsa tuvo variaciones. A las 8 horas, subió 3 cent; a las 9 horas, se triplicó; a las 10 horas, bajó 6 cent; a las 11 horas, bajó 15 cent; a las 12 horas, subió 8 cent; a las 13 horas, subió 1 cent; y a las 14, se redujo a la mitad. Al final del día, ¿había subido o bajado de precio respecto del día anterior?

35 En un colegio se da un premio a los grupos que han destacado más. En 2.° A empezaron con 100 puntos, perdieron 19 por tener la clase desordenada y otros 23 por hablar en clase, pero luego mejoraron mucho y se les recompensó con 51 puntos y con doblar los puntos obtenidos. ¿Cuál fue su puntuación final?

- ¿Crees que los refuerzos positivos ayudan a mejorar?

36 En un país con índice de desarrollo humano bajo (IDH), el porcentaje de niñas sin escolarizar era del 45 % y se reduce un 7 % cada año.

a. ¿Cuál será el porcentaje dentro de 3 años?

b. ¿Cuánto tardará en bajar del 5 %?

37 Mateo está jugando a un juego de aventuras en el que el personaje principal es un heroína que se enfrenta a múltiples dificultades, encuentra objetos, rescata elfos prisioneros... La heroína empieza con 20 puntos vitales (+20) y puede ganar y perder puntos a lo largo de la partida. Si en algún momento los puntos llegan a 0, la partida vuelve a empezar.

- **REP** (rescatar a un elfo prisionero): 10 puntos
- **TUP** (tropezar con una piedra): –1 punto *(a veces pasa...)*
- **VTM** (vencido por un trol maloliente): –4 puntos
- **VDP** (vencer a un duende pesado): 3 puntos

- **VGB** (vencido por un gnomo bajito): –6 puntos
- **DDD** (derrotar a un dragón dormido): 2 puntos *(dormido no tiene mucho mérito, ¿no?)*

- **DDMD** (derrotar a una dragona muy despierta): 100 puntos *(¡esto es otra cosa!)*
- **DMP** (la dragona te muerde un poquito): –40 puntos

- **DOM** (derrotar a un orco malvado): 5 puntos

a. En esta partida, Mateo ha vencido a 3 orcos y 4 duendes y ha rescatado a 7 elfos, pero se ha caído 5 veces (no con la misma piedra) y le han derrotado 2 troles y un gnomo. ¿Cuántos puntos tiene en total?

b. Su amiga Marina le manda al móvil cómo va su partida, pero se lo escribe con abreviaturas:

VGB VGB VGB VDP VDP DOM DOM VTM VTM DMP REP REP REP DDMD

¿Cuántos puntos tiene?

c. Mateo sospecha que Marina usa un programa que le permite seguir jugando con puntuación negativa. ¿Lleva razón?

4 ¿Cómo buscamos divisores o múltiplos?

Divisibilidad. Descomposición factorial

38 **CONTRASTAMOS JUNTOS.** Victoria tiene que hacer un pedido para su librería. En su almacén tiene una estantería con baldas en las que caben 24 libros. Para optimizar el espacio tiene que decidir si hacer un pedido de paquetes de 5 o de 8 libros. Su empleado le pregunta si lo ha conseguido o van a sobrar libros

a. ¿Cuántos paquetes ha comprado Victoria para llenar 5 baldas?
b. ¿De cuántos libros cada uno?

- Un número es **múltiplo** de otro, si es el resultado de multiplicar este último por otro número entero. Los **múltiplos** de un número entero se obtienen al multiplicar dicho número por otro número entero.
- Un número es **divisor** de otro, si se puede dividir el segundo entre el primero de forma exacta. Los **divisores** de un número entero están formados por sus divisores naturales y sus opuestos.

Al divisor de un número se le puede llamar también **factor**.

Ejemplo

- –24 es múltiplo de 8 porque es el resultado de multiplicar 8 por –3.
- Los divisores enteros de 24 son 1, 2, 3, 4, 6, 8, 12, 24, –1, –2, –3, –4, –6, –8 y –12, –24, porque la división de 24 entre cada uno de sus divisores es exacta, es decir, el resultado es un entero.

39 **Selecciona los iguientes múltiplos de los números –9, 21, –24, 30, 48, 50, 100 y –120.**
a. Los múltiplos de 3 b. Los múltiplos de 12 c. Los múltiplos de 20

40 **Halla tres múltiplos positivos, tres negativos y cuatro divisores enteros para cada número.**
a. 6 b. 15 c. –21 d. –32 e. 20

41 **Encuentra estos divisores entre los números 1, –3, 7, 9, 14, –28, –15 y 77.**
a. Los divisores de 30 b. Los divisores de 45 c. Los divisores de 56

42 Actividad resuelta

Comprueba, sin hacer la división, que el número 2149 es múltiplo de 7.

Primero, separamos las cifras del número en grupos de 2: 21 y 49

- Como 21 es múltiplo de 7, 21 · 100 = 2100 también lo es.
- Como 49 también es múltiplo de 7, 2100 + 49 = 2149 es múltiplo de 7.

43 **Encuentra un divisor de los siguientes números separando sus cifras.**
a. 474 747 b. 427 c. 9331 d. 487 487

Los **criterios de divisibilidad** permiten saber si un número es divisible entre otro sin hacer la división.

Recuerda que si un número es divisible por *a* también lo será por su opuesto, $-a$.

Divisible por	Criterio de divisibilidad	Ejemplos
2	El número termina en cifra par.	204, 426, 1088
3	La suma de sus cifras es un múltiplo de 3.	144, 450, 336
4	Sus dos últimas cifras son 0 o forman un múltiplo de 4.	128, 160, 300
5	El número acaba en 0 o en 5.	205, 350, 1055
7	• Escribimos el número sin la última cifra. • Calculamos el doble de la cifra que hemos quitado. • Restamos ambos resultados. • Repetimos el proceso con el número obtenido hasta llegar a 0 o a una cifra que sea un múltiplo de 7.	168, 1050, 2394
9	La suma de sus cifras es un múltiplo de 9.	108, 279, 1224
10	El número acaba en 0.	200, 330, 720
11	• Sumamos las cifras que ocupan posiciones pares. • Sumamos las cifras que ocupan posiciones impares. • Restamos ambos resultados. El número inicial es divisible por 11 si el resultado obtenido es 0 o es múltiplo de 11.	132, 1540, 28 424
25	Sus dos últimas cifras son 0 o forman un múltiplo de 25.	100, 150, 475
100	Sus dos últimas cifras son 0.	100, 1700, 2500

44 Actividad resuelta

Comprueba si el número 5236 es divisible entre 7 y entre 11.

Verificamos si es divisible entre 7:

- Escribimos el número 5236 sin la última cifra: 523
- Calculamos el doble de la cifra que hemos quitado: $6 \cdot 2 = 12$
- Restamos ambos resultados: $523 - 12 = 511$
- Repetimos el proceso con el número obtenido hasta llegar a 0 o a una cifra que sea un múltiplo de 7 conocida: $51 - 2 = 49$, que es múltiplo de 7. Por tanto, 5236 es divisible entre 7.

Ahora verificamos que sea divisible entre 11.

- Sumamos las cifras que ocupan las posiciones pares: $2 + 6 = 8$
- Sumamos las cifras que ocupan las posiciones impares: $5 + 3 = 8$

Restamos ambos resultados: $8 - 8 = 0$

El resultado obtenido es 0, por tanto, 5236 es divisible entre 11.

45 **Comprueba si 308, 325 y 396 son divisibles entre 11.**

46 **Averigua si los números 429, 568 y 1327 son múltiplos de 7.**

47 **Comprueba mentalmente si los siguientes números son divisibles entre 6.**

a. 465
b. –326
c. 1182
d. –2348
e. 32 244
f. –32 246

Los criterios de divisibilidad permiten comprobar si un número es primo o compuesto.

- Un número natural es **primo** si solo tiene dos divisores, el 1 y él mismo.
- Un número natural es **compuesto** si tiene más de dos divisores naturales.

El **1** solo tiene un divisor natural, él mismo y no es primo ni compuesto

48 **Averigua si los siguientes números son primos o compuestos.**

a. 39	d. 87	g. 53	j. 33	m. 27	p. 91
b. 59	e. 71	h. 217	k. 147	n. 263	q. 473
c. 83	f. 117	i. 248	l. 119	o. 573	r. 334

49 ## Actividad resuelta

Halla la descomposición en factores primos de 56.

Observa cómo escribimos la descomposición de 56 en factores primos de dos formas distintas.

El primer divisor primo de 56 es 2:	$56 : 2 = 28$	→	56	2
El primer divisor primo de 28 es 2:	$28 : 2 = 14$	→	28	2
El primer divisor primo de 14 es 2:	$14 : 2 = 7$	→	14	2
El primer divisor primo de 7 es 7:	$7 : 7 = 1$	→	7	7
Termina el proceso porque el cociente es 1.			1	

La descomposición queda así: $56 = 2 \cdot 2 \cdot 2 \cdot 7 = 2^3 \cdot 7$

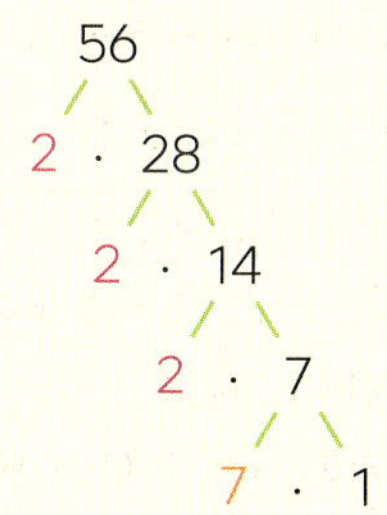

50 MAT-TIC **Halla la descomposición factorial utilizando el método que más te guste. Sigue entrenándote gráficamente con el GeoGebra *Diagrama de factorización*.**

a. 126	c. 408	e. 375	g. 632	i. 480	k. 880
b. 356	d. 512	f. 1225	h. 2340	j. 720	l. 1250

51 **El número de estudiantes de una clase es primo. Si hay entre 20 y 30 estudiantes, ¿cuántas posibilidades hay?**

Ejemplo

Factorizamos 1200, 560 y 735 descomponiéndolos en productos más sencillos.

- $1200 = 12 \cdot 100 = 4 \cdot 3 \cdot 10 \cdot 10 = 2 \cdot 2 \cdot 3 \cdot 2 \cdot 5 \cdot 2 \cdot 5 = 2^4 \cdot 3 \cdot 5^2$
- Sabiendo que $56 = 2^3 \cdot 7$ y que $560 = 56 \cdot 10$, entonces tendremos que:

$$560 = 2^4 \cdot 5 \cdot 7$$

- 7 y 35 son múltiplos de 7, por tanto $735 = 7 \cdot 105$. Considerando 105, 10 y 5 son múltiplos de 5. Luego, $105 = 5 \cdot 21$ y sabemos que $21 = 3 \cdot 7$. Con lo cual,

$$735 = 7 \cdot 5 \cdot 21 = 7 \cdot 5 \cdot 3 \cdot 7 = 3 \cdot 5 \cdot 7^2$$

Para descomponer un número en factores primos de forma rápida, es necesario recordar las tablas de multiplicar y utilizar los criterios de divisibilidad.

52 **Factoriza los siguientes números descomponiéndolos en productos más sencillos.**

a. 42 000	c. 81 000	e. 284
b. 630	d. 1111	f. 7350

53 **Escribe la cifra que falta en cada número (●) para que la afirmación sea verdadera.**

a. 254● es divisible por 2.
b. 36●92 es divisible por 9.
c. 53●7 es divisible por 3.
d. 75●40 es divisible por 10.

Los **múltiplos** de un número contienen todos los factores primos de dicho número.

Ejemplo

Los múltiplos de 35 los obtenemos multiplicando 35 por otro número:

$35 \cdot 2 = (7 \cdot 5) \cdot 2 = 70$
$35 \cdot 3 = (7 \cdot 5) \cdot 3 = 105$
$35 \cdot 4 = (7 \cdot 5) \cdot 4 = 140$

— Un múltiplo de 35 contiene todos los factores primos de 35.

54 **Aprendo a pensar. Escribe cuatro múltiplos comunes a los números $n = 3^2 \cdot 2$ y $m = 3^2 \cdot 5$, utilizando los diagramas de Venn.**

55 **Para elegir a un representante de tu clase, se hace un sorteo entre el alumnado cuyo número de lista sea múltiplo de 3. ¿Cuántos hay?**

Los **divisores** de un número están formados por los factores primos de dicho número y los productos de estos factores entre sí.

Ejemplo

Los divisores de $175 = 5^2 \cdot 7$ son :

5 y 7 son primos entre sí
$5 \cdot 5 = 25$, $5 \cdot 7 = 35$
$5 \cdot 5 \cdot 7 = 175$

— Los divisores positivos de 175 son 1, 5, 7, 25, 35 y 175.

56 MAT-TIC **Halla los divisores de los siguientes números y comprueba que no has olvidado ninguno con el interactivo de GeoGebra *Cohetes y divisores*.**

a. 45
b. 54
c. 81
d. 105
e. 120
f. 200

Para calcular **el número total de divisores positivos** de un número, sumamos una unidad a cada exponente de su descomposición en factores primos y multiplicamos los resultados.

Ejemplo

La descomposición de 245 es $7^2 \cdot 5$, por tanto, sus divisores positivos son:

- 1, 5 y 7
- $7 \cdot 7 = 49$ y $5 \cdot 7 = 35$
- $5 \cdot 7 \cdot 7 = 245$

— Los divisores positivos de 245 son 1, 5, 7, 49, 35 y 245.

¿Los estamos considerando todos? Sí, porque $245 = 7^2 \cdot 5^1$, entonces: $(2 + 1) \cdot (1 + 1) = 3 \cdot 2 = 6$ y, efectivamente, los divisores positivos de 245 que hemos encontrado son 6.

57 **Indica el número de divisores positivos de estos números a partir de su descomposición.**

a. 136
b. 240
c. 405
d. 546
e. 834
f. 2310
g. 4590
h. 6125

58 **Si el número 175 tiene 6 divisores positivos, ¿cuántos tendrá el número $525 = 175 \cdot 3$? ¿Y cuántos tendrá el número $875 = 175 \cdot 5$?**

5 ¿Qué tengo que hallar: el m.c.d. o el m.c.m.?

Máximo común divisor y mínimo común múltiplo

59 En 2.° A hay 24 estudiantes, y en 2.° B, 30. Si queremos hacer grupos sin mezclar los de distinta clase, de forma que todos tengan el mismo número de estudiantes y este número sea el mayor posible, ¿cuántos habrá en cada grupo?

El **máximo común divisor, m.c.d.**, de varios números es el mayor de sus divisores comunes. Podemos expresarlo como el producto de sus factores primos comunes elevados al menor exponente.

60 **Actividad resuelta**

En el taller de cocina están realizando croquetas: 36 de espinacas, 24 de bacalao y 60 de setas. Quieren colocarlas en bandejas iguales, sin mezclar los sabores y sin que sobre ninguna. ¿Qué tamaño pueden tener las bandejas como máximo?

Como todas las bandejas deben tener el mismo número de croquetas, ese número debe ser divisor común de 24, 36 y 60. Hallamos todos los divisores positivos de cada número.

- Divisores de 24: 1, 2, 3, 4, 6, 8, 12, 24
- Divisores de 36: 1, 2, 3, 4, 6, 9, 12, 18, 36
- Divisores de 60: 1, 2, 3, 4, 5, 6, 10, 12, 15, 20, 30, 60

Los divisores positivos comunes a los tres números son: 1, 2, 3, 4, 6 y 12. El mayor divisor común es 12. Podemos resolver el problema descomponiendo los números en factores.

24	2	36	2	60	2
12	2	18	2	30	2
6	2	9	3	15	3
3	3	3	3	5	5
1		1		1	

$24 = 2^3 \cdot 3$ $\quad 36 = 2^2 \cdot 3^2$ $\quad 60 = 2^2 \cdot 3 \cdot 5$

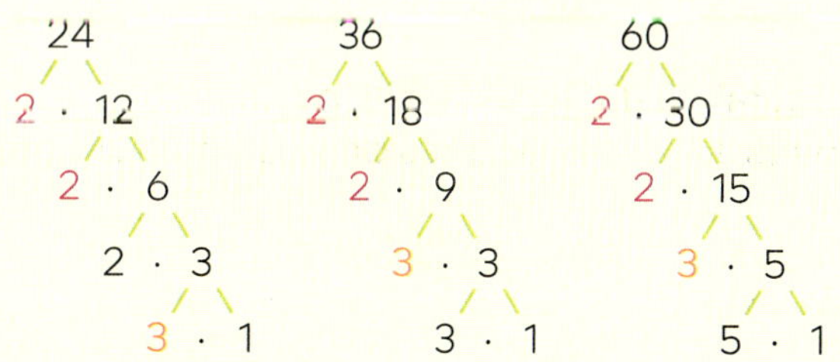

Los factores primos comunes a los tres son 2 y 3. Además, podemos dividir entre 2 dos veces y, por tanto, el m.c.d. (24, 36 y 60) $= 2^2 \cdot 3 = 12$. Las bandejas tendrán 12 croquetas cada una.

61 Calcula todos los divisores comunes de los siguientes pares de números.

a. 28 y 32 b. 25 y 60 c. 45 y 54 d. 31 y 50 e. 23 y 44 f. 64 y 75

62 Calcula el máximo común divisor de los siguientes números.

a. 36 y 175 b. 18, 48 y 98 c. 33, 60 y 66 d. 72, 105 y 400 e. 228, 612 y 900

63 Rachel tiene que calcular el m.c.d. de 120, 240 y 360. Se ha dado cuenta de que todos son múltiplos de 10, así que decide dividirlos entre 10 y hallar el m.c.d. de 12, 24 y 36. Es una buena estrategia porque los cálculos son más simples y puede operar mentalmente.

a. ¿Cuál es el m.c.d. (12, 24 y 36)? ¿Y de 120, 240 y 360?

b. A partir de los resultados anteriores, ¿cuál será el m.c.d. de 12 000, 24 000 y 36 000?

Explica en qué te ayuda esta estrategia que antes no supieras hacer.

El **mínimo común múltiplo, m.c.m**, de varios números es el menor de los múltiplos positivos comunes. Podemos expresarlo como el producto de sus factores primos comunes y no comunes, elevados al mayor exponente.

64 Actividad resuelta

Desde el colegio salen tres líneas distintas de autobús cada 24, 33 y 60 minutos, respectivamente. Si salen a la vez, ¿cuándo volverán a coincidir en la salida?

Para saber cuándo vuelven a coincidir, podemos calcular los múltiplos de cada número hasta que coincidan los tres por primera vez.

- Múltiplos de 24: 48, 72, 96, 120, 144, 168, 192, 216, 240…
- Múltiplos de 33: 66, 99, 132, 165, 198, 231, 264, 297, 330, 363…
- Múltiplos de 60: 120, 180, 240, 300, 360, 420, 480, 540, 600, 660, 720…

Como se ve, puede ser un cálculo largo, por lo que optamos por la descomposición factorial de cada número.

24	2
12	2
6	2
3	3
1	

33	3
11	11
1	

60	2
30	2
15	3
5	5
1	

$24 = 2^3 \cdot 3$ $\quad 33 = 3 \cdot 11$ $\quad 60 = 2^2 \cdot 3 \cdot 5$

24 → 2 · 12 → 2 · 6 → 2 · 3 → 3 · 1

33 → 3 · 11

60 → 2 · 30 → 2 · 15 → 3 · 5 → 5 · 1

El m.c.m. tiene que ser múltiplo de los tres números, así que sus factores serán 2, 3, 5 y 11. Como el factor 2 aparece 3 veces en 24, en el m.c.m. también deberá aparecer 3 veces. Por tanto: m.c.m. (24, 33 y 60) = $2^3 \cdot 3 \cdot 5 \cdot 11 = 1320$. Por tanto, volverán a coincidir en 22 horas.

65 Escribe los cinco primeros múltiplos positivos de cada par de números. ¿Aparece el mínimo común múltiplo entre ellos?

a. 7 y 9
b. 36 y 45
c. 60 y 90
d. 42 y 63
e. 30 y 56
f. 18 y 2

66 Halla el mínimo común múltiplo en cada caso.

a. 14, 30 y 42
b. 56, 84 y 120
c. 81, 90 y 99

Si dos números son primos entre sí, su mínimo común múltiplo coincide con su producto.

67 Escribe un número y un múltiplo suyo. Calcula el m.c.m. de ambos números. ¿Qué observas?

68 Lucía suele ir a la biblioteca de su barrio cada 28 días, Ruth, cada 25, y Sandra, cada 22. El día 12 de septiembre se encontraron las tres amigas allí. ¿Qué día volverán a coincidir en la biblioteca?

69 Pablo toca el violín cada dos días, entrena natación cada tres días y asiste a clase de danza cada cuatro días. Si el primer lunes de octubre asistió a las tres clases, ¿cuál será la siguiente fecha en la que irá otra vez a todas?

70 Marta tiene dos cables, uno de 120 m de largo y otro de 96 m. Desea cortarlos para realizar un trabajo escolar de manera que todos los trozos sean iguales y de la mayor longitud posible. ¿Cuántos trozos de cable obtendrá en total?

71 Guillermo está suscrito a tres revistas. Recibe la primera cada seis semanas, la segunda, cada ocho semanas, y la tercera, cada doce semanas. Si las tres revistas llegan hoy, ¿en cuántas semanas volverá a recibirlas el mismo día?

NUESTRO RETO

Multiplicando por el mundo

Conoce otras formas de multiplicar de países diferentes

Paso 1

Problema y resolución

Un autobús escolar sale del colegio cada 25 minutos y otro lo hace cada 32. Si a primera hora salen a la vez, ¿cuánto tardarán en volver a coincidir?

- ¿Ya sabes qué tienes que calcular? ¿Máximo común divisor, mínimo común múltiplo? Piensa en los datos y en lo que te piden en el problema.
- Utiliza la multiplicación árabe para hallar la solución del problema.

Paso 2

Otras formas culturales de multiplicar

Observa esta forma de multiplicar maya que se utiliza en Japón.

- Para hallar 4 · 5, dibujan 4 líneas paralelas en una dirección y 5 en otra que las corte. Contando los puntos de corte son 20 = 4 · 5.

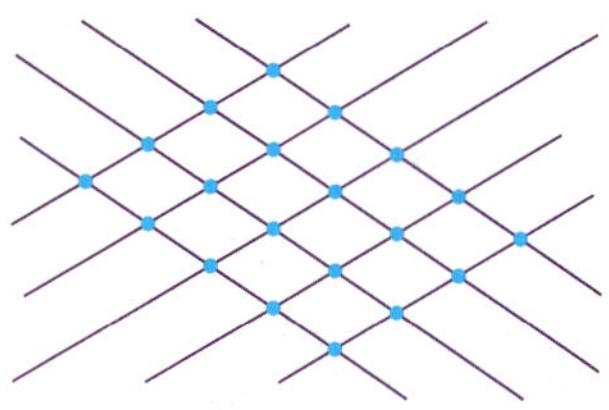

- Para hallar 31 · 24: Primero, dibujan 3 líneas paralelas y otra separada, así separamos decenas y unidades. Hacen lo mismo, en otra dirección, con el 24.

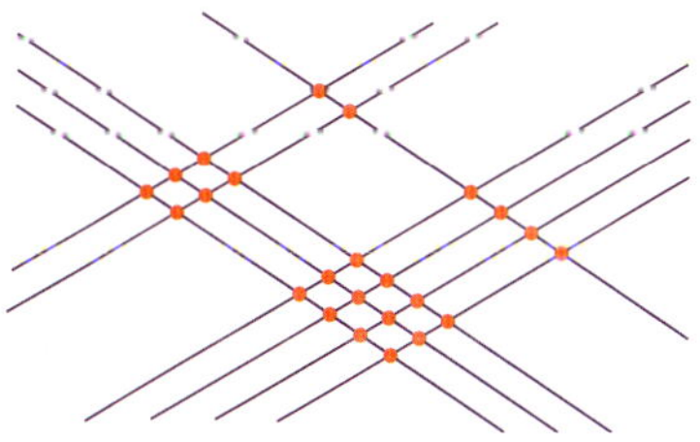

Luego, agrupan como en la multiplicación árabe. Observa que como en el centro hay 14 puntos, al sumar te llevas 1.

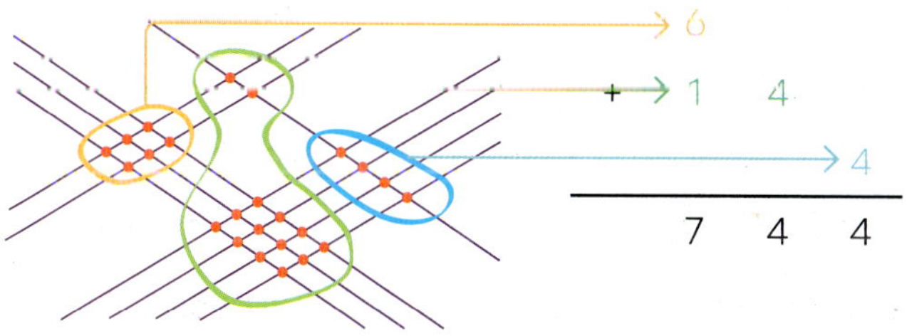

- ¿Podrías resolver el problema del Paso 1 usando este método?
- Ahora, inventa otra operación y resuélvela.

Paso 3

Debate

Cuando todos hayáis resuelto el problema, un compañero saldrá a la pizarra para enseñar su operación y comprobareis que sea correcta. Puedes entrenar para superar el miedo escénico para tu presentación.

Finalmente, habrá un debate sobre otras culturas, en el que se destacará la riqueza cultural que supone que existan distintas formas de operar en diferentes países.

¿Cómo te ha ido el reto? Entra y haz tu valoración

EN RESUMEN

Números enteros y operaciones

Los números enteros (ℤ) son los enteros positivos, los enteros negativos y el cero.

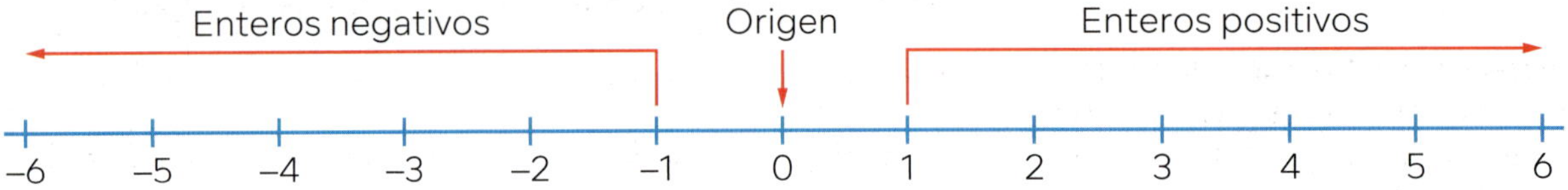

El **valor absoluto** de un número entero es el número natural que resulta al tomarlo con signo positivo.

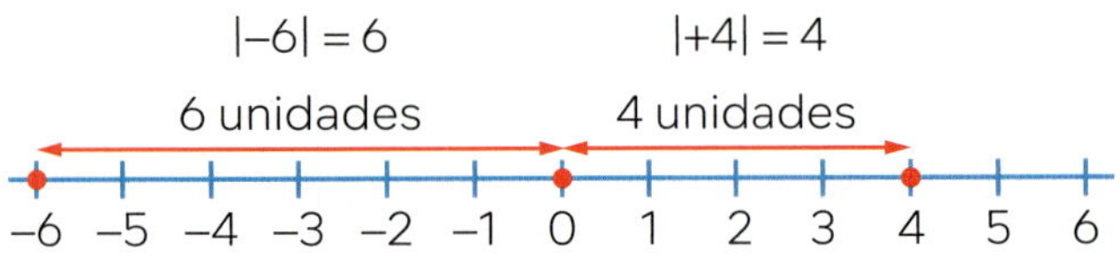

El **opuesto** de un número entero es otro número entero con el mismo valor absoluto y signo contrario.

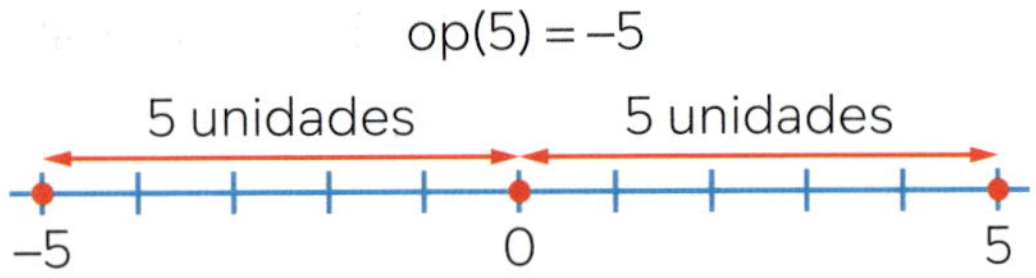

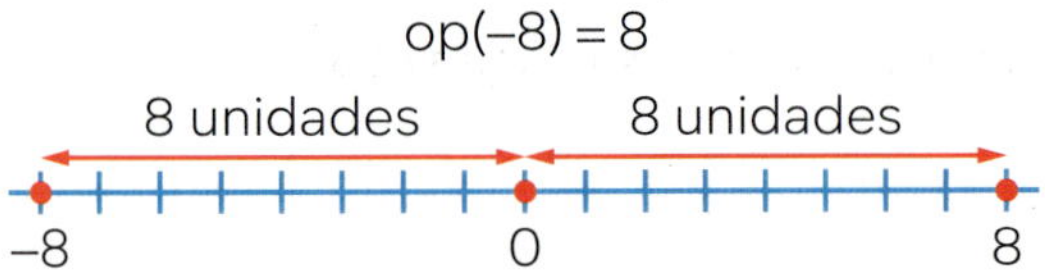

Al **comparar** dos números enteros, el mayor es el que está más a la derecha en la recta.

$$-6 < -4 < 0 < 4 < 6$$

Sumas y restas de enteros	Ejemplo
Para **sumar** números enteros con el **mismo signo**: 1.° Sumamos sus valores absolutos. 2.° Dejamos el mismo signo.	Calculamos (–6) + (–3). $\lvert -6\rvert + \lvert -3\rvert = 6 + 3 = 9 \Rightarrow (-6) + (-3) = -9$ 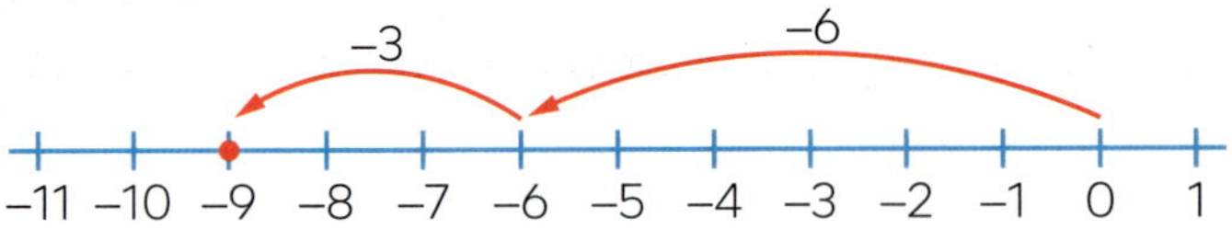
Para **sumar** números enteros con **distinto signo**: 1.° Restamos sus valores absolutos. 2.° Dejamos el signo del sumando que tenga mayor valor absoluto.	Calculamos (–7) + (+4). $\lvert -7\rvert - \lvert +4\rvert = 7 - 4 = 3 \Rightarrow (-7) + (+4) = -3$ 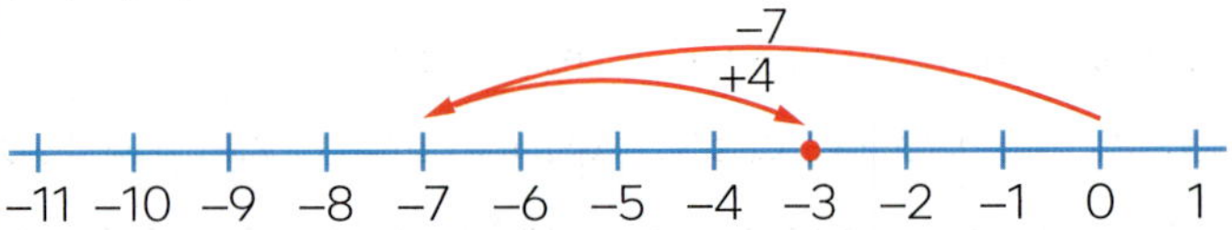
Para **restar** dos números enteros, sumamos al primero el opuesto del segundo. Recuerda que restar es la operación inversa de sumar, por eso podemos transformar una resta en suma, cambiando el signo menos por un más y el signo del número entero que lo sigue por su opuesto.	Calculamos (+3) – (–7). $(+3) - (-7) = (+3) + op(-7) = (+3) + (+7) = +10$ 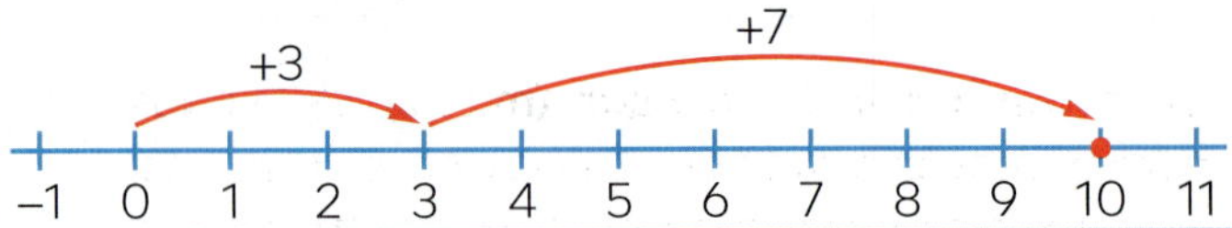
	Calculamos (–5) – (+4). $(-5) - (+4) = (-5) + op(+4) = (-5) + (-4) = -9$ 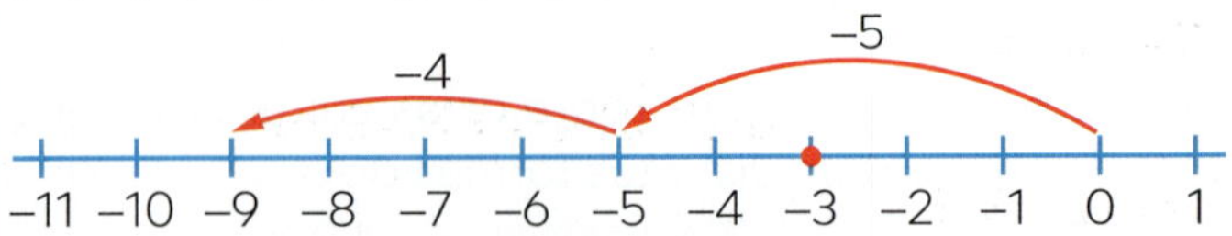

Multiplicaciones y divisiones				
Para **multiplicar** o **dividir** dos números enteros, lo hacemos considerando sus valores absolutos y luego aplicamos la regla de los signos para determinar el signo del producto o del cociente.	Si los dos números tienen el mismo signo, el resultado es positivo.		Si tienen signos opuestos, el resultado es negativo.	
	$+ \cdot + = +$	$+ : + = +$	$+ \cdot - = -$	$+ : - = -$
	$2 \cdot 3 = 6$	$6 : 3 = 2$	$2 \cdot (-3) = -6$	$6 : (-3) = -2$
	$- \cdot - = +$	$- : - = +$	$- \cdot + = -$	$- : + = -$
	$-2 \cdot (-3) = 6$	$-6 : (-3) = 2$	$-2 \cdot 3 = -6$	$-6 : 3 = -2$

Jerarquía de operaciones	Ejemplo
Resolvemos primero las operaciones que aparecen dentro de paréntesis y corchetes siguiendo este orden: 1.° Multiplicaciones y divisiones, de izquierda a derecha. 2.° Sumas y restas.	$85 + 7 \cdot [-2 + 4 \cdot (-3)] + (-12) : [3 \cdot (-2)] = 85 + 7 \cdot [-2 - 12] + (-12) : (-6) =$ $= 85 + 7 \cdot [-14] + 2 = 85 - 98 + 2 =$ $= -11$

Divisibilidad. Máximo común divisor y mínimo común múltiplo

- Un número entero es **múltiplo** de otro si es el resultado de multiplicar este último por otro número entero.
- Un número entero es **divisor** de otro si la división del segundo entre el primero es exacta.
- Un número natural es **primo** si solo tiene dos divisores, el 1 y él mismo.
- Un número natural es **compuesto** si tiene más de dos divisores.

	Criterio de divisibilidad
2	El número termina en cifra par.
5	Acaba en 0 o en 5.
10 o 100	Acaba en 0 o en 00, respectivamente.
4 o 25	Sus dos últimas cifras son 0 o forman un múltiplo de 4 o de 25, respectivamente.
3 o 9	La suma de sus cifras es múltiplo de 3 o 9, respectivamente.
11	La diferencia entre la suma de las cifras que ocupan posiciones pares y la de las cifras que ocupan posiciones impares es 0 o múltiplo de 11.

- El **máximo común divisor (m.c.d.)** de varios números es el mayor de sus divisores comunes. Podemos expresarlo como el producto de sus factores primos comunes elevados al menor exponente.

$24 = 2^3 \cdot 3$, $60 = 2^2 \cdot 3 \cdot 5$ → m.c.d. $(24, 60) = 2^2 \cdot 3 = 12$

- El **mínimo común múltiplo (m.c.m.)** de varios números es el menor de los múltiplos positivos comunes. Podemos expresarlo como el producto de sus factores primos positivos comunes y no comunes, elevados al mayor exponente.

$24 = 2^3 \cdot 3$, $60 = 2^2 \cdot 3 \cdot 5$ → m.c.m. $(24, 60) = 2^3 \cdot 3 \cdot 5 = 120$

PRACTICAMOS

Actividades

1 **Aprendo a pensar. Organiza en un mapa mental los conceptos que has aprendido.**

2 **Expresa estas expresiones con enteros.**

a. Lorena ha ganado 3500 € en la lotería.

b. La temperatura mínima fue de 12 °C bajo cero.

c. La alpinista ha escalado 4756 m.

d. El barco hundido se encontraba a 7450 m de profundidad.

3 **Describe una situación cotidiana a la que se pueda asociar cada número entero.**

a. –5
b. –532
c. 37
d. 1212

4 **Dados los números:**

–7 –4 1 –3 9 11 –13

a. Escribe el valor absoluto de cada uno.
b. Representa cada número en la recta y ordénalos de mayor a menor.
c. Representa los opuestos en la recta y vuelve a ordenarlos de menor a mayor.

5 **Ordena los siguientes números sin representarlos en la recta.**

–38 –500 37 –39 10 22 –499

Calcula sus opuestos y ordénalos.

6 **Representa los siguientes pares de números y halla la distancia entre ellos.**

a. 7 y op(3)
b. op(–6) y 0
c. op(–4) y op(8)
d. op(–3) y op(–10)

7 **Encuentra un número entero que cumpla la condición pedida en cada caso.**

a. Está a la misma distancia de –4 y –22.
b. Es una unidad menor que el opuesto de 17.
c. Su valor absoluto es menor que el valor absoluto de –10 y es mayor que –10.

8 **¿Es posible encontrar un número a que cumpla la condición $|a| < -3$? ¿Por qué?**

9 **Escribe tres números enteros que cumplan la condición pedida.**

a. Están entre –5 y su valor absoluto.
b. Están entre 4 y su opuesto.
c. Son mayores que el opuesto de –5.
d. Son mayores que $|-6|$.

10 **Indica todos los números enteros que cumplan que su valor absoluto es menor que 5 ($|a| < 5$).**

11 **Realiza las siguientes sumas y restas.**

a. 15 + 4
b. 22 + (–15)
c. (–11) – (–28)
d. (+16) – 17

12 **Efectúa gráficamente estas sumas y restas.**

a. 8 + (–5)
b. (–2) + (–8)
c. (–12) – (–9)
d. (–7) – (–11)

13 **Resuelve gráficamente las operaciones. Comprueba los resultados obtenidos.**

a. (–1) + (–4) – (–7)
b. 6 – 10 + (–5) – (–8)

14 **De un número natural se conocen las siguientes propiedades:**

- Tiene exactamente seis divisores naturales.
- Solo tiene dos divisores primos.
- Es menor que 100.
- Uno de sus divisores es 7.

¿Cuántos números posibles hay?

15 **¿Es posible encontrar un número que tenga exactamente 8 divisores enteros? ¿Y que tenga 9? Justifica tus respuestas.**

16 Busca cuatro números distintos tales que, al multiplicar el primero por la suma de los otros tres, el resultado sea el opuesto del primero.

17 Un número es múltiplo de 99 si es múltiplo a la vez de 11 y de 9.

a. Halla un múltiplo de 99 de 4 cifras o más.

b. Separa sus cifras en grupos de 2 desde el final y suma esos grupos. Si sale más de 100, repite la operación. ¿Qué número obtienes?

c. Prueba con otro número. ¿Qué conclusión sacas?

18 Indica si son ciertas las siguientes propiedades.

a. El opuesto de la suma de dos números es igual a la suma de sus opuestos.

b. La resta de números enteros tiene la propiedad conmutativa.

c. El valor absoluto de un número entero no puede ser menor que ese número.

d. El producto de dos números enteros es siempre mayor que cualquiera de ellos.

19 Al multiplicar un número entero por la suma de varios, se obtiene el valor absoluto del primero.

a. ¿Qué valores puede tener esa suma?

b. ¿De qué depende el valor de la suma?

20 Indica si cada afirmación es verdadera o falsa.

a. Si un número es múltiplo de 9, también lo es de 3.

b. Si un número es múltiplo de 5, también lo es de 25.

c. Todos los múltiplos de 2 son compuestos.

d. Todos los números primos son impares.

e. Todos los múltiplos de 5 son compuestos.

21 Encuentra un múltiplo de tres cifras de los siguientes números.

a. –9 c. 35 e. 42

b. 23 d. –11 f. –2

22 Escribe seis divisores de cada número.

a. 216 c. 320 e. 500

b. 415 d. 1221 f. 221

Indica en cada caso si faltan divisores y cuáles son.

23 Aplica los criterios de divisibilidad para completar la siguiente tabla.

	NÚMEROS			
DIVISIBLE POR	48	75	319	4510
2	●●●	●●●	●●●	●●●
3	●●●	●●●	●●●	●●●
4	●●●	●●●	●●●	●●●
5	●●●	●●●	●●●	●●●
9	●●●	●●●	●●●	●●●
10	●●●	●●●	●●●	●●●
11	●●●	●●●	●●●	●●●
25	●●●	●●●	●●●	●●●
100	●●●	●●●	●●●	●●●

24 Encuentra todos los divisores de cada uno de los siguientes números.

a. –22 c. –48 e. 102

b. –31 d. 63 f. 116

25 Escribe un número de dos cifras. A continuación, vuelve a escribirlo de forma que quede un número de cuatro cifras. ¿Es posible que sea primo?

26 Escribe la descomposición en factores primos de los siguientes números.

a. 128 c. 725 e. 540 g. 396

b. 215 d. 98 f. 444 h. 1000

27 Halla en cada caso los posibles valores de la cifra que falta (●) para que se cumpla la condición pedida.

a. 285●7 es divisible entre 2 y 3.

b. ●9679 es múltiplo de 11.

c. 4960● es divisible entre 4 y 9.

d. 8567● es divisible entre 5 y 3, pero no entre 2.

28 Escribe tres números formados por tres cifras que sean primos entre sí.

29 Comprueba si los siguientes números son primos entre sí.

a. 32 y 81 c. 75 y 512 e. 78 y 168

b. 63 y 108 d. 121 y 1045 f. 1002 y 1230

30 Escribe dos números cuyo máximo común divisor sea 7. Multiplica ambos números por 6. ¿Cuál es el máximo común divisor de los dos números obtenidos?

31 Escribe dos números cuyo máximo común divisor sea 210 y que estén entre 10 000 y 11 000.

32 Si un número es múltiplo de 6 y otro es múltiplo de 4, ¿se puede asegurar que su mínimo común múltiplo es múltiplo de 24? Compruébalo.

33 Encuentra el mínimo común múltiplo de los siguientes números a partir de su descomposición factorial.

a. 21 y 28
b. 4, 9 y 12
c. 15 y 16
d. 4, 5 y 9
e. 45 y 180
f. 240 y 36
g. 28, 48 y 60
h. 33, 44 y 132

34 Calcula el mínimo común múltiplo y el máximo común divisor en cada caso.

a. $2^4 \cdot 3^2$ y 3^4
b. $2^2 \cdot 3$ y $2^3 \cdot 5$
c. 2^3 y 3^2
d. $2^2 \cdot 5$, $2 \cdot 5^2$ y $3^2 \cdot 5$

35 La descomposición en factores primos de un número es:

$$2^3 \cdot 3^2 \cdot 5 \cdot 7$$

Encuentra otro número que cumpla la condición pedida en los siguientes casos.

a. El máximo común divisor es 1.
b. El mínimo común múltiplo es $3^2 \cdot 7$.
c. El máximo común divisor es 42 y es mayor que 60.

36 Encuentra dos números cuyo máximo común divisor sea 14 y cuyo mínimo común múltiplo sea 84. Valora si puedes encontrar más de una solución.

37 El producto del máximo común divisor por el mínimo común múltiplo de dos números es 54 432, y uno de los números es 216. ¿Cuál es el otro?

38 Se sabe que el máximo común divisor de dos números es 30 y su producto es 18 000. ¿Cuál es el mínimo común múltiplo de ambos números?

Problemas

39 Paco afirma que el producto de 10 números negativos siempre será negativo. ¿Es cierta la afirmación de Paco?

40 Marta, Camilo, Barbara, Diana y Juan son hermanos. Si Juan es mayor que Marta, pero menor que Diana, Camilo es menor que Marta y Diana menor que Barbara, ¿cómo quedan los cinco hermanos ordenados de mayor a menor?

41 El punto de menor altitud en la superficie de la Tierra es el Mar Muerto en Palestina, que se encuentra a 392 m bajo el nivel del mar.

Mientras el punto de mayor altitud es el Monte Everest en el Himalaya, que se encuentra ubicado a 8921 m sobre el nivel del mar.

¿Cuál es la diferencia de altitud entre estos dos puntos?

42 Una familia quiere comprar los libros de sus dos hijos. En total necesita comprar 20 libros, a 30 € cada uno, pero tienen una beca del ayuntamiento de 300 € y un descuento de 10 € por cada libro del año anterior que entreguen en buen estado. Si entregan 13 libros, ¿cuánto pagarán en total?

43 En algunos países, la falta de profesores hace que el número de estudiantes por clase sea muy elevado. Un profesor tiene 48 estudiantes y los quiere organizar en grupos del mismo tamaño. ¿De cuántas formas puede hacerlo?

44 En una empresa se actualizan los software de los ordenadores de la 1.ª planta cada 20 días, de la 2.ª, cada 15, y de la 3.ª, cada 12. Si el 1 de mayo se actualizaron todos, ¿cada cuántos días coincidirán las tres actualizaciones?

45 De una depuradora que contenía 4500 L de agua, se sacaron 2500 L, después se depositaron 4000 L y, por último, se sacaron 6000 L. ¿Cuántos litros de agua hay en la depuradora?

46 Los estudiantes de una clase utilizan una *app* en la que hacen ejercicios. Cada acierto suma 5 puntos, pero cada fallo resta 3. En el primer ejercicio, Pablo tuvo 6 aciertos y 3 fallos; en el segundo, 4 aciertos y 6 fallos y, en el último, 7 aciertos y 3 fallos. ¿Cuál fue su puntuación final?

47 Eli va de una ciudad *A* a una ciudad *B*. Cuando lleva recorridos 60 km se vuelve 10 km. Emprende nuevamente su camino hacia la ciudad *B* y recorre 190 km hasta llegar a su destino. ¿Qué distancia hay entre las dos ciudades?

48 El inspector Todolosabe ha capturado a varios famosos delincuentes en el XXX Congreso Mafioso, 60 mujeres y 105 hombres. La prisión solo cuenta con 15 celdas, aunque tienen bastante capacidad. Decide encerrar a sus prisioneros separando a los hombres de las mujeres y metiendo en todas las celdas el mismo número de prisioneros. ¿Podrá hacerlo?

49 Un submarino que fotografía fauna marina desciende 10 m cada 20 minutos.

a. ¿A qué profundidad se encuentra al cabo de dos horas?

b. ¿Cuántos metros desciende en la primera hora?

c. ¿Cuánto tiempo tarda en llegar a 240 m de profundidad?

50 En un aeropuerto hay 8 mostradores de facturación cerrados. En un determinado momento hay 240 pasajeros esperando para facturar.

a. Si la compañía quiere que los pasajeros estén distribuidos a partes iguales, ¿cuántos mostradores diferentes puede abrir a la vez?

b. ¿Cuántos viajeros habrá por fila en cada caso?

51 El gasto público en educación en España entre 2010 y 2020 fue el siguiente.

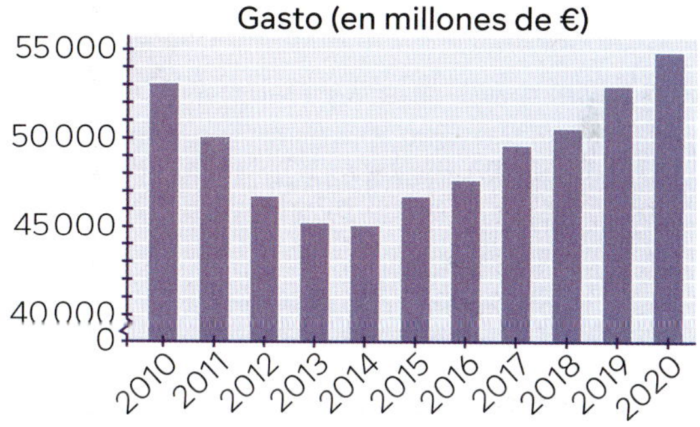

a. Calcula el aumento o disminución del gasto de cada año al siguiente. Exprésalo como un número entero en la columna "Diferencia".

2010	53 099	Diferencia
2011	50 631	−2468
2012	46 476	•••
2013	44 959	•••
2014	44 789	•••
2015	46 598	•••
2016	47 582	•••
2017	49 386	•••
2018	50 660	•••
2019	53 088	•••
2020	55 266	•••

b. Comprueba que si sumas las cantidades del apartado anterior obtienes la diferencia entre las inversiones en 2010 y 2020.

52 En un juego de dardos las puntuaciones se obtienen de acuerdo con las siguientes reglas.

1.ª Si un dardo cae en un sector de la diana, se obtendrá la puntuación correspondiente al sector.

2.ª Si hay dos dardos en un mismo sector de la diana, se restan 20 puntos.

3.ª Si alguno de los dardos no cae dentro de la diana, se restan 10 puntos.

En la diana se muestra el juego de Pablo que lanzó 9 dardos.

a. ¿Qué puntuación obtuvo Pablo?

b. Escribe una expresión con números enteros que muestre el juego de Pablo.

c. ¿Cuál crees que será la mayor puntuación que se puede obtener en el juego?

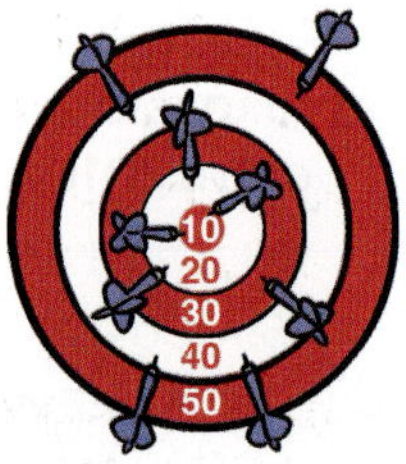

53 Esta tabla muestra un extracto de los movimientos en la cuenta bancaria de Vicente.

Fecha	Concepto	Importe (€)
01–09–22	Abono de haberes	1350
03–09–22	Pago recibo comunidad	–35
07–09–22	Abono de intereses	28
13–09–22d	Pago recibo luz	–112
17–09–22	Compra con tarjeta	–78
21–09–22	Retiro cajero automático	–200
Saldo al 22–09–22		836

a. ¿En qué días hubo abonos en la cuenta de Vicente?

b. ¿En qué días le hicieron descuentos?

c. ¿Por qué puedes determinar que una cantidad del recibo es abono o descuento?

d. ¿Qué relación tienen estos términos con los números enteros? Explica tu respuesta.

54 La profesora de educación física del colegio ha organizado un plan diario de ejercicios.

Actividad	Frecuencia	Fecha de inicio
Natación	Cada 3 días	3 de mayo
Ejercicios cardiovasculares	Cada 5 días	5 de mayo
Gimnasia	Cada 4 días	9 de mayo
Flexibilidad	Cada 6 días	2 de mayo
Atletismo	Cada 8 días	4 de mayo
Resistencia física	Cada 2 días	6 de mayo

a. Haz un calendario para el mes de mayo, de acuerdo con el plan de entrenamiento.

b. ¿En qué día de mayo se realizan por primera vez dos actividades?

c. En el mes de mayo, ¿en cuántos días se realizarán exactamente tres actividades de entrenamiento?

d. ¿En qué días el entrenamiento tendrá más actividades?

e. ¿Será posible que algún día del mes de mayo se realicen todas las actividades?

55 En 2015, todos los estados miembros de las Naciones Unidas aprobaron 17 objetivos como parte de la Agenda 2030 para el Desarrollo Sostenible, y establecieron un plan para alcanzar los objetivos en 2030. Realiza la descomposición en factores primos del año 2030.

a. ¿Cuántos divisores tiene?

b. ¿Crees que el siguiente año, 2031, tendrá más o menos divisores?

c. Verifica tu respuesta anterior, haciendo la descomposición en factores primos del año 2031.

56 Inés está aportando mejoras a su oficina, ya que teletrabaja, y ha decidido cambiar el suelo. El espacio mide 360 cm de ancho y 630 cm de largo. Quiere que las baldosas sean cuadradas y del mayor tamaño posible.

a. ¿Qué medidas tendrá cada baldosa?

b. ¿Cuántas baldosas necesitará?

c. ¿Cuánto debería medir la habitación para que haya que utilizar exactamente 45 baldosas?

57 **Problema resuelto**

La entrenadora de un equipo de waterpolo organiza a sus jugadores en grupos para entrenar. Si se agrupan de 2 en 2, queda 1 sin grupo y si lo hacen de 3 en 3, queda de nuevo uno suelto. Sabiendo que el número máximo de jugadores que puede tener un equipo es 13, ¿cuántos jugadores hay en el equipo?

Sin contar el jugador que sobra, los demás pueden agruparse de 2 en 2 o de 3 en 3. Por tanto, el número de jugadores es múltiplo de 2 y 3, es decir, de 6. Pueden ser 6, 12, 18, 24, etc. Sumando el jugador que sobra, la plantilla puede tener 7 o 13 jugadores.

58 Los miembros de un coro (sin contar a su director) se reúnen en grupos del mismo tamaño. Si se juntan de 3 en 3, sobran 2. Si se juntan de 4 en 4, sobran 3. Si lo hacen de 6 en 6, sobran 5.

- ¿Cuántos miembros tiene el coro, sin contar al director?

59 Escribe tu edad, la edad de tu mejor amigo o amiga y la edad de uno de tus padres. Luego, encuentra los divisores de cada uno de estos tres números y responde las siguientes preguntas.

a. ¿Cuántos divisores tiene tu edad?

b. ¿Cuántos divisores tiene la edad de tu amigo o amiga?

c. ¿Cuántos divisores tiene la edad de alguno de tus padres?

d. ¿Crees que cuanto más grande es un número más divisores tiene?

Comprueba lo que has aprendido

1 Ordena de menor a mayor los siguientes números enteros.

−13, 12, 20, −2, −14, −5, 6, 0

2 Escribe el valor absoluto y el opuesto de cada uno de los siguientes números.

a. −10 b. 96 c. −45 d. 19

3 Realiza las siguientes operaciones.

a. (−18) + 45

b. (−46) − 11

c. (−6) + (−12) − (−15) − 3

d. (−33) − (28 − 45 + 49)

e. −60 : (−6) · 10

f. [48 − 5 · (−9) : 3] − 6 + 4 · [19 − 3 · (−7)]

4 Aplicando los criterios de divisibilidad, comprueba si los siguientes números son múltiplos de 6 o de 11.

a. 418 b. 7392 c. 61 476 d. 4554

5 Halla los divisores positivos de cada número. Luego, clasifícalo, según sea primo o compuesto.

a. 13 b. 21 c. 29 d. 135

6 Calcula el máximo común divisor y el mínimo común múltiplo de los siguientes números.

a. 96 y 180 b. 40, 245 y 700

7 Un caracol se ha metido en un pozo. Durante tres días sube 3 metros diarios, pero se cansa mucho y los cuatro días siguientes baja 4 metros por día. En la semana siguiente vuelve a subir, a razón de 2 metros por día. Si todavía le faltan tres metros para salir del pozo, ¿a qué profundidad empezó?

8 Una distribuidora tiene en el almacén 840 tabletas del modelo *A*, 455 tabletas del modelo *B* y 315 tabletas del modelo *C*. Quiere almacenarlas en cajas del mismo tamaño, sin mezclar modelos distintos, en el menor número posible de cajas. ¿Cuántas tabletas tendrá cada caja y cuántas cajas habrá de cada modelo?

Mis competencias | Autoevaluación

1.2 Entre dos enteros

¡EMPEZAMOS!

EL BLOG DE MATE

INICIO | ÚLTIMOS POSTS | VIDEOS | NO TE PUEDES PERDER... | CONTACTO

CÓMO PUEDE AYUDAR EL DEPORTE A MANTENER UNA MENTE SANA Y FUERTE

Por: EL BLOG DE MATE | 25 de junio, 2023 | *2506 comentarios*

Mucho se habla de que practicar algún deporte mejora la calidad de vida y aporta muchos beneficios al físico y a la salud, pero, personalmente, considero que poco se habla de que los beneficios no solo son físicos sino también mentales. No hay evidencias científicas que expliquen la razón de por qué el deporte es tan importante para la salud mental, pero sí hay múltiples estudios que hablan del deporte como prevención de trastornos psiquiátricos como la ansiedad o la depresión. Según estas hipótesis, el deporte libera unos neurotransmisores como la dopamina, endorfina, oxitocina y serotonina que ayudan a:

- Sentir placer por superar un reto o formar parte de un grupo.
- Mantener un estado de relajación mental.
- Equilibrar vínculos afectivo–emocionales.
- Fomentar nuestra autoestima y nuestra confianza.
- Mantener cierta disciplina y organización.
- Adquirir destreza psicomotora.
- Mejorar las relaciones y habilidades sociales.

Y tú, ¿has notado otros beneficios? ¡Te leo en los comentarios!

2506 comentarios

ARCHIVO

SUSCRÍBETE

ENLACES DE INTERÉS

Salud Deporte Divulgación Blog Noticias Curiosidades

LO MÁS LEÍDO DEL DÍA

⇒ CÓMO PUEDE AYUDAR EL DEPORTE A MANTENER UNA MENTE SANA Y FUERTE

- ¿Prácticas algún deporte?
- ¿Crees que aporta beneficios para tu salud?
- Cuando practicas deporte, ¿notas alguna mejoría en tu estado emocional?

¡VAMOS A APRENDER!

1. Trabajar de forma individual, aunque estemos en grupo.
2. Representar, ordenar y comparar fracciones y números decimales.
3. Operar con fracciones y decimales.
4. Pasar de fracción a decimal y viceversa.
5. Resolver problemas con fracciones y decimales.
6. Desarrollar el pensamiento creativo con la lluvia de ideas.
7. Diseñar un entrenamiento utilizando fracciones para fomentar hábitos saludables.

NUESTRO RETO

Un entrenamiento para cuidarnos

Diseñarás una semana de entrenamientos para cuidarte de forma que se cumplan todas las condiciones pedidas. Con 8 horas semanales, ¿será posible jugar cada semana un partidillo de 45 minutos?

¡Vamos allá!

1 ¿Dividimos de manera justa?

Interpretación de fracciones. Fracciones equivalentes

1 Observa la imagen y contesta.

¿Sabrías explicar qué ocurre?

Una **fracción** $\frac{a}{b}$ es el cociente de dos números enteros, donde *a* es el **numerador**, y *b*, el **denominador**, con $b \neq 0$. Podemos interpretar una fracción como parte de una unidad, como cociente de dos números o como fracción de una cantidad.

Ejemplo

- **Partes de una unidad:**
  Queda $\frac{1}{4}$ de tortilla.
- **Cociente de dos números:**
  Repartimos 9 manzanas entre 6 niños, $\frac{9}{6}$, es decir, una manzana y media cada uno.
- **Fracción de una cantidad:**
  $\frac{2}{9}$ de 54 coches son eléctricos,
  $\frac{2}{9} \cdot 54 = \frac{2 \cdot 54}{9} = 12$ coches

2 Indica la interpretación de fracción que se utiliza en cada caso.

a. Un quinto del público del teatro es de Toledo.
b. De cada 100 personas, 75 practican algún deporte.
c. La corvina lleva hora y cuarto en el horno.
d. Ida ha comido un cuarto de melón.
e. He recorrido 20 km de 54 km.
f. Seis décimas partes del depósito.

3 Indica la fracción que representa la parte coloreada.

a.

b.

4 Representa las siguientes figuras geométricas y colorea la fracción indicada.

a. $\frac{4}{9}$ de un cuadrado
b. $\frac{3}{8}$ de un círculo
c. $\frac{12}{16}$ de un octógono

5 Calcula la fracción de cantidad indicada.

a. $\frac{3}{4}$ de 56
b. $\frac{7}{10}$ de 80
c. $\frac{11}{9}$ de 18
d. $\frac{8}{3}$ de 39

Dos fracciones $\frac{a}{b}$ y $\frac{c}{d}$ son **equivalentes** si representan el mismo número. Podemos comprobar que lo sean viendo si sus **productos cruzados** son **iguales**:

$$a \cdot d = b \cdot c$$

6 **Comprueba si estas fracciones son equivalentes.**

a. $\frac{16}{25}$ y $\frac{20}{30}$ **b.** $\frac{12}{25}$ y $\frac{60}{75}$ **c.** $\frac{81}{120}$ y $\frac{54}{80}$ **d.** $\frac{36}{60}$ y $\frac{21}{35}$

7 **Actividad resuelta**

¿Son equivalentes las fracciones $\frac{4}{6}$ y $\frac{8}{12}$?

Comprobamos que los productos cruzados son iguales: $4 \cdot 12 = 6 \cdot 8 = 48$

$\frac{4}{6}$ →

$\frac{8}{12}$ →

8 **Representa las siguientes fracciones e indica si son equivalentes a partir de su gráfica.**

a. $\frac{9}{12}$ y $\frac{6}{8}$ **b.** $\frac{3}{5}$ y $\frac{6}{10}$ **c.** $\frac{9}{5}$ y $\frac{9}{4}$

Para obtener **fracciones equivalentes** a una dada, multiplicamos o dividimos el numerador y el denominador por un mismo número distinto de cero.

- Cuando los términos de una fracción no pueden dividirse más entre un mismo número, se obtiene la **fracción irreducible**.

9 **Actividad resuelta**

Encuentra dos fracciones equivalentes a $\frac{5}{10}$, una de ellas irreducible.

Por simplificación: $\frac{5:5}{10:5} = \frac{1}{2}$ ← $\frac{5}{10}$ → $\frac{5 \cdot 2}{10 \cdot 2} = \frac{10}{20}$:Por ampliación

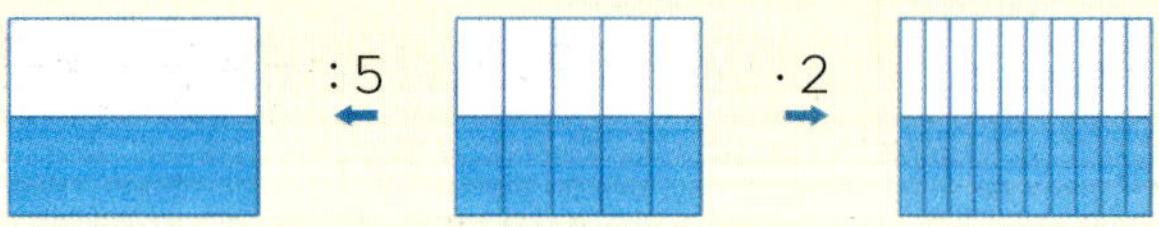

Como $\frac{1}{2}$ no se puede simplificar más, es irreducible.

10 **Escribe dos fracciones amplificadas y la fracción irreducible de las siguientes fracciones.**

a. $\frac{12}{30}$ **b.** $\frac{11}{13}$ **c.** $\frac{20}{36}$ **d.** $\frac{18}{21}$ **e.** $\frac{6}{18}$

11 **Comprueba si las siguientes fracciones son equivalentes comparando las fracciones irreducibles correspondientes a cada pareja.**

a. $\frac{80}{48}$ y $\frac{45}{27}$ **b.** $\frac{72}{32}$ y $\frac{45}{20}$ **c.** $\frac{68}{80}$ y $\frac{104}{120}$

12 **Simplifica hasta obtener la fracción irreducible.**

a. $\frac{48}{84}$ **b.** $\frac{32}{128}$ **c.** $\frac{121}{55}$ **d.** $\frac{42}{77}$ **e.** $\frac{32000}{1800}$ **f.** $\frac{34}{51}$

13 Actividad resuelta

Encuentra el término que falta en la igualdad $\frac{x}{12}=\frac{28}{42}$.

Para que las fracciones sean equivalentes, los productos cruzados deben ser iguales. Como $12 \cdot 28 = 336$, tenemos que $42 \cdot x = 336$.

Por tanto, $x=\frac{336}{42}=8$ y la igualdad es $\frac{8}{12}=\frac{28}{42}$.

14 **Completa las siguientes igualdades para que las fracciones sean equivalentes.**

a. $\frac{x}{8}=\frac{95}{20}$ **b.** $\frac{36}{x}=\frac{63}{14}$ **c.** $\frac{200}{150}=\frac{x}{81}$ **d.** $\frac{19}{5}=\frac{114}{x}$

15 **Completa los números que faltan.**

$$\frac{\bullet}{20}=\frac{15}{60}=\frac{3}{\bullet}=\frac{\bullet}{24}=\frac{1}{\bullet}=\frac{\bullet}{36}$$

Comparación y ordenación de fracciones

Para **comparar** y **ordenar fracciones** con distinto numerador, seguimos los siguientes pasos.

COMPARACIÓN Y ORDENACIÓN DE FRACCIONES

Ordenamos de menor a mayor las fracciones $\frac{3}{8}, \frac{5}{12}$ y $\frac{3}{5}$.

Paso 1

Buscamos otras fracciones equivalentes con el mismo denominador. Para ello, tenemos que calcular el mínimo común múltiplo entre los denominadores:

$$\text{m.c.m.}\ (8, 12, 5) = 120$$

Paso 2

Dividimos el m.c.m. (8, 12, 5) entre cada denominador y multiplicamos cada resultado por el numerador y el denominador correspondiente para obtener fracciones equivalentes.

$$120 : 8 = 15 \Rightarrow \frac{3}{8}=\frac{3 \cdot 15}{8 \cdot 15}=\frac{45}{120}$$

$$120 : 12 = 10 \Rightarrow \frac{5}{12}=\frac{5 \cdot 10}{12 \cdot 10}=\frac{50}{120}$$

$$120 : 5 = 24 \Rightarrow \frac{3}{5}=\frac{3 \cdot 24}{5 \cdot 24}=\frac{72}{120}$$

Paso 3

Comparamos los numeradores, siendo mayor la que tiene mayor numerador.

$$\frac{45}{120}<\frac{50}{120}<\frac{72}{120} \Rightarrow \frac{3}{8}<\frac{5}{12}<\frac{3}{5}$$

16 MAT-TIC **Ordena las fracciones de menor a mayor. Sigue entrenándote con el interactivo GeoGebra *Comparación y ordenación de fracciones*.**

a. $\frac{3}{7}, \frac{2}{5}$ y $\frac{7}{9}$ **b.** $\frac{5}{11}, \frac{17}{25}$ y $\frac{7}{12}$ **c.** $\frac{43}{60}, \frac{56}{75}$ y $\frac{55}{42}$ **d.** $\frac{7}{8}, \frac{1}{3}, \frac{5}{6}, \frac{11}{12}$, y $\frac{3}{4}$

17 **Ordena las parejas utilizando <, > o = y escribe tres fracciones comprendidas entre ellas.**

a. $\frac{5}{9}$ y $\frac{6}{10}$ **b.** $\frac{13}{20}$ y $\frac{9}{10}$ **c.** $\frac{17}{8}$ y $\frac{17}{15}$ **d.** $\frac{3}{28}$ y $\frac{2}{15}$

2 ¿Cómo operamos con fracciones?

Operaciones con fracciones

18 **Aprendo a pensar.** Observa la imagen y contesta, a través de una lluvia de ideas.

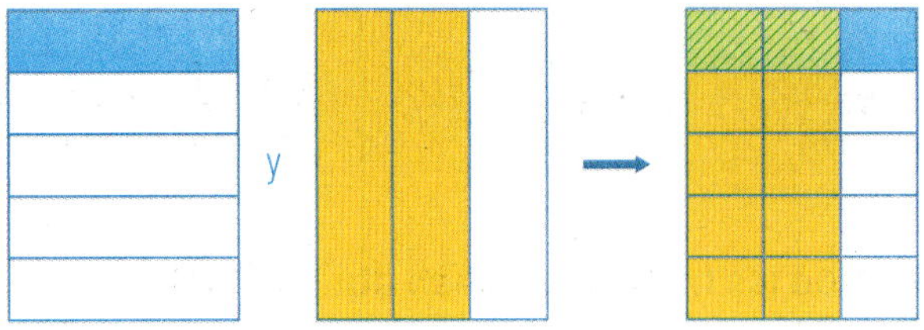

a. ¿Qué fracción representa cada una de las imágenes?

b. ¿Qué tienen que ver las primeras dos con la última? Trata de hacer algunas hipótesis.

Las operaciones básicas con fracciones son: suma, resta, producto, potencia y cociente.

Operación	Ejemplo
Para **sumar** o **restar** fracciones reducimos a común denominador y sumamos o restamos los numeradores: $\frac{a}{m}+\frac{b}{m}=\frac{a+b}{m}$ $\quad \frac{a}{m}-\frac{b}{m}=\frac{a-b}{m}$	$\frac{2}{3}-2+\frac{7}{8} \underset{\text{m.c.m.}(3,1,8)=24}{=} \frac{2\cdot 8}{3\cdot 8}-\frac{2\cdot 24}{1\cdot 24}+\frac{7\cdot 3}{8\cdot 3}$ $=\frac{16}{24}-\frac{48}{24}+\frac{21}{24}=\frac{16-48+21}{24}=\frac{11}{24}$
El **producto** de dos fracciones es otra fracción cuyo numerador es el producto de los numeradores, y el denominador, el producto de los denominadores. $\frac{a}{b}\cdot\frac{c}{d}=\frac{a\cdot c}{b\cdot d}$	$\frac{5}{9}\cdot\frac{7}{6}=\frac{5\cdot 7}{9\cdot 6}=\frac{35}{54}$
Dos **fracciones** son **inversas** si su producto es 1. $\frac{a}{b}\cdot\frac{b}{a}=\frac{a\cdot b}{b\cdot a}=1$	$\frac{5}{9}\cdot\frac{9}{5}=\frac{5\cdot 9}{9\cdot 5}=\frac{45}{45}=1 \Rightarrow$ Son inversas.
La **potencia** de una fracción es la fracción que resulta al elevar el numerador y el denominador a dicha potencia. $\left(\frac{a}{b}\right)^n=\frac{a^n}{b^n}$	$\left(\frac{2}{5}\right)^4=\frac{2}{5}\cdot\frac{2}{5}\cdot\frac{2}{5}\cdot\frac{2}{5}=\frac{2^4}{5^4}=\frac{16}{625}$
El **cociente** de dos fracciones equivale al producto de la primera por la inversa de la segunda. $\frac{a}{b}:\frac{c}{d}=\frac{a}{b}\cdot\frac{d}{c}=\frac{a\cdot d}{b\cdot c}$	$\frac{-4}{5}:\frac{3}{2}=\frac{-4}{5}\cdot\frac{2}{3}=\frac{-4\cdot 2}{5\cdot 3}=\frac{-8}{15}$

19 Realiza las siguientes operaciones. Luego, expresa el resultado en forma de fracción irreducible.

a. $\frac{5}{12}+\frac{7}{18}$

b. $\frac{13}{12}+\frac{-7}{18}-\frac{5}{24}$

c. $\frac{11}{12}-\frac{6}{25}$

d. $\frac{19}{42}-\frac{11}{28}$

e. $\frac{1}{23}+\frac{1}{16}$

f. $\frac{10}{11}-\frac{4}{7}+\frac{3}{5}$

Una fracción puede ser negativa, y el signo menos se suele escribir delante de la fracción, pero podemos encontrarlo también en el numerador o en el denominador.

20 Opera, simplificando los resultados todo lo posible.

a. $\frac{3}{5}-7+\frac{9}{-10}+\frac{5}{12}$

b. $23+\frac{7}{40}-\frac{10}{7}-14$

c. $\frac{13}{17}+\frac{3}{15}-9+\frac{8}{20}$

Una fracción es **impropia** si es mayor que la unidad. Podemos expresarla como la suma de un número entero y una fracción propia (menor que la unidad).

21 Actividad resuelta

Expresa $\frac{19}{3}$ como suma de un número entero y una fracción propia.

Utilizando la prueba de la división, tenemos: $19=6\cdot3+1 \Rightarrow \frac{19}{3}=\frac{6\cdot3+1}{3}=\frac{6\cdot\cancel{3}}{\cancel{3}}+\frac{1}{3}=6+\frac{1}{3}$

22 **Expresa cada fracción como suma de un número entero y una fracción propia.**

a. $\frac{18}{7}$ **b.** $\frac{33}{5}$ **c.** $\frac{11}{2}$ **d.** $\frac{43}{4}$ **e.** $\frac{33}{10}$ **f.** $\frac{89}{16}$

23 **Realiza estas operaciones y expresa el resultado en forma de fracción irreducible.**

a. $\frac{1}{5}\cdot\frac{4}{7}$ **c.** $\frac{20}{9}\cdot5\cdot\frac{11}{9}$ **e.** $8:\frac{7}{6}$ **g.** $\frac{13}{42}\cdot\frac{6}{5}\cdot\frac{24}{10}$ **i.** $\frac{12}{5}:\frac{4}{25}$

b. $\frac{16}{5}\cdot\frac{3}{9}\cdot\frac{5}{11}$ **d.** $\frac{1}{5}:\frac{6}{10}$ **f.** $\frac{12}{15}\cdot\frac{25}{36}$ **h.** $\frac{2}{3}:\frac{4}{9}$ **j.** $\frac{16}{5}:24$

24 **Escribe la fracción inversa de las siguientes fracciones.**

a. $\frac{-5}{8}$ **b.** $\frac{16}{5}$ **c.** $\frac{15}{-23}$ **d.** $\left(\frac{3}{5}\right)^2$

25 **Calcula mentalmente las siguientes potencias.**

a. $\left(\frac{3}{5}\right)^2$ **b.** $\left(\frac{1}{2}\right)^4$ **c.** $\left(\frac{7}{27}\right)^1$ **d.** $\left(\frac{4}{3}\right)^3$

26 **Encuentra los términos que faltan.**

a. $\left(\frac{\bullet}{\bullet}\right)^3=\frac{1}{216}$ **b.** $\left(\frac{2}{5}\right)^{\bullet}=\frac{16}{625}$ **c.** $\left(\frac{\bullet}{\bullet}\right)^{\bullet}=\frac{243}{1024}$

Para realizar operaciones combinadas con fracciones, debemos tener en cuenta la jerarquía de las operaciones. Primero, resolvemos las operaciones que aparecen dentro de corchetes y paréntesis y, después, el resto, según esta jerarquía:

1.° Potencias y raíces

2.° Multiplicaciones y divisiones, de izquierda a derecha

3.° Sumas y restas

Recuerda que los cálculos son más ágiles cuando simplificamos las fracciones a sus mínimos términos.

27 Actividad resuelta

Resolvemos la operación $\frac{3}{4}+\frac{5}{3}\cdot\left[\frac{1}{2}:\frac{5}{4}-\left(\frac{5}{6}\right)^2\right]$.

$$\frac{3}{4}+\frac{5}{3}\cdot\left[\frac{1}{2}:\frac{5}{4}-\left(\frac{5}{6}\right)^2\right]=\frac{3}{4}+\frac{5}{3}\cdot\left[\frac{1}{2}:\frac{5}{4}-\frac{5^2}{6^2}\right]=\frac{3}{4}+\frac{5}{3}\cdot\left[\frac{1}{2}:\frac{5}{4}-\frac{25}{36}\right]=\frac{3}{4}+\frac{5}{3}\cdot\left[\frac{1}{2}\cdot\frac{4}{5}-\frac{25}{36}\right]=\frac{3}{4}+\frac{5}{3}\cdot\left[\frac{2}{5}-\frac{25}{36}\right]=$$

$$=\frac{3}{4}+\frac{5}{3}\cdot\left[\frac{72}{180}-\frac{125}{180}\right]=\frac{3}{4}+\frac{5}{3}\cdot\left[\frac{72-125}{180}\right]=\frac{3}{4}+\frac{5}{3}\cdot\frac{-53}{180}=\frac{3}{4}+\frac{-265}{540}=\frac{3}{4}+\frac{-53}{108}=$$

$$=\frac{81}{108}+\frac{-53}{108}=\frac{81-53}{108}=\frac{28}{108}=\frac{\cancel{2}\cdot\cancel{2}\cdot7}{\cancel{2}\cdot\cancel{2}\cdot3\cdot3\cdot3}=\frac{7}{27}$$

28 Resuelve las siguientes operaciones.

a. $\frac{3}{4}+\frac{5}{4}\cdot\frac{1}{6}$

b. $\frac{16}{5}\cdot\frac{3}{9}\cdot\frac{5}{11}$

c. $\frac{4}{5}\cdot\frac{5}{8}+\frac{7}{12}$

d. $\frac{7}{20}+\frac{13}{12}\cdot\frac{2}{3}$

e. $\frac{2}{9}-\frac{5}{6}:\frac{4}{3}$

f. $\frac{5}{3}:\frac{2}{9}\cdot\frac{6}{5}$

> Recuerda que un número entero se puede escribir como una fracción de denominador 1:
>
> $-a=-\frac{a}{1}$

29 Calcula las siguientes operaciones.

a. $\frac{3}{4}:(-2)\cdot\left(-\frac{4}{5}\right)$

b. $11-\frac{5}{4}:\frac{3}{4}$

c. $\frac{7}{20}-\frac{13}{12}\cdot(-5)$

d. $\frac{7}{9}+\frac{5}{9}\cdot 8$

30 Efectúa las siguientes operaciones combinadas.

a. $\frac{3}{8}-\frac{5}{6}:\frac{4}{3}+\frac{2}{9}$

b. $\frac{5}{3}:3-3:\frac{5}{3}$

c. $\frac{3}{4}+\frac{5}{4}\cdot\frac{2}{3}$

d. $\frac{7}{8}-\frac{1}{6}:\left(\frac{5}{3}\cdot\frac{3}{4}\right)$

e. $\frac{11}{12}-\frac{3}{4}\cdot\frac{1}{5}-\frac{1}{16}$

f. $\frac{23}{12}+\frac{1}{5}:\left(\frac{4}{5}+2\right)$

g. $\frac{7}{6}-\frac{11}{3}:4+\frac{14}{9}$

h. $\frac{3}{8}+\frac{3}{4}\cdot\frac{3}{2}\cdot 3$

i. $\frac{5}{6}-\frac{2}{6}\cdot\left(\frac{9}{4}-\frac{1}{2}\right)$

j. $\frac{3}{40}-\frac{12}{28}:\frac{2}{3}+\frac{23}{36}$

k. $10:\frac{15}{4}\cdot 8-\frac{24}{35}$

l. $\frac{5}{36}-\left(\frac{7}{16}+\frac{1}{4}:\frac{3}{5}\right)$

31 Realiza las siguientes operaciones teniendo en cuenta la jerarquía.

a. $\frac{2}{5}-\frac{1}{5}:\left(\frac{3}{5}-\frac{1}{5}\right)$

b. $\frac{5}{12}+\frac{7}{3}:\left(\frac{4}{3}+2\right)$

c. $\left(\frac{7}{8}-\frac{1}{6}:\frac{5}{3}\right)\cdot\left(\frac{3}{4}\right)^3$

d. $\frac{9}{20}-\left(\frac{13}{16}-\frac{11}{12}\right):\frac{25}{24}$

e. $\frac{11}{36}-\left(\frac{7}{12}+\frac{1}{2}:\frac{5}{4}\right)$

f. $\frac{5}{16}-\frac{35}{12}:\left(6-\frac{32}{5}\right)$

32 **Actividad resuelta**

Resuelve y simplifica el resultado hasta llegar a la fracción irreducible.

$$\frac{2}{3}\cdot\frac{3}{8}-\frac{3}{5}:\frac{9}{10}+\frac{1}{4}-\frac{4}{5}:\frac{7}{15}\cdot\frac{14}{3}$$

Separamos la operación en varios sumandos y realizamos las operaciones a la vez, respetando la jerarquía de operaciones.

$$\frac{2}{3}\cdot\frac{3}{8}-\frac{3}{5}:\frac{9}{10}+\frac{1}{4}-\frac{4}{5}:\frac{7}{15}\cdot\frac{14}{3}=\frac{2\cdot\cancel{3}}{\cancel{3}\cdot 8}-\frac{3\cdot 10}{5\cdot 9}+\frac{1}{4}-\frac{4\cdot 15}{5\cdot 7}\cdot\frac{14}{3}=\frac{\cancel{2}}{\cancel{2}\cdot 4}-\frac{\cancel{3}\cdot 2\cdot\cancel{5}}{\cancel{5}\cdot\cancel{3}\cdot 3}+\frac{1}{4}-\frac{4\cdot\cancel{5}\cdot\cancel{3}\cdot 2\cdot\cancel{7}}{\cancel{5}\cdot\cancel{7}\cdot\cancel{3}}=$$

$$=\frac{1}{4}-\frac{2}{3}+\frac{1}{4}-8=\frac{3}{12}-\frac{8}{12}+\frac{3}{12}-\frac{96}{12}=\frac{3-8+3-96}{12}=\frac{-98}{12}=-\frac{49}{6}$$

33 Calcula el resultado de las siguientes operaciones y exprésalo en forma de fracción irreducible.

a. $\frac{49}{100}:7\cdot\frac{20}{7}+3-\left(\frac{2}{5}-\frac{1}{6}\cdot\frac{3}{2}\right)^2+\frac{7}{15}-3$

b. $\left(\frac{11}{42}+\frac{4}{7}\right)\cdot\frac{2}{5}-\frac{7}{5}\cdot\left(2-2\cdot\frac{4}{9}\right)+\frac{4}{15}:8$

c. $\frac{-41}{18}+\frac{2}{3}\cdot\left(\frac{16}{5}-\frac{9}{30}:\frac{3}{32}\right)^3-4:\frac{9}{2}:\frac{5}{3}$

d. $\frac{3}{5}:2-2\cdot\frac{3}{4}\left[\frac{5}{6}-\frac{1}{3}\cdot\left(\frac{1}{2}-2\right)\right]^2$

34 Resuelve las siguientes operaciones combinadas.

a. $\left(\frac{11}{30}+\frac{4}{5}\right)^2\cdot\frac{12}{21}-\frac{11}{5}\left(4-3\cdot\frac{4}{9}\right)+\frac{4}{5}:6$

b. $\frac{2}{3}\cdot 5-\left[\frac{19}{18}-\frac{6}{5}\cdot\left(\frac{8}{15}-\frac{7}{10}\right)\right]+\frac{3}{4}:\frac{4}{5}\cdot\frac{12}{25}$

35 Actividad resuelta

Calcula y simplifica.

$$\frac{\frac{2}{3}-\frac{5}{2}\cdot\frac{1}{4}}{\frac{3}{5}-2:\frac{4}{3}}$$

La fracción se puede escribir también de esta forma:

$$\frac{\frac{2}{3}-\frac{5}{2}\cdot\frac{1}{4}}{\frac{3}{5}+2:\frac{4}{3}}=\left[\frac{2}{3}-\frac{5}{2}\cdot\frac{1}{4}\right]:\left[\frac{3}{5}+2:\frac{4}{3}\right]$$

Realizamos las operaciones del numerador y las del denominador y, a continuación, dividimos los resultados.

$$\frac{\frac{2}{3}-\frac{5}{2}\cdot\frac{1}{4}}{\frac{3}{5}+2:\frac{4}{3}}=\frac{\frac{2}{3}-\frac{5}{8}}{\frac{3}{5}+\frac{3}{2}}=\frac{\frac{16}{24}-\frac{15}{24}}{\frac{6}{10}+\frac{15}{10}}=\frac{\frac{1}{24}}{\frac{21}{10}}=\frac{1}{24}:\frac{21}{10}=\frac{1}{24}\cdot\frac{10}{21}=\frac{1}{\not{2}\cdot 12}\cdot\frac{\not{2}\cdot 5}{21}=\frac{5}{252}$$

36 Resuelve las siguientes operaciones con fracciones.

a. $\dfrac{\frac{7}{8}-\frac{5}{8}\cdot\frac{4}{3}}{\frac{4}{9}:\frac{16}{27}-\frac{1}{8}}$

b. $\dfrac{\frac{3}{4}+\frac{1}{4}\cdot\left(\frac{5}{3}-1:\frac{6}{5}\right)}{\frac{3}{8}+\frac{4}{3}-\frac{7}{12}}$

c. $\dfrac{\frac{3}{5}+\frac{7}{9}:\frac{12}{15}}{\frac{1}{3}\cdot\frac{10}{13}-\frac{1}{8}+\left(\frac{1}{4}\right)^2}$

37 De las obras de un colegio, el curso pasado se dedicaron 27 de cada 100 € gastados a mejorar las instalaciones deportivas. Si se gastaron 60 000 € en total, ¿cuánto se destinó a las instalaciones deportivas?

38 Elvira es una médico que colabora con una ONG y en sus vacaciones ha decidido ir a África para ayudar en una campaña de vacunación. La tercera parte del viaje la pasó en Burundi, la cuarta parte, en Mali, y los 10 días restantes, en Sierra Leona. ¿Cuánto duró el viaje?

39 La mitad de los habitantes de Villaquebrado han nacido en el pueblo. Cuatro quinceavos de los habitantes vienen de Ciudad Racional y el resto son de Cocientópolis. ¿Qué fracción de los habitantes vienen de esta última ciudad?

40 En el botiquín de una clínica médica hay 1500 medicamentos de varios géneros: $\frac{1}{4}$ de ellos son vacunas, $\frac{1}{5}$, analgésicos, $\frac{2}{15}$, antibióticos, y el resto, otros medicamentos.

a. Calcula la fracción correspondiente a los medicamentos sin clasificar.

b. Si hubiera 40 antibióticos, ¿cuántos medicamentos habría en el botiquín con las mismas proporciones de fracciones indicadas en el texto?

3 ¿La parte decimal importa?

Descomposición y representación de decimales

41 Observa la viñeta.

¿Crees que es correcto el redondeo?

Un número decimal está formado por una parte entera y una parte decimal separadas por una coma.

Podemos descomponerlo en los distintos órdenes de unidades.

Ejemplo

Descomponemos 108,923 en los distintos ordenes de unidades.

108,923 — Parte entera: 108 — Parte decimal: 0,923

C	D	U	d	c	m
1	0	8	9	2	3

$108{,}923 = 100 + 8 + 0{,}9 + 0{,}02 + 0{,}003 = 1 \cdot 100 + 8 \cdot 1 + 9 \cdot 0{,}1 + 2 \cdot 0{,}01 + 3 \cdot 0{,}001$

Es decir, 1 centena, 8 unidades, 9 décimas, 2 centésimas y 3 milésimas.

Solemos expresar la parte entera en unidades y la parte decimal en la menor unidad decimal. En este caso, 108 unidades y 923 milésimas.

42 Completa la siguiente tabla.

C	D	U	d	c	m	Lectura
	4	0	0	9	5	Cuarenta unidades y noventa y cinco milésimas
	8	3	2			●●●
●	●	●	●	●	●	Dos unidades y ochocientas dieciséis milésimas
			0	5	0	●●●
●	●	●	●	●	●	Doce unidades y siete centésimas
		1	0	3	0	●●●
●	●	●	●	●	●	Ciento trece unidades y dos decimas

43 Describe la parte entera y la parte decimal de cada número.

a. 206,357

b. 503,00125

c. 1012,0045

d. 10 001,3012

Para **representar números decimales** en la recta numérica, seguimos estos pasos.

REPRESENTACIÓN EN LA RECTA NUMÉRICA

Representamos 5,42 en la recta numérica.

Paso 1

Situamos en la recta numérica la cifra correspondiente a la parte entera y la unidad siguiente.

Paso 2

Dividimos el segmento en 10 partes iguales, para representar las décimas.

Paso 3

Dividimos cada décima en 10 partes iguales, para representar las centésimas. Continuaríamos este proceso para representar las milésimas, diezmilésimas...

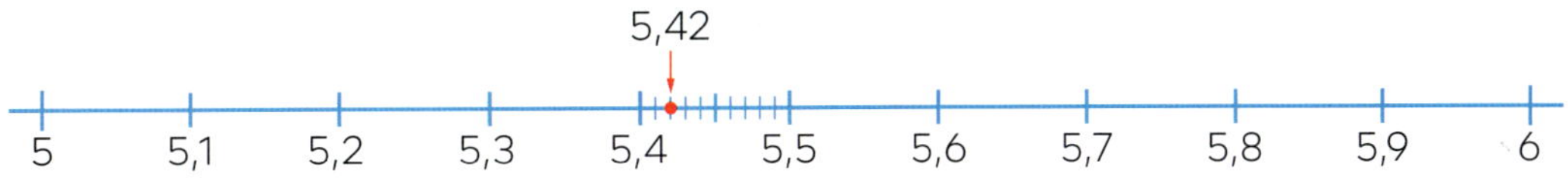

44 **Representa en la recta numérica los números que se indican.**

3,09 | 3,25 | 3,46 | 3,72 | 3,97

45 **Escribe los números representados en la recta.**

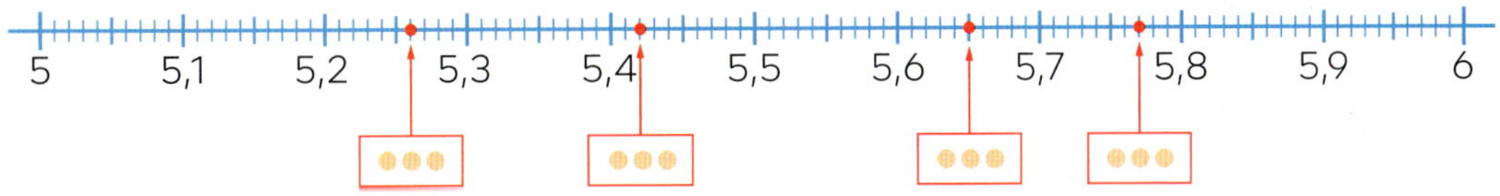

46 **Representa en la recta numérica los siguientes números decimales.**

a. 2,25 **b.** 0,8 **c.** 1,32 **d.** 0,24

Comparación y ordenación de decimales

Para **comparar números decimales**, comparamos las cifras de los distintos órdenes de unidad, empezando por la izquierda, hasta llegar a la primera que no coincida, que determinará cuál de los números es mayor.

47 **Actividad resuelta**

¿Quién ha llegado primero en la carrera, Jaime o Enrique?

Corredor	Jaime	Enrique
Tiempo (s)	10,308	10,352

Comparamos los números fijándonos en sus cifras.

1.° Empezando por la izquierda, buscamos la primera cifra que sea distinta:

Jaime: 10,308 Enrique: 10,352

2.° Comparamos dichas cifras e identificamos quién ha llegado primero:

Como $0 < 5$, el tiempo de Jaime es menor: $10{,}308 < 10{,}352$

También podemos comparar números decimales usando la recta numérica sabiendo que es mayor el número que se encuentra más a la derecha.

48 **Representa en la recta numérica estos números y ordénalos de menor a mayor.**

0,4 0,3 1,5 1,4

49 **Ordena de menor a mayor los números de los siguientes grupos.**

a. 7,3; 7,23; 7,1
b. 8,231; 8,221; 8,223
c. 4,32; 4,23; 4,2
d. 20,509; 20,009; 20,508

50 **Completa con el símbolo > o <, según corresponda.**

a. 2,32 ● 3,35
b. 8,304 ● 8,404
c. 3,83 ● 3,85
d. 1,25 ● 1,15
e. 5,002 ● 5,007
f. 19,906 ● 19,916
g. 25,048 ● 25,042
h. 4,01 ● 1,04

51 **Ordena de menor a mayor los números.**

a. 102,29; 120,09; 102,9; 102,076
b. 1,02; 1,022; 1,002; 10,22; 10,02

52 **Escribe tres números decimales comprendidos entre los siguientes.**

a. 34,506 y 34,508
b. 4,5 y 4,505

53 **Cinco nadadores participan en una competición. Cuatro de ellos ya han terminado su turno y sus tiempos fueron 9,8 s, 9,75 s, 9,79 s y 9,81 s. ¿Qué tiempo debe registrar el quinto nadador si quiere ganar? Usa la recta numérica para explicar tu respuesta.**

Aproximación de números decimales

Un número decimal se puede aproximar por **truncamiento** o por **redondeo**.

- **Truncar** un decimal a un orden determinado es eliminar todas las cifras decimales siguientes a la de ese orden.
- Para **redondear** un número decimal a un orden determinado hay que fijarse en la cifra siguiente a la de ese orden:
  - Si es menor que 5, se redondea por truncamiento.
  - Si es mayor o igual que 5, se añade una unidad a la última cifra del número truncado.

  Cuando necesitamos que la aproximación sea más precisa, utilizamos el redondeo.

Ejemplo

Aproximamos por truncamiento y redondeo a la centésimas.

Número decimal	Truncamiento	Redondeo
25,348	25,34	25,35
241,6783	241,67	241,68
0,51243	0,51	0,51

- Si el valor por el que se aproxima el número decimal es mayor que el exacto, se dice que se ha efectuado una **aproximación por exceso**.
- Si el valor por el que se aproxima el número decimal es menor que el exacto, se dice que se ha efectuado una **aproximación por defecto**.

54 **Trunca los siguientes números al orden indicado.**

a. 33,5024 a las décimas
b. 688,159 a las centésimas
c. 2,9995 a las milésimas
d. 48,09999 a las unidades

¿Has tenido fallos? ¿A qué se han debido?

55 **Redondea los siguientes números al orden indicado.**

a. 91,422 a las unidades
b. 0,3579 a las décimas
c. 9,999 a las centésimas
d. 777,310099 a las milésimas

4 ¿Cómo operamos con los decimales?

Suma y resta de números decimales

56 El montacargas de la fundación "Salud y Bienestar para todos", donde presta voluntariado Juan Carlos, soporta 5,443 kg. Tiene que bajar al comedor social unos platos de 1,333 kg, 346 g, 1,739 kg y 2,024 kg, respectivamente. ¿Podrán bajarlos todos juntos o alguno bajará en otra remesa?

Para **sumar** o **restar** números decimales se siguen los siguientes pasos.

SUMA Y RESTA DE DECIMALES

Sumamos 10,165 + 9,9, y restamos 143, 5 − 65,5.

Paso 1

Se colocan unos debajo de otros, haciendo coincidir las unidades del mismo orden y la coma decimal. Si algún número tiene menos cifras decimales, se completa con ceros a la derecha.

$$\begin{array}{r} 10,165 \\ +\ \ 9,900 \\ \hline \end{array} \qquad \begin{array}{r} 143,5 \\ -\ \ 65,5 \\ \hline \end{array}$$

Paso 2

Se realizan las operaciones como si fueran números enteros y en el resultado se escribe la coma debajo de las comas.

$$\begin{array}{r} 10,165 \\ +\ \ 9,900 \\ \hline 20,065 \end{array} \qquad \begin{array}{r} 143,5 \\ -\ \ 65,5 \\ \hline 78,0 \end{array} \rightarrow$$

10,165 + 9,9 = 20,065

143,5 − 65,5 = 78

57 Realiza las siguientes operaciones.

a. 11,98 + 7,56
b. 40,052 − 12,788
c. 99,3 + 142,6 + 0,898 + 16 + 2,89
d. 123,4 + 34,578 + 0,89 + 2,45
e. 1,4 + 13,906 − 8,88
f. 519,897 − 56,659
g. 90,65 − 87,87
h. 4,58 − 7,06 + 2,35

58 Completa los números que faltan.

a. 32,507 − ●●● = 17,908   b. 32,192 − ●●● = 30,6   c. ●●● − 1,4401 = 15,446

59 Completa la tabla.

a	*b*	*c*	*a* + *b* + *c*	*b* + *c*	*a* − *c*	*b* − *c*
15	8,17	6,38	●●●	●●●	●●●	●●●
2,491	8,6	0,54	●●●	●●●	●●●	●●●
137,02	84,9	15,356	●●●	●●●	●●●	●●●

60 La actividad física es fundamental para una vida sana. Unos corredores de relevos han obtenido los siguientes tiempos.

9,9 s   9,992 s   10,02 s   10,165 s

Calcula el tiempo que han tardado en completar la carrera y calcula la diferencia de tiempos entre el cuarto corredor y el primero.

61 Cinco personas entran en el ascensor. Sus pesos son:

22,315 kg   56,825 kg   70,2 kg   36,625 kg   56,625 kg

- Ordena los pesos de menor a mayor. ¿Qué diferencia hay entre el peso mayor y el menor?

Multiplicación y división de números decimales

Para **multiplicar** números decimales, operamos como si fueran números enteros y escribimos la coma en el resultado, de forma que queden tantas cifras decimales como la suma del número de cifras decimales de los factores.

MULTIPLICACIÓN DE DECIMALES

Calculamos 2,28 · 10,9.

Paso 1

Multiplicamos, primero las cifras como si fueran números enteros .

228 · 109 = 24852

Paso 2

A continuación, consideramos las cifras decimales para colocar la coma, tiene 2 + 1 = 3, por tanto, el producto tendrá tres cifras decimales.

2,28 · 10,9 = 24,852

62 **Realiza las siguientes multiplicaciones.**

a. 4 · 5,6
b. 32,056 · 4,98
c. 4,6 · 5,5
d. 0,038 · 0,5771
e. 2,31 · 0,8
f. 3427,45 · 0,029

63 **Propón dónde debería ir la coma en los factores para que se cumpla cada igualdad.**

a. 53 · 17 = 90,1
b. 63 · 245 = 15,435
c. 131 · 3 = 0,393
d. 73 · 4 = 2,92

64 **Para cubrir el suelo de una habitación rectangular se necesitan 16 baldosas cuadradas a lo largo y 23 a lo ancho, que miden 0,24 m de lado. ¿Cuánto mide la habitación?**

Para **dividir** dos números decimales, seguimos los siguientes pasos:

DIVISIÓN DE DECIMALES

Calculamos 3,64 entre 0,5.

Paso 1

Multiplicamos el dividendo y el divisor por la unidad seguida de tantos ceros como cifras decimales tenga el divisor para convertirlo en un número entero. En este caso, multiplicamos ambos números por 10. Realizaremos la división 36,4 : 5.

Paso 2

Realizamos la división, escribiendo la coma en el cociente cuando se baje la cifra de las décimas del dividendo. En este caso, al bajar el 4 añadimos la coma en el cociente y completamos la división.

```
3 6, 4 | 5
       +----
  1 4    7,2
    4
```

Paso 3

Para seguir dividiendo cuando ya no quedan cifras en el dividendo, añadimos un cero y convertimos las 4 décimas del resto en 40 centésimas.

```
3 6, 4   | 5
         +----
  1 4      7,28
    4 0
      0
```

65 **Realiza las siguientes divisiones.**

a. 13,48 : 4
b. 31,446 : 6
c. 0,73 : 8
d. 148,23 : 27
e. 265,3: 21
f. 49,64 : 7,5

- Para dividir un número decimal entre 10, 100, 1000, ..., se desplaza la coma hacia la izquierda 1, 2, 3, ... lugares, respectivamente.
- Para dividir un número decimal entre 0,1; 0,01; 0,001; ... , se desplaza la coma hacia la derecha 1, 2, 3, ... lugares, respectivamente.

66 Actividad resuelta

Realiza, mentalmente, las divisiones 45,8 : 10 y 45,8 : 0,1.

- 45,8 : 10 → la división es entre 10, así que desplazamos la coma hacia la izquierda una posición. Por tanto, 45,8 : 10 = 4,58
- 45,8 : 0,1 → la división es entre 0,1, así que desplazamos la coma hacia la derecha una posición. Por tanto, 45,8 : 0,1 = 458,0 = 458

67 Realiza mentalmente estas divisiones. Luego, comprueba el resultado.

a. 2,74 : 10 b. 54,9 : 100 c. 12,081 : 0,1 d. 6,3 : 0,01

68 Completa los números que faltan en las igualdades.

a. 1,765 : ●●● = 17,65 b. ●●● : 0,001 = 4 c. 13,8 : ●●● = 1,5 d. ●●● : 0,36 = 8,9

69 Una mesa rectangular tiene un área de 16,445 m². Si el ancho de la mesa mide 2,53 m, ¿cuánto mide el largo? Pista: el área del rectángulo es base por altura.

70 Las tres clases de 2.º de ESO han recaudado 866,25 € vendiendo papeletas para un sorteo benéfico. Si el precio de cada papeleta es 2,75 €, ¿cuántas papeletas han vendido?

71 Los electrodomésticos funcionan con energía que se mide en kilovatios por hora, (kW/h). Halla el consumo de cada electrodoméstico de acuerdo con el tiempo de uso indicado.

Electrodoméstico	Ordenador	Horno microondas	Horno eléctrico	Impresora
Energía que consume en una hora	0,8 kW/h	1,8 kW/h	4,5 kW/h	0,3 kW/h

- Ordenador: 3,7 horas.
- Horno microondas: 0,25 horas.
- Horno eléctrico: 2,5 horas.
- Impresora: 10 minutos.

72 Marta ha nacido prematura y el pediatra ha prescrito que tome un suplemento para subir un poco su peso. Si hay que administrarle 0,75 ml al día por cada 100 g y Marta pesa 1,980 kg, ¿qué cantidad de suplemento hay que darle cada día?

73 El gimnasio del colegio de Irene tiene forma rectangular cuyas dimensiones muestra la imagen. La profesora de educación física no recuerda cuál es la medida del largo, pero sabe que el área es 59,04 m², para calcular la medida pide ayuda a sus estudiantes. ¿Cuánto mide el largo?

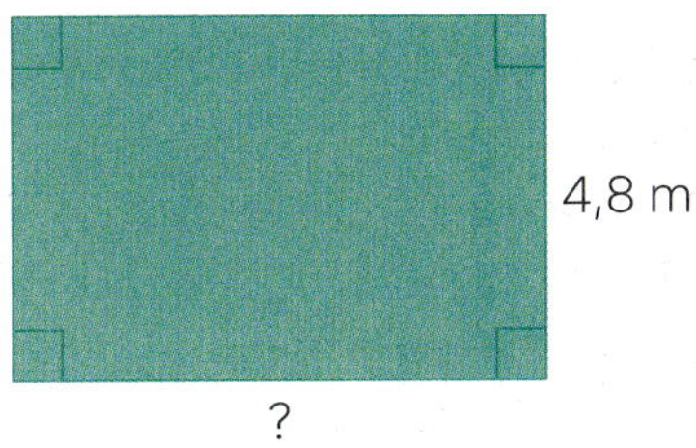

74 Eduardo ha anotado el precio de un litro de gasolina durante una semana en la siguiente tabla.

Lunes	Martes	Miércoles	Jueves	Viernes	Sábado	Domingo
1,627 €	1,624 €	1,625 €	1,626 €	1,628 €	1,623 €	1,626 €

a. ¿Qué día de la semana le hubiera salido más barato echar gasolina?

b. Eduardo echa todas las semanas 50 L de gasolina. Durante esa semana echó gasolina el lunes. ¿Podría haber ahorrado? En caso afirmativo, indica cuánto.

5 ¿Qué relación hay entre fracciones y decimales?

Relación entre fracciones y decimales

75 **PLANTEAMOS JUNTOS.** **Observa y trata de dar una respuesta a la pregunta de la alumna.**

¿Cómo te sientes trabajando en equipo?

Al dividir el numerador entre el denominador de una fracción, se pueden obtener números de varios tipos:

- **Entero**: El numerador es múltiplo del denominador.
- **Decimal exacto**: El cociente tiene un número finito de cifras decimales.
- **Decimal periódico puro**: Las cifras decimales del cociente se repiten a partir de la coma. Estas cifras forman el período.
- **Decimal periódico mixto**: El cociente tiene cifras decimales que no se repiten, que forman el anteperíodo, antes de las que si se repiten del período.

Entero	Decimal exacto	Decimal periódico puro	Decimal periódico mixto
$\frac{32}{4}=8$	$\frac{128}{5}=25,6$	$\frac{12}{11}=1,090909...=1,\widehat{09}$	$\frac{107}{12}=8,91666...=8,91\widehat{6}$

Existen números decimales que no provienen de una fracción, no tienen período y su parte decimal es infinita. Se denominan irracionales.

Ya conoces algunos, como $\pi = 3,141592654...$ o $\sqrt{2} = 1,414213562...$

76 **Clasifica los siguientes números e identifica, en los que sean periódicos, la parte entera, el período y el anteperíodo.**

a. 48
b. 9,95
c. 12,35
d. 2,0383838...
e. 1,01020102...
f. 31,0436
g. 25,2525
h. 25,2525...
i. 91,75

77 **Escribe el número decimal a partir de los datos indicados en cada caso.**

a. Parte entera: 3, período: 5, anteperíodo: 8
b. Anteperíodo: 46, parte entera: 0, período: 1
c. Anteperíodo: 452, período: 301, parte entera: 56

78 **Expresa en forma decimal las siguientes fracciones, indicando de qué tipo es el número obtenido.**

a. $\frac{18}{5}$ b. $\frac{23}{15}$ c. $\frac{5}{7}$ d. $\frac{13}{9}$ e. $\frac{35}{6}$ f. $\frac{441}{63}$

Para saber qué tipo de decimal se va a obtener al dividir, se observa el denominador de la fracción:

- Si solo contiene los factores 2 y 5, el número es entero o es un decimal exacto.
- Si no contiene los factores 2 y 5, el resultado es un decimal periódico puro.
- Si contiene el factor 2 o 5 y otros, el resultado es un decimal periódico mixto.

79 **Indica el tipo de decimal correspondiente en cada caso, sin hacer la división.**

a. $\frac{10}{27}$ b. $\frac{13}{48}$ c. $\frac{23}{11}$ d. $\frac{325}{14}$ e. $\frac{28}{56}$ f. $\frac{90}{54}$

Fracción generatriz

Cualquier número decimal exacto o periódico puede expresarse en forma de fracción irreducible. Esta fracción se llama **fracción generatriz**.

Decimal exacto	Decimal periódico puro	Decimal periódico mixto
Escribimos el número sin coma en el numerador, y en el denominador, la unidad seguida de tantos ceros como cifras hay detrás de la coma.	Llamando x a nuestro número, multiplicamos x por la unidad seguida de tantos ceros como cifras tenga el período y restamos.	Llamando x a nuestro número, multiplicamos x por la unidad seguida de tantos ceros como cifras hay en el período y anteperíodo. Después, por la unidad seguida de tantos ceros como cifras tenga el anteperíodo y se restan.
Ejemplo: $3{,}52=\frac{352}{100}$	**Ejemplo:** $100x=215{,}151515...$ $-\ x=2{,}151515...$; $99x=213 \Rightarrow x=\frac{213}{99}$	**Ejemplo:** $1000x=3516{,}161616...$ $-\ 10x=35{,}161616...$; $990x=3481 \Rightarrow x=\frac{3481}{990}$

80 MAT-TIC **Halla la fracción generatriz de los siguientes números. Sigue entrenando con el interactivo GeoGebra *Fracción generatriz de un número decimal.***

a. $0{,}1\overset{\frown}{16}$ b. $3{,}\overset{\frown}{12}$ c. $0{,}0\overset{\frown}{16}$ d. $34{,}\overset{\frown}{239}$ e. $1{,}00\overset{\frown}{3}$ f. $2{,}\overset{\frown}{09}$

La regla general para escribir **decimales periódicos** en forma de fracción es:

$$x=\frac{\boxed{}-\boxed{}}{\boxed{}\,\boxed{}}$$

Número sin la coma y sin el arco de período. — Parte no periódica del número sin la coma.

Tantos nueves como cifras tenga el período. — Tantos ceros como cifras tenga el anteperíodo.

81 **Actividad resuelta**

Realiza la siguiente operación: $3{,}\overset{\frown}{25}+0{,}98-5{,}1\overset{\frown}{34}$.

- $3{,}\overset{\frown}{25}=3{,}252525...=\frac{325-3}{99}=\frac{322}{99}$
- $0{,}98=\frac{98}{100}=\frac{49}{50}$
- $5{,}1\overset{\frown}{34}=5{,}1343434...=\frac{5134-51}{990}=\frac{5083}{990}$
- $\frac{322}{99}+\frac{49}{50}-\frac{5083}{990}=\frac{16100+4851-25415}{4950}=\frac{4464}{4950}=-0{,}90\overset{\frown}{18}$

82 **Realiza estas operaciones pasando los decimales a fracciones.**

a. $4{,}5+3{,}21+0{,}17$

b. $0{,}5-0{,}\overset{\frown}{5}:5$

c. $\frac{12}{15}-4{,}65$

d. $2{,}\overset{\frown}{15}-2{,}\overset{\frown}{1}$

e. $4{,}\overset{\frown}{72}\cdot 0{,}2\overset{\frown}{2}$

f. $0{,}75+0{,}\overset{\frown}{25}\cdot 1{,}\overset{\frown}{6}$

83 **Una botella de jarabe tiene una capacidad de $0{,}\overset{\frown}{3}$ litros. ¿Cuántas se necesitarán para envasar 20 litros de jarabe?**

NUESTRO RETO

Un entrenamiento para cuidarnos

Diseña una semana de entrenamientos de forma que se cumplan todas las condiciones pedidas

Paso 1

Condiciones

Ya sabemos cómo de importante es el deporte para nuestra salud física y mental. Por eso, diseñarás una propuesta para las clases de educación física, que consiste en una semana de entrenamiento con los deportes que más te gusten y te aporten beneficios.

Supondremos que tenéis a disposición entre 5 y 8 horas de clases, considerando la posibilidad de poder practicar deporte también fuera de horario lectivo.

Las condiciones de las horas semanales dedicadas al entrenamiento vienen agrupadas en el cuaderno de anillas.

El tiempo que queda para completar las 8 horas se dedicará a jugar algún partido.

- Al menos 5 horas y no más de 8.
- De esas horas, $\frac{1}{10}$ tienen que ser ejercicios de estiramiento.
- Del resto, hay que dedicar entre $\frac{1}{3}$ y $\frac{2}{5}$ a entrenar condición física.
- Dedicar $\frac{2}{5}$ del total a entrenamiento técnico y táctico*.

*Por ejemplo, si jugamos al baloncesto, entrenamos pases, tiros...

Paso 2

Conclusiones

Una vez realizado tu plan semanal, contesta las siguientes preguntas.

- ¿Qué fracción de deporte libre queda, como mínimo? ¿Y como máximo?
- Con 8 horas semanales, ¿será posible jugar cada semana un partido de 45 minutos?

Paso 3

Reflexión final

En esta última fase del reto, reflexiona sobre estas dos cuestiones y comparte con tus compañeros y tus compañeras tus conclusiones. Recuerda entrenar el miedo escénico y la actitud psicológica.

- ¿Crees que dedicas al deporte el tiempo necesario?
- ¿Te ayuda el deporte a sentirte mejor?

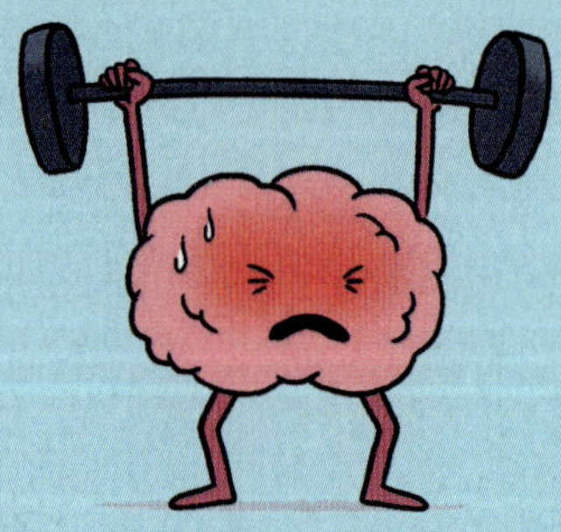

¿Cómo te ha ido el reto? Entra y haz tu valoración

EN RESUMEN

Fracciones

Una fracción $\frac{a}{b}$ es el cociente de los números enteros a, **numerador**, y b, **denominador**, con $b \neq 0$.

- Dos fracciones, $\frac{a}{b}$ y $\frac{c}{d}$, son **equivalentes** si se cumple que $a \cdot d = b \cdot c$. Se obtienen por:

Simplificación → $\frac{15}{20} = \frac{15:5}{20:5} = \frac{3}{4}$ $\frac{3}{4} = \frac{3 \cdot 5}{4 \cdot 5} = \frac{15}{20}$ ← Ampliación

- Para **comparar y ordenar fracciones** se reducen a común denominador y se comparan, siendo mayor la fracción que tiene mayor numerador.

$$\frac{3}{4} < \frac{5}{6}\text{, ya que } \frac{3}{4} = \frac{9}{12} \text{ es menor que } \frac{5}{6} = \frac{10}{12}$$

Operaciones con fracciones

Suma y resta	Multiplicación	División
$\frac{a}{m} + \frac{b}{m} = \frac{a+b}{m}$ $\frac{a}{m} - \frac{b}{m} = \frac{a-b}{m}$	$\frac{a}{b} \cdot \frac{c}{d} = \frac{a \cdot c}{b \cdot d}$	$\frac{a}{b} : \frac{c}{d} = \frac{a}{b} \cdot \frac{d}{c} = \frac{a \cdot d}{b \cdot c}$

Operaciones combinadas
Resolvemos las operaciones que aparecen dentro de paréntesis y corchetes y después el resto, en este orden: 1.° Potencias y raíces 2.° Multiplicaciones y divisiones, de izquierda a derecha 3.° Sumas y restas

Números decimales

Un **número decimal** está formado por una **parte entera** y una **decimal** separadas por una coma. Para **comparar números decimales**, comparamos las cifras de los distintos órdenes de unidad, empezando por la izquierda.

$$1{,}53 < 1{,}56 < 1{,}59$$

Un número decimal se puede aproximar por **truncamiento** o por **redondeo**.

Número decimal	Truncamiento	Redondeo
2,45168	2,45	2,45 (por defecto)
36,5496	36,54	36,55 (por exceso)

Relación entre fracciones y decimales

Entero	Decimal exacto	Decimal periódico puro	Decimal periódico mixto
• $\frac{32}{4} = 8$	• $\frac{88}{25} = 3{,}52$	• $\frac{71}{33} = 2{,}151515... = 2{,}\widehat{15}$	• $\frac{107}{12} = 8{,}91666... = 8{,}91\widehat{6}$
• $8 = \frac{8}{1} = \frac{8 \cdot 4}{1 \cdot 4} = \frac{32}{4}$	• $3{,}52 = \frac{352}{100} = \frac{88}{25}$	• $2{,}\widehat{15} = \frac{215-2}{99} = \frac{213}{99} = \frac{71}{33}$	• $8{,}91\widehat{6} = \frac{8916-891}{900} = \frac{8025}{900} = \frac{107}{12}$

PRACTICAMOS

Actividades

1 **Aprendo a pensar.** Organiza en un mapa mental los conceptos que has aprendido.

2 **Actividad resuelta**

Comprueba que se cumple la propiedad conmutativa en la suma $\frac{3}{4}+\frac{7}{5}$.

La propiedad conmutativa nos permite calcular la suma en cualquier orden.

Debe ocurrir que $\frac{3}{4}+\frac{7}{5}=\frac{7}{5}+\frac{3}{4}$.

Resolvamos ambas operaciones:

- $\frac{3}{4}+\frac{7}{5}=\frac{15}{20}+\frac{28}{20}=\frac{43}{20}$
- $\frac{7}{5}+\frac{3}{4}=\frac{28}{20}+\frac{15}{20}=\frac{43}{20}$

Se cumple la propiedad conmutativa.

3 Comprueba que se cumple la propiedad conmutativa en el producto $\frac{5}{4}\cdot\frac{7}{10}$.

4 Resuelve y simplifica.

a. $\frac{9}{16}-\frac{1}{4}+\frac{11}{8}$

b. $\frac{1}{6}+\frac{11}{9}-\frac{17}{18}$

c. $\frac{42}{18}+\frac{35}{20}-\frac{17}{42}$

d. $\frac{65}{24}+\frac{25}{36}-\frac{35}{48}$

5 Resuelve y simplifica.

a. $\frac{3}{5}\cdot\frac{4}{3}\cdot\frac{6}{7}$

b. $4\cdot\frac{6}{15}\cdot\frac{9}{12}$

c. $\frac{12}{40}\cdot 5\cdot\frac{35}{14}$

d. $\frac{8}{6}\cdot\frac{17}{21}\cdot\frac{1}{5}$

e. $\frac{40}{5}\cdot\frac{10}{11}\cdot\frac{2}{9}$

f. $20\cdot\frac{7}{9}\cdot 72$

6 Calcula y simplifica el resultado.

a. $\frac{8}{12}:\frac{4}{24}$

b. $\frac{7}{10}:\frac{21}{10}$

c. $\frac{21}{10}:\frac{7}{10}$

d. $\frac{15}{20}:\frac{75}{16}$

e. $\frac{5}{6}:15$

f. $15:\frac{5}{6}$

7 Completa los términos que faltan.

a. $\frac{5}{\bullet}\cdot\frac{7}{\bullet}=1$

b. $\frac{12}{25}=1:\frac{\bullet}{\bullet}$

c. $\frac{21}{33}:\frac{\bullet}{\bullet}=\frac{168}{198}$

8 Realiza las siguientes operaciones.

a. $\frac{3}{4}\cdot\left(2-\frac{1}{3}\right)$

b. $\left(\frac{1}{8}+\frac{5}{6}\right)\cdot\frac{2}{3}$

9 Calcula la siguiente operación combinada.

$$2-\left[\frac{3}{5}+\left(\frac{1}{4}-\frac{3}{4}\cdot\left(-\frac{5}{2}\right)\right)\right]+2:\left(\frac{3}{4}-\frac{1}{6}\right)^2$$

10 Resuelve la siguiente operación con fracciones.

$$\frac{\frac{6}{7}\cdot\frac{2}{3}+\left(\frac{12}{11}-2:\frac{1}{5}\right)^2}{\frac{8}{5}-\frac{3}{2}+\frac{4}{15}}$$

11 Escribe dos fracciones equivalentes a $\frac{2}{3}$. A continuación, escribe otra fracción cuyo numerador sea la suma de los numeradores y cuyo denominador sea la suma de los denominadores y simplifícala hasta llegar a la fracción irreducible. ¿Qué observas?

12 ¿Puede haber una fracción irreducible en la que el numerador y el denominador sean impares? ¿Y en la que sean pares?

13 Una fracción impropia se descompone como suma de un número entero y de la fracción $\frac{3}{5}$.

¿Es posible que el denominador de la fracción fuera 10? ¿Y 2? Razona tu respuesta y pon un ejemplo cuando sea posible.

14 Comprueba que la fracción inversa de $\frac{a}{b}$ coincide con $\frac{1}{\frac{a}{b}}$. Recuerda que $a^{-1}=\frac{1}{a}$.

15 Representa en la recta numérica los siguientes números y ordénalos de menor a mayor.

$\frac{2}{3}$ 0,3 0,5 1,3 $\frac{1}{5}$ 1

16 Escribe dos números tales que uno sea una milésima mayor y otro una centésima menor que cada uno de los siguientes.

a. 42,107

b. 105,234

c. 38,43

d. 209,333

e. 2,4956

f. 8

17 Observa estas cantidades.

2,91   2,992   3,002   3,015

a. ¿Cuánto suman en total?

b. Ordénalas. ¿Cuál es la diferencia entre el mayor y el menor?

18 Escribe los siguientes números en forma decimal y clasifícalos.

a. $\frac{26}{9}$ c. $\frac{45}{12}$ e. $\frac{48}{12}$

b. $\frac{88}{25}$ d. $\frac{44}{12}$ f. $\frac{108}{72}$

19 Sin hacer la división, indica de qué tipo es el decimal obtenido.

a. $\frac{49}{81}$ c. $\frac{925}{7}$ e. $\frac{60}{120}$

b. $\frac{55}{36}$ d. $\frac{47}{30}$ f. $\frac{333}{128}$

20 Clasifica los siguientes números decimales.

a. $1,7\widehat{25}$ b. $0,62\widehat{8}$ c. $0,00\widehat{3}$ d. $133,\widehat{3}$

21 Encuentra la fracción generatriz de los siguientes números.

a. $3,08$ c. $1,7\widehat{25}$ e. $0,\widehat{39}$

b. $0,005$ d. $0,62\widehat{8}$ f. $89,\widehat{7}$

22 Realiza las siguientes operaciones y simplifica el resultado.

a. $0,05\cdot\frac{4}{5}+1,\widehat{05}-1,0\widehat{2}$ b. $\left(\frac{3}{4}-0,39\right):0,\widehat{36}$

23 Escribe el número a partir de los datos indicados y calcula su fracción generatriz.

- Periódico puro, parte entera 3 y período 25.
- Decimal exacto, con parte decimal 25 y parte entera 3.
- Decimal periódico mixto, período 2, anteperíodo 00 y parte entera 1.

24 Usa los dígitos 5, 2 y 3, y la coma decimal para construir:

a. El número tres y veinticinco centésimas.

b. El número que es igual a 32 y medio.

c. El número que es igual a tres y un cuarto.

d. Un número cercano a 5.

Problemas

25 Pilar tiene un huerto con varios cultivos para que su dieta sea lo más saludable posible.

- Dedica $\frac{1}{12}$ a su plantación de tomates.
- $\frac{5}{24}$ del huerto están sembrados de patatas.
- $\frac{3}{16}$ se dedican a lechugas.
- $\frac{1}{6}$ se dedica a remolachas.

¿A qué cultivo dedica más y menos superficie del terreno?

26 En un Gran Premio de Fórmula 1, diez pilotos han obtenido estos tiempos en la clasificación. ¿Cuál es el orden de salida?

A	1' 30,906"	F	1' 30,220"
B	1' 30,757"	G	1' 30,058"
C	1' 30,979"	H	1' 30,736"
D	1' 30,962"	I	1' 30,956"
E	1' 30,807"	J	1' 30,211"

27 El agua de una provincia procede de tres embalses. El primero aporta $\frac{3}{8}$ de la cantidad total de agua, el segundo, $\frac{7}{18}$, y el último, el resto. Ordena los embalses según la cantidad de agua que aportan, de mayor a menor.

28 Del total del parque automovilístico del país, $\frac{22}{25}$ son vehículos particulares, $\frac{3}{50}$ son vehículos de carga, y el resto, vehículos de transporte público. ¿Qué fracción del parque corresponde a vehículos de transporte público?

29 Guille y Fede han hecho un viaje en etapas. El primer día han cubierto $\frac{3}{10}$ del recorrido, el segundo, $\frac{1}{4}$ del camino, el tercer día, $\frac{1}{5}$, y todavía les faltan 100 kilómetros para llegar a destino. ¿Cuántos kilómetros habrán recorrido al terminar?

(30) De los músicos de una banda, $\frac{1}{5}$ tocan instrumentos de percusión. De los que quedan, la mitad tocan instrumentos de cuerda y los 8 restantes tocan instrumentos de viento. ¿Cuántos músicos tiene la orquesta?

(31) Tres quintos de los inscritos en la piscina tienen entre 18 y 45 años y el resto son mayores de 45. Si los mayores de 45 son 1500, ¿cuántos adultos hay en la piscina?

(32) Según la Fundación Española del Corazón, $\frac{2}{5}$ de los jóvenes entre 14 y 18 años, aproximadamente, declaran haber fumado en alguna ocasión. De ellos, $\frac{1}{4}$ asegura fumar a diario. ¿Qué fracción de los jóvenes entre 14 y 18 fuman a diario?

(33) Problema resuelto

Un granjero quiere atrapar a los ratones de su granero. En las trampas captura la mitad de los que había, su gato logra atrapar a las dos terceras partes del resto y aún quedan 18 ratones. ¿Cuántos había al principio?

Podemos resolver el problema mediante un dibujo.

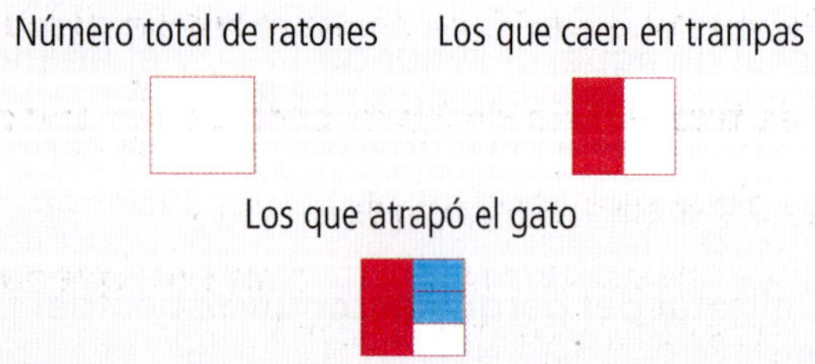

Como la fracción que queda es de $\frac{1}{6}$ de la cantidad inicial, y son 18 ratones, al principio había $18 \cdot 6 = 108$ ratones.

(34) Mario paga una compra a plazos, pero el vendedor le ha puesto unas curiosas condiciones. Esta semana pagará la mitad de su deuda, la próxima, la mitad de la mitad, la siguiente, la mitad de la mitad de la mitad, y la última, los 20 € que faltan. Calcula cuánto tendrá que pagar cada semana.

(35) Un camión cisterna transporta agua a zonas de África con sequía. En la última entrega no observaron que había un agujero por el que se perdió una doceava parte del contenido. De lo que quedó, dejaron $\frac{2}{5}$ en la primera aldea y $\frac{3}{4}$ de lo que quedaba en la segunda. En las dos últimas se repartió lo que restaba a partes iguales. ¿Qué fracción del contenido total dejaron en las dos últimas aldeas?

(36) Claudia viajará con un bolso de 2,654 kg, una mochila de 8,5 kg y una maleta de 23,75 kg. Si el máximo permitido por persona son 33 kg, ¿cuántos kilos le sobran?

(37) Una parcela rectangular tiene un área de 309,925 m^2. Uno de sus lados mide 25,3 m. ¿Cuánto mide el otro lado?

(38) Observa las medidas en cada figura. ¿Cuál es la diferencia entre los perímetros de los dos triángulos? Pista: el perímetro de un triángulo es la suma de la longitud de sus lados.

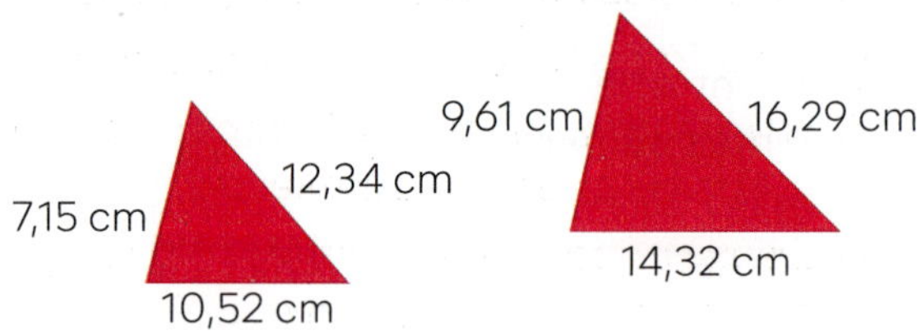

(39) Tres amigos van a alquilar una pista de tenis durante una hora, y tienen que pagar 20 €. ¿Es posible que todos pongan la misma cantidad sin que falte ni sobre dinero? ¿Por qué?

(40) Juan mira la etiqueta de un refresco y queda asombrado por la cantidad de azúcar presente: 11,1 g de azúcar por cada 100 g. ¿Qué cantidad de azúcar hay en una lata de un tercio de litro?

(41) Aproximadamente 6 de cada 100 muertes al año en el mundo están relacionadas con el consumo de alcohol. Si suponen unos 3,3 millones de personas, ¿cuál es la cifra anual de muertes?

(42) Cuatro de cada cinco muertes de niños menores de 5 años se producen en Asia Meridional y en África Subsahariana. En 2019 murieron 5,2 millones de niños menores de 5 años, muchos de ellos por causas evitables y tratables. ¿Cuántos vivían en esas regiones?

43 **Observa el croquis y contesta.**

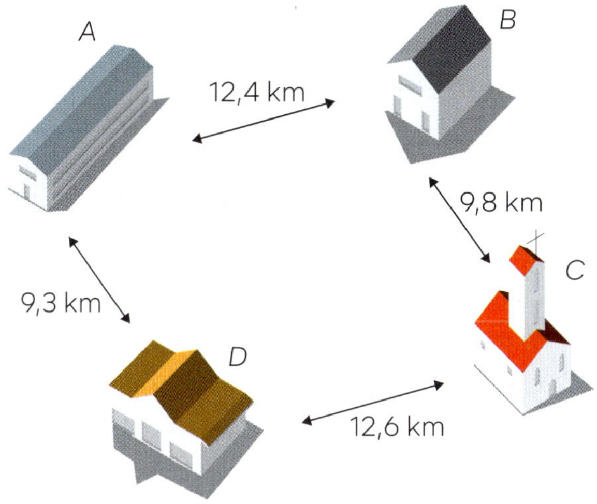

a. ¿Qué distancia hay de *A* a *C* pasando por *B*?
b. ¿Qué distancia hay de *A* a *C* pasando por *D*?
c. ¿Qué distancia hay de *B* a *D* pasando por *A*?
d. ¿Qué distancia hay de *B* a *D* pasando por *C*?

44 **Inés calcula que su gato pasa durmiendo, aproximadamente, 12 horas diarias.**

a. ¿Qué fracción del día pasa durmiendo?
b. ¿Qué fracción del día pasa despierto?
c. En un mes completo, ¿a cuántos días equivale el tiempo que pasa durmiendo?
d. En un año completo, ¿a cuántos días equivale el tiempo que pasa durmiendo?

45 **Una piscina con capacidad para 15 000 L se ha llenado durante cinco horas, con 1763,5 L cada hora.**

a. ¿Cuántos litros se han vertido en la piscina?
b. ¿Cuántos litros faltan para llenarla?

46 **Para pintar las 15 aulas de una institución educativa se utilizaron 48,75 L de pintura roja y $\frac{45}{2}$ L de pintura azul. Responde.**

a. Si todas las aulas tienen la misma dimensión y en todas se pintó una parte roja y otra azul, ¿cuántos litros de pintura se utilizaron en cada una?
b. Se tardaron 21 horas en pintar todas las aulas una tras otra. ¿Cuánto tiempo se empleó en pintar cada aula?
c. Las jornadas de trabajo son de 8 horas, ¿en cuántas jornadas se pintaron las aulas?

47 **En un restaurante preparan estos postres con las siguientes recetas.**

TRES CHOCOLATES	SELVA NEGRA

150 g de chocolate blanco	4 huevos
150 g de chocolate negro	$\frac{1}{8}$ kg de azúcar
150 g de chocolate con leche	$\frac{1}{5}$ kg de harina
$\frac{9}{10}$ L de leche	$\frac{1}{2}$ cucharadita de sal
600 mL de nata para montar	$\frac{1}{5}$ L de leche
75 g de mantequilla	1 L de nata para montar
24 g (3 sobres) de cuajada en polvo	30 g de cacao en polvo

a. ¿Cuántos litros de nata para montar tendrán que comprar en total?
b. ¿Cuánta leche utilizarán exactamente?

48 **De un rollo de 10 m de alambre se cortaron tres trozos, uno de 3,6 m, otro de $\frac{4}{10}$ m y otro de 0,9 metros. Responde.**

a. ¿Cuántos décimos de alambre quedaron tras cortar los tres trozos?
b. Escribe como fracción decimal el primer y el tercer trozo de alambre cortado.

49 **A cuatro niños se les pidió que escribieran una suma de decimales con cuatro sumandos, cuyo resultado estuviera entre 45,89 y 45,99. Las operaciones que escribieron son:**

- Sebastián 12,15 + 8,34 + 9,23 + 16,2
- Pilar 15,89 + 2,34 + 11,81 + 15,02
- Ingrid 7,234 + 16,2 + 9,85 + 12,67
- Manuel 13,23 + 11,21 + 8,97 + 17,3

¿Alguno logró lo que se pedía? ¿Por qué?

50 **Problema resuelto**

De los estudiantes de una clase, la quinta parte son rubios, la tercera parte, morenos, la sexta parte, castaños, y el resto, pelirrojos.

a. **¿Qué fracción de los estudiantes son pelirrojos?**

b. **¿Cuántos estudiantes tiene, como mínimo, la clase?**

a. Si sumamos las fracciones conocidas, se obtiene:

$$\frac{1}{5}+\frac{1}{3}+\frac{1}{6}=\frac{21}{30}$$

La fracción que falta para completar la clase es:

$$1-\frac{21}{30}=\frac{30}{30}-\frac{21}{30}=\frac{9}{30}=\frac{3}{10}$$

b. Como el mínimo denominador común es 30, el número de estudiantes debe ser múltiplo de 30. El menor valor posible se da si la clase tiene 30 estudiantes.

51 **En una comunidad de vecinos se da una curiosa coincidencia: muchos de los vecinos proceden de la misma ciudad. Así, la quinta parte son de Córdoba, los $\frac{5}{8}$ de los que quedan, de Santander, y el resto, de Murcia.**

a. ¿Qué fracción representa la gente de Murcia?

b. ¿Es posible que sean 60 vecinos en total?

c. Si hay 20 personas de Santander, ¿cuántos vecinos tiene la comunidad?

52 **Ada y Marta están leyendo el mismo libro. Ada ha leído $\frac{8}{45}$ de las páginas, y Marta, $\frac{17}{60}$.**

a. ¿Es posible que el libro tenga 200 páginas?

b. ¿Cuántas tendrá, como mínimo?

53 **En un colegio hay 1200 estudiantes, $\frac{1}{15}$ están en 2.º ESO. Si $\frac{3}{8}$ del total de estudiantes de 2.º ESO conforman el equipo de baloncesto:**

a. ¿Cuántos estudiantes son de 2.º ESO?

b. ¿Cuántos estudiantes conforman el equipo?

c. ¿Qué fracción del total de estudiantes del colegio, representa el grupo de baloncesto?

54 **Con motivo de las elecciones, el Ayuntamiento de Cuentecillas está realizando un censo de sus ciudadanos.**

INFORME CENSAL

- **Número de habitantes:** 540 personas.
- **Niños menores de 10 años:** Sexta parte de la población.
- **Jóvenes entre 11 y 17 años:** Quinta parte de la población que queda al quitar a los menores de 10 años.
- **Habitantes fuera del pueblo:** Dos novenas partes de los demás habitantes.

a. ¿Cuántos niños de menos de 10 años hay en el pueblo?

b. ¿Cuántos menores de edad hay en el pueblo?

c. ¿Qué fracción de la población puede votar?

d. ¿Cuánta gente votará, como máximo, el día de las elecciones?

55 **El pirata Barbanegra ha decidido repartir el botín que ha logrado durante los últimos años entre su tripulación. Cómo él es el capitán, recibirá la séptima parte de todos los tesoros. Su segundo se llevará $\frac{1}{12}$ de lo que queda. El cocinero también reclama su parte. Como es el que cocina y conviene que esté contento, se llevará $\frac{1}{8}$ de la cantidad que queda. Los 22 marineros restantes deberán repartirse el resto a partes iguales.**

a. ¿Qué fracción del tesoro recibirá el segundo?

b. ¿El cocinero se llevará más o menos tesoros que el segundo?

c. ¿Qué fracción corresponde a cada marinero?

d. Si el tesoro equivalía a 1120 000 monedas, ¿cuántas correspondieron a cada miembro de la tripulación?

56 Un medicamento que costaba 5 € tiene una subvención, de forma que solo se paga la tercera parte de su precio. Dos empresas venden paquetes de 100 frascos, pero cada una interpreta el descuento de una forma distinta: la primera calcula el precio rebajado de cada frasco, lo redondea a los céntimos y multiplica el resultado por 100, y la segunda multiplica primero por 100, calcula un tercio de esa cantidad y la redondea a los céntimos. ¿El resultado es el mismo? Razona tu respuesta.

57 La tasa de alcoholemia permitida a los conductores en general (no profesionales ni noveles) es de 0,5 g/L. Un vaso de vino de 100 mL produce una tasa de 0,16 en un adulto de peso medio.

a. ¿A partir de qué cantidad dará positivo?

b. ¿Cuántos vasos de vino representa?

58 Paco quiere preparar una paella para 12 amigos.

a. Si Paco tiene un kilo y cuarto de arroz, ¿tiene arroz suficiente para preparar la paella?

b. Un kilo de chirlas cuesta 6,20 €. ¿Cuánto pagará Paco por las que necesita para su paella?

c. Si por las gambas ha pagado 11,40 €, ¿cuál es el precio del kilo de gambas?

d. Paco utiliza un bote de tomate triturado de un kilo. ¿Qué fracción de tomate le quedará en el bote tras utilizar el que necesita?

Comprueba lo que has aprendido

1 Simplifica las siguientes fracciones hasta obtener la fracción irreducible.

a. $\frac{48}{64}$ c. $\frac{120}{3600}$ e. $\frac{483}{46}$

b. $\frac{36}{99}$ d. $\frac{63}{91}$ f. $\frac{266}{114}$

2 Comprueba si las siguientes fracciones son equivalentes.

a. $\frac{16}{54}$ y $\frac{24}{81}$ b. $\frac{15}{75}$ y $\frac{12}{72}$ c. $\frac{36}{92}$ y $\frac{45}{115}$

3 Ordena de menor a mayor.

$$\frac{5}{8}, \frac{12}{25}, 0,4\overset{\frown}{7}, \frac{7}{10}, \frac{5}{12} \text{ y } 0,8$$

4 Opera y simplifica todo lo posible.

a. $\left[\frac{3}{2} : \left(\frac{5}{2} - 1\right)\right] + \frac{3}{2} : \frac{5}{4} \cdot \frac{5}{6}$

c. $\frac{4}{9} \cdot 3 - \left[\frac{5}{8} - 1\right] : \frac{3}{4}$

b. $2 : \frac{15}{8} \cdot \left[\frac{11}{6} - \frac{4}{3} \cdot \left(\frac{3}{2} - 2\right)\right]$

d. $\frac{2}{5} + \frac{3}{5} \cdot \left(\frac{7}{9} - \frac{1}{6} \cdot \frac{8}{3}\right)$

5 Clasifica los siguientes números e identifica, en los que sean periódicos, la parte entera, el período y el anteperíodo.

a. 3,5587777... d. 11,023023...

b. 0,35621621... e. 19,195

c. 2,242424... f. 21,21

6 Calcula la fracción generatriz de los siguientes números.

a. 9,25 b. $12,\overset{\frown}{36}$ c. $1,19\overset{\frown}{4}$

7 Un tanque con 500 L de agua tiene una fuga, por la que cada hora se pierde $\frac{1}{4}$ de la cantidad inicial. Después de tres horas, ¿qué cantidad de agua ha salido del tanque? ¿Qué cantidad de agua queda?

8 Tres estudiantes desean ampliar el cable eléctrico 4,8 m de longitud para conectar un ordenador y realizar su exposición. Si Martín tiene $\frac{5}{2}$ m de cable, Alfonso, $\frac{5}{4}$ m, y Juan, $\frac{11}{5}$ m, ¿cuántos metros de cable les sobran?

Mis competencias Autoevaluación

1.3 Crecemos más rápido

¡EMPEZAMOS!

El aljibe, un ejemplo milenario de almacenamiento del agua pluvial

El *aljibe* es una cisterna árabe del siglo XI a. C. para almacenar agua pluvial que tenía la función de abastecer de agua a los vecinos del barrio. En la actualidad podemos encontrar, en el pintoresco barrio del Albaicín de Granada, 27 aljibes árabes que funcionaron hasta la mitad del siglo XX, entre ellos, el aljibe de la plaza de san Miguel, el aljibe del Rey, el de San Cristóbal o el de la plaza de san Nicolás (en la foto).

En los últimos decenios, estamos presenciando un cambio climático que está provocando un aumento importante de las sequías. En el pasado, pueblos como los griegos, los romanos, los árabes... lucharon contra ellas y se las ingeniaron para construir cisternas, pozos y aljibes para almacenar el agua pluvial y emplearla en la vida cotidiana. Esta costumbre se ha ido perdiendo con el uso del agua de la red pública, aunque, últimamente, en algunas empresas y ayuntamientos, se está volviendo a aprovechar el agua pluvial para el riego, la limpieza de las calles y el abastecimiento de fuentes ornamentales. También se están estudiando métodos para su limpieza y para aprovecharla para otros usos de núcleos familiares o comunitarios.

- ¿Vives en una zona en la que cortan el agua en cierto momento del día y sabes de primera mano la importancia de tener un depósito de agua?
- ¿Conocías los aljibes? ¿Te parecen interesantes?
- ¿Qué opinas sobre la importancia de almacenar agua y de la posibilidad de reciclaje del agua pluvial?

¡VAMOS A APRENDER!

1. Implicarnos en la puesta en común en clase.
2. Calcular potencias de exponente natural.
3. Operar potencias de la misma base o con el mismo exponente.
4. Expresar números en notación científica y operar con ellos.
5. Calcular la raíz cuadrada y entera de un número.
6. Calcular potencias y raíces de fracciones.
7. Usar el agua con responsabilidad.

NUESTRO RETO

¿Cuánto llueve aquí?

Construiremos un pluviómetro para medir la cantidad de agua que podríamos aprovechar para el consumo diario en nuestras casas. Debatiremos con nuestros compañeros sobre la importancia de almacenar el agua pluvial.

¡Vamos allá!

1 ¿Cómo abreviamos un producto de factores iguales?

Potencias de exponente entero positivo o cero

1 Como en el sistema decimal tenemos 10 caracteres, el número de contraseñas posibles de 2 dígitos es 10^2, de 3 dígitos, 10^3, de 4 dígitos, 10^4...

Si solo tuviéramos a disposición 5 caracteres, ¿cuántas posibles contraseñas de tres dígitos podríamos utilizar?

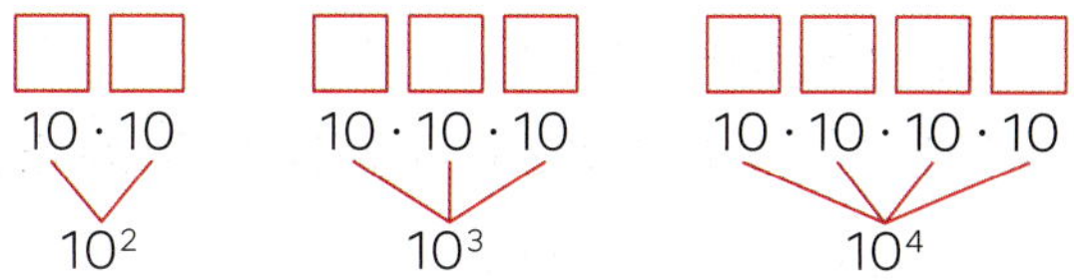

Una potencia es una forma abreviada de escribir un producto de factores iguales.

$\underbrace{a \cdot a \cdot a \cdot ... \cdot a}_{n \text{ veces}} = a^n$

Exponente: número de veces que se repite el factor.

Base: factor que se repite.

- Cuando la **base** de la potencia es un **número positivo**, el resultado es positivo.
- Cuando la **base** es **negativa**, el signo del resultado dependerá del exponente:
  - Si el exponente es **impar**, el resultado es **negativo**.
  - Si el exponente es **par**, el resultado es **positivo**.
- Cualquier número distinto de 0 (positivo o negativo) elevado a 0 es igual a la unidad.

$$a^0 = 1 \quad (a \neq 0)$$

Ejemplos

- $4^4 = 4 \cdot 4 \cdot 4 \cdot 4 = 256$
- $(-4)^3 = (-4) \cdot (-4) \cdot (-4) = -64$
- $(-4)^4 = (-4) \cdot (-4) \cdot (-4) \cdot (-4) = 256$
- $4^0 = 1, (-4)^0 = 1, -4^0 = -1$

2 Expresa los siguientes productos en forma de potencia.

a. $6 \cdot 6 \cdot 6 \cdot 6 \cdot 6$

b. $2 \cdot 2 \cdot 2 \cdot 2 \cdot 2 \cdot 2 \cdot 2 \cdot 2 \cdot 2 \cdot 2$

c. $(-1) \cdot (-1) \cdot (-1) \cdot (-1) \cdot (-1) \cdot (-1)$

d. $(-5) \cdot (-5) \cdot (-5)$

3 Calcula el valor de las siguientes potencias.

a. 5^3

b. 2^8

c. 3^0

d. $(-3)^4$

e. $(-2)^5$

f. $(-11)^2$

g. $(-1)^{35}$

h. 3^6

i. $(-7)^0$

j. 126^1

Puedes escribir cualquier número en forma de potencia de exponente 1.

$a^1 = a$

4 Completa la tabla.

Potencia	Base	Exponente	Resultado
2^3	●●●	●●●	●●●
●●●	5	4	●●●
●●●	●●●	3	−729
●●●	−2	●●●	−128
●●●	6	●●●	1

5 Actividad resuelta

Calcula $(-2)^4$ y -2^4. ¿Se obtiene el mismo resultado?

- $(-2)^4 = (-2) \cdot (-2) \cdot (-2) \cdot (-2) = 16$
- $-2^4 = -(2 \cdot 2 \cdot 2 \cdot 2) = -(16) = -16$

Por tanto, no obtenemos el mismo resultado.

6 **Calcula las siguientes potencias.**

a. 3^7 c. -3^7 e. $(-5)^4$

b. $(-3)^7$ d. -5^4 f. 5^4

7 **Aprendo a pensar. Sin realizar la operación, indica el signo que tendrá el resultado, argumentando tu idea con evidencias.**

a. $(-2)^{15}$ b. $(-8)^{32}$ c. $(-5)^{2017}$ d. $(-2135)^{315}$

8 Actividad resuelta

Escribe estas expreesiones usando solo potencias de base positiva.

a. $(-5)^6$ **b. $(-5)^7$**

a. Como la base es negativa y el exponente es par, el resultado es positivo: $(-5)^6 = 5^6$.

b. Como la base es negativa y el exponente es impar, el resultado es negativo: $(-5)^7 = -5^7$.

9 **Escribe las siguientes expresiones usando solo potencias de base positiva.**

a. $(-2)^{33}$ b. $(-3)^{43}$ c. $(-4)^{11}$ d. $(-5)^{12}$ e. $(-4)^{14}$ f. $(-12)^{39}$

10 **Escribe cada número en forma de potencia de 4 formas. Utiliza bases positivas y negativas.**

a. 16 b. 256 c. 64 d. 81 e. 32 f. 729

11 **Completa las siguientes expresiones.**

a. $3^{\bullet} = 243$ c. $(-4)^{\bullet} = 4^8$ e. $(-3)^{\bullet} = 1$

b. $(-4)^5 = \bullet$ d. $\bullet^9 = 512$ f. $(-6)^{\bullet} = -216$

12 **Al calcular una potencia de exponente 4 se obtiene como resultado 81. ¿Qué valor tiene la base? ¿De cuántas maneras puedes escribir 81 en forma de potencia?**

13 **Un hongo ataca a los árboles de un bosque. El primer día solo hay un árbol afectado, pero cada día que pasa hay el triple que el día anterior. ¿Cuántos habrán enfermado al 10.º día?**

14 **En un hospital se construyeron catorce habitaciones por bloque. Si la cantidad de bloques edificados coincide con el número de habitaciones que hay en cada uno, ¿cuántas habitaciones se construyeron en total?**

15 **A una aldea que sufre una fuerte sequía se envían 5 camionetas, cada una con cinco cajones, cada uno con 5 cajas, con 5 garrafas en cada caja. ¿Cuántas garrafas se han enviado en total?**

16 **Un famoso cantante ha colgado su último vídeo musical en internet. Se ha calculado que, durante la 1.ª hora, el número de visitas se multiplicaba por 2 cada minuto.**

a. Si al comienzo de esa última hora habían visto el vídeo 16 personas, ¿cuántas visitas tenía pasados 5 minutos? ¿Y 10 minutos? ¿Y 15 minutos?

b. Escribe la potencia que indica el número de visitas que tiene el vídeo al finalizar la 1.ª hora.

Operaciones con potencias de la misma base

Las operaciones con potencias de la misma base cumplen las siguientes propiedades.

Operación	Propiedad	Ejemplo
El **producto de potencias de la misma base** es igual a otra potencia de la misma base, cuyo exponente es la suma de los exponentes de los factores.	$a^m \cdot a^n = a^{m+n}$	• $5^3 \cdot 5^4 \cdot 5 = \underbrace{5 \cdot 5 \cdot 5}_{3\text{ factores}} \cdot \underbrace{5 \cdot 5 \cdot 5 \cdot 5}_{4\text{ factores}} \cdot \underbrace{5}_{1\text{ factor}} = 5^{3+4+1} = 5^8$ • $(-3)^2 \cdot (-3)^3 = \underbrace{(-3) \cdot (-3)}_{2\text{ factores}} \cdot \underbrace{(-3) \cdot (-3) \cdot (-3)}_{3\text{ factores}} = (-3)^{2+3} = (-3)^5$
El **cociente de potencias de la misma base** es otra potencia de la misma base, cuyo exponente es la diferencia entre los exponentes del dividendo y del divisor. • Al realizar divisiones entre potencias de la misma base, se puede obtener como resultado una potencia de exponente 0.	$a^m : a^n = \dfrac{a^m}{a^n} = a^{m-n}$ $\dfrac{a^n}{a^n} = a^{n-n} = a^0 = 1,$ $a \neq 0$	• $7^8 : 7^3 = \dfrac{7 \cdot 7 \cdot 7 \cdot 7 \cdot 7 \cdot \cancel{7 \cdot 7 \cdot 7}}{\cancel{7 \cdot 7 \cdot 7}} = 7 \cdot 7 \cdot 7 \cdot 7 \cdot 7 = 7^5 = 7^{8-3}$ • $(-3)^6 : (-3)^4 = \dfrac{(-3) \cdot (-3) \cdot \cancel{(-3) \cdot (-3) \cdot (-3) \cdot (-3)}}{\cancel{(-3) \cdot (-3) \cdot (-3) \cdot (-3)}} =$ $= (-3) \cdot (-3) = (-3)^2 = (-3)^{6-4}$ • $2^3 : 2^3 = \dfrac{\cancel{2 \cdot 2 \cdot 2}}{\cancel{2 \cdot 2 \cdot 2}} = 1 = 2^0 = 2^{3-3}$
La **potencia de una potencia** es igual a otra potencia de la misma base, cuyo exponente es el producto de los exponentes.	$\left(a^m\right)^n = a^{m \cdot n}$	• $\left(4^2\right)^3 = 4^2 \cdot 4^2 \cdot 4^2 = 4^{2+2+2} = 4^6 = 4^{2 \cdot 3}$ • $\left(-5^4\right)^2 = (-5)^4 \cdot (-5)^4 = (-5)^{4+4} = (-5)^8 = (-5)^{4 \cdot 2}$

17 Escribe como una única potencia.

a. $2^3 \cdot 2^2 \cdot 2$
b. $5 \cdot 5^2 \cdot 5^3$
c. $a^4 \cdot a^3 \cdot a^2 \cdot a$
d. $(-3)^{50} \cdot (-3)^{42} \cdot (-3)^{39}$
e. $(-2)^5 \cdot (-2)^{12}$
f. $(-4)^5 \cdot (-4)^4$
g. $3^{12} \cdot 3^{35} \cdot 3^{88}$
h. $x^{19} \cdot x^{80} \cdot x$
i. $(-n)^3 \cdot (-n)^{17}$

18 Escribe los cocientes como una única potencia.

a. $2^{20} : 2^4$
b. $\dfrac{(-2)^{10}}{(-2)^2}$
c. $\dfrac{7^{23}}{7^8}$
d. $(-6)^{50} : (-6)^{10}$
e. $\dfrac{15^{29}}{15^{12}}$
f. $(-2)^{15} : (-2)^{12}$
g. $9^{14} : 9^{14}$
h. $\dfrac{(-3)^{52}}{(-3)^{21}}$

19 Expresa usando una única potencia.

a. $\left(\left(-3\right)^5\right)^{10}$
b. $\left(\left(2^2\right)^5\right)^{10}$
c. $\left(m^3\right)^5$
d. $\left(a^5\right)^8$
e. $\left(3^4\right)^2$
f. $\left(\left(z^8\right)^2\right)^3$
g. $\left(\left(-2\right)^{12}\right)^5$
h. $\left(\left(-3\right)^6\right)^2$

20 Escribe las siguientes operaciones como una única potencia.

a. $\dfrac{2^4 \cdot 2^3 \cdot 2^7}{2^5 \cdot 2^6}$
b. $\dfrac{(-5)^3 \cdot \left((-5)^2\right)^5}{\left((-5)^3\right)^4 \cdot (-5)}$
c. $\dfrac{x^3 \cdot \left(x^4\right)^2}{x^6 \cdot x \cdot x^2}$
d. $\dfrac{x^3 \cdot \left(x^2 \cdot x^6\right)^3}{\left(x^3\right)^9}$

Operaciones con potencias del mismo exponente

Las operaciones con potencias del mismo exponente cumplen las siguientes propiedades.

Operación	Propiedad	Ejemplo
La **potencia de un producto** es igual al producto de las potencias de sus factores.	$(a \cdot b)^n = a^n \cdot b^n$	Podemos calcular $(2 \cdot 5)^6$ de dos formas distintas. • Resolviendo primero el paréntesis: $(2 \cdot 5)^6 = (10)^6 = 1\,000\,000$ • Desarrollando primero la potencia del producto: $(2 \cdot 5)^6 = 2^6 \cdot 5^6 = 64 \cdot 15\,625 = 1\,000\,000$
La **potencia de un cociente** es igual al cociente de la potencia del dividendo entre la potencia del divisor.	$(a : b)^n = \left(\frac{a}{b}\right)^n = a^n : b^n$	Podemos calcular $(8 : 4)^3$ de dos formas distintas. • Resolviendo primero el paréntesis: $(8 : 4)^3 = \left(\frac{8}{4}\right)^3 = 2^3 = 8$ • Desarrollando primero la potencia del cociente: $(8 : 4)^3 = 8^3 : 4^3 = 512 : 64 = \frac{512}{64} = 8$

21 Expresa como una única potencia.

a. $2^6 \cdot 5^6 \cdot 7^6$ b. $21^8 : 3^8$ c. $12^5 : 4^5 \cdot 3^5$ d. $4^{36} \cdot 7^{36}$ e. $(-27)^{12} : (-3)^{12}$

22 Escribe como una única potencia y calcula el resultado.

a. $9^8 : 3^9$ b. $3^5 \cdot 9^6 : 27^2$ c. $25^4 : 125 \cdot 5^6$ d. $(-4)^8 : (-2)^8$

23 Expresa como producto de potencias de factores primos.

a. $(2 \cdot 3 \cdot 7)^5$ b. 14^9 c. $(-12)^3$ d. 30^{10}

24 Escribe como potencia de un producto o de un cociente.

a. $3^4 \cdot 25^2$ b. 8^7 c. 2^3 d. $x^{100} \cdot y^{50}$

25 **Actividad resuelta**

Simplifica $\dfrac{2^7 \cdot 3^6 \cdot (2+3)^8}{(32-2)^6}$.

$$\frac{2^7 \cdot 3^6 \cdot (2+3)^8}{(32-2)^6} = \frac{2^7 \cdot 3^6 \cdot 5^8}{30^6} = \frac{2^7 \cdot 3^6 \cdot 5^8}{2^6 \cdot 3^6 \cdot 5^6} = 2^{7-6} \cdot 3^{6-6} \cdot 5^{8-6} = 2^1 \cdot 3^0 \cdot 5^2 = 2 \cdot 1 \cdot 25 = 50$$

26 Simplifica y opera las siguientes expresiones.

a. $\dfrac{(4^2+3^2) \cdot 2^6}{(5-1)^3 \cdot (4+1)}$

b. $\dfrac{28^3 \cdot 25^3}{100^2 \cdot 35^3}$

c. $\dfrac{(16 \cdot 81)^8 \cdot 5^9}{36^{16} \cdot 25^4}$

d. $\dfrac{(49^2 \cdot 15^3)^4}{(21^2)^4 \cdot 35^7}$

e. $\dfrac{12^{25} \cdot (9^7)^4}{(81^5)^4 \cdot (2^7)^7}$

f. $\dfrac{2^5 \cdot 5^2 \cdot 72}{90 \cdot 128}$

Potencias de exponente entero negativo

Una **potencia de exponente** negativo se define como la inversa de la potencia con exponente positivo.

$$a^{-n}=\frac{1}{a^n}=\left(\frac{1}{a}\right)^n$$

Ejemplo

- $2^{-2}=\frac{1}{2^2}=\frac{1}{4}$
- $2^{-3}=\frac{1}{2^3}=\frac{1}{8}$
- $(-2)^{-2}=\frac{1}{(-2)^2}=\frac{1}{4}$
- $(-2)^{-3}=\frac{1}{(-2)^3}=\frac{1}{-8}=-\frac{1}{8}$

Un exponente negativo no implica que el resultado sea negativo.
El signo de una potencia solo depende del signo de la base y de si el exponente es par o impar.

27 Calcula las siguientes potencias.

a. 3^{-4} c. 10^{-3} e. $(-2)^{-2}$ g. $(-7)^{-3}$ i. 2^{-8}

b. 5^{-2} d. $(-1)^{-3}$ f. 4^0 h. $(-6)^0$ j. $(-3)^{-2}$

28 Resuelve usando las propiedades de las potencias.

a. $3^{-2}\cdot3^0\cdot3^5$ b. $\frac{(3^3)^{-2}\cdot3^8\cdot3}{(3^4\cdot3^{-2})^2}$ c. $\frac{2^3\cdot2^{-5}\cdot2^4}{2^{-2}\cdot2^0}$ d. $\frac{(5^{-2})^{-3}\cdot5^5\cdot5^{-10}}{((5^2)^{-1})^3\cdot5^4}$

29 Actividad resuelta

Comprueba que $\frac{1}{3^2}=3^{-2}$.

Escribimos el exponente de 3^{-2} como diferencia que dé como resultado −2. Por ejemplo, $3^{-2}=3^{3-5}$. Luego, aplicamos las propiedades de las potencias y obtenemos:

$$3^{-2}=3^{3-5}=3^3:3^5=\frac{3^3}{3^5}=\frac{\cancel{3\cdot3\cdot3}}{3\cdot3\cdot\cancel{3\cdot3\cdot3}}=\frac{1}{3^2}$$

30 Comprueba que $\frac{1}{2^{-5}}=2^5$. Utiliza esta propiedad para escribir $\frac{2^{-2}\cdot2^6}{2^{-10}\cdot2^7}$ usando solo potencias de exponente positivo. Después, calcula el resultado.

31 Opera las siguientes fracciones aplicando el siguiente orden: factoriza, elimina paréntesis, calcula y simplifica.

a. $\frac{48^{-2}\cdot27^3}{36^5\cdot54^{-5}}$ c. $\frac{1000^{-5}\cdot32^{12}}{(125^3)^{-3}\cdot(64^{-2})^{-3}}$ e. $\frac{((-2)^5\cdot7^{-4})^{-2}\cdot7^6}{2^{-8}\cdot7^{12}}$

b. $\frac{(5\cdot13^{-4})^{-2}\cdot(5^{-2}\cdot13^{-4})^{-1}}{(13^{-2})^{-6}\cdot(5^{-1})^2}$ d. $\frac{(3^{-2}\cdot7^2)^{-5}\cdot(7^{-2}\cdot3^{-3})^{-6}}{((3^{-2})^{-4})^2}$ f. $\frac{3^5\cdot(3^4\cdot x^6)^{-5}}{(3^{-2}\cdot x^{-3})^7\cdot(x^{-2})^{-4}}$

32 MAT-TIC Practica las potencias con el interactivo GeoGebra *Operaciones con potencias de exponente entero.*

2 ¿Cómo escribimos números grandes o pequeños de forma compacta?

Notación científica

33 ¿Qué tienen en común estos diámetros?

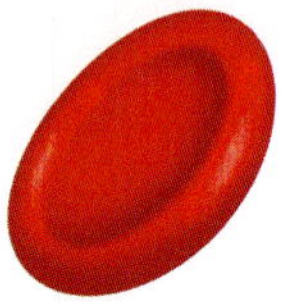

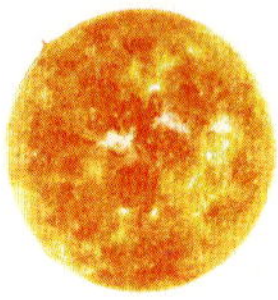

Diámetro de un glóbulo rojo
$0{,}000\,006\ \text{m} = 6 \cdot 10^{-6}\ \text{m}$

Diámetro del Sol
$1\,400\,000\,000\ \text{m} = 1{,}4 \cdot 10^{9}\ \text{m}$

Diámetro de un botón
$0{,}02\ \text{m} = 2 \cdot 10^{-2}\ \text{m}$

La notación científica se utiliza para expresar números muy grandes o muy pequeños de forma compacta o simplificada mediante potencias de base 10:

- $10^{1} = 10$
- $10^{2} = 100$
- $10^{3} = 1000$
- $10^{-1} = \dfrac{1}{10} = 0{,}1$
- $10^{-2} = \dfrac{1}{10^{2}} = 0{,}01$
- $10^{-3} = \dfrac{1}{10^{3}} = 0{,}001$

Un número está escrito en **notación científica** si es de la forma $\boldsymbol{a \cdot 10^{p}}$, donde $1 \le a < 10$ y p es un número entero.

- El exponente p se llama **orden de magnitud**.

DE NOTACIÓN DECIMAL A CIENTÍFICA

Representamos 0,000 000 000 000 001 mm, el diámetro de un protón, y 42 700 000 000 km², la superficie de Saturno, en notación científica.

Paso 1

Identificamos las cifras de a en la notación decimal.

- 0,000 000 000 000 001 mm
- 42 700 000 000 km²

En el caso del protón es el 1 y en el caso de Saturno es 427.

El valor de a se obtiene desplazando la coma en el segundo paso.

Paso 2

El valor de p es el número de posiciones que se desplaza la coma. Ese número es positivo si el desplazamiento es a la izquierda y negativo si es a la derecha.

- 0,000 000 000 000 001 mm
  15 posiciones hacia la derecha
- 42 700 000 000 km²
  10 posiciones hacia la izquierda

Paso 3

Con las informaciones anteriores pasamos de notación decimal a científica.

- $0{,}000\,000\,000\,000\,001\ \text{mm} = 1 \cdot 10^{-15}\ \text{mm}$
- $42\,700\,000\,000\ \text{m} = 4{,}27 \cdot 10^{10}\ \text{m}$

34 **Expresa en notación científica e indica el orden de magnitud.**

a. Masa de una orca: 10 000 kg
b. Masa de una hormiga: 0,000 002 kg
c. Diámetro de un glóbulo blanco: 0,000 012 m
d. Superficie de la Luna: 37 700 000 km²

DE NOTACIÓN CIENTÍFICA A DECIMAL

Representamos el diámetro de un glóbulo rojo, $6 \cdot 10^{-6}$ m, y del Sol, $1,4 \cdot 10^{9}$ m, en notación decimal.

Se multiplica el número decimal por la potencia de 10 indicada. En nuestros casos:

- $6 \cdot 10^{-6}$ m = 0,000 006 m
- $1,4 \cdot 10^{9}$ m = 1 400 000 000 m

35 **Escribe en notación decimal los siguientes números.**

a. $3,552 \cdot 10^{7}$
b. $8,81 \cdot 10^{-6}$
c. $5,014 \cdot 10^{9}$
d. $9,99 \cdot 10^{12}$
e. $2,06 \cdot 10^{-12}$
f. $7,127 \cdot 10^{-8}$

36 ### Actividad resuelta

Escribe en notación científica $334,25 \cdot 10^{9}$.

El número no está en notación científica porque 334,25 no está entre 1 y 10.

Movemos la coma dos lugares hacia la izquierda para conseguirlo.

$$334,25 = 3,3425 \cdot 10^{2} \Rightarrow 334,25 \cdot 10^{9} = 3,3425 \cdot 10^{2} \cdot 10^{9} = 3,3425 \cdot 10^{2+9} = 3,3425 \cdot 10^{11}$$

37 **Escribe en notación científica.**

a. $2600 \cdot 10^{14}$
b. $0,00035 \cdot 10^{16}$
c. $0,000065 \cdot 10^{-12}$
d. $9000 \cdot 10^{-2}$

38 MAT-TIC **Practica la notación científica con el interactivo** GeoGebra ***Notación científica.***

Operaciones en notación científica

Para multiplicar, dividir y calcular potencias en notación científica se opera con los números y las potencias de 10 por separado, utilizando las propiedades de las potencias.

Ejemplo

- $(6,5 \cdot 10^{4}) : (2,5 \cdot 10^{-2}) = (6,5 : 2,5) \cdot (10^{4} : 10^{-2}) = 2,6 \cdot 10^{4-(-2)} = 2,6 \cdot 10^{6}$
- $(2,4 \cdot 10^{6}) \cdot (1,5 \cdot 10^{8}) = (2,4 \cdot 1,5) \cdot (10^{6} \cdot 10^{8}) = 3,6 \cdot 10^{6+8} = 3,6 \cdot 10^{14}$
- $(1,25 \cdot 10^{4})^{-2} = 1,25^{-2} \cdot (10^{4})^{-2} = \dfrac{1}{1,25^{2}} \cdot 10^{-8} = 0,64 \cdot 10^{-8} = 6,4 \cdot 10^{-9}$

39 **Opera en notación científica.**

a. $(9,2 \cdot 10^{15}) \cdot (8,9 \cdot 10^{7})$
b. $(2,5 \cdot 10^{20}) \cdot (3,6 \cdot 10^{-15})$
c. $(3,2 \cdot 10^{15}) : (6,4 \cdot 10^{3})$
d. $(4,8 \cdot 10^{11}) : (3,6 \cdot 10^{5})$
e. $(4 \cdot 10^{5})^{4}$
f. $(2,5 \cdot 10^{-4})^{-2}$

40 **Opera y da el resultado en notación científica.**

a. $\dfrac{(3 \cdot 10^{15}) : (2 \cdot 10^{7})}{(4 \cdot 10^{3}) \cdot (2 \cdot 10^{3})}$

b. $\dfrac{(2 \cdot 10^{-3})^{2} \cdot (2 \cdot 10^{3})^{-2}}{(5 \cdot 10^{3}) : (3 \cdot 10^{5})}$

41 **Cuando un territorio extrae el 25 % o más de sus recursos renovables de agua dulce, se dice que sufre estrés hídrico. 2300 millones de personas viven en países con estrés hídrico, de los cuales 733 millones viven en países con estrés hídrico alto y crítico. Expresa estas cantidades en notación científica.**

42 **Recuerda que un litro de agua ocupa un volumen de 1 dm^3. Si un embalse contiene 138 hm^3, calcula su capacidad en litros usando notación científica.**

3 ¿Qué tienen en común un sudoku y un ajedrez?

Raíz cuadrada y cuadrados perfectos

43 **Elevar un número al cuadrado significa elevarlo a la potencia de 2. Comúnmente, decimos "calcular el cuadrado". ¿Sabes explicar el porqué? Quizás te sean de ayuda los siguientes tableros, ¿qué tienen en común?**

Tris

Sudoku

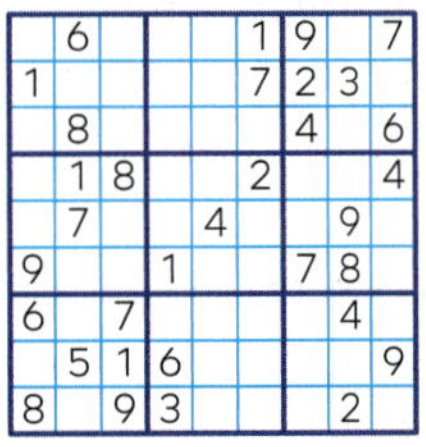

Batalla naval

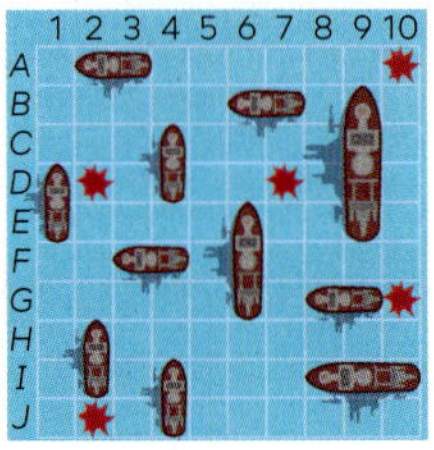

Ajedrez

Un número a es la **raíz cuadrada exacta** de otro número b si al elevar a al cuadrado se obtiene b.

$$\sqrt{b} = a \text{ si } a^2 = b, \text{ con } b \geq 0$$

Además, si a es la raíz cuadrada de b, entonces $-a$ también es raíz cuadrada de b.

$$\sqrt{b} = a \text{ y } \sqrt{b} = -a$$

El **número de soluciones** de $\sqrt{b}$ depende del signo de b:

- Sin solución, si $b < 0$
- Una solución, 0, si $b = 0$
- Dos soluciones opuestas, si $b > 0$

Ejemplo

- La raíz cuadrada de 9 tiene dos soluciones:

$$\sqrt{9} = 3 \text{ ya que } 3^2 = 9 \text{ y } \sqrt{9} = -3 \text{ ya que } (-3)^2 = 9$$

44 **Indica qué números se han elevado al cuadrado para obtener los que aparecen a continuación.**

a. 100 **b.** 169 **c.** 225 **d.** 900 **e.** 12 100 **f.** 1 000 000

45 **Halla las raíces cuadradas de los siguientes números.**

a. 49 **b.** 64 **c.** –16 **d.** 0 **e.** 256 **f.** –169

Un número es un **cuadrado perfecto** si su raíz cuadrada es exacta.

- Si un número es cuadrado perfecto, se puede representar formando un cuadrado.

Ejemplo

- El número 9 es un cuadrado perfecto 3 × 3, ya que la raíz cuadrada de 9 es exacta.
- También 16 es un cuadrado perfecto y podemos representarlo como un cuadrado 4 × 4.

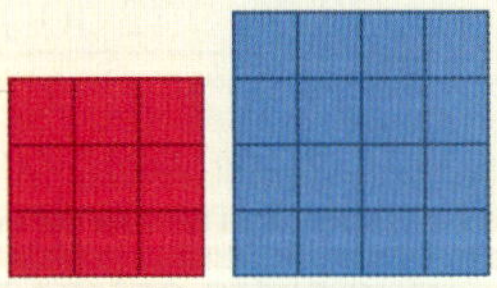

46 **Indica los primeros 13 cuadrados perfectos.**

47 MAT-TIC **Entrénate en la búsqueda de cuadrados con el interactivo** GeoGebra ***Raíces cuadradas y cuadrados perfectos.***

48 **Actividad resuelta**

Comprueba gráficamente que 28 no es un cuadrado perfecto.

Empezamos con un cuadrado y vamos añadiendo los demás, formando los sucesivos cuadrados.

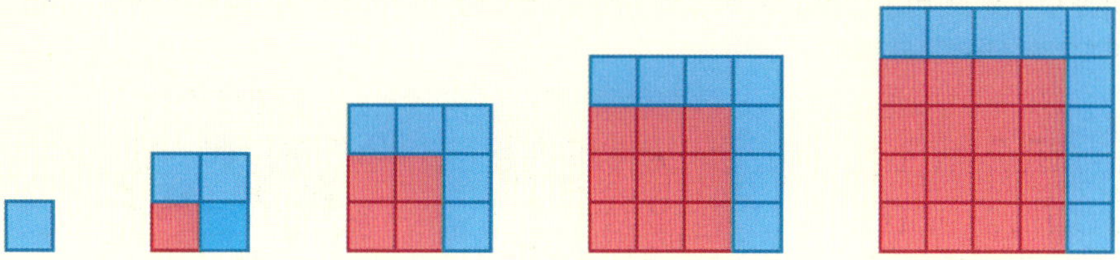

Al llegar a 25 nos quedan tres por colocar, por lo que no podemos completar el siguiente cuadrado. Por tanto, 28 no es un cuadrado perfecto.

49 Comprueba gráficamente si 19, 36 y 48 son cuadrados perfectos. Indica cuántas unidades sobran y cuántas harían falta para completar el siguiente cuadrado en los que no lo son.

50 Marina ha inventado un tablero cuadrado para un juego de estrategia. El tablero está formado, a su vez, por casillas cuadradas iguales. Si los cuadrados del interior son 169, ¿cuántos cuadrados hay en cada lado del cuadrado grande?

51 Camila quiere enviar material sanitario de ayuda humanitaria por correo. Ha preparado unos botiquines cúbicos de 5,8 cm de lado con gasas, vendas, antisépticos, agua oxigenada y apósitos estériles. La agencia de envíos cuenta con cajas de cartón cúbicas de 216 cm^3 cada una.

a. ¿Cabrán los botiquines en la caja con la que cuenta la agencia?

b. ¿Cuántos botiquines puede meter Camila en la caja?

52 Un cuadrado está formado por 225 fichas.

a. ¿Cuántas fichas hay que quitar para que quede un cuadrado con 3 fichas menos en cada lado?

b. ¿Cuántas fichas hay que añadir para obtener el siguiente cuadrado?

c. ¿Cuál es el número menor de fichas que hay que quitar para construir un cuadrado más pequeño?

53 Una ONG está trabajando en un pueblo afectado por la sequía. Los voluntarios han apilado ocho envases cúbicos de agua de 18 cm de arista formando una torre.

a. Expresa el volumen de cada envase en forma de potencia y desarróllalo como producto de potencias de factores primos.

b. Expresa usando potencias de factores primos el volumen de la torre.

54 **CREAMOS JUNTOS.** Escribe los cuadrados de los números del 0 al 9.

a. Calcula los cuadrados de 13, 23, 33 y 43. ¿En qué cifra acaban?

b. ¿En qué cifra acabarán los cuadrados de los números terminados en 8? ¿Y los cuadrados de los que acaban en 9?

c. ¿Qué terminaciones puede tener un cuadrado perfecto?

d. Piensa un número y díselo a tu compañero. Pídele que trate de averiguar si es un cuadrado perfecto. Diseñad entre los dos una estrategia para determinar si un número cualquiera es un cuadrado perfecto.

¿Piensas que deberías aportar algo diferente a tu equipo para sentirte mejor?

Raíz cuadrada entera

La **raíz cuadrada entera** de un número *b* es el mayor número entero cuyo cuadrado es menor que *b*.

$$\sqrt{b} = a \text{ si } a^2 < b < (a+1)^2 \text{, siendo } a \text{ un número entero.}$$

El **resto** de esa raíz es la diferencia entre el número *b* y el cuadrado de su raíz cuadrada entera. Este resto es menor que el doble de la raíz más uno.

$$r < 2 \cdot a + 1$$

55 Actividad resuelta

Adri quiere colocar 29 fichas cuadradas formando un *collage* cuadrado. ¿Puede hacerlo?

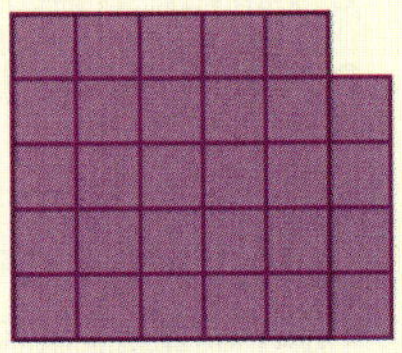

Al intentar colocar las 29 fichas, obtiene un cuadrado de 5 filas y 5 columnas pero sobran 4 fichas. Como 29 no es un cuadrado perfecto, no tiene raíz cuadrada exacta.

$$29 = 5^2 + 4 \Rightarrow \sqrt{29} = 5 \text{ y resto } 4$$

Así, la raíz entera de 29 no es 4, porque $29 - 4^2 = 29 - 16 = 13$, que es mayor que $2 \cdot 4 + 1 = 9$.

56 **Comprueba si las siguientes raíces son correctas sin calcularlas.**

Número	89	126	180	460	500	626
Raíz entera	9	11	14	20	22	25
Resto	9	5	16	60	16	2

57 Actividad resuelta

Escribe todos los números cuya raíz cuadrada (exacta o entera) sea 9.

Como $9^2 = 81$ y $10^2 = 100$, los números pedidos son 81, 82, 83, ... , 98, 99.

58 **¿Cuántos números tienen raíz cuadrada exacta o entera igual a 14?**

Aproximación de raíces cuadradas

Para calcular la **raíz cuadrada entera** de números grandes podemos estimar entre qué dos cuadrados perfectos se encuentran esos números.

Ejemplo

Calculamos la raíz cuadrada entera de 160 por estimación.

El número 160 se encuentra entre los cuadrados perfectos 144 y 169. Por tanto:

$$144 < 160 < 169 \Rightarrow 12^2 < 160 < 13^2$$

$$\sqrt{12^2} < \sqrt{160} < \sqrt{13^2} \Rightarrow 12 < \sqrt{160} < 13$$

La raíz cuadrada de 160 es un número entre 12 y 13.

Por tanto, como $160 = 12^2 + 16$, la raíz cuadrada entera de 160 es 12 y el resto es 16.

59 **Indica si las siguientes raíces cuadradas son exactas o enteras y calcula el resto.**

a. $\sqrt{75}$ **b.** $\sqrt{240}$ **c.** $\sqrt{144}$ **d.** $\sqrt{841}$ **e.** $\sqrt{125}$ **f.** $\sqrt{961}$ **g.** $\sqrt{484}$ **h.** $\sqrt{580}$

60 Actividad resuelta

Calcula la raíz cuadrada de 4958 por aproximación.

Como $100^2 = 10\,000 > 4958$, la raíz de 4958 tendrá dos cifras.

Empezamos calculando la raíz cuadrada de 49 y, después, por tanteo, buscamos la cifra de las unidades.

- $70^2 = 4900$, se encuentra bastante próximo.
- $71^2 = 5041$, sobrepasa 4958.

→ Por tanto, $70^2 < 4958 < 71^2$.

La raíz cuadrada entera de 4958 es 70 y el resto es $4958 - 4900 = 58$.

¿Sabrías calcular estas raíces con la calculadora y expresarlas con la precisión adecuada?

61 **Calcula por aproximación las raíces cuadradas de los siguientes números.**

a. 888 b. 9000 c. 23 945 d. 688 221

62 **Halla el número conociendo su raíz cuadrada entera y su resto.**

a. Raíz = 20; resto = 10
b. Raíz = 12; resto = 10
c. Raíz = 35; resto = 19
d. Raíz = 48; resto = 47

ALGORITMO PARA CALCULAR LA RAÍZ CUADRADA ENTERA

Calculamos la raíz cuadrada entera de 58 297.

Paso 1

Agrupamos las cifras del radicando de dos en dos, empezando por la derecha.

$\sqrt{\boxed{5}\boxed{82}\boxed{97}}$

Paso 2

Buscamos el mayor número que elevado al cuadrado es menor que 5: $2^2 = 4 < 5$.

$\sqrt{5\ 82\ 97}$ | 2

Paso 3

Restamos al 5 el cuadrado del número encontrado, $2^2 = 4$, y escribimos a continuación las dos cifras del siguiente grupo.

$\sqrt{5\ 82\ 97}$ | 2
−4
182

Paso 4

Debajo de la primera cifra de la raíz escribimos su doble, 4, y buscamos el mayor número a tal que $4a \cdot a < 182$.

- $41 \cdot 1 = 41$
- $42 \cdot 2 = 84$
- $43 \cdot 3 = 129$
- $44 \cdot 4 = 176$
- $45 \cdot 5 = 225$

En este caso, el número buscado es el 4, que será la segunda cifra de la raíz.

$\sqrt{5\ 82\ 97}$ | 24
−4 | $44 \cdot 4 = 176$
182
−176
697

Paso 5

Repetimos el proceso: bajamos las dos cifras del siguiente grupo, escribimos debajo de la raíz el doble de 24, 48, y buscamos b para que $48b \cdot b$ quede lo más cerca posible de 697.

- $481 \cdot 1 = 481$
- $482 \cdot 2 = 964$

En este caso, el número es 1, que es la tercera cifra de la raíz.

Por lo tanto, la raíz entera de 58 297 es 241 y el resto es 216.

$\sqrt{5\ 82\ 97}$ | 241
−4 | $44 \cdot 4 = 176$
182 | $481 \cdot 1 = 481$
−176
697
−481
216

63 **Calcula las raíces cuadradas de los siguientes números con el algoritmo.**

a. 480
b. 600
c. 948
d. 1000
e. 348
f. 1250
g. 155 478
h. 11 729
i. 24 325

4 ¿Podemos calcular la potencia de una fracción? ¿Y hallar su raíz cuadrada?

Potencias y raíces de fracciones

64 Sofía, durante la pandemia de COVID–19 aprendió a coser a máquina. Durante unos meses ayudó sus padres, expertos costureros, a fabricar mascarillas. Para empezar, de una pieza de tela cuadrada recortaban un cuarto, del trozo cortado recortaban otro cuarto, y de este último, otro cuarto.

¿Qué fracción de la pieza inicial representa este trozo?

La **potencia de una fracción con exponente positivo**, *n*, es la fracción que resulta de elevar el numerador y el denominador a dicha potencia.

$$\left(\frac{a}{b}\right)^n = \frac{a^n}{b^n}, \text{ con } a \neq 0 \text{ y } b \neq 0$$

Ejemplo

- $\left(\frac{2}{5}\right)^3 = \frac{2}{5} \cdot \frac{2}{5} \cdot \frac{2}{5} = \frac{2 \cdot 2 \cdot 2}{5 \cdot 5 \cdot 5} = \frac{8}{125} = \frac{2^3}{5^3}$
- $\left(\frac{7}{11}\right)^2 = \frac{7}{11} \cdot \frac{7}{11} = \frac{7 \cdot 7}{11 \cdot 11} = \frac{49}{121} = \frac{7^2}{11^2}$

Cualquier número, distinto de cero, elevado a 0 da como resultado 1.

$$\left(\frac{a}{b}\right)^0 = \frac{a^0}{b^0} = 1, \text{ con } a, b \neq 0$$

La **potencia de una fracción con exponente negativo**, $-n$, es igual a la fracción inversa elevada a exponente positivo *n*.

$$\left(\frac{a}{b}\right)^{-n} = \frac{1}{\left(\frac{a}{b}\right)^n} = \frac{1}{\frac{a^n}{b^n}} = \frac{b^n}{a^n} = \left(\frac{b}{a}\right)^n \Rightarrow$$

$$\left(\frac{a}{b}\right)^{-n} = \left(\frac{b}{a}\right)^n, \text{ con } b \neq 0$$

Ejemplo

- $\left(\frac{2}{5}\right)^{-3} = \left(\frac{5}{2}\right)^3 = \frac{5^3}{2^3} = \frac{125}{8}$
- $\left(\frac{7}{11}\right)^{-2} = \left(\frac{11}{7}\right)^2 = \frac{11^2}{7^2} = \frac{121}{49}$

65 Escribe los términos que faltan.

a. $\left(\frac{1}{2}\right)^{\square} = \frac{1}{2} \cdot \frac{1}{2} \cdot \frac{1}{2} = \frac{\square}{\square}$

b. $\left(\frac{\square}{\square}\right)^4 = \frac{5}{2} \cdot \frac{5}{2} \cdot \frac{5}{2} \cdot \frac{5}{2} = \frac{\square}{\square}$

c. $\left(\frac{2}{3}\right)^{\square} = \frac{3}{2} \cdot \frac{3}{2} \cdot \frac{3}{2} = \frac{\square}{\square}$

66 Determina, sin calcular, si la potencia resultante es positiva o negativa.

a. $\left(\frac{1}{4}\right)^2$

b. $\left(\frac{1}{2}\right)^3$

c. $\left(-\frac{3}{4}\right)^2$

d. $\left(-\frac{1}{5}\right)^3$

67 Desarrolla como cociente de potencias y calcula el resultado.

a. $\left(\frac{3}{2}\right)^{-2}$

b. $\left(\frac{4}{7}\right)^{-3}$

c. $\left(\frac{5}{6}\right)^{-2}$

d. $\left(\frac{3}{5}\right)^2$

La **raíz cuadrada de una fracción** la obtenemos calculando la raíz del numerador y la raíz del denominador.

$$\sqrt{\frac{a}{b}} = \frac{\sqrt{a}}{\sqrt{b}}, \text{ con } b \neq 0$$

Ejemplo

- Por un lado, $\sqrt{\frac{4}{9}} = \frac{2}{3}$ y $\sqrt{\frac{4}{9}} = -\frac{2}{3}$ ya que $\frac{2}{3} \cdot \frac{2}{3} = \frac{4}{9}$ y $\left(-\frac{2}{3}\right) \cdot \left(-\frac{2}{3}\right) = \frac{4}{9}$
- Por otro lado, $\frac{\sqrt{4}}{\sqrt{9}} = \frac{2}{3}$ y $\frac{\sqrt{4}}{\sqrt{9}} = \frac{-2}{-3} = \frac{2}{3}$ y $\frac{\sqrt{4}}{\sqrt{9}} = \frac{2}{-3} = -\frac{2}{3}$ y $\frac{\sqrt{4}}{\sqrt{9}} = \frac{-2}{3} = -\frac{2}{3}$

→ Por tanto, $\sqrt{\frac{4}{9}} = \frac{\sqrt{4}}{\sqrt{9}}$

68 **Calcula las raíces cuadradas de las siguientes fracciones.**

a. $\sqrt{\frac{16}{36}}$ b. $\sqrt{\frac{49}{25}}$ c. $\sqrt{\frac{1}{64}}$ d. $\sqrt{\frac{225}{196}}$ e. $\sqrt{\frac{169}{144}}$

Ejemplo

Calculamos $\sqrt{\frac{2}{8}}$ simplificando antes la fracción: $\sqrt{\frac{2}{8}} = \sqrt{\frac{1}{4}} = \frac{\sqrt{1}}{\sqrt{4}} = \pm\frac{1}{2}$

69 **Calcula.**

a. $\sqrt{\frac{32}{50}}$ b. $\sqrt{\frac{245}{405}}$ c. $\sqrt{\frac{600}{1536}}$ d. $\sqrt{\frac{343}{7}}$ e. $\sqrt{\frac{1125}{245}}$

En una **operación combinada**, resolvemos primero las operaciones que aparecen dentro de los paréntesis y de los corchetes y, después, el resto, siguiendo esta jerarquía:

1.° Potencias y raíces

2.° Multiplicaciones y divisiones, de izquierda a derecha

3.° Sumas y restas

70 Actividad resuelta

Calcula $\left(\frac{4}{27}\right)^5 \cdot \left(\frac{81}{8}\right)^{-6} \cdot \left(\frac{2}{9}\right)^{-20}$.

En primer lugar, expresamos todas las potencias con exponente positivo y, a continuación, descomponemos los numeradores y denominadores en factores primos.

$$\left(\frac{4}{27}\right)^5 \cdot \left(\frac{81}{8}\right)^{-6} \cdot \left(\frac{2}{9}\right)^{-20} = \left(\frac{4}{27}\right)^5 \cdot \left(\frac{8}{81}\right)^6 \cdot \left(\frac{9}{2}\right)^{20} = \left(\frac{2^2}{3^3}\right)^5 \cdot \left(\frac{2^3}{3^4}\right)^6 \cdot \left(\frac{3^2}{2}\right)^{20}$$

Finalmente, aplicamos las propiedades de las operaciones con potencias.

$$\left(\frac{2^2}{3^3}\right)^5 \cdot \left(\frac{2^3}{3^4}\right)^6 \cdot \left(\frac{3^2}{2}\right)^{20} = \frac{2^{10}}{3^{15}} \cdot \frac{2^{18}}{3^{24}} \cdot \frac{3^{40}}{2^{20}} = \frac{2^{28} \cdot 3^{40}}{2^{20} \cdot 3^{39}} = 2^8 \cdot 3$$

71 Aplica las propiedades de las potencias y calcula el resultado.

a. $\left(\frac{2}{3}\right)^5 \cdot \frac{3^6}{2^4}$

b. $\left(\frac{3}{2} : \left(\frac{1}{2}\right)^{-3}\right)^2$

c. $\left(\frac{5}{7}\right)^{-2} \cdot \left(\frac{7}{5}\right)^{-3} : \left(\frac{3^3}{2^2}\right)^2$

d. $\left(\frac{7}{2}\right)^3 \cdot \left(\frac{11}{7}\right)^2 \cdot \left(\frac{2}{11}\right)^{-5}$

72 Calcula.

a. $\left(\frac{16}{25^2}\right)^3 \cdot \left(\frac{5^6 \cdot 2}{3^7}\right)^{-2} \cdot \left(\frac{9^4}{5^{12}}\right)^{-2}$

b. $\left(\frac{3}{8}\right)^{-6} \cdot \left(\frac{4^5}{12^7}\right)^{-1} : \left(\frac{16}{9}\right)^{20}$

c. $\frac{9^{12}}{100^6} \cdot \left(\frac{3^5}{5^2} \cdot \frac{25}{9^6}\right)^{-3}$

d. $\left(\sqrt{\frac{30}{120}}\right)^6 : \left(\frac{25}{125}\right)^{-4} \cdot 10^5 \cdot \left(\frac{1}{8}\right)^{-3}$

73 Actividad resuelta

Resuelve la operación $\left(1-\frac{1}{4}\right)^2 : 3^2 + 9 \cdot \sqrt{\frac{4}{9}}$.

$$\left(1-\frac{1}{4}\right)^2 : 3^2 + 9 \cdot \sqrt{\frac{4}{9}} = \left(\frac{3}{4}\right)^2 : 3^2 + 9 \cdot \sqrt{\frac{4}{9}} = \frac{9}{16} : 9 + 9 \cdot \frac{2}{3} = \frac{1}{16} + 6 = \frac{1}{16} + \frac{96}{16} = \frac{97}{16}$$

74 Calcula.

a. $\frac{3}{2^2} : \frac{2}{5} \cdot \frac{100}{90} - \left(\frac{1+3^2}{5^2-5}\right)^{-2}$

b. $\frac{3}{4} - \left(\frac{2}{3}\right)^{-2} \cdot \left(\frac{3}{2^2}\right)^{-1} + \left(\sqrt{\frac{4}{9}}\right)^3 - \left(\frac{2}{3}\right)^2$

c. $\left[\left(\frac{-3}{2}\right)^3 \cdot \left(\frac{-4}{9}\right)^3 + \left(\frac{1}{3}\right)^3\right] - 2^{-1} \cdot \frac{1}{3} + \sqrt{\frac{1}{9}}$

d. $\sqrt{\frac{75}{48}} - \left(\sqrt{\frac{4}{81}}\right)^{-2} + \frac{\sqrt{36}}{36} - 4^{-2}$

75 Actividad resuelta

Lucrecia partió una barra de mantequilla por la mitad, luego tomó una de las dos partes, la partió en dos y dividió una de las dos nuevas partes por la mitad para untar una de esas mitades sobre un pan. ¿Qué fracción de mantequilla untó Lucrecia en el pan?

Para saber cuál es la fracción debemos realizar el siguiente producto.

$$\frac{1}{2} \cdot \frac{1}{2} \cdot \frac{1}{2} = \frac{1}{2^3} = \frac{1}{8}$$

Por tanto, Lucrecia tomó $\frac{1}{8}$ del total de la mantequilla para untar en el pan.

76 Para hacer un puente colgante que facilite el acceso a unas fuentes de agua potable, un ingeniero coloca cuatro cables, de tal manera que el primero tiene la máxima longitud, el segundo equivale a $\frac{3}{4}$ de la longitud del primero, el tercero corresponde a $\frac{3}{4}$ de la longitud del segundo y el cuarto mide $\frac{3}{4}$ de la longitud del tercero.

Tomando como unidad la medida del cable más largo, ¿qué fracción de la unidad corresponde a los demás cables?

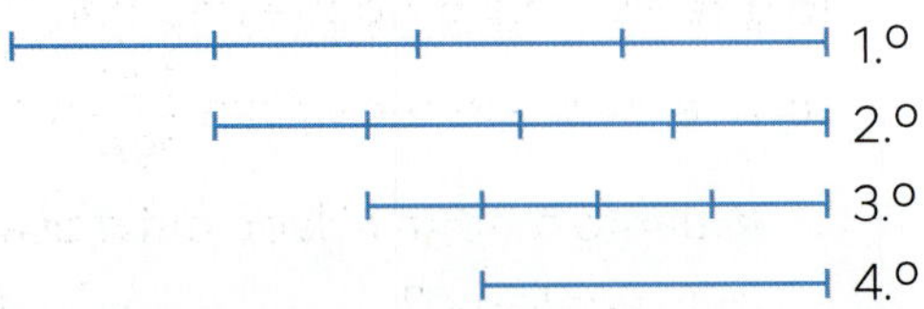

77 Actividad resuelta

Daniel hizo un *collage* con las pegatinas de un álbum. Formó un *collage* cuadrado de una superficie de $\frac{625}{4}$ cm². Si Daniel desea enmarcarlo con cinta, ¿cuántos centímetros de cinta necesitará?

Para determinar la cantidad de cinta para el marco del *collage*, debemos calcular su perímetro. Se sabe que la superficie de un cuadrado se halla elevando al cuadrado la longitud de su lado, por lo que:

$$\frac{625}{4}=\left(\frac{25}{2}\right)^2 \text{ cm}^2$$

Luego el lado del cuadrado mide $\frac{25}{2}=12{,}5$ cm y su perímetro

$$\frac{25}{2}\cdot 4=\frac{100}{2}=50 \text{ cm}$$

Por tanto, Daniel necesita 50 cm de cinta para el marco del collage.

78 Durante una expedición se fotografiaron 47 nuevas especies de flora y fauna. Esas fotografías se exhibirán en un mural cuadrado de área $\frac{289}{121}$ m². ¿Cuántos metros de cinta serán necesarios para delimitar el contorno del mural?

79 En un bloque de edificios, $\frac{4}{5}$ del gasto de agua corresponden a las viviendas, y en ellas, $\frac{4}{5}$ van al consumo doméstico. $\frac{4}{5}$ de esta cantidad, a su vez, se gastan en duchas, limpieza... Expresa esta cantidad usando potencias y calcúlala.

80 Para investigar el comportamiento del lince ibérico, (ya fuera de peligro de extinción), un biólogo dispone de una región cuadrada de perímetro $\frac{19}{16}$ km.

a. ¿Cuánto mide la arista de la región cuadrada?
b. ¿De qué área dispone el biólogo para realizar su investigación?

81 Irene, Patricia, Virginia, Juan Carlos y Jesús tienen que realizar un cartel para una campaña de ahorro de agua que contenga 45 imágenes. Virginia propone elaborar un mosaico con las 45 imágenes. Irene añade que las imágenes podrían ser fotos del mismo tamaño. Y Juan Carlos propone que sean cuadradas.

a. ¿Podrán formar un cuadrado?
b. ¿Cuántas fotos sobran y cuántas harían falta para formar el siguiente cuadrado?
c. ¿Y para formar uno con 8 fotos de lado?

Con las 45 imágenes elegidas no pueden realizar un mosaico de cuadrados perfectos, por lo que Patricia propone imprimir las fotos de distintos tamaños para que quepan todas en un cuadrado de superficie $\frac{361}{196}$ m².

d. ¿Cuánto medirá el lado del mosaico?
e. ¿Y su contorno?

¿Qué te ha causado satisfacción o insatisfacción en este tema?

NUESTRO RETO

¿Cuánto llueve aquí?

Construimos un pluviómetro para medir la cantidad de agua que podríamos aprovechar para el consumo diario en nuestras casas

Paso 1

Construcción

Vamos a construir un pluviómetro casero. Para ello, en primer lugar, debemos considerar, que la cantidad de lluvia se mide en L/m^2 (litros por metro cuadrado), es decir, se miden los litros que han caído sobre una superficie cuadrada que tiene 1 m de lado.

- Si tenemos un recipiente de 1 m^2 de base y vertemos en él 3 litros de agua, ¿qué altura alcanzaría? Por esta razón, la cantidad de lluvia también se expresa en milímetros.

A continuación, procedemos a la construcción. Para ello, puedes reciclar envases que tengas en casa, como una botella de plástico.

- Quita la etiqueta de la botella y corta la parte superior.
- Pon en el fondo algo de peso, como piedras, para evitar que la botella se mueva.
- Coloca la parte que has cortado como un embudo en la parte superior de la botella. Sujétala con cinta adhesiva.
- Pega una cinta vertical en el exterior de la botella, que usarás para medir el agua que hay dentro.
- Echa agua hasta cubrir las piedras y marca esa altura en la cinta como 0. Después, ve echando cantidades de agua que puedas medir (por ejemplo, con una jarra graduada) y haz las marcas correspondientes en la cinta.
- Finalmente, quita el agua y vuelve a llenar hasta la altura cero.

Ahora solo queda probarlo, a ver qué tal funciona.

Paso 2

Investigación

Indaga sobre el consumo de agua semanal para el riego de las plantas y del inodoro de tu casa. Puedes fijarte en cuánta agua cabe en la cisterna del inodoro y cuántas veces tiras de la cadena. Tras una semana de recogida de agua con un tanque de capacidad de 30 000 L, indica si con la cantidad almacenada en esa semana de recogida se podría cubrir el gasto semanal de tu casa.

Paso 3

Debate

Por último, debatiremos con nuestros compañeros sobre la importancia de almacenar el agua pluvial. Acuérdate, cuando sea tu turno de palabra, de cuidar la postura, el gesto y la emoción.

¿Cómo te ha ido el reto? Entra y haz tu valoración

EN RESUMEN

Potencias de exponente entero

Una potencia es una forma abreviada de escribir un producto de factores iguales.

$\underbrace{a \cdot a \cdot a \cdot ... \cdot a}_{n \text{ veces}} = a^n$ — Exponente: n; Base: a

Una **potencia de exponente** negativo se define como la inversa de la potencia con exponente positivo.

$$a^{-n} = \frac{1}{a^n}$$

Cualquier número distinto de 0 (positivo o negativo) elevado a 0 es igual a la unidad.

$$a^0 = 1 \quad (a \neq 0)$$

OPERACIONES CON POTENCIAS				
De la misma base			Del mismo exponente	
Producto	Cociente	Potencia	Producto	Cociente
$a^m \cdot a^n = a^{m+n}$	$a^m : a^n = a^{m-n}$	$(a^m)^n = a^{m \cdot n}$	$(a \cdot b)^n = a^n \cdot b^n$	$(a : b)^n = \left(\frac{a}{b}\right)^n = \frac{a^n}{b^n}$

Notación científica

Un número a está escrito en **notación científica** si es de la forma $\mathbf{a \cdot 10^p}$, donde $1 \leq a < 10$ y p es un número entero. El exponente p se llama **orden de magnitud**.

Raíz cuadrada

Un número a es **la raíz cuadrada exacta** de otro número b si al elevar a al cuadrado se obtiene b.

$$\sqrt{b} = a \text{ si } a^2 = b \Rightarrow \sqrt{b} = a \text{ y } \sqrt{b} = -a$$

Un número es un **cuadrado perfecto** si su raíz cuadrada es exacta.

La **raíz cuadrada entera** de un número b es el mayor número entero cuyo cuadrado es menor que b.

$$\sqrt{b} = a \text{ si } a^2 < b < (a+1)^2 \text{, siendo } a \text{ un número entero.}$$

El **resto** de esa raíz es la diferencia entre el número b y el cuadrado de su raíz cuadrada entera y es menor que el doble de la raíz más uno.

$$r < 2 \cdot a + 1$$

Potencias y raíces de fracciones

Potencia de una fracción con exponente positivo	Potencia de una fracción con exponente negativo	Raíz cuadrada de una fracción
$\left(\frac{a}{b}\right)^n = \frac{a^n}{b^n}$	$\left(\frac{a}{b}\right)^{-n} = \frac{b^n}{a^n}$, con a y $b \neq 0$	$\sqrt{\frac{a}{b}} = \frac{\sqrt{a}}{\sqrt{b}}$, con $b \neq 0$

PRACTICAMOS

Actividades

1 **Aprendo a pensar.** Organiza en un mapa mental los conceptos que has aprendido.

2 Halla los términos que faltan.

- **a.** $\bullet^7 = 2187$
- **b.** $(-5)^{\bullet} = 625$
- **c.** $\bullet^3 = 243$
- **d.** $\bullet^4 = 810\,000$
- **e.** $(-2)^{\bullet} = -512$
- **f.** $\bullet^5 = 59\,049$

3 Expresa en forma de potencia.

- **a.** $5 \cdot 5 \cdot 5 \cdot 5 \cdot 5 \cdot 5$
- **b.** $(-4) \cdot (-4) \cdot (-4)$
- **c.** $\frac{2}{3} \cdot \frac{2}{3} \cdot \frac{2}{3} \cdot \frac{2}{3} \cdot \frac{2}{3}$
- **d.** $\frac{-2}{3} \cdot \frac{-2}{3} \cdot \frac{-2}{3}$

4 Expresa los siguientes números usando notación científica.

- **a.** 235 000 000 000 000
- **b.** 41 250 000 000 000 000
- **c.** 0,000 000 000 000 000 008 741
- **d.** 0,000 000 000 000 333

5 Expresa en notación decimal las siguientes expresiones con potencias de base 10.

- **a.** $2{,}99 \cdot 10^6$
- **b.** $8{,}5 \cdot 10^8$
- **c.** $3{,}1 \cdot 10^{-6}$
- **d.** $4{,}49 \cdot 10^{-8}$

6 Expresa los siguientes números en notación científica.

- **a.** $32{,}5 \cdot 10^8$
- **b.** $129{,}45 \cdot 10^{-6}$
- **c.** $0{,}000063 \cdot 10^{12}$
- **d.** $0{,}0059 \cdot 10^{-12}$

7 Opera y escribe el resultado en notación científica.

- **a.** $0{,}0003 + 0{,}000\,15$
- **b.** $30\,000 + 150\,000$
- **c.** $0{,}0025 - 0{,}000\,12$
- **d.** $120\,000 - 50\,000$

8 Realiza las siguientes operaciones y escribe el resultado en notación científica.

- **a.** $(4{,}5 \cdot 10^{15}) \cdot (5 \cdot 10^8)$
- **b.** $(2{,}1 \cdot 10^{-10}) \cdot (3 \cdot 10^5)$
- **c.** $(6 \cdot 10^{-11}) \cdot (3{,}4 \cdot 10^{-3})$
- **d.** $(4{,}5 \cdot 10^{15}) : (5 \cdot 10^8)$
- **e.** $(2{,}1 \cdot 10^{10}) : (3 \cdot 10^{-5})$
- **f.** $(6 \cdot 10^{-11}) : (3{,}4 \cdot 10^3)$

9 Si un número acaba en 3, ¿en qué cifra acaba su cuadrado? ¿Y si acaba en 5? Encuentra todos los valores que puede tener la última cifra de un cuadrado perfecto.

10 Escribe los cuadrados de los números de dos cifras que acaban en 0.

- **a.** El número 2025 es un cuadrado perfecto. ¿Entre qué números de los obtenidos anteriormente se encuentra?
- **b.** ¿Qué número elevado al cuadrado da 2025?

11 Al utilizar el algoritmo de la raíz cuadrada se separan las cifras del número en grupos de dos.

- **a.** ¿Cuántas cifras podrá tener la raíz entera de un número de 9 cifras?
- **b.** ¿Cuántas cifras podrá tener la raíz entera de un número de 12 cifras

12 El número más grande que se puede escribir con tres nueves es $\left(9^9\right)^9$. Si se desarrolla, tendría una longitud aproximada de 965 km y en su lectura se emplearían unos 150 años. ¿Cuál es el número más grande que se puede escribir con tres números dos?

13 Todo número natural puede escribirse como la suma de cuatro enteros elevados al cuadrado. Por ejemplo: $15 = 1^2 + 1^2 + 2^2 + 3^2$. También se puede usar el 0. ¿Podrías hacer lo mismo con los números 26, 39 y 58?

14 Encuentra todos los cuadrados perfectos comprendidos entre 200 y 300.

15 Comprueba gráficamente si 60 es un cuadrado perfecto. Utiliza el dibujo que has hecho para calcular su raíz entera y su resto.

16 Sin hacer la operación, indica en qué cifra termina cada uno de los siguientes cuadrados perfectos.

- **a.** 36^2
- **b.** 86^2
- **c.** 813^2
- **d.** 5750^2
- **e.** 1009^2
- **f.** $999\,999^2$

17 Calcula las siguientes raíces utilizando el algoritmo.

- **a.** $\sqrt{692}$
- **b.** $\sqrt{858}$
- **c.** $\sqrt{7644}$
- **d.** $\sqrt{61\,504}$
- **e.** $\sqrt{96\,247}$
- **f.** $\sqrt{258\,809}$

18 Calcula la raíz cuadrada entera de los siguientes números por estimación e indica el resto.

- **a.** 136
- **b.** 333
- **c.** 425
- **d.** 507
- **e.** 666
- **f.** 2016

19 Escribe todos los números cuya raíz cuadrada exacta o entera sea 20.

20 Encuentra todos los números de tres cifras que tienen raíz cuadrada exacta.

21 La raíz cuadrada entera de un número es 19, ¿qué valores puede tener dicho número? ¿Cuánto puede valer, como máximo, el resto?

22 Comprueba si las siguientes raíces son correctas sin calcularlas.

a. $\sqrt{2588} = 50$, resto: 88

b. $\sqrt{3986} = 62$, resto: 142

c. $\sqrt{1406} = 37$, resto: 37

23 Calcula.

a. $\left(\left(\frac{2}{3}\right)^2\right)^3$ b. $\left(\left(\frac{4}{5}\right)^{-2}\right)^2$ c. $\left(\left(\frac{3}{5}\right)^4\right)^{-3}$

24 Actividad resuelta

Calcula la raíz cuadrada de $0,\widehat{1}$ y escribe el resultado en forma decimal.

Expresamos el decimal en forma de fracción y operamos. Luego, pasamos a decimal.

$$\sqrt{0,\widehat{1}} = \sqrt{\frac{1}{9}} = \frac{1}{3} = 0,\widehat{3}$$

25 Calcula las raíces y escribe los resultados en forma decimal.

a. $\sqrt{1,44}$ c. $\sqrt{1,\widehat{7}}$ e. $\sqrt{11,\widehat{1}}$

b. $\sqrt{0,81}$ d. $\sqrt{5,\widehat{4}}$ f. $\sqrt{0,69\widehat{4}}$

26 Los números 9 y 16 son cuadrados perfectos.

a. Comprueba que su suma es un cuadrado perfecto.

b. ¿Será cierto que la suma de dos cuadrados perfectos es siempre un cuadrado perfecto? Compruébalo cambiando el 9 por otros cuadrados perfectos.

27 El cuadrado de 7 es 49. Encuentra todos los números naturales de dos cifras cuyo cuadrado acaba en 49. ¿Acaban todos en 7?

28 El número 3481 es un cuadrado perfecto.

a. Encuentra el siguiente número más cercano acabado en 00 que sea cuadrado perfecto.

b. Observa la terminación. ¿En qué cifras puede acabar la raíz de un cuadrado perfecto que acaba en 1?

c. Trata de encontrar la raíz de 3481.

29 Analiza y contesta:

Si dos números son cuadrados perfectos, su producto también lo es.

Usa esta propiedad para calcular la raíz de 1764, sabiendo que $1764 = 36 \cdot 49$, y comprueba el resultado.

30 Dada la fracción $\frac{4}{9}$, calcula la inversa de su raíz cuadrada y la raíz cuadrada de su inversa. ¿Se obtiene el mismo resultado?

Problemas

31 Un paquete tiene ocho cajas, cada caja incluye ocho estuches de madera y cada estuche guarda ocho lápices. ¿Cuántos lápices hay en ocho paquetes iguales? Escribe el resultado como una potencia de base 2.

32 Un álbum de muñecas de 20 páginas se llena con 180 láminas. Si en cada página hay el mismo número de láminas, dispuestas en igual número de columnas y filas, ¿cuántas láminas hay en cada columna?

33 Raúl está pintando una pared que tiene 32 m de ancho y 22 m de alto. Si tiene un bote de pintura suficiente para 38 m² y quiere pintar dos veces la pared, ¿cuántos botes de pintura más debe comprar?

34 Una figura rectangular tiene una superficie de 203 cm². Si su largo es 125 cm, ¿cuánto mide su ancho? Expresa tu respuesta como una potencia.

35 En un campo de golf hay 6 madrigueras, en cada madriguera, 6 caminos, en cada camino, 6 guaridas y en cada guarida, una familia de 6 topos. ¿Cuántos topos hay en total?

36 Miguel, para la celebración de su cumpleaños, ha preparado una bandeja cuadrada con 8 cuencos de fruta por cada lado. A sus hijos y sus sobrinos les encanta la fruta cortada de esa manera, y se comieron algunos. Miguel se dio cuenta de que los cuencos que quedaban podían recolocarse en una bandeja de 6 cuencos de lado sobrándole 3, que guardó en la nevera por si hacían falta. ¿Cuántos cuencos de fruta comieron sus hijos y sus sobrinos?

37 Daniel juega con sus dos amigos, Alejo y Carlos, a las canicas. Cada uno de los tres amigos pone dos canicas en el suelo; si uno de ellos le da a una canica del otro, puede tomar el doble de canicas de las que ese jugador puso y, para poder seguir jugando, el perdedor deberá poner el doble de canicas. Daniel le ha dado dos veces a una canica de Alejo y una vez a una canica de Carlos.

a. ¿Cuántas canicas tiene ahora?

b. ¿Cuántas canicas tuvo que poner Alejo para seguir jugando?

38 Elena es una experta construyendo mosaicos con piezas cuadradas del mismo tamaño. Iba a hacer un mosaico rectangular, pero finalmente lo hará cuadrado. Está contando las piezas que tiene. Si quita 7 piezas, puede formar un mosaico cuadrado. Para formar un cuadrado que tenga una pieza más por cada lado, tendría que comprar 12 piezas más.

a. ¿Cuántas piezas tiene?

b. ¿Qué tamaño podía tener el mosaico rectangular que quería hacer inicialmente?

39 La superficie de Madrid es de 604,3 km^2 y la superficie de Saturno es de 42 700 000 000 km^2.

a. Expresa ambas cantidades usando notación científica.

b. ¿Cuántas veces cabe la superficie de Madrid en la superficie de Saturno?

40 En las últimas elecciones votaron bastantes habitantes del pueblo, aunque nadie ha apuntado el número exacto. Varios vecinos recuerdan los siguientes datos:

- Votaron menos de 1000 habitantes.
- El número de votantes era una potencia de base 3.
- Si al número de votantes se le sumaba 157, el resultado era un cuadrado perfecto.

¿Cuántos habitantes votaron en las elecciones?

41 Margarita es matemática y se dedica al diseño de jardines. Tiene una curiosa manía: todos sus jardines tienen que ser cuadrados, o poder descomponerse en varios cuadrados, todos de distinto tamaño. Así, diseña jardines de 16 m^2 (4 m de lado), pero también de 29 m^2 (suma uno de 16 m^2, otro de 9 m^2 y otro de 4 m^2), o de 20 m^2 (suma uno de 16 m^2 y otro de 4 m^2). Este último, por ejemplo, no lo pondría como suma de cinco jardines de 4 m^2, aunque las dimensiones encajen, porque quiere que todas las medidas sean distintas.

a. ¿Podrá diseñar un jardín de 38 m^2 que cumpla sus condiciones?

b. El jardín de 100 m^2 se puede construir al menos de dos formas distintas. Búscalas.

c. Encuentra las formas de diseñar los jardines cuya área sea un número natural inferior a 40 m^2.

¡Ojo! Puede que no todos sean posibles y que necesites más de dos cuadrados para algunos.

42 En un juego se dibuja una red de puntos sobre una cuadrícula, formando un cuadrado.

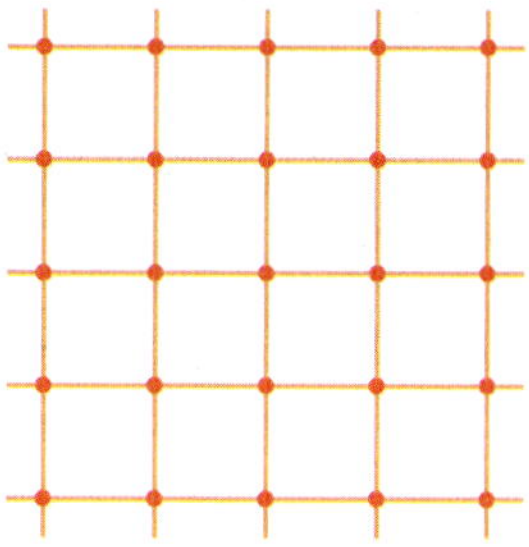

a. Un jugador ha dibujado un cuadrado con 81 puntos. Si quiere que el cuadrado tenga dos puntos más en cada lado, ¿cuántos puntos tiene que añadir a su cuadrado?

b. Otro se ha equivocado y ha dibujado un rectángulo de 6 puntos de alto y 9, de ancho. ¿Cuántos puntos tendrá que añadir para conseguir un cuadrado de 10 puntos de lado?

Comprueba lo que has aprendido

1 Indica la base y el exponente de estas potencias y calcula el resultado.

a. 5^3 c. $(-4)^2$ e. $(-1)^5$

b. 10^4 d. 10^{-2} f. $(-2)^{-3}$

2 Escribe como una única potencia.

a. $7^4 \cdot 7 \cdot 7^5$

b. $(-2)^8 : (-2)^5$

c. $(3^2)^5 \cdot 3^4$

d. $(5^3 \cdot 5^2)^5 . 5^4 \cdot 5^7$

e. $14^5 : 7^5 \cdot 2^5$

f. $(-2)^6 \cdot 3^6 \cdot (-5)^6$

3 Opera usando las propiedades de las potencias.

a. $(2^2 \cdot 3^5)^2 \cdot 3^4$

b. $\dfrac{2^5 \cdot 3^8 \cdot (2^2 \cdot 3)^7}{(2^4 \cdot 3^5)^2}$

c. $\dfrac{(-2)^7 \cdot 2^5 \cdot (-2)^4}{(-2)^6 \cdot 2^{10}}$

d. $\dfrac{16^5 \cdot 81^3 \cdot 15^4}{10^2 \cdot 36^8}$

e. $\dfrac{2^{-15} \cdot (2^{-2})^{-9}}{(2^2)^{-6}}$

f. $\dfrac{6^{-5} \cdot 2^8 \cdot (3^4)^{-2}}{12^9 \cdot (2^4 \cdot 3^{-11})^{-2}}$

4 Expresa los siguientes números en notación científica.

a. 32 700 000

b. 0,000 000 022

c. $458 \cdot 10^7$

d. $0,000 31 \cdot 10^{-5}$

5 Calcula la raíz cuadrada de los siguientes números usando el algoritmo.

a. 8229 b. 566 992

6 Halla por aproximación las siguientes raíces y escribe el resto.

a. $\sqrt{164}$ b. $\sqrt{302}$ c. $\sqrt{888}$ d. $\sqrt{9100}$

7 Calcula usando las propiedades de las potencias.

a. $\left(\dfrac{1}{2}\right)^3 \cdot \left(\dfrac{1}{2}\right)^5 : \left(\dfrac{1}{2}\right)^7$

b. $\left(\dfrac{2}{3}\right)^6 : \left(\dfrac{2}{3}\right)^{-5} \cdot \left(\dfrac{3}{2}\right)^2$

c. $\sqrt{\dfrac{2}{50}} \cdot \left(\dfrac{2}{5}\right)^{-2} \cdot \dfrac{4}{5}$

d. $\left(\dfrac{3}{5}\right)^2 \cdot \left(\dfrac{5}{3}\right)^{-5} \cdot \sqrt{\dfrac{81}{625}}$

8 Calcula.

a. $\dfrac{3}{4} - \left(\dfrac{1}{2}\right)^2 \cdot \left[\left(\dfrac{5}{2}\right)^2 - \dfrac{2}{3} \cdot \left(\dfrac{3}{2}\right)^3\right] - \sqrt{\dfrac{49}{16}}$

b. $\dfrac{3}{4} - \left(\dfrac{1}{2}\right)^2 \cdot \sqrt{5^2 - 4^2} : \left(\dfrac{3}{2}\right)^{-2}$

c. $4^{1} + \sqrt{\dfrac{2}{18}} \cdot (3^2 - 2^3 \cdot 3) \cdot 5^{-1}$

9 En un supermercado quieren colocar 8017 latas de comida formando un cuadrado para guardar las que sobren. ¿Cuántas almacenarán?

10 El planeta Tierra tiene una masa de $5{,}972 \cdot 10^{24}$ kg. La masa de Marte es $6{,}39 \cdot 10^{23}$ kg y la masa de Mercurio $3285 \cdot 10^{20}$ kg.

a. Ordena los planetas de mayor a menor masa.

b. Ahora ordena de menor a mayor masa los 6 planetas, teniendo en cuenta lo siguiente:

Júpiter: $1\,898\,000 \cdot 10^{21}$ kg
Saturno: $568\,300\,000\,000\,000\,000\,000 \cdot 10^6$ kg
Venus: $4{,}867 \cdot 10^{24}$ kg.

Mis competencias Autoevaluación

1.4 La medida apropiada

¡EMPEZAMOS!

El día de sobrecapacidad de la Tierra

Es el día en el que se acaban todos los recursos que el planeta puede generar en ese año. Este día se calcula analizando la evolución mundial de dos parámetros, la biocapacidad (o capacidad de regeneración biológica) y la huella ecológica (nuestra demanda de recursos).

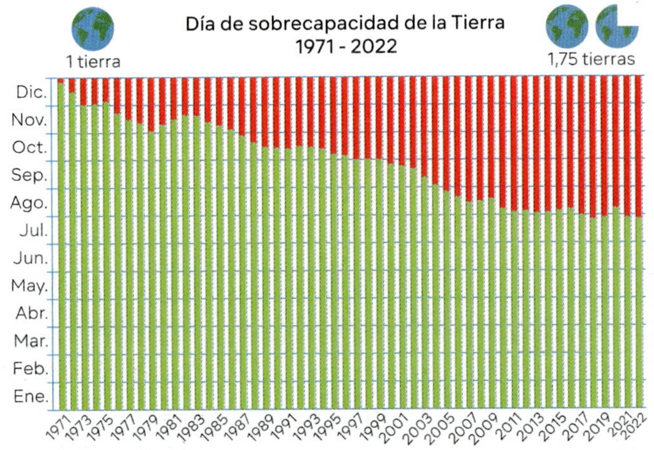

Cada año, se adelanta más el día de sobrecapacidad de la Tierra, tanto que en 1971 bastaba el mundo en el que vivíamos, mientras que ahora necesitaríamos un planeta y tres cuartos de otro igual. En España, este número no deja de aumentar. Si todo el mundo consumiera como un español necesitaríamos dos planetas y medio.

Hay medidas que todos podemos tomar para retrasar la fecha: con solo reducir un 50 % el desperdicio de alimentos en el mundo la retrasaríamos 11 días; y reduciendo a la mitad el uso del coche, la fecha se retrasaría 10 días más en el calendario.

Tú puedes ayudarnos a retrasar cada vez más el día de la sobrecapacidad hasta conseguir un futuro sostenible.

FUENTE: WWF

- Parte del gráfico está en rojo, ¿sabes qué significa "estar en números rojos"?
- ¿Qué opinas sobre los datos de España?

¡VAMOS A APRENDER!

1. Implicarnos en situaciones de trabajo en equipo.
2. Identificar razones y proporciones.
3. Reconocer magnitudes directa e inversamente proporcionales.
4. Repartir cantidades de forma directa e inversamente proporcional.
5. Calcular porcentajes.
6. Aplicar el interés simple y compuesto.
7. Argumentar hipótesis y conjeturas.
8. Concienciar sobre la producción y el consumo responsable.

NUESTRO RETO

Tu huella ecológica

Tomarás conciencia de tu huella ecológica y emprenderás acciones para retrasar el día de sobrecapacidad de la Tierra, que plasmarás en una exposición.

¡Vamos allá!

1 ¿Las proporciones influyen en nuestras pantallas?

Razón numérica

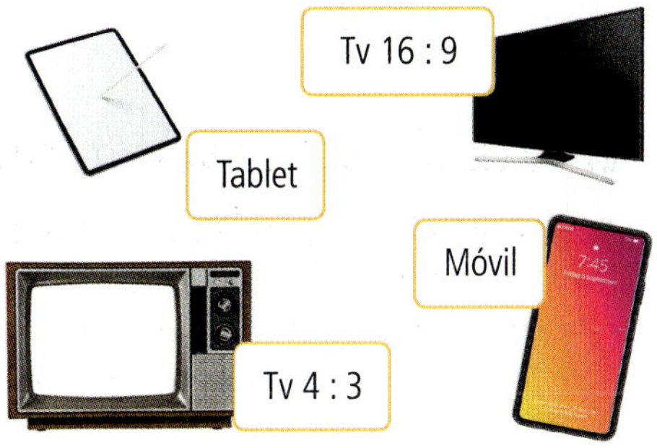

1 En nuestro día a día utilizamos muchos tipos diferentes de pantallas. En ocasiones, los tamaños de pantalla y de imagen no se adaptan todo lo bien que nos gustaría. ¿Sabes el porqué?

Piensa en las proporciones de las pantallas de televisión actuales comparadas con las más antiguas. ¿Conoces el motivo de este cambio de proporción?

La **razón entre dos números** *a* y *b* es el cociente entre dichos números, $\frac{a}{b}$.

- Los números *a* y *b* que forman una razón pueden ser enteros o decimales.

2 Actividad resuelta

Gonzalo tiene apuntada la receta de su abuela para hacer tortilla para 3 personas. Si quisiera hacerla para una cantidad diferente de personas, ¿cómo adaptaría la receta para no desperdiciar comida?

Tortilla (3 personas)
4 huevos
450 g de patatas
Sal al gusto
AOVE al gusto

Para adaptar la receta, Gonzalo necesita encontrar la razón entre el número de personas y los ingredientes de la receta. Las razones son:

- $\frac{4}{3} = 1,\overline{3} \Rightarrow$ Para 1 sola persona se necesita 1 huevo y un tercio más.
- $\frac{450}{3} = 150 \Rightarrow$ Para 1 sola persona se necesitan 150 gramos de patatas.

Por tanto, para adaptar la receta, Gonzalo tendrá que multiplicar las razones calculadas por el número de personas para las que quiere cocinar.

3 Calcula la razón entre los siguientes pares de números.

a. 33 y 36 b. 24 y 42 c. 102 y 98 d. 15 y 20

4 Expresa los siguientes enunciados mediante una razón.

a. Dos coches por cada apartamento
b. Cuatro naranjas por cada seis peras
c. Tres galletas por cada dos panes
d. Siete adultos por cada veintitrés niños

5 Calcula el término desconocido de cada razón.

a. $\frac{x}{13} = 2$ b. $\frac{4}{5} = k$ c. $\frac{24}{y} = 0,6$ d. $\frac{36}{z} = 2,4$

6 Juan y tres amigos han recogido 145 kg de papel para reciclar. Calcula la razón entre los kilogramos de papel recogido y los chicos que lo han hecho. Expresa la razón en forma decimal.

7 El gasto en medicinas entre los 150 habitantes de un pueblo ha sido de 18 750 €. Calcula la razón entre el dinero gastado y los habitantes del pueblo y exprésala en forma decimal.

8 En un restaurante se compran cada día 500 kg de comida y se estima que 40 kg terminan en la basura. ¿Cuál es la razón entre la cantidad tirada y la que se compró?

Proporción numérica y propiedad de las proporciones

Una **proporción** es la igualdad entre dos razones, $\frac{a}{b}=\frac{c}{d}$, cuyos cuatro términos se llaman **extremos**, *a* y *d*, y **medios**, *b* y *c*.

En las proporciones se cumple que **el producto de los extremos es igual al producto de los medios.**

$$\frac{a}{b}=\frac{c}{d}\Rightarrow a\cdot d=b\cdot c \longrightarrow \text{PROPIEDAD FUNDAMENTAL DE LAS PROPORCIONES}$$

Ejemplo

- Las razones $\frac{3}{12}$ y $\frac{4}{16}$ forman proporción ya que $\frac{3}{12}=0,25$ y $\frac{4}{16}=0,25$.
  Además, cumplen la propiedad fundamental de las proporciones:
  $$\frac{3}{12}=\frac{4}{16}=0,25\Rightarrow 3\cdot 16=4\cdot 12=48$$
- Las razones $\frac{15}{20}$ y $\frac{20}{25}$ no forman proporción ya que $\frac{15}{20}=0,75$, mientras que $\frac{20}{25}=0,8$. Además, no se cumple la propiedad fundamental:
  $$\frac{15}{20}\neq\frac{20}{25}\Rightarrow 15\cdot 25\neq 20\cdot 20\Rightarrow 375\neq 400$$

Para determinar si dos razones forman una proporción podemos:
- Calcular el valor de cada razón y comprobar si son iguales.
- Verificar si se cumple la propiedad fundamental de las proporciones.

9 **Agrupa los siguientes números de manera que formen una proporción.**

a. 4, 5, 8 y 10
b. 21, 30, 140 y 200
c. 1, 5, 8 y 40
d. 16, 25, 14 y 21
e. 3, 6, 6 y 12
f. 15,5; 2,5; 24,8 y 4
g. 2, 9,18 y 21
h. 10,5; 12,5; 16,5 y 18,5

10 **Actividad resuelta**

Calcula el término que falta para que se cumplan las siguientes proporciones.

a. $\frac{3}{x}=\frac{15}{35}$ **b.** $\frac{8}{6}=\frac{x+2}{3}$ **c.** $\frac{12}{x}=\frac{x}{3}$

a. $\frac{3}{x}=\frac{15}{35}\Rightarrow$ Como $3\cdot 35=x\cdot 15$, entonces $x=\frac{3\cdot 35}{15}=\frac{105}{15}=7$

b. $\frac{8}{6}=\frac{x+2}{3}\Rightarrow$ Como $8\cdot 3=6\cdot(x+2)$, entonces $x+2=\frac{8\cdot 3}{6}=4\Rightarrow x=4-2=2$

c. $\frac{12}{x}=\frac{x}{3}\Rightarrow$ Como $12\cdot 3=x\cdot x$, entonces $x^2=36$ y hay 2 posibles números, $x=6$ y $x=-6$.

Si conocemos tres de los cuatro términos en una proporción, podemos calcular el cuarto aplicando la propiedad fundamental de las proporciones.

11 **Calcula el valor que falta en las siguientes proporciones.**

a. $\frac{4}{5}=\frac{x}{75}$ **b.** $\frac{2a}{15}=\frac{8}{6}$ **c.** $\frac{18}{x}=\frac{27}{6}$ **d.** $\frac{3+b}{9}=\frac{8}{12}$ **e.** $\frac{15}{4-c}=\frac{20}{8}$ **f.** $\frac{4}{x}=\frac{x}{25}$

12 **La razón entre la altura de Joaquín y la sombra que proyecta es de $\frac{2}{7}$.**

a. Si Joaquín mide 1,80 m, ¿cuánto mide su sombra?

b. En ese mismo instante, la sombra que proyecta un árbol de su jardín mide 4,75 m. Si la altura y la sombra de Joaquín y la sombra y la altura del árbol forman una proporción, ¿cuánto mide el árbol?

2 ¿Cuantos menos coches usamos, menos recursos agotamos?

Proporcionalidad directa

13 Reflexiona sobre esta afirmación. ¿Es cierta?

- ¿Crees que el aumento o la disminución son proporcionales?

Dos **magnitudes** son **directamente proporcionales** cuando:

1.ª magnitud	a	b	c	...
2.ª magnitud	a'	b'	c'	...

$$\Rightarrow \frac{a}{a'} = \frac{b}{b'} = \frac{c}{c'} = \ldots = r$$

Razón o **constante de proporcionalidad directa**

Dos **magnitudes** son **directamente proporcionales** si al multiplicar o dividir una de ellas por un número determinado diferente de cero, la otra queda multiplicada o dividida por el mismo número.

14 Indica si las siguientes magnitudes son directamente proporcionales.

a. El número de cómics comprados y el dinero que cuestan.
b. El número de páginas de un libro y su precio.
c. La edad de un árbol y su altura.
d. El número de calzado de una persona y su estatura.
e. El número de invitados a un banquete y el número de cubiertos necesarios.
f. La velocidad de un avión y el tiempo que tarda en llegar a su destino.

¿En qué otras ocasiones puedes utilizarlo?

Ejemplo

Observamos cómo completar una tabla de proporcionalidad directa.

(· 3,5 de 2 a 7; · 6 de 2 a 12; · 3,5 de 8 a 28; · 6 de 8 a a)

A	2	7	12	b
B	8	28	a	102

La razón de proporcionalidad es $\frac{2}{8} = \frac{7}{28} = 0{,}25$

- Calculamos a: $\frac{12}{a} = 0{,}25 \Rightarrow a = \frac{12}{0{,}25} = 48$
- Calculamos b: $\frac{b}{102} = 0{,}25 \Rightarrow b = 0{,}25 \cdot 102 = 25{,}5$

15 Indica si las siguientes tablas corresponden a magnitudes directamente proporcionales. Si ese es el caso, halla el valor de la constante de proporcionalidad.

a.

X	3	5	6	10	12	15
Y	3,75	6,25	7,5	12,5	15	18,75

b.

X	5	15	18	19	22	25
Y	25	75	90	95	105	125

16 Completa las tablas, sabiendo que las magnitudes *A* y *B* son directamente proporcionales.

a.

A	3	11	34	●●●	●●●	40	●●●	●●●
B	●●●	5	●●●	143	202,4	●●●	302	1000

b.

A	2	●●●	●●●	8	●●●	1	7	●●●
B	●●●	27	9	●●●	12	3	●●●	15

17 Actividad resuelta

Patricia ha consultado en una web el precio de alojarse en un hotel. ¿Cuánto tendría que pagar por 2 noches? ¿Y por 7 noches?

Euros €	45	90	…	315	…	675
Número noches	1	2	…	7	…	15

Al multiplicar el número de noches por 2 o por 7, el precio queda multiplicado por esos números: $45 \cdot 2 = 90$ € y $45 \cdot 7 = 315$ €.

Los pares de valores de la tabla forman razones que son iguales entre sí:

$$\frac{45}{1} = \frac{90}{2} = \ldots = \frac{315}{7} = \ldots = \frac{675}{15} = 45$$

18 Un coche ha recorrido los 141 km de distancia que hay entre Soria y Burgos en una hora y media. ¿Qué distancia recorrería en 3 h a la misma velocidad?

19 Para un viaje, Marco ha cambiado 120 € y le han dado 1692 pesos argentinos. Si cambia 230 € más, ¿cuántos pesos recibirá?

20 En un pueblo hay 724 habitantes que proceden de otro país, lo que supone un 16 % de la población. ¿Cuántos habitantes tiene el pueblo?

21 Con 3 kg de pienso se pueden alimentar tres perros durante 15 días. ¿Para cuántos días alcanzarán 8 kg de pienso para la misma cantidad de perros?

22 Si todas las personas del mundo utilizaran bombillas de bajo consumo, el mundo se ahorraría 120 000 millones de dólares al año. ¿Cuánto se ahorraría si solo las usara la tercera parte de la población mundial?

23 Cada año se desperdician unos 1300 millones de toneladas de comida, por un valor de cerca de 1000 millones de euros. Si se lograra reducir a 1040 millones de toneladas, ¿cuánto dinero se ahorraría?

24 Mulán se ha tomado muy en serio el querer reducir su huella ecológica, por eso ha decidido ir al colegio en bicicleta. Tarda 3 min en recorrer 1,5 km. Si sigue a esta misma velocidad, ¿cuánto tardará en recorrer los 500 m que le faltan para llegar?

25 Como medida de ahorro energético, para tapar un ventanal de una oficina, el dueño ha comprado 18 cortinas de 0,6 m de ancho. Al final decide cambiarlas por otras más estrechas, de 45 cm de ancho. ¿Cuántas necesitará?

26 En una papelería regalan tres rotuladores cada vez que se compran 12 cuadernos. Si a Paula le han dado cuatro rotuladores, ¿cuántos cuadernos ha comprado?

Repartos directamente proporcionales

Para **repartir** la cantidad **N de forma directamente proporcional** a *a*, *b*, *c*... se calcula la razón de proporcionalidad directa $r = \frac{N}{a+b+c+...}$ y se multiplica cada parte *a*, *b*, *c*... por la razón, *r*.

27 **Actividad resuelta**

En un negocio David invierte 10 €, Emma, 40 €, y Fran, 150 €. Si obtienen una ganancia de 3000 €, ¿qué parte le corresponde a cada uno?

El reparto debe hacerse de forma directamente proporcional a la cantidad invertida por cada uno:

$$r = \frac{3000}{10+40+150} = \frac{3000}{200} = 15\text{ €}$$

La ganancia que le corresponde a cada uno es:

- David: $15 \cdot 10 = 150$ €
- Emma: $15 \cdot 40 = 600$ €
- Fran: $15 \cdot 150 = 2250$ €

Comprobamos que $150 + 600 + 2250 = 3000$ € de ganancia.

28 **Reparte 500 de forma directamente proporcional a 5, 3 y 2.**

29 **Reparte 1020 en partes directamente proporcionales a** $\frac{1}{2}, \frac{2}{5}$ **y** $\frac{3}{8}$.

30 **Un rollo de alambre de 1200 m se quiere dividir en tres partes proporcionales a 4, 6 y 10. ¿Cuánto medirá cada parte?**

31 **Tres sastres compran un lote de piezas iguales, que cuestan 576,80 €. El primero se queda con 2 piezas, el segundo, con 5, y el tercero, con 7. ¿Cuánto debe pagar cada sastre?**

32 **Un pastel está hecho con 70 partes de harina, 12 de azúcar y 18 de aceite. ¿Cuántos gramos de cada ingrediente se deben utilizar para conseguir un pastel de 800 gramos?**

33 **Los alcaldes de Restal, Alpedrito y Arroyosalinos han creado un plan para remodelar las carreteras de entrada a cada pueblo. Cada carretera ocupa 600 m, 900 m y 1300 m, respectivamente. Han tenido que pagar 70 000 € entre los tres. ¿Qué parte le corresponde pagar a cada pueblo?**

34 **Tres amigos han trabajado durante varios días en una obra. Rodrigo ha trabajado 25 horas, Rodolfo ha trabajado 36 horas y Roberto ha trabajado 60 horas. En total han recibido 1512,5 €. ¿Cuánto cobrará cada uno?**

35 **Se quiere repoblar con 100 000 árboles un monte que está dividido en tres parcelas de 500, 600 y 900 m^2. Si se realiza un reparto proporcional a la superficie de cada parcela, ¿cuántos árboles se plantarán en cada una?**

36 **Sonia ha trabajado el doble de horas que Elena y Rosa ha trabajado el triple que las otras dos juntas. En total han cobrado 480 €. ¿Es posible repartir el dinero sin saber las horas que ha trabajado cada una?**

37 **Reparte 18 000 en partes directamente proporcionales a 1000, 2000 y 3000. A continuación, reparte la misma cantidad en partes directamente proporcionales a 1, 2 y 3. ¿Qué observas?**

3 ¿Cuánto podemos reducir nuestra huella ecológica?

Porcentajes

38 Argumenta la siguiente afirmación.

¿Sabes que los porcentajes son reversibles? Es decir, el 4 % de 50 es lo mismo que el 50 % de 4, o sea, 2 en ambos casos. Esto es muy útil a la hora de hacer cálculos mentales.

Los **porcentajes** expresan la razón entre dos magnitudes directamente proporcionales e indican la cantidad que corresponde a una de ellas cuando la otra es exactamente 100.

Un porcentaje puede expresarse también mediante una fracción, mediante la razón de proporcionalidad o tanto por 1 y mediante el tanto por mil.

Ejemplo

Expresamos la fracción $\frac{3}{5}$ utilizando el tanto por uno, el tanto por ciento y el tanto por mil:

$$\frac{3}{5}=0{,}6=60\,\%=600\,\%$$

39 **Expresa cada fracción utilizando el tanto por ciento.**

a. $\frac{3}{4}$ **b.** $\frac{18}{40}$ **c.** $\frac{15}{12}$ **d.** $\frac{42}{14}$ **e.** $\frac{17}{24}$ **f.** $\frac{1}{3}$

40 **Expresa cada fracción en forma de porcentaje, en forma de tanto por uno y también de tanto por mil.**

a. $\frac{4}{5}$ **b.** $\frac{126}{150}$ **c.** $\frac{18}{12}$ **d.** $\frac{102}{17}$ **e.** $\frac{7}{56}$ **f.** $\frac{1}{100}$

Si conocemos dos valores entre el **porcentaje**, el **total** y la **parte** representada, podemos calcular el tercero de ellos estableciendo una proporción.

41 Actividad resuelta

Un ordenador que tiene un precio de 556 € está rebajado un 15 %. ¿Cuántos euros tiene de descuento?

Aplicamos la proporción: $\frac{15}{100}=\frac{x}{556}\Rightarrow x=\frac{15\cdot 556}{100}=83{,}40$ € se descuentan.

Si conocemos el porcentaje y el total calculamos la **parte**.

42 **Calcula los siguientes porcentajes.**

a. 25 % de 40
b. 12 % de 86
c. 75 % de 29,6
d. 70 % de 312
e. 7 % de 312
f. 0,4 % de 3,2
g. 120 % de 50
h. 50 % de 120
i. 220 % de 50
j. 2,5 % de 18
k. 17 % de 42
l. 47 % de 39

43 **En una encuesta a 250 grandes empresas, resultó que el 92 % presentan informes en materia de sostenibilidad. ¿Cuántas son?**

44 Actividad resuelta

Quedan 8 entradas sin vender para asistir a una conferencia. Si representan el 16 %, ¿cuántas entradas había en total?

Aplicamos la proporción: $\frac{16}{100}=\frac{8}{x} \Rightarrow x=\frac{100 \cdot 8}{16}=50$ entradas había en total.

> Si conocemos el porcentaje y la parte calculamos el **total**.

45 El jamón ibérico pierde un 30 % de su peso después de su curación. ¿Cuál era el peso inicial de una pieza si, tras su curación, pesa 8 kg?

46 Todos los días se desperdician grandes cantidades de comida. En 2019, el 17 % de la producción mundial de alimentos terminó en la basura. Si se tiraron 931 millones de toneladas, ¿cuál fue la producción total?

47 Actividad resuelta

De los 30 estudiantes de un grupo, 18 han superado la prueba de nivel de inglés. En otro grupo de 25 estudiantes, la han superado 16. ¿Qué grupo tuvo mejores resultados?

Para dar respuesta a la pregunta, tenemos que calcular el porcentaje que representan los estudiantes que han superado la prueba en cada grupo.

- En el primer caso, 18 estudiantes de 30 representan $\frac{18}{30}=\frac{3}{5}$ del grupo.

  Aplicamos la proporción: $\frac{18}{30}=\frac{x}{100} \Rightarrow x=\frac{100 \cdot 18}{30}=60$

  El 60 % de los estudiantes de este grupo han superado la prueba de nivel.
- Aplicando la proporción en el otro grupo, tenemos:

$$\frac{16}{25}=\frac{x}{100} \Rightarrow x=\frac{100 \cdot 16}{25}=64$$

  El 64 % de los estudiantes han superado la prueba de nivel. Por tanto, el segundo grupo obtuvo mejores resultados.

> Si conocemos el total y la parte calculamos el **porcentaje**.

48 Indica el porcentaje que representa cada cantidad.

a. 64 de 256 b. 1200 000 de 3 000 000 c. 12 de 30 d. 11,6 de 48

49 Un equipo de fútbol ha ganado 6 partidos de los 15 que han disputado. Un equipo de baloncesto ha ganado 8 de 20 partidos. ¿Quién ha obtenido mejores resultados hasta el momento?

50 Según el Instituto Nacional de Estadística (INE), en el año 2001 un español usaba de media a diario 165 litros de agua y hoy tiene suficiente con 133. ¿Qué porcentaje de ahorro supone?

51 Observa la viñeta y contesta.

- ¿Es eso cierto? Argumenta tu respuesta con ejemplos.

Aumentos y disminuciones. Porcentajes encadenados

52 Observa la viñeta y ayuda a Andrea en las cuentas.

Para hallar la cantidad final, C_F, de otra a la que se le aplica un r% de **aumento** o **disminución**, multiplicamos la cantidad inicial, C_I, por el llamado índice de variación:

$$C_F = C_I + C_I \frac{r}{100} = C_I\left(1+\frac{r}{100}\right)$$ ← **Índice de variación de aumento**

$$C_F = C_I - C_I \frac{r}{100} = C_I\left(1-\frac{r}{100}\right)$$ ← **Índice de variación de disminución**

53 Realiza las siguientes variaciones porcentuales.

a. Aumenta 16 un 5 %.
b. Aumenta 36 000 un 0,7 %.
c. Disminuye 200 un 4 %.
d. Disminuye 0,64 un 5 %.

54 Actividad resuelta

Daniela ha comprado un videojuego que está rebajado un 10 % y, sobre ese precio, se aplica un IVA del 21 %. Si su precio era de 40 €, ¿cuánto le costó al final?

Por tanto, el precio final del videojuego es 40 · 0,9 (descuento del 10 %) · 1,21 (incremento del 21 %) = 43,56 €.

No podemos sumar y restar los porcentajes (100 − 10 + 21 = 111), porque no se calculan sobre la misma cantidad. El 21 % no se aplica al precio inicial, sino al rebajado.

55 Pilar quiere aumentar un 12 % la cuota anual de 150 € que da a una ONG. ¿Con cuántos euros contribuirá Pilar?

56 **Aprendo a pensar.** Un jefe les pidió a sus empleados que se rebajaran el sueldo un 5 % para afrontar una crisis. Ahora que ya ha mejorado la situación, les sube el sueldo un 5 %. Un representante sindical dice que los trabajadores no han recuperado sus condiciones. ¿Estás de acuerdo? Argumenta tus razones.

¿Has aprendido algo útil en tu día a día?

57 Actividad resuelta

¿Qué porcentaje aumenta o disminuye una cantidad al multiplicarla estos números?

a. 1,12 **b.** 0,78

a. Multiplicar por 1,12 supone calcular un 112 %. La cantidad aumenta un 112 % − 100 % = 12 %.

b. Multiplicar por 0,78 supone calcular un 78 %. La cantidad disminuye un 100 % − 78 % = 22 %.

58 ¿Qué porcentaje aumenta o disminuye una cantidad al multiplicarla por estos números?

a. 1,45 b. 0,8 c. 0,999 d. 1,015 e. 3 f. 1

59 **Actividad resuelta**

Calcula el resultado final de aplicar a una cantidad un aumento del 3 % y una disminución del 5 %. Luego, calcula el porcentaje de variación respecto del precio inicial.

Aumentar un 3 % equivale a multiplicar por 1,03.

Disminuir un 5 % equivale a multiplicar por 0,95.

Por tanto, el índice de variación total es $1{,}03 \cdot 0{,}95 = 0{,}9785$.

Como el índice es menor que 1, el precio ha bajado. Restando $1 - 0{,}9785$ se obtiene 0,0215. El precio baja un 2,15 %.

60 **Calcula el resultado final de aplicar los siguientes porcentajes encadenados. Calcula el porcentaje de variación respecto del precio inicial.**

a. Aumento del 3 % y aumento del 3 %

b. Aumento del 12 % y disminución del 15 %

c. Aumento del 25 % y disminución del 60 %

d. Disminución del 10 % y disminución del 15 %

61 **Actividad resuelta**

Una cantidad ha aumentado un 10 % y después ha disminuido un 20 %. El resultado final es 365,2. ¿Cuál era la cantidad inicial?

El resultado de ambas operaciones equivale a multiplicar por $1{,}1 \cdot 0{,}8 = 0{,}88$.

Como al multiplicar la cantidad inicial por 0,88 se obtiene 365,2, para saber la cantidad inicial hay que dividir 365,2 entre 0,88. Por tanto, $365{,}2 : 0{,}88 = 415$ era la cantidad inicial.

62 **Calcula la cantidad inicial en cada caso.**

a. Después de un aumento del 12 % y de una disminución del 24 %, se obtiene 306,432.

b. Después de dos rebajas del 15 % y del 12 %, se obtiene 112.

c. Después de una rebaja del 40 % y de un aumento del 25 %, se obtiene 366.

d. Después de una rebaja del 10 %, de un aumento del 20 % y de una rebaja del 10 %, se obtiene un resultado final de 3888.

63 **Ciertas acciones han subido un 18 % en 2020, pero han bajado un 12 % en 2021.**

a. Si el precio inicial de la acción era de 25 €, ¿cuál es su precio final?

b. Si un inversor ha recibido 34,52 € por una acción, ¿a qué precio la adquirió?

64 **Los hogares consumen el 29 % de la energía mundial. En 2015, el 17,5 % de la energía consumida en el mundo provenía de energías renovables. ¿Qué porcentaje correspondía a los hogares?**

65 **Juan gasta mensualmente 480 € en actividades de ocio y quiere reducir ese gasto mensual un 20 % para ahorrar para un viaje. ¿Cuántos euros gastará ahora Juan en actividades de ocio?**

66 **Para completar un álbum de 110 postales, Javier debe conseguir 44 postales más. ¿Qué porcentaje de postales tiene ya Javier?**

67 **En 2002 había 550 millones de vehículos a motor en los países de la OCDE. En 2020, esa cantidad había aumentado un 32 %. ¿Cuántos había entonces?**

68 **En la Tierra hay unos 1400 millones de km^3 de agua. De esta, solo el 3 % es potable y el 2,5 % está congelada. Por tanto, la humanidad cuenta solo con el 0,5 % para todas las necesidades del ecosistema, del ser humano y de agua dulce. ¿Cuántos millones de km^3 son?**

Interés simple y compuesto

Cuando se deposita dinero en una entidad bancaria durante un determinado período, al final de este mismo, se recibe ese dinero aumentado en una cierta cantidad en concepto de intereses o pago por el préstamo realizado al banco.

- El dinero que inicialmente se deposita en el banco se denomina **capital inicial, C_I**.
- Los beneficios producidos por haber depositado el dinero se denominan **intereses**, I.
- El porcentaje que representan los intereses respecto del capital se denomina **rédito** o **tipo de interés anual** y se designa por **r%.**
- La cantidad total que se recibe al final del acuerdo, es decir el capital inicial más los intereses, se denomina **capital final**, C_F.

Si un capital inicial está colocado a **interés simple**, los intereses producidos en cada período no se acumulan al capital y, por tanto, no generan intereses en el siguiente período.

En este caso, los intereses producidos son directamente proporcionales al capital inicial, al número de años que se coloca dicho capital inicial y al rédito pactado. Es decir:

- Un euro producirá en un año $\frac{r}{100}$ euros de intereses.
- Un euro producirá en t años $\frac{r \cdot t}{100}$ euros de intereses.

Con una hoja de cálculo puedes realizar las operaciones sobre los intereses bancarios.

Esta expresión se puede generalizar para cualquier capital inicial.

Los **intereses** producidos por un capital C_I depositado durante t años a un r% de interés simple anual son: $I = \frac{C_I \cdot r \cdot t}{100}$

El **capital final** obtenido será: $C_F = C_I + I = C_I + \frac{C_I \cdot r \cdot t}{100}$

Ejemplo

Se colocan 1000 € durante 2 años al 6% de interés simple anual.

El capital al final del período de 2 años sería:

$$C_F = C_I + I = C_I + \frac{C_I \cdot r \cdot t}{100} = 1000 + \frac{1000 \cdot 6 \cdot 2}{100} = 1000 + 120 = 1120\text{ €}$$

Para aumentar los intereses, podríamos retirar el capital final que se ha obtenido al acabar el primer año y volverlo a invertir todo, en las mismas condiciones, otro año más.

Si retiramos el capital al final del primer año y volvemos a invertir todo obtendremos:

Al final del 1.er año: $C_F = 1000 + \frac{1000 \cdot 6 \cdot 1}{100} = 1000 + 60 = 1060$ €

Al final del 2.° año: $C_F = 1060 + \frac{1060 \cdot 6 \cdot 1}{100} = 1060 + 63{,}6 = 1123{,}6$ €

En este caso hay una diferencia de 3,60 € de ganancia. Sin embargo, cuando se invierte mucho dinero en varios años la diferencia puede ser sustancial. Esta es la filosofía del interés compuesto.

69 **Halla el capital final en que se convierten 650 € en tres años a un interés simple del:**

a. 4% **b.** 12% **c.** 2,25% **d.** 1,75%

70 **Calcula los intereses y el capital final obtenidos al depositar en una entidad bancaria 4000 € a un interés simple anual del 3,5% durante 8 años.**

Se considera que un capital inicial, C_I, se coloca a un **interés compuesto** cuando al final de cada año los intereses producidos hasta ese momento entran directamente a formar parte del capital inicial del siguiente año.

El capital final C_F que se obtiene al colocar un capital inicial C_I a un interés compuesto del r% anual durante t años es:

$$C_F = C_I \cdot \left(1 + \frac{r}{100}\right)^t$$

Ejemplo

Se colocan 1000 € a un interés compuesto del 5 % anual durante 3 años.

$$C_F = 1000 \cdot \left(1 + \frac{5}{100}\right)^3 = 1157{,}63\ €$$

71 Calcula el capital final en el que se convierte la cantidad de 15 000 € en 4 años a un interés compuesto del:

a. 6 % **b.** 18 % **c.** 4,5 % **d.** 6,25 %

72 Actividad resuelta

Un capital de 2000 € se ha colocado durante seis años a interés compuesto y se ha obtenido un capital final de 2319,39 €. ¿Cuál es el tipo de interés que se ha aplicado?

En la fórmula del capital final sustituimos todas las variables por sus valores y despejamos el tipo de interés, r.

$$C_F = C_I \cdot \left(1 + \frac{r}{100}\right)^t \Rightarrow 2319{,}39 = 2000 \cdot \left(1 + \frac{r}{100}\right)^6 \Rightarrow$$

$$\rightarrow \frac{2319{,}39}{2000} = \left(1 + \frac{r}{100}\right)^6 \rightarrow \sqrt[6]{1{,}1597} = 1 + \frac{r}{100} \rightarrow$$

$$\Rightarrow 1{,}025 - 1 = \frac{r}{100} \Rightarrow 0{,}025 \cdot 100 = r \Rightarrow r = 2{,}5\ \%$$

73 Un capital de 1500 € se ha colocado durante dos años a interés compuesto y se ha obtenido un capital final de 1717,35 €. ¿Cuál es el tipo de interés que se ha aplicado?

74 Candelas y Julio quieren hacer un plan de ahorro para destinar lo que consigan ganar a los estudios de su nieto Aleix. Candelas quiere colocar 1000 € a un interés simple del 10 % y Julio coloca otros 1000 € a un interés compuesto del 10 %. ¿Qué diferencia hay entre los capitales que obtendrán cada uno al cabo de 1 año? ¿Cuál conviene más?

75 Una entidad bancaria lanza una oferta que consiste en que, al colocar un capital a interés compuesto de dos años, a los primeros 1000 € se le aplicará un tipo de interés del 8 %, y al resto, un tipo del 4 %. Rafaela ha invertido 5000 € con esta oferta. ¿Qué capital final obtendrá?

4 ¿Tardas menos en las descargas, cuanto más rápido va tu internet?

Proporcionalidad inversa

76 Observa la imagen y contesta.

- ¿Quién se equivoca? Podrías explicar el porqué.

Dos **magnitudes** son **inversamente proporcionales** cuando los productos de las cantidades correspondientes son constantes:

1.ª magnitud	a	b	c	…
2.ª magnitud	a'	b'	c'	…

$\Rightarrow a \cdot a' = b \cdot b' = c \cdot c' = \ldots = k$ — **Razón** o **constante de proporcionalidad inversa**

Dos **magnitudes** son **inversamente proporcionales** si al multiplicar o dividir una de ellas por un número determinado diferente de cero, la otra queda dividida o multiplicada, respectivamente, por el mismo número.

Ejemplo

Observamos cómo completar una tabla de proporcionalidad inversa.

$\cdot 6$ $\quad \cdot 3$

A	1	2	3	…	6	…	9
B	36	18	12	…	6	…	4

$:3$ $\quad :6$

Calculamos los productos correspondientes.

$1 \cdot 36 = 2 \cdot 18 = 3 \cdot 12 = 6 \cdot 6 = 9 \cdot 4 = 36$

Como los productos son iguales, las magnitudes son inversamente proporcionales.

La constante de proporcionalidad inversa es $k = 36$.

77 **Indica si las siguientes magnitudes son proporcionales y el tipo de proporcionalidad.**

a. Velocidad a la que va un coche y tiempo que tarda en recorrer 100 km.

b. Número de bocadillos vendidos y dinero obtenido.

c. Número de horas que un tractor está arando y la superficie que le queda por arar.

d. El número de personas que participan en la compra de un regalo y la cantidad que aportan.

e. Número de máquinas y tiempo que tardan en producir 600 tornillos.

f. Cantidad de fotocopias y tiempo en realizarlas.

78 Indica si las siguientes tablas corresponden a magnitudes inversamente proporcionales. Si ese es el caso, halla el valor de la constante de proporcionalidad.

a.

X	7	12	25	40	63	78
Y	18	10,5	5,04	3,15	2	1,8

b.

X	5	12,5	16	20	22	40
Y	44	17,6	13,75	11	10	5,5

79 Completa las tablas, sabiendo que las magnitudes *A* y *B* son inversamente proporcionales.

a.

A	4	●●●	8	160	20	●●●	1	●●●
B	10	8	●●●	●●●	●●●	2	●●●	1

b.

A	5	●●●	50	●●●	4	●●●	1	●●●
B	3	2	●●●	30	●●●	10	●●●	1

80 **Actividad resuelta**

Un ordenador con una conexión a internet de 300 MB/s de velocidad, tarda 2 h en descargar un archivo. Si se aumenta la velocidad de conexión a 500 MB/s, ¿cuánto tardará la descarga?

Resolvemos el problema de dos maneras distintas:

- Resolución por reducción a la unidad:

  1.° Calculamos lo que tardaría en descargarse el archivo si la conexión fuera de 1 MB/s.

  2.° Multiplicamos ese valor por 500 para hallar lo que tardaría en descargar.

:300 → ·500 →

Velocidad (MB/s)	300	1	500
Tiempo (h)	2	600	1,2

·300 → :500 →

- Resolución aplicando la proporcionalidad inversa:

  1.° Organizamos los datos conocidos y desconocidos en una tabla.

  2.° Aplicando la proporcionalidad inversa obtenemos:

Velocidad (MB/s)	300	500
Tiempo (h)	2	*x*

$$300 \cdot 2 = 500 \cdot x \Rightarrow x = \frac{300 \cdot 2}{500} = \frac{600}{500} = 1{,}2 \text{ horas} = 1 \text{ hora } 12 \text{ minutos}$$

Al aplicar los dos métodos obtenemos que, con 500 MB/s de velocidad, la descarga del archivo tarda 1 hora y 12 minutos.

81 Tres jardineros trabajaron 120 h en una granja ecológica para arreglar el jardín. ¿Cuántas horas tendrían que trabajar nueve jardineros para hacer el mismo trabajo?

82 **ENTRENAMOS JUNTOS.** Entre 8 amigos han comprado un regalo de cumpleaños aportando 12 € cada uno. A última hora, otros dos amigos avisan de que quieren participar en el regalo.

a. ¿Qué cantidad pagará cada amigo al final?

b. ¿Cuánto tendrá que pagar cada uno de los dos últimos amigos a cada uno de los ocho primeros?

83 **MAT-TIC** Sigue entrenando la proporcionalidad inversa con el interactivo de GeoGebra *Magnitudes inversamente proporcionales*.

Repartos inversamente proporcionales

Para **repartir** la cantidad N **de forma inversamente proporcional** a a, b, c... repartimos esa misma cantidad de forma directamente proporcional a sus inversos, es decir, a los números $\frac{1}{a}, \frac{1}{b}, \frac{1}{c}...$

84 Actividad resuelta

Se van a plantar 960 árboles en tres distritos de la ciudad de manera inversamente proporcional al número de árboles que ya existen: 120, 150 y 200, respectivamente. ¿Cuántos corresponden a cada distrito?

1.° Calculamos la constante de proporcionalidad.

$$k = \frac{960}{\frac{1}{120}+\frac{1}{150}+\frac{1}{200}} = \frac{960}{\frac{1}{50}} = 48000$$

2.° Multiplicamos el inverso de cada número por la constante, k. El reparto será:

- 120 árboles $\Rightarrow \frac{1}{120} \cdot k = \frac{1}{120} \cdot 48000 = 400$ árboles
- 150 árboles $\Rightarrow \frac{1}{150} \cdot k = \frac{1}{150} \cdot 48000 = 320$ árboles
- 200 árboles $\Rightarrow \frac{1}{200} \cdot k = \frac{1}{200} \cdot 48000 = 240$ árboles

Repartir 960 de forma inversamente proporcional a 120, 150 y 200 equivale a repartirlo de forma directamente proporcional a $\frac{1}{120}, \frac{1}{150}$ y $\frac{1}{200}$.

85 **Realiza los siguientes repartos:**

a. 10 850 inversamente proporcional a 2, 3 y 5.

b. 1690 inversamente proporcional a $\frac{1}{3}, \frac{1}{4}$ y $\frac{1}{6}$.

86 **Reparte 500 de forma inversamente proporcional a $\frac{1}{2}, \frac{1}{5}$ y $\frac{1}{10}$, transformando el reparto en un reparto directamente proporcional.**

87 **Miguel, Lucía, Hugo y Ana tienen, respectivamente, 4, 5, 10 y 20 postales, así que deciden repartir 60 más de forma inversamente proporcional al número de postales que tienen ahora. Calcula cuántas postales le corresponden a cada uno.**

88 **Una empresa repartirá una bonificación de 2519 € entre tres trabajadores cuyos salarios mensuales son 1080 €, 1160 € y 1240 €, de modo que quien gane menos reciba mayor gratificación. Indica cómo hacer el reparto. ¿De qué tipo es? ¿Cuánto le corresponde a cada trabajador?**

89 **En una carrera de atletismo reciben premios los tres primeros clasificados, de forma inversamente proporcional a los segundos que han necesitado para llegar a la meta: 10 s, 20 s y 30 s. En total se reparten 94 600 €. ¿Qué cantidad corresponderá a cada uno?**

90 **En un concurso de preguntas rápidas de cultura general se otorga un premio inversamente proporcional al tiempo que un concursante tarda en responder correctamente a 10 preguntas. Si el ganador ha tardado 5 min y 20 s y ha recibido un premio de 150 €, ¿cuánto habrá tardado el segundo clasificado sabiendo que le han correspondido 75 € de premio?**

91 **Angel va a repartir 80 entradas para el concierto de los PitaROCK entre sus tres sobrinos de forma inversamente proporcional al número de horas que han visto la televisión en un fin de semana. ¿Cuántas entradas les corresponden a cada uno?**

Proporcionalidad compuesta

Cuando en un problema de proporcionalidad se relacionan más de dos magnitudes se trata de un problema de **proporcionalidad compuesta**.

PROPORCIONALIDAD COMPUESTA

8 máquinas tardan 16 horas en montar 40 coches. ¿Cuántas máquinas se necesitarán para montar 100 coches en 4 horas?

Paso 1

Colocamos las magnitudes ordenadas, de forma que la última sea la incógnita, teniendo en cuenta cómo se relacionan las magnitudes.

Proporcionalidad directa (Máquinas → Coches)
Proporcionalidad inversa (Máquinas → Horas)

Máquinas		Horas		Coches
8 máquinas	→	16 horas	→	40 coches
x máquinas	→	4 horas	→	100 coches

Paso 2

Escribimos la proporción teniendo en cuenta que, si la relación entre magnitudes es inversamente proporcional, se debe utilizar la fracción inversa.

Como el número de máquinas es inversamente proporcional al número de horas, utilizamos la fracción inversa.

$$\frac{8}{x}=\frac{4}{16}\cdot\frac{40}{100}\Rightarrow\frac{8}{x}=\frac{4\cdot 40}{16\cdot 100}\Rightarrow x=\frac{8\cdot 16\cdot 100}{4\cdot 40}=80 \text{ máquinas}$$

92 Para limpiar un recinto ferial en 3 días se necesitan 12 voluntarios trabajando 5 horas al día. ¿Cuántos días tardarán si hay 25 voluntarios y trabajan 3 horas al día?

93 Los aspersores de unos jardines se encienden 9 días durante 4 horas diarias, ocasionando un consumo de 27 L. ¿Cuántos litros se consumirán si se quieren encender los aspersores 5 horas al día durante 8 días?

94 Una imprenta trabajando 8 horas diarias, tarda 3 días en fabricar 6000 libros con papel reciclado. Si trabaja 10 horas diarias, ¿cuántos días tardará en fabricar 5000 libros?

95 Una tuneladora, trabajando 8 horas al día, abre un túnel de 2 km en 5 días. ¿Cuánto tardará en excavar 5 km trabajando 10 horas diarias?

96 Para limpiar un monte en 5 días se necesitan 8 personas trabajando 6 horas al día. ¿Cuántos días tardaran 6 personas si trabajan 5 h al día?

97 En el huerto de Paco hay una plaga de voraces insectos. Cincuenta de ellos son capaces de atacar 225 plantas en 12 días. ¿Cuánto tardaría el doble de insectos en atacar el triple de plantas?

98 Dos mecanógrafos han escrito un texto en 64 minutos a un ritmo de 30 palabras por minuto. ¿Cuántos mecanógrafos hacen falta para copiar el mismo texto en la mitad de tiempo y a un ritmo de 20 palabras por minuto?

99 Un ganadero necesita 324 kg de alfalfa para alimentar a 21 vacas durante 7 días.

a. ¿Durante cuánto tiempo podrá alimentar el ganadero a 15 vacas con 840 kg de alfalfa?

b. ¿Cuántos kilos de alfalfa necesitaría para alimentar a 25 vacas durante 10 días?

NUESTRO RETO

Tu huella ecológica

Tomamos conciencia de nuestra huella ecológica y emprendemos acciones para retrasar el día de sobrecapacidad de la Tierra

Paso 1

¿Cuántos planetas necesitaríamos si todo el mundo viviera como tú?

Calcula tu huella ecológica y tu fecha de sobrecapacidad del planeta, accediendo a la calculadora de huella https://www.e-sm.net/huella.

Para ello, necesitarás conocer de antemano los factores que determinan la huella ecológica: hábitos de alimentación, tipo de casa en la que vives, consumos, movilidad...

Apúntate las respuestas proporcionadas en una tabla. Reserva las últimas dos columnas para tu día de sobrecapacidad y el número de planetas que necesitas.

Paso 2

Concienciación

Una vez completada la tabla y tras haber conocido tu día de sobrecapacidad, toma conciencia de los aspectos que lo determinan.

- Plantea una medida para cada uno de esos aspectos para reducir tu huella personal.
- ¿Qué relación hay entre la fecha de sobrecapacidad y el número de Tierras que necesitas?

Ahora vuelve a acceder a https://www.e-sm.net/huella e introduce la información de tu tabla de datos modificando aquellos aspectos que dependen directamente de ti para disminuir tu huella ecológica.

- ¿Hay cambios en la fecha de sobrecapacidad?
- ¿Hay proporcionalidad entre la fecha de sobrecapacidad y el número de planetas necesarios?

Paso 3

Propuestas

Elaborad en grupo una exposición con introducción, desarrollo y conclusión que incluya todas las medidas que queréis poner en marcha en vuestra rutina para retrasar el día de sobrecapacidad del planeta. Para ayudaros en la redacción podéis utilizar la plantilla.

¿Cómo te ha ido el reto? Entra y haz tu valoración

EN RESUMEN

Razón númerica y proporción

- La **razón numérica** entre dos números a y b es el cociente $\frac{a}{b}$ entre esos números.
- Una **proporción** es la igualdad entre dos razones. En toda proporción, el producto de los extremos es igual que el producto de los medios: $a \cdot d = b \cdot c$
- Aplicando esta propiedad, podemos calcular el cuarto término si conocemos los otros tres:

$$\frac{a}{b} = \frac{c}{x} \Rightarrow x = \frac{b \cdot c}{a}$$

Proporcionalidad directa y repartos

Dos **magnitudes** son **directamente proporcionales** cuando:

1.ª magnitud	a	b	c	...
2.ª magnitud	a'	b'	c'	...

$$\Rightarrow \frac{a}{a'} = \frac{b}{b'} = \frac{c}{c'} = ... = r$$

Para **repartir** la cantidad N **de forma directamente proporcional** a a, b, c... se calcula la constante de proporcionalidad directa $r = \frac{N}{a+b+c+...}$ y se multiplica por a, b, c...

Porcentajes

Un **porcentaje**, o **tanto por ciento**, es una razón de proporcionalidad referida a 100 unidades.

Para hallar la cantidad final de otra a la que se le aplica un r% de **aumento** o **disminución**, multiplicamos la cantidad inicial por el llamado **índice de variación**, $\left(1 \pm \frac{r}{100}\right)$:

Interés simple	Interés compuesto
$I = \frac{C_I \cdot r \cdot t}{100}$ $\quad C_F = C_I + I = C_I + \frac{C_I \cdot r \cdot t}{100}$	$C_F = C_I \cdot \left(1 + \frac{r}{100}\right)^t$

Proporcionalidad inversa y repartos

Dos **magnitudes** son **inversamente proporcionales** cuando:

1.ª magnitud	a	b	c	...
2.ª magnitud	a'	b'	c'	...

$$\Rightarrow a \cdot a' = b \cdot b' = c \cdot c' = r$$

Para **repartir** la cantidad N **de forma inversamente proporcional** a a, b, c... se reparte esa misma cantidad de forma directamente proporcional a sus inversos, es decir, a los números $\frac{1}{a}, \frac{1}{b}, \frac{1}{c}$ ...

Proporcionalidad compuesta

Se compara la magnitud desconocida con las demás, para determinar si la relación es de proporcionalidad directa o inversa.

PRACTICAMOS

Actividades

1 **Aprendo a pensar.** **Organiza en un mapa mental los conceptos que has aprendido.**

2 **La razón entre 25 y 100 es:**

A. $\frac{5}{10}$ B. 4 C. $\frac{1}{4}$ D. $\frac{10}{5}$

3 **La fracción que forma proporción con $\frac{2}{3}$ es:**

A. $\frac{3}{2}$ B. $\frac{10}{15}$ C. $\frac{4}{9}$ D. $\frac{225}{300}$

4 **La razón entre 40 y 88 es:**

A. Menor que 1
B. 0
C. 1
D. Mayor que 1

5 **Encuentra el término que falta en cada una de las siguientes proporciones.**

a. $\frac{10}{36}=\frac{x}{90}$ b. $\frac{10}{36}=\frac{90}{x}$ c. $\frac{20}{x}=\frac{15}{6}$

6 **La razón entre dos cantidades *A* y *B* es $\frac{A}{B}=\frac{2}{5}$.**

a. ¿Quiere decir esto que obligatoriamente $A=2$ y $B=5$? Razona tu respuesta.
b. Si *B* fuera igual a 40, ¿cuál sería el valor de *A*?
c. Si *A* fuera igual a 12, ¿cuál sería el valor *B*?

7 **Completa las tablas, sabiendo que las magnitudes *X* e *Y* son directamente proporcionales.**

a.

X	28	●●●	●●●	10	1	●●●
Y	12	6	18	●●●	●●●	1

b.

X	4	●●●	16	●●●	●●●	1
Y	6	3	●●●	27	1	●●●

8 **Dos magnitudes *A* y *B* son directamente proporcionales. Cuando *A* vale 3, el valor de *B* es 8. Calcula los valores indicados.**

a. La razón entre las magnitudes *A* y *B*.
b. El valor de *A* cuando *B* vale 1.
c. El valor de *B* cuando *A* vale 1.
d. El valor de *A* cuando *B* vale 6.
e. La razón entre las magnitudes *B* y *A*.

9 **Al estudiar dos magnitudes directamente proporcionales, se han obtenido las siguientes igualdades.**

$$\frac{3}{5}=\frac{6}{10}=\frac{9}{15}=\frac{12}{20}$$

a. Comprueba que las dos fracciones intermedias son equivalentes.
b. Forma una fracción cuyo numerador sea la suma de todos los numeradores anteriores y cuyo denominador sea la suma de los denominadores. ¿Formará proporción con las anteriores? Compruébalo.

10 **Reparte 312 en partes directamente proporcionales a 15, 11 y 4.**

11 **Indica qué porcentaje aumenta o disminuye una cantidad al multiplicarla por los siguientes números.**

a. 0,78
b. 100
c. 1,05
d. 0,004
e. 0,01
f. 1,10

12 **Aplica la variación indicada a cada cantidad.**

a. Aumenta 120 un 10 %.
b. Disminuye 348 un 20 %.
c. Disminuye 12 un 17 %.
d. Aumenta 43 un 3 %.
e. Aumenta 150 un 0,3 %.

13 **Indica el porcentaje que representa cada cantidad.**

a. 64 de 256
b. 1 200 000 de 3 000 000
c. 12 de 30
d. 11,6 de 48

14 **Calcula el interés que producen 5000 € al 9 % anual de interés simple durante:**

a. Un año.
b. Cinco años.
c. Un año y medio.
d. Diecisiete meses.

15 **Halla el capital final en que se convierten 2500 € si han estado colocados a un interés simple del 7 % durante 3 años.**

16 **¿Es posible disminuir una cantidad un 120 %? ¿Por qué?**

17 **A una cantidad se le aplica un aumento del 10 % y el resultado que se obtiene es 40,7. ¿Cuál era la cantidad inicial?**

18 **Al disminuir un 15 % cierta cantidad se obtiene 1028,5. ¿Qué cantidad se tenía al principio?**

19 **Calcula el tipo de interés simple al que han estado colocados 2000 € si al cabo de tres años se han convertido en 2240 €.**

20 **Calcula el tipo de interés compuesto al que han estado colocados 3000 € si al cabo de cuatro años se han convertido en 3376,53 €.**

21 **¿Cuánto tiempo han estado colocados 3500 € a interés simple si se han convertido en 4375 € con un tipo de interés del 5 % anual?**

22 **Determina si las siguientes magnitudes son directamente proporcionales, inversamente proporcionales o si no hay relación de proporcionalidad entre ellas.**

a. Cantidad de comida que tengo en la despensa y número de personas que puedo invitar a comer.

b. Velocidad a la que voy en mi bicicleta y tiempo que tardo en llegar a un sitio.

c. Velocidad de un coche y probabilidad de tener un accidente.

d. Tiempo empleado en la construcción de un puente y el número de obreros que trabajan en él.

23 **Resuelve las siguientes cuestiones y compara los resultados. ¿Qué concluyes?**

a. El 10 % de una cantidad es 36. ¿Cuál es la cantidad inicial?

b. ¿Qué cantidad es el 10 % de 36?

c. Al disminuir un 10 % una cantidad, el resultado es 36. ¿Cuál era esa cantidad?

d. Disminuye 36 un 10 %. ¿Qué cantidad se obtiene?

24 **Reparte de forma inversamente proporcional las cantidades indicadas.**

a. 500, inversamente proporcional a 2 y 6.

b. 2220, inversamente proporcional a 12, 15 y 18.

c. 1690, inversamente proporcional a 20, 15 y 10.

d. 3150, inversamente proporcional a 5, 24 y 48.

25 **Calcula el interés que producen 8000 € al 10 % de interés compuesto durante:**

a. Un año.

b. Cinco años.

c. Doce años.

d. Treinta y seis meses.

26 **Completa las tablas, sabiendo que las magnitudes *X* e *Y* son inversamente proporcionales.**

a.

X	0,5	2	3	●●●	6	●●●
Y	●●●	●●●	24	18	●●●	10

b.

X	●●●	2	●●●	3	6	●●●
Y	12	●●●	2,5	4	●●●	1,5

27 **Reparte 52 de forma inversamente proporcional a 16, 18, 18 y 20.**

28 **Dos magnitudes *A* y *B* son inversamente proporcionales. Cuando *A* vale 4, *B* vale 9. Calcula los siguientes valores.**

a. Valor de A si $B = 3$

b. Valor de B si $A = 12$

c. Valor de A si $B = 0{,}01$

d. Valor para el que $A = B$

29 **El área de un rectángulo es igual a 144 cm².**

a. ¿Qué relación hay entre la base y la altura?

b. Calcula cinco valores posibles de su base y su altura.

30 **Las magnitudes *x* e *y* que aparecen en la tabla son directamente proporcionales.**

x	1	2	3	4	5	10
y	2	4	6	8	10	20

Si $z = \frac{1}{y}$, responde:

a. ¿Qué relación hay entre las magnitudes *y* y *z*?

b. Construye la tabla que relaciona *x* con *z*. ¿Qué relación hay entre ambas magnitudes?

31 **Si $x = 2y$, ¿cuánto le corresponde a *x* respecto de *y* en un reparto inversamente proporcional?**

32 **Si dos magnitudes son inversamente proporcionales, ¿es posible calcular el valor de una de ellas cuando la otra vale 0? Justifica tu respuesta.**

Problemas

33 Durante una llamada de teléfono, la batería del móvil de Esteban se gasta de forma directamente proporcional a la duración de la llamada. En una conversación de cinco minutos la carga de la batería ha bajado un 3%. Si carga completamente la batería, ¿cuánto tiempo podrá estar hablando?

34 Leyendo 100 páginas diarias, Raquel terminó un libro en 8 días. Si hubiera leído 80 páginas diarias, ¿cuántos días habría tardado?

35 En un juego de ordenador se consiguen puntos de forma inversamente proporcional al tiempo que se tarda en resolver un acertijo. Jesús lo ha resuelto en 45 s y ha ganado 300 puntos. Cuando juega María, resuelve el mismo acertijo en 40 s. ¿Cuántos puntos obtendrá?

36 Yolanda tiene en su casa de campo un depósito de 350 L de agua que se renueva semanalmente. Esta semana había 5 personas en la casa. ¿Cuántos litros corresponderán a cada persona cuando sean 7 los que se encuentren en la casa?

37 Tres vecinos tienen que pagar 8100 € por unas obras en su edificio. El reparto se hace de forma directamente proporcional a la superficie de cada piso. Si el primero mide 70 m^2, el segundo mide 80 m^2 y el tercero mide 120 m^2, ¿cuánto tendrá que pagar cada vecino?

38 ¿Durante cuántos años se ha colocado un capital de 2800 € a un interés simple del 5% para obtener al final del periodo 3780 €?

39 Se han colocado 1200 € a un 5% de interés compuesto y se han obtenido 1688,52 €. ¿Cuántos años han estado invertidos?

40 En una ciudad se ha contratado a cinco pintores para que decoren un muro de 2 m de alto y 15 m de largo en 3 horas. En el siguiente encargo tienen que pintar otro muro de 3 m de alto y 24 m de largo y cuentan con un pintor más en la cuadrilla. ¿Cuánto tardarán?

41 Todos los días de verano Mara hace unos cuantos largos en la piscina. Un día, tras haber hecho un determinado número de largos, pensó que había completado el 20% del total y que, con un largo más, llevaría el 25%. ¿Cuántos largos hizo ese día?

42 En una fábrica, 4 máquinas producen 120 pedales de bicicleta trabajando 40 horas. Para aumentar un 25% la producción y disminuir tres cuartas partes las horas de trabajo, ¿cuántas maquinas se deberán añadir a las ya existentes?

43 Se quieren repartir 114 figuritas de juguete entre cuatro niños de manera inversamente proporcional a sus edades, que son de 3, 4, 5 y 6 años, respectivamente. Determina cuántas figuras le corresponden a cada uno.

44 Muchas cisternas tienen un sistema de doble descarga, con un botón se descargan 6 L, y con el otro, solo 3. Una familia usa solo el primero durante seis meses. Si usa solo el segundo, ahorrando la mitad de agua, ¿cuánto tardará en gastar la misma cantidad de agua?

45 Un capital de 6000 € se ha dividido en dos partes. El 70% del total se ha colocado a un interés del 5%, y el resto, a un interés del 8%. La operación ha durado un solo año. ¿Cuál será el capital final obtenido?

46 El consumo diario aproximado de agua por persona, en litros, se muestra en la tabla.

CONSUMO APROXIMADO EN LITROS POR PERSONA	
Ducha	60 L (15 min)
Lavado de manos	3,5 L (55 s)
Uso de la lavadora	50 L
Limpieza casa	10 L

a. Si una persona tarda en la ducha 20 min, ¿cuántos litros de agua consume?

b. Si una persona limpia su casa cuatro días al mes, ¿cuántos litros de agua consume semestralmente limpiando su casa?

c. Si en una casa viven 4 personas, ¿cuántos litros de agua consumen al mes entre la ducha y el lavado de manos?

47 Un equipo de fútbol tiene dos especialistas en tirar penaltis. María ha lanzado esta temporada 23 penaltis, de los que ha metido 20. Lucía ha lanzado 20 penaltis y ha metido 17.

a. Calcula el porcentaje de acierto de cada una.

b. ¿A cuál elegirías para lanzar un penalti?

48 El número de habitantes del pueblo donde veranea Samuel era de 5400 habitantes hace 10 años y ahora es de 6480 habitantes.

a. ¿Cuál ha sido el porcentaje de variación?

b. Si en los próximos años el porcentaje de crecimiento se mantiene, ¿cuántos habitantes tendrá el pueblo en 5 años?

49 Elena tarda 12 días en acabar un libro de 400 páginas leyendo 60 min cada día.

a. ¿Cuántos días tardará en acabar el mismo libro si lee 90 min cada día?

b. Leyendo 45 min al día ha tardado 10 días en terminar otro, ¿cuántas páginas tendrá?

50 De los espectadores que han asistido a una obra de teatro, 11900 son mujeres. De todas ellas, el 23% son menores de 20 años. Si el porcentaje de mujeres es el 25%, contesta las siguientes preguntas:

a. ¿Cuántos espectadores han visto la obra?

b. ¿Cuántas mujeres eran menores de 20 años?

51 Raúl y sus amigos están pensando en hacer un viaje al terminar Bachillerato, aunque todavía están en 3.º de ESO. Raúl tiene ahorrados ya 280 €. Su abuelo, para ayudarle, le da a elegir entre tres opciones. ¿Cuál le conviene más?

a. Una "paga" de 11 € al mes durante los siguientes tres años.

b. Un interés simple anual del 34% sobre el capital que tiene ahorrado durante los próximos tres años.

c. Un interés compuesto anual del 28% sobre el capital que tiene ahorrado.

52 Un trozo de tela de 6 m de largo por 1,5 m de ancho cuesta 45 €.

a. ¿Cuánto valdrá otro de 8 m de largo por 1 m de ancho?

b. Por 12 m de largo de esa tela se han pagado 90 €. ¿Cuánto medía de ancho?

Comprueba lo que has aprendido

1 Determina si cada par de razones forman una proporción.

a. $\frac{1}{5} = \frac{2}{3}$ b. $\frac{12}{15} = \frac{4}{5}$

2 Calcula los valores desconocidos.

a. $\frac{x}{2} = \frac{32}{x}$ b. $\frac{9}{8} = \frac{x}{6}$ c. $\frac{x}{2} = \frac{3}{5}$

3 Calcula los valores desconocidos en las tablas, sabiendo que a. y b. representan magnitudes directamente proporcionales, y c. representa magnitudes inversamente proporcionales. Luego, determina las constantes de proporcionalidad.

a.

A	B
x	42
20	y
10	14

b.

A	B
10	6
12	x
y	0,1

c.

A	B
8	x
40	2
y	16

4 Calcula el capital final que se obtendrá al colocar 1250 € durante 5 años a un interés del 4% en los casos de:

a. Interés simple. b. Interés compuesto.

5 Reparte 58 de forma inversamente proporcional a 6, 8 y 9 años.

6 Cinco grifos llenan 160 botellas de agua en diez minutos. ¿Cuántas botellas llenarían ocho grifos en el mismo tiempo?

7 Tres socios de una empresa invirtieron 3000 €, 5000 € y 8800 €, respectivamente. La empresa ha obtenido unos beneficios de 5250 €, que se repartirán de forma directamente proporcional a la inversión inicial de cada socio. ¿Cuánto cobrará cada uno?

8 Trabajando 5 horas, 5 amigos realizan 15 pulseras. ¿Cuántos amigos deberían dedicarse a hacer 72 pulseras si solo pueden trabajar 4 horas?

Mis competencias Autoevaluación

Bloque 2 SENTIDO DE LA MEDIDA Y ESPACIAL

2.1. ¡Sal de papel!

2.2. A escala

2.1 ¡Sal del papel!

¡EMPEZAMOS!

10:40

DESPEDIDA ERASMUS AÍDA
Aída, Bruno, Clara, Darío, Eva, Federica...

Federica
Aída, ¿qué tal te va en Holanda? ¡Llevas más de un mes y no nos has dicho nada! ¿Ya has podido hacerte a la vida de allí?
10:15

Aída
¡Holaaa chicooos! ¡¡Sííí, es una pasada!! Un cambio radical.
10:22

MaJo
¿Tan diferente es la vida allí? Dinos algo que te haya chocado en positivo.
10:24

Aída

Mirad, vais a flipar. En la mayor parte de los supermercados hay recogedores de plástico, vidrios y latas y ¡¡te dan dinero por reciclar!!
10:26

Adil
¡Alucino! Es una buena idea, aunque me da pena que haya que llegar a estos extremos para que la gente entienda que el reciclaje es importante.
10:32

- **¿Estás a favor de este tipo de políticas? ¿Cómo crees que impactarían en España?**
- **¿Cómo se podría implicar activamente a los ciudadanos en los procesos domésticos e industriales de recogida?**

¡VAMOS A APRENDER!

1. Mantener el nivel de ruido.
2. Calcular perímetros y áreas de polígonos y figuras circulares.
3. Componer y descomponer figuras planas.
4. Clasificar los elementos de la geometría del espacio.
5. Calcular áreas y volúmenes de poliedros.
6. Hallar áreas y volúmenes de cuerpos de revolución.
7. Clasificar poliedros a través de un mapa mental descendente.
8. Concienciar en las 5 R: reducir, reutilizar, reciclar, reparar y recuperar.

NUESTRO RETO

Las cinco erres

Estimarás la cantidad de material reciclable para la realización de una caja en centímetros cuadrados y cúbicos. Luego, crearás un anuncio publicitario para una campaña de fomento de las 5 R en nuestros hogares.

¡Vamos allá!

1 ¿Nos quedamos un rato más en el papel?

Perímetros y áreas de polígonos y de figuras circulares

1 Marta participa en un concurso promovido por una empresa de reciclaje que transforma prendas viejas o deterioradas. Consiste en crear un logo para el cartel publicitario de una campaña que fomenta la donación de ropa. El dueño de la empresa, aficionado a las matemáticas, pone como única condición que el logo debe hacerse con piezas de tángram. Marta gana el concurso y la comisión la elogia: "La artista ha logrado representar el tema en un objeto en constante movimiento, como la vida misma, dando vueltas y nueva vida a las prendas."

- Indica todas las figuras geométricas que componen el logo e intenta dar su nombre y sus características principales.

Todas las figuras planas están delimitadas por una línea cerrada. La longitud de esta línea se llama **perímetro**.

El **teorema de Pitágoras** establece que, en un triángulo rectángulo:

$$a^2 = b^2 + c^2$$

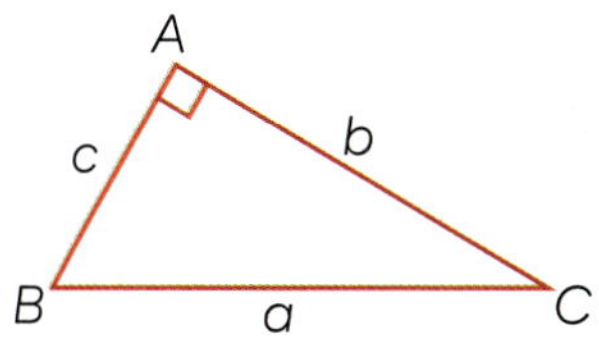

- Si tres números naturales cumplen el teorema de Pitágoras se les denomina **terna pitagórica**.

En un polígono regular, el radio, la apotema y la mitad del lado forman un triángulo rectángulo. La apotema y el lado son los dos catetos del triángulo y el radio es la hipotenusa, por tanto:

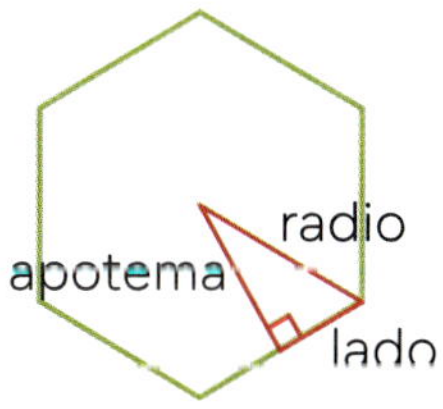

$$(\text{radio})^2 = (\text{apotema})^2 + \left(\frac{\text{lado}}{2}\right)^2$$

Ejemplo

Calculamos el perímetro de un octógono regular, conociendo el radio, 8 cm, y la apotema, 7,21 cm. Usamos la fórmula del teorema de Pitágoras:

$$\overline{CB}^2 = \overline{AC}^2 + \overline{AB}^2 \Rightarrow 8^2 = 7{,}21^2 + \overline{AB}^2 \Rightarrow$$
$$\Rightarrow \overline{AB}^2 = 64 - 51{,}98 = 12{,}02 \Rightarrow \overline{AB} = \sqrt{12{,}02} = 3{,}47$$

Por tanto, cada lado mide: $3{,}47 \cdot 2 = 6{,}94$ cm.

El perímetro será $6{,}94 \cdot 8 = 55{,}52$ cm.

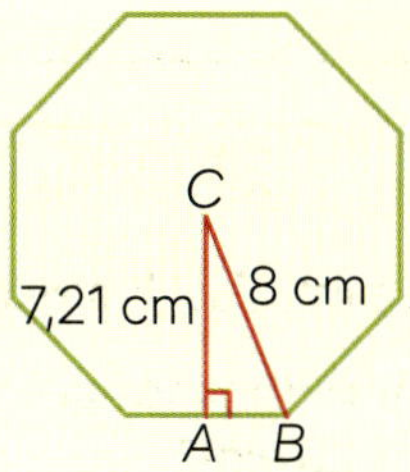

2 En la plaza mayor del pueblo de Miguel han organizado un mercadillo de ropa de segunda mano. El ayuntamiento decide que puede alquilar solo 10 puestos, porque la plaza tiene forma de decágono regular y quiere que los puestos ocupen el borde de la plaza para que no haya aglomeraciones. Sabemos que hay 5 metros desde la fuente, que está en el centro de la plaza, hasta un vértice cualquiera. Desde la fuente hasta el centro de un lado hay 4,755 metros. Calcula cuántos metros ocuparán todos los puestos de ropa.

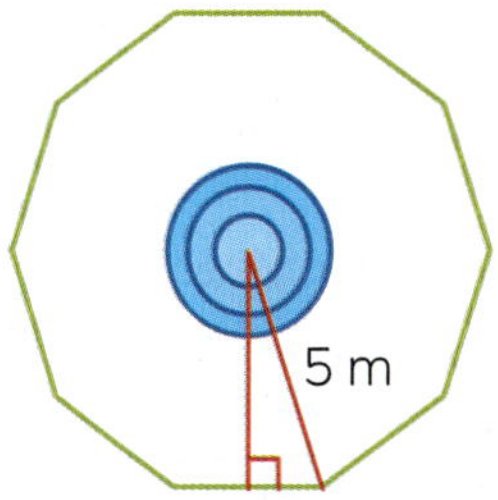

Todas las figuras planas tienen una **superficie** que es la parte del plano que queda dentro de la figura. Para medir el **área** de dicha superficie se utiliza el **metro cuadrado**, así como sus múltiplos y submúltiplos.

TRIÁNGULO	PARALELOGRAMOS				TRAPECIO	POLÍGONO REGULAR
	Cuadrado	Rectángulo	Romboide	Rombo		
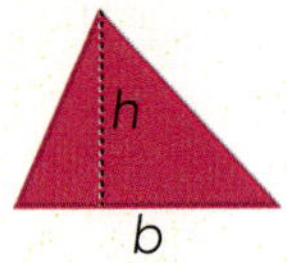	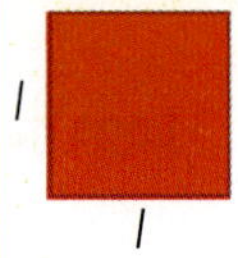	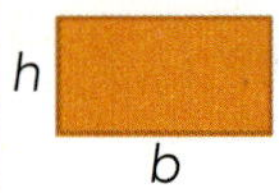	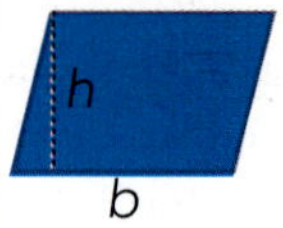	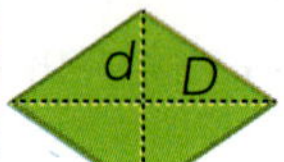	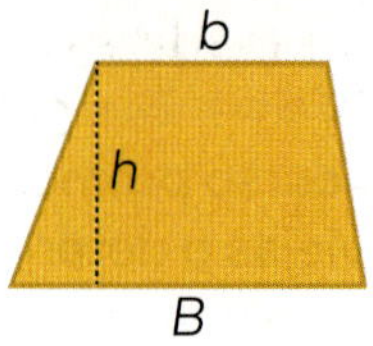	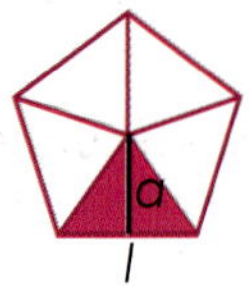
$A=\frac{b\cdot h}{2}$	$A=l^2$	$A=b\cdot h$	$A=b\cdot h$	$A=\frac{D\cdot d}{2}$	$A=\frac{(B+b)\cdot h}{2}$	$A=\frac{n\cdot l\cdot a}{2}=\frac{p\cdot a}{2}$

3 **Calcula el área de las siguientes figuras.**

a. Un rectángulo, cuyos lados miden 4 cm y 7 cm, respectivamente.

b. Un romboide de base 3 m y altura 2 m.

c. Un rombo cuyas diagonales miden 3,5 dm y 4,5 dm.

d. Un trapecio de altura 3,4 cm, y de bases 2,8 cm y 5,6 cm, respectivamente.

e. Un dodecágono cuya apotema mide 4,3 m, y su radio 2,8 m.

4 **Los estudiantes de 2.º de ESO de un centro van a realizar una exposición sobre las cinco erres: reducir, reutilizar, reciclar, reparar y recuperar. Para ello, van a colocar en la biblioteca varios paneles expositores con forma de hexágono regular con una apotema de 5,2 dm y un perímetro de 36 dm.**

a. ¿Cuánto medirá el lado del hexágono?

b. ¿Cuánto espacio tendrá cada panel para poder pegar fotos y escribir en él?

La siguiente tabla muestra la longitud y el área de las principales **figuras circulares**.

Circunferencia y círculo	Arco $\hat{A}$ y sector circular A de ángulo $\hat{A}$	Corona circular
$l=\pi\cdot d=2\cdot\pi\cdot r$ $A=\pi\cdot r^2$	$\frac{\hat{A}}{\hat{A}}=\frac{2\pi r}{360°}$ $\frac{A}{\hat{A}}=\frac{\pi r^2}{360°}$	$A=\pi\cdot(R^2-r^2)$
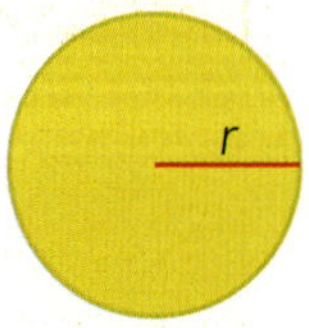	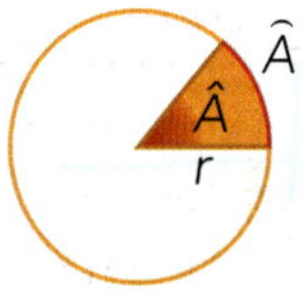	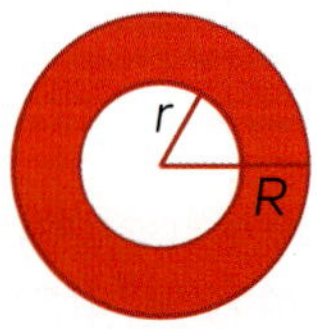

5 **Como acto para celebrar el Día del Cooperante, los estudiantes de 2.º de ESO van a realizar un círculo en el patio del colegio, que simbolice la solidaridad entre las naciones. Para ello, juntan las manos con los brazos extendidos. Se supone que la distancia con los brazos extendidos de una persona coincide con su altura. La altura media de los estudiantes de ese curso es de 165 cm y hay en total 20 estudiantes. ¿Cuántos metros medirá el radio del círculo que consiguen hacer?**

6 **Una alianza entre países acuerda destinar un presupuesto para que un país con bajo IDH (índice de desarrollo humano) tenga una protección especial para conservar una zona de grandes bosques de su territorio. La zona es un círculo de perímetro 125 km. ¿Cuál es el área de esa zona?**

Composición y descomposición de figuras planas

7 Arturo tiene que medir el área de una parcela que ha heredado, donde quiere montar un gallinero rectangular. Todo el campo alrededor lo quiere dejar para que sus gallinas vivan al aire libre y tengan suficiente espacio para correr. ¿Qué medidas debería tomar para saber de cuánto espacio libre podrán disfrutar sus gallinas?

En la figura se representa en color amarillo el campo que tiene Arturo a su disposición.

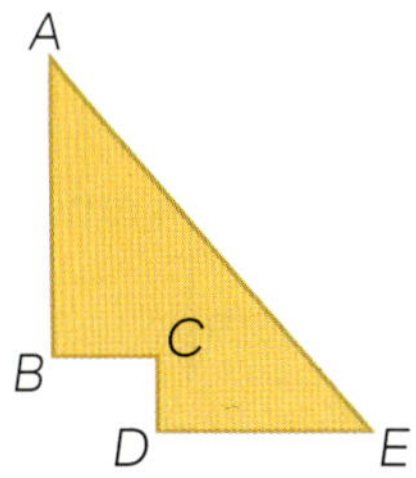

Para calcular el área de figuras planas que no tengan forma de polígono o de figuras circulares conocidas, utilizamos la técnica de **descomposición** y **composición** de una figura. Es decir, la dividimos en otras más sencillas de las que sí sabemos calcular el área o completamos la figura restando luego el área que falta.

Ejemplo

Para hallar el área de la figura, primero la describimos.

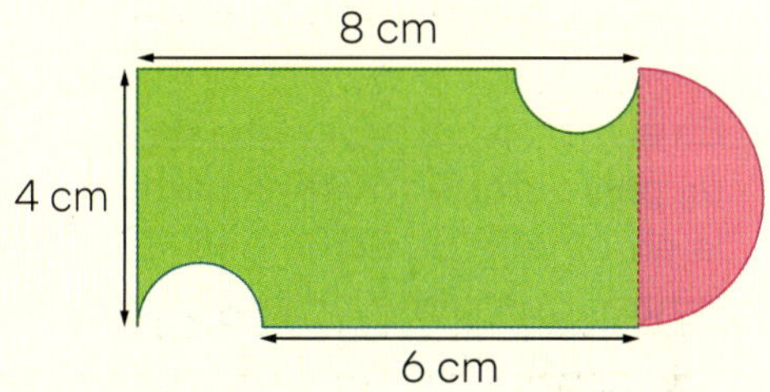

Es una composición de un semicírculo de radio 2 cm (en color rosa) y de un rectángulo (en color verde) de 4 cm de altura y de 8 cm de base, al que le faltan dos semicírculos de radio 1 cm.

De este modo, bastará con calcular el área del rectángulo, restarle el área de un círculo de radio 1 cm y añadirle el área de un semicírculo de radio 2 cm.

- $A_{\text{rectángulo}} = b \cdot h = 8 \cdot 4 = 32 \text{ cm}^2$
- $A_{\text{círculo}} = \pi \cdot r^2 = \pi \cdot 1 = \pi \text{ cm}^2$
- $A_{\text{semicírculo}} = \pi \cdot r^2 = \pi \cdot 2^2 = 4\pi \text{ cm}^2$

$$A_{\text{figura}} = A_{\text{rectángulo}} - A_{\text{círculo}} + A_{\text{semicírculo}} = 32 - \pi + 4\pi = \\ = 32 - 3 \cdot 3{,}14 = 22{,}58 \text{ cm}^2$$

Por tanto, el área de la figura es de 22,58 cm^2.

8 Calcula el área de la figura utilizando las descomposiciones propuestas. ¿Qué observas?

a.

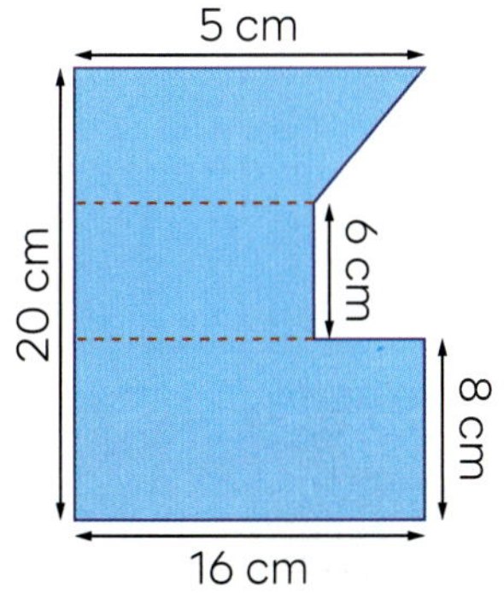

b.

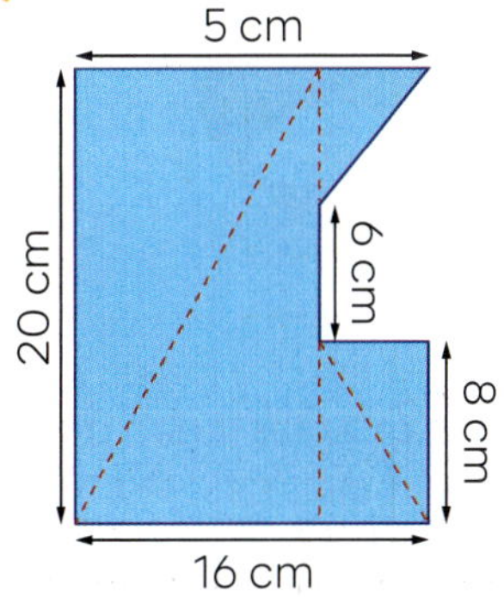

9 Halla el área de las siguientes figuras.

a.

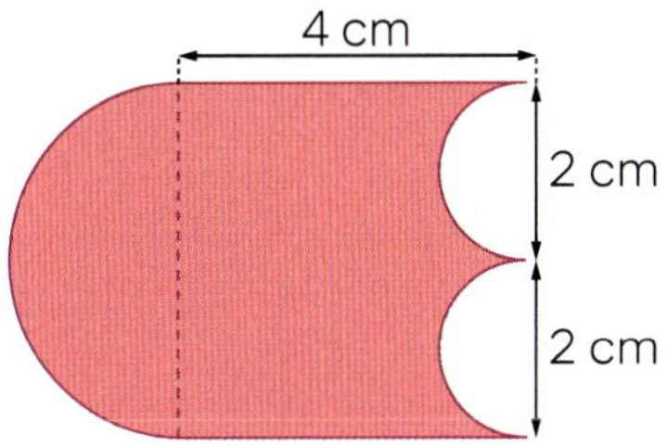

b.

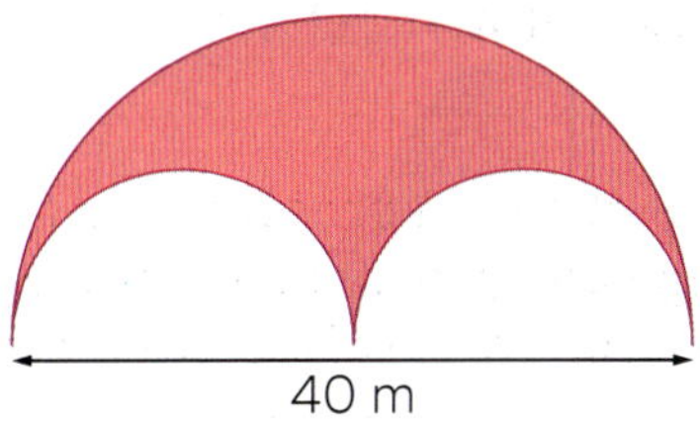

c.

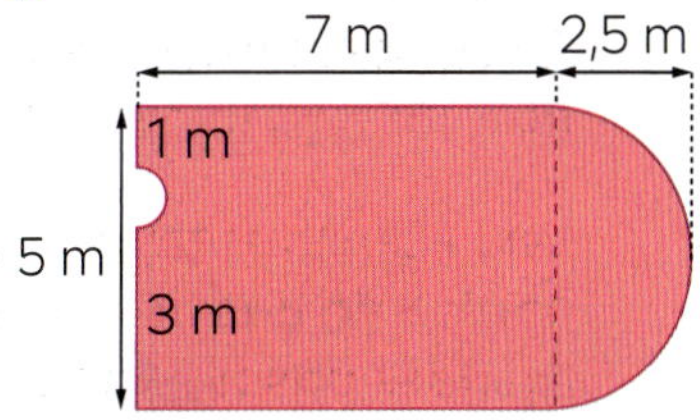

10 Calcula el área de las siguientes figuras.

a.

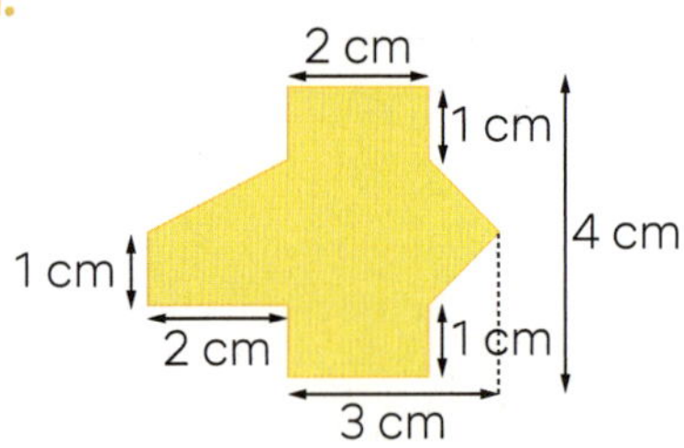

b.

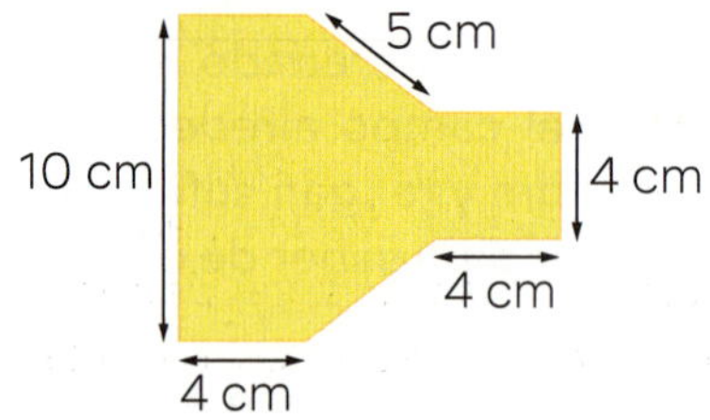

¿Sientes orgullo por algo que has hecho hoy?

11 Halla el área de las siguientes figuras.

a.

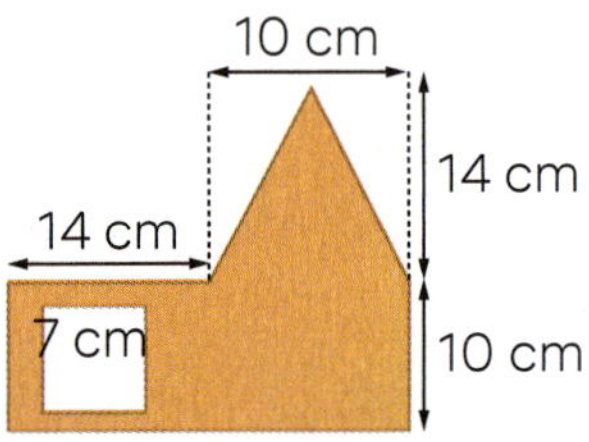

b.

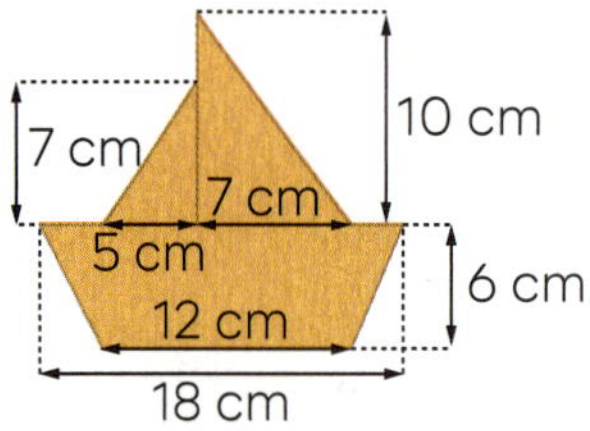

c.

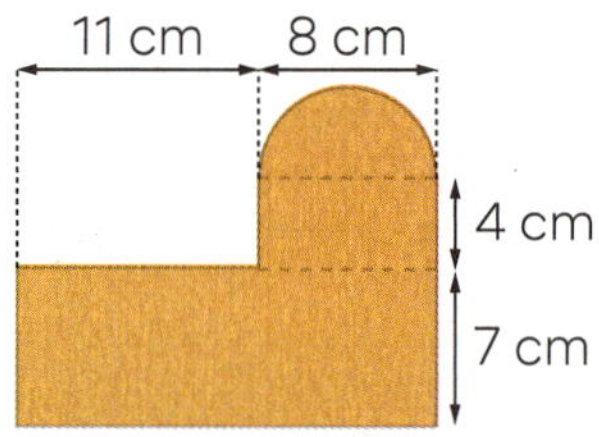

12 En el marco del programa de ayudas a los países con índice de desarrollo humano (IDH) bajo, un país europeo destina parte de su presupuesto a la construcción, dentro de su territorio, de la embajada de dicho país. El plano del terreno reservado para ello es el que aparece en la figura, que tiene un ancho máximo de 64 m, horizontalmente, y de 24 m, verticalmente. Calcula su perímetro y su área.

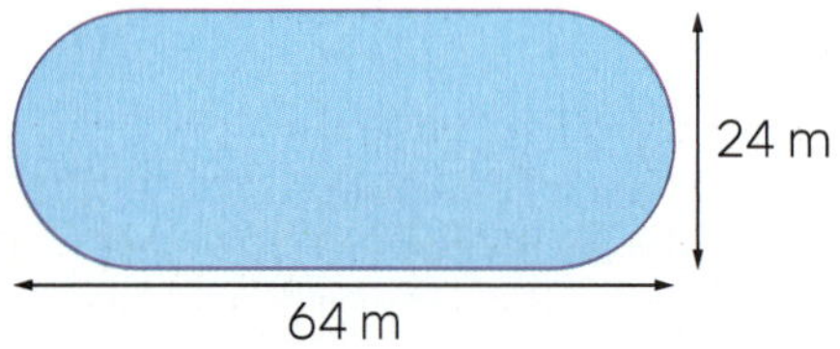

13 Se diseña una forma geométrica como la de la figura para que sirva de logotipo de un congreso sobre ayuda y cooperación norte–sur y se quiere construir con las medidas que se indican para colocarla en la sala de reuniones. Calcula el área de la zona roja.

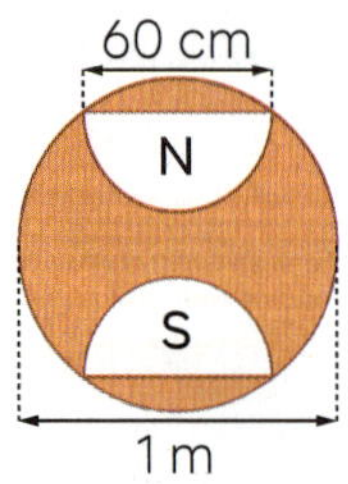

14 **CREAMOS JUNTOS.** ¿Sabías que las latas son de los envases que más se reciclan en la actualidad? Eso sí, es mejor aplastarlas porque su interior queda más limpio y es más sostenible reciclarlas. Por eso, Sebas y sus amigos han decidido montar una fábrica para el reciclaje de latas. Para empezar el proyecto, miden las dimensiones del terreno a su disposición. Este es el dibujo de las medidas que han tomado entre todos, pero nadie ha hecho los cálculos. ¿Podrías ayudarles a saber cuánto espacio tienen para su proyecto?

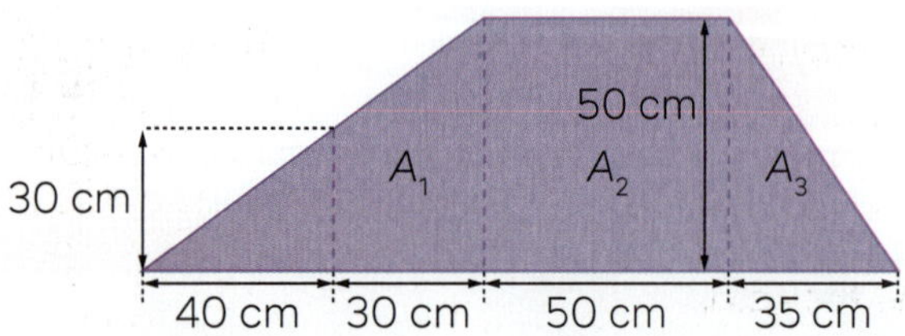

2 ¿Salimos del papel?

Elementos de la geometría del espacio

15 En el estudio de la geometría de dos dimensiones se distinguen dos elementos básicos: los puntos y las rectas. ¿Crees que se debería añadir algún elemento geométrico básico para el espacio de tres dimensiones?

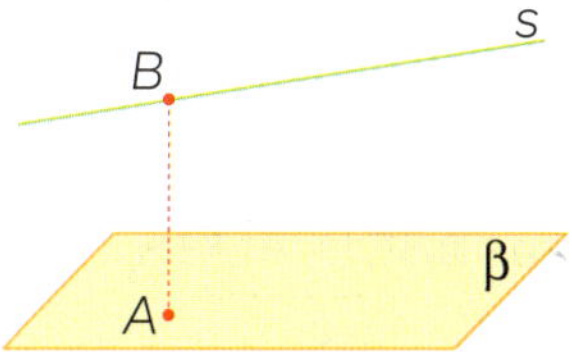

En el espacio geométrico existen tres **elementos geométricos básicos**:

ELEMENTOS GEOMÉTRICOS BÁSICOS					
Puntos		Rectas		Planos	
Dos rectas que se cortan. 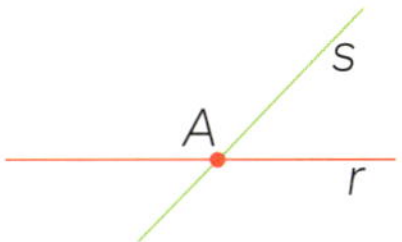	Una recta que corta a un plano. 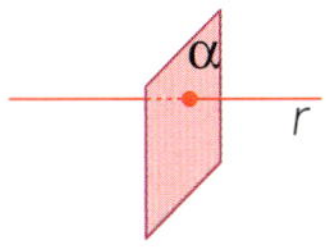	Dos puntos que se unen. 	La intersección de dos planos. 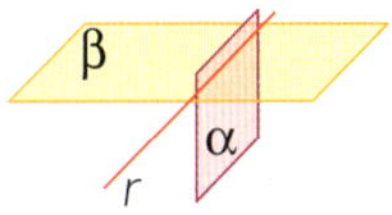	Tres puntos no alineados. 	Una recta y un punto exterior a la recta. 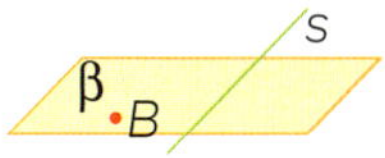

16 **Indica si los siguientes elementos determinan un único plano del espacio.**

a. Tres puntos alineados.
b. Los vértices de un triángulo.
c. Cuatro puntos cualesquiera.
d. Un punto y una recta.

En el espacio, los elementos geométricos pueden presentar estas **posiciones relativas**:

POSICIONES RELATIVAS DE DOS RECTAS		
Rectas paralelas	Rectas secantes	Rectas que se cruzan
No tienen ningún punto en común. 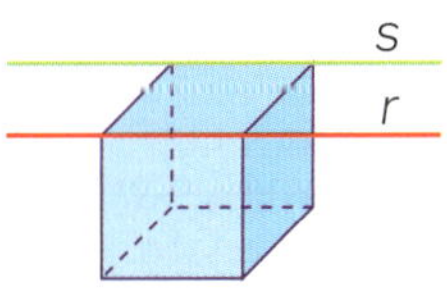	Tienen un punto en común. 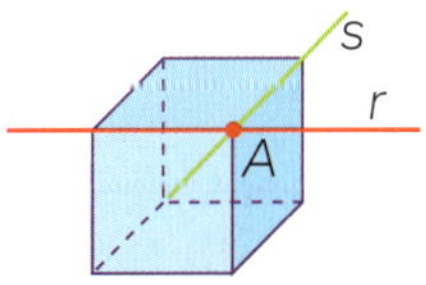	No tienen ningún punto en común. 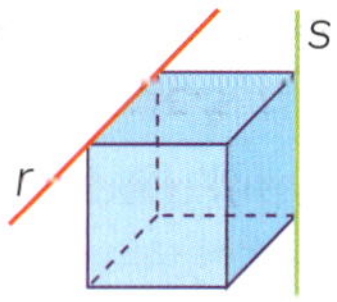

POSICIONES RELATIVAS DE UNA RECTA Y UN PLANO		
Rectas paralelas al plano	Rectas contenidas en el plano	Rectas secantes al plano
No tienen ningún punto en común. 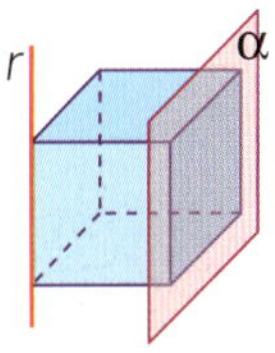	Todos los puntos de la recta están en el plano. 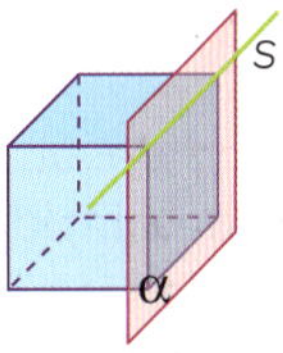	Solo tiene un punto en común con el plano. 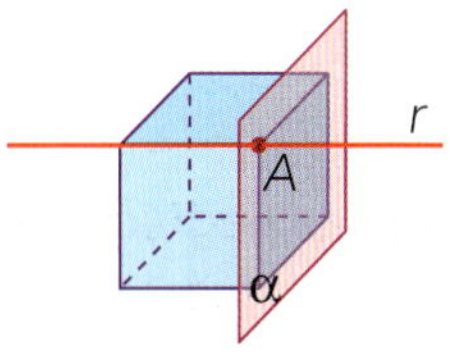

POSICIONES RELATIVAS DE DOS PLANOS	
Planos paralelos	Planos secantes
No tienen ningún punto en común. 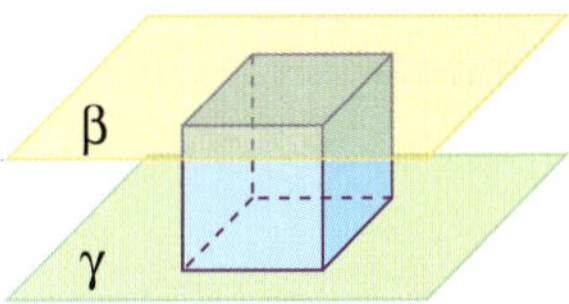	Tienen una recta en común. 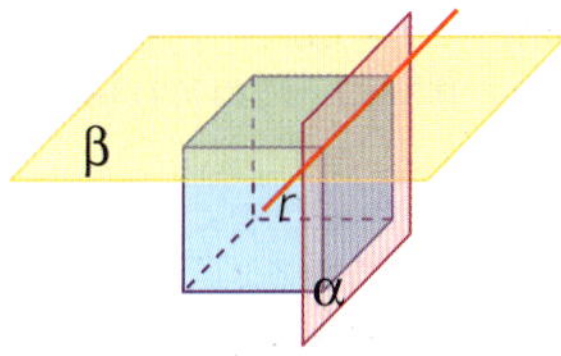

17 Dibuja dos rectas secantes y dos planos paralelos en el espacio.

18 **Actividad resuelta**

Dibuja un cubo y relaciona sus elementos con puntos, rectas y planos.

- Los vértices *A*, *B*, *C*... son puntos.
- Las aristas $\overline{AB}$, $\overline{BC}$, $\overline{DG}$... son partes de rectas.
- Las caras *ABCD*, *ADGH*... son partes de planos.

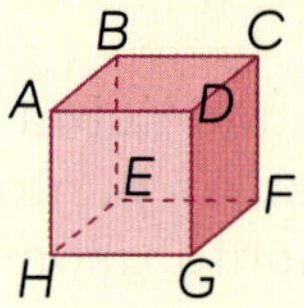

19 **Elige tres caras y tres aristas de la figura e indica los puntos que las determinan. Señala también las posiciones relativas:**

a. Entre las aristas elegidas.

b. Entre las caras elegidas.

c. Entre las aristas y las caras elegidas.

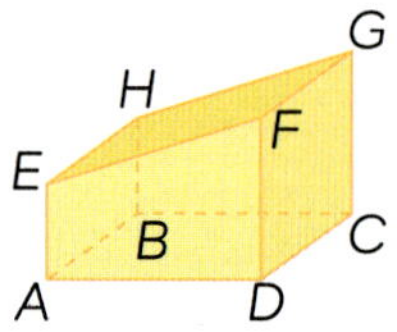

20 MAT-TIC **Entra en el interactivo de GeoGebra *Elementos de la geometría del espacio* y descubre la geometría del espacio, creando y manipulando puntos, rectas y planos.**

21 **En la construcción de un nuevo edificio hay que cumplir con la normativa y facilitar el acceso a los diferentes espacios. Para ello, se van a utilizar rampas con la siguiente forma en varios lugares y con diferentes tamaños.**

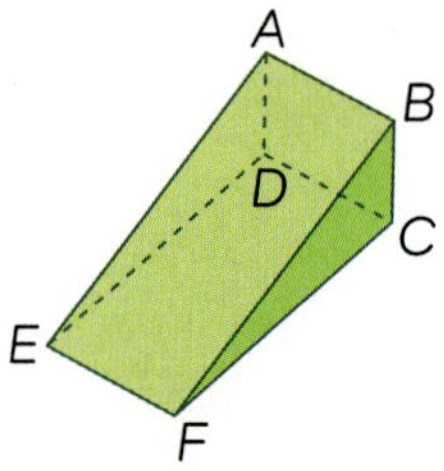

a. Indica dos rectas paralelas y dos rectas que se crucen en la figura.

b. Indica dos planos paralelos y dos planos secantes indicando la recta donde se cortan.

c. Indica la posición relativa de la recta que pasa por los puntos *F* y *C* con el plano que contiene el punto *D* y la recta $\overline{AE}$.

Un **ángulo diedro** es la región del espacio que queda determinada por dos semiplanos que comparten una recta. Los elementos de un diedro son:

- **Caras del diedro**: los semiplanos que lo forman.
- **Arista del diedro**: la recta común a los dos planos.

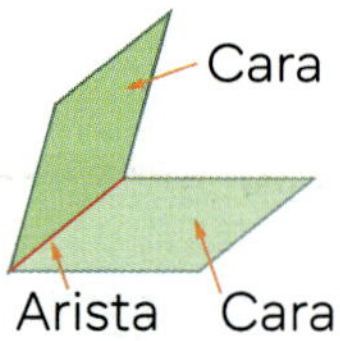

La medida de un ángulo diedro es la misma que la de cualquier ángulo formado por dos semirrectas contenidas en las caras y perpendiculares a la arista.

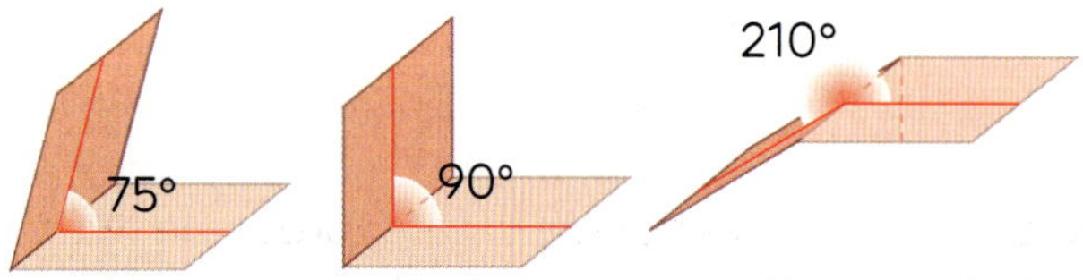

22 **Dibuja ángulos diedros con las siguientes amplitudes.**

a. 45° b. 135° c. 180° d. 330°

23 **Actividad resuelta**

Dibuja un ángulo diedro de amplitud 32° y halla el valor del ángulo complementario. Recuerda que dos ángulos complementarios suman 90°.

El ángulo diedro complementario mide: 90° – 32° = 58°

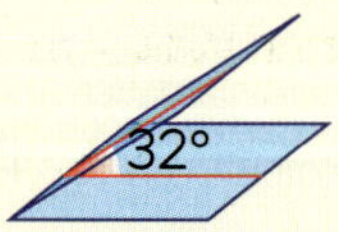

24 **Calcula los ángulos complementario y suplementario de un ángulo diedro de 78° 35' de amplitud.**

Poliedros

Un **poliedro** es un cuerpo geométrico limitado por cuatro o más polígonos.

Los elementos de un poliedro son:

Aristas: son los lados de los polígonos que lo forman. En este caso son 9.

El número de ángulos diedros de un poliedro coincide con el número de aristas.

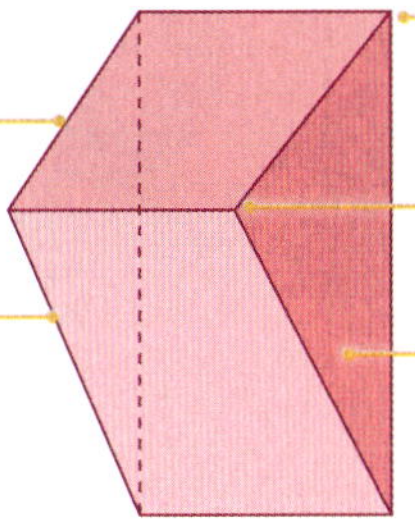

Vértices: son los vértices de los polígonos que lo forman. En este caso son 6.

En cada vértice pueden concurrir tres o más aristas.

Caras: son los polígonos que lo forman. En este caso son 5.

25 **Identifica los elementos de los siguientes poliedros.**

a.

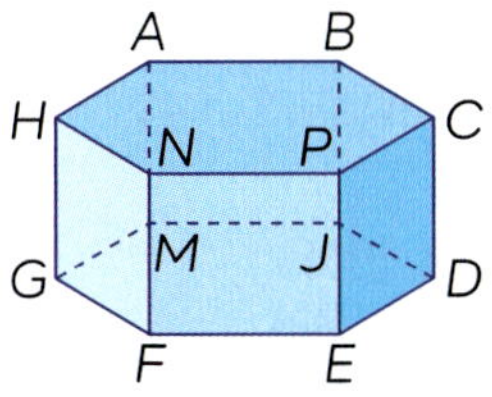

b.

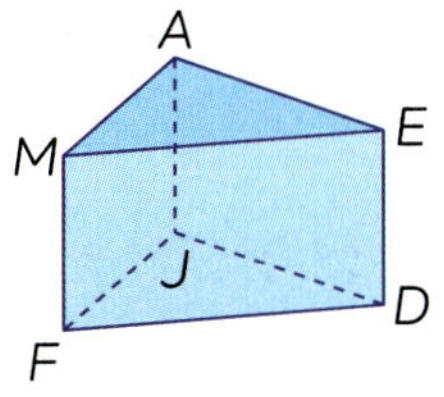

Un poliedro es **convexo** cuando todos sus ángulos interiores son menores que 180°.

Si tiene algún ángulo mayor de 180°, es **cóncavo**.

26 **Actividad resuelta**

Determina si los siguientes poliedros son cóncavos o convexos.

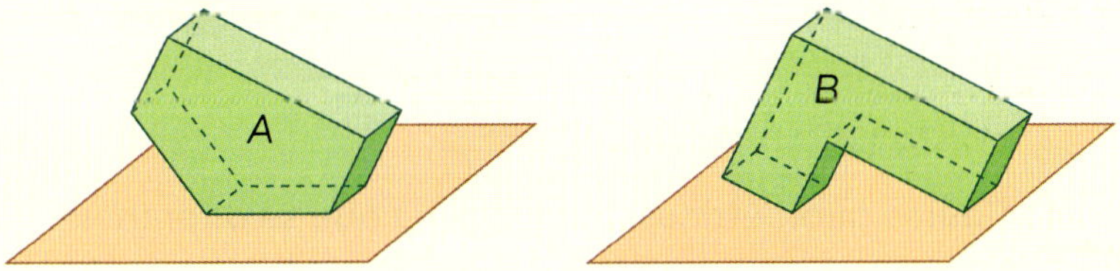

- El poliedro *A* es convexo porque todos los ángulos interiores son menores que 180°. Estos poliedros se pueden apoyar en el plano sobre todas sus caras.
- El poliedro *B* es cóncavo porque tiene un ángulo mayor de 180°. Los poliedros cóncavos no se pueden apoyar sobre un plano con dos de sus caras.

27 **El ayuntamiento ha puesto estos tres tipos de papeleras para reciclaje en un nuevo parque. Indica si los poliedros que forman las papeleras son cóncavos o convexos y cuenta, en cada caso, su número de aristas y su número de vértices.**

a.

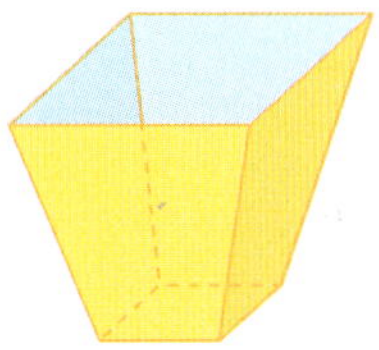

b.

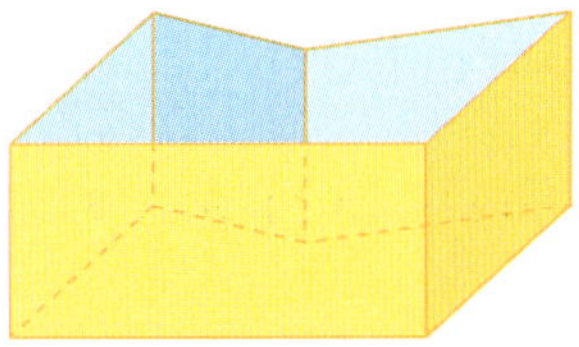

c.

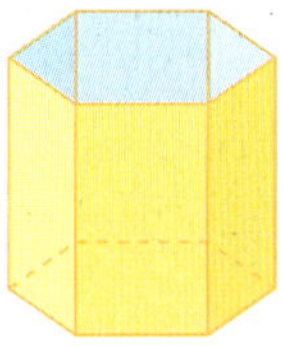

Un poliedro es **regular** o **platónico** cuando es convexo, todas sus caras son polígonos regulares iguales y en todos sus vértices concurren el mismo número de aristas o de caras.

Solo existen estos cinco poliedros regulares:

Tetraedro	Hexaedro o cubo	Octaedro	Dodecaedro	Icosaedro
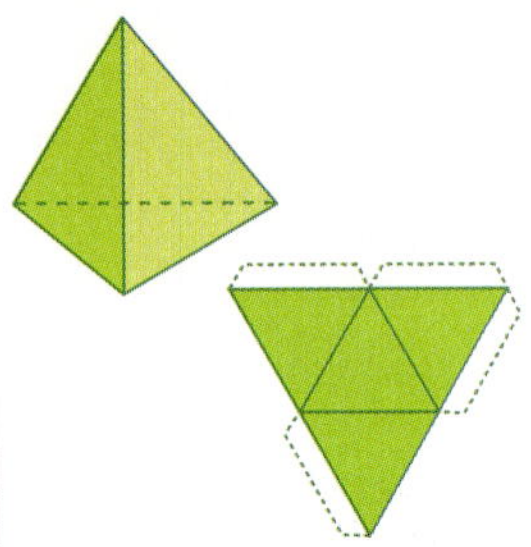	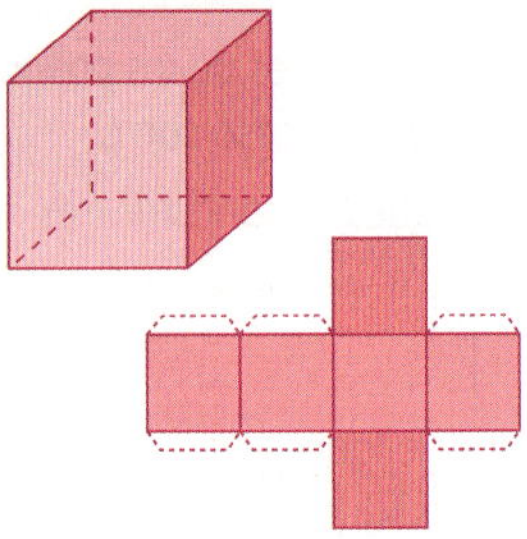	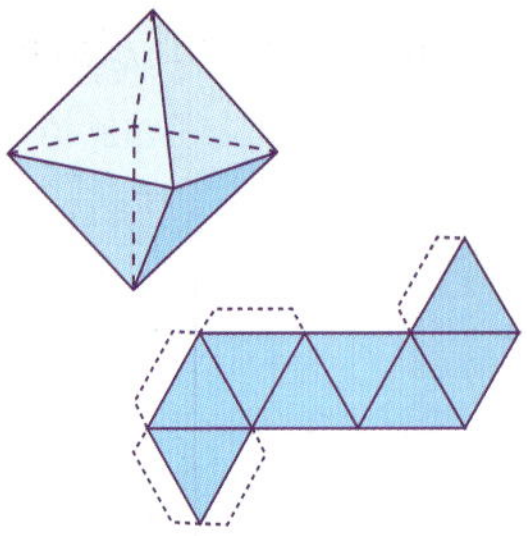	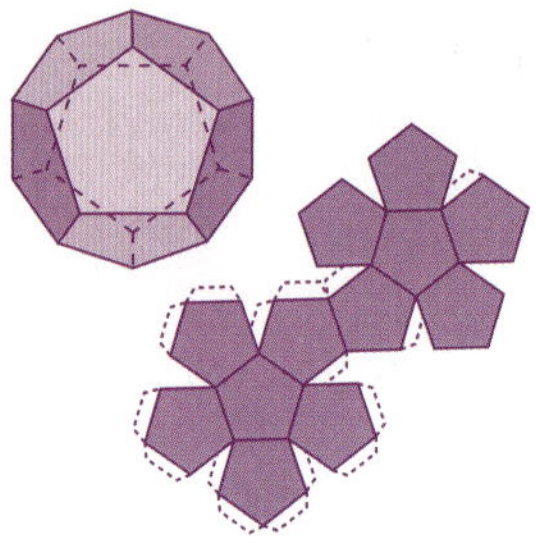	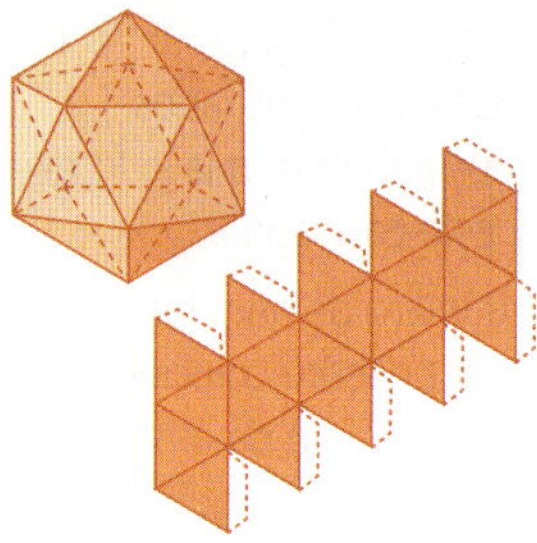

Un poliedro es **semirregular** o **arquimediano** cuando sus caras son polígonos regulares, aunque no sean todas iguales, y en todos sus vértices concurren los mismos polígonos en el mismo orden. Se pueden obtener poliedros semirregulares truncando poliedros regulares.

Ejemplo

Observa los elementos del siguiente **cubo truncado**.

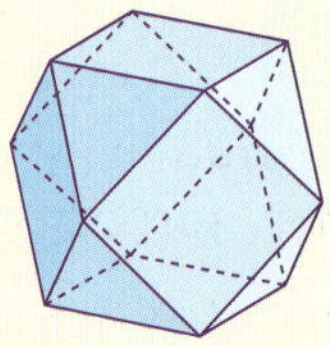

- Está formado por 6 cuadrados y 8 triángulos equiláteros.
- En cada vértice concurren 2 cuadrados y dos triángulos de forma alterna.

28 **Observa los siguientes poliedros semirregulares y describe la forma de sus caras, el número de caras de cada forma, el número de vértices y aristas de cada uno y sus posibles nombres.**

a. 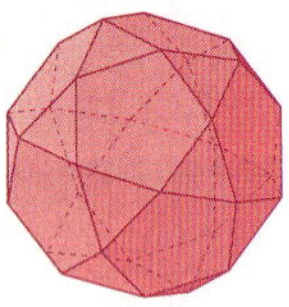

b. 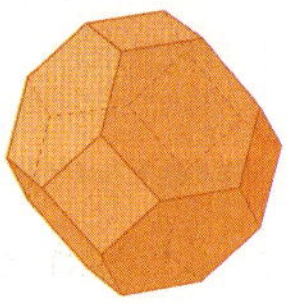

c. 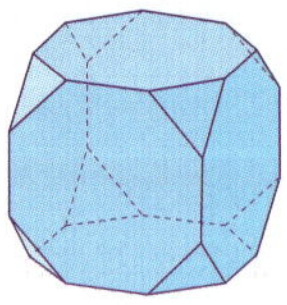

d. 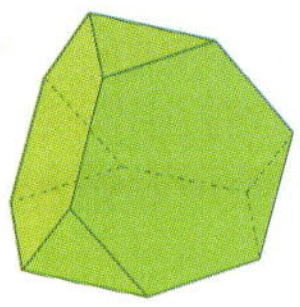

e. 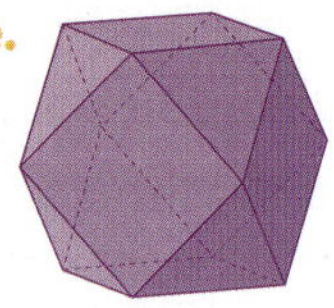

Prismas y pirámides

29 **Observa el desarrollo de las siguientes figuras geométricas. ¿Hay alguna que se diferencie del resto? Explica por qué.**

A. 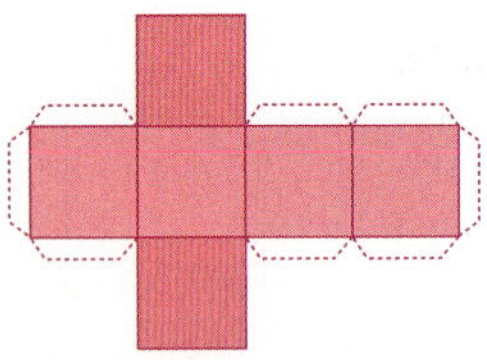

B. 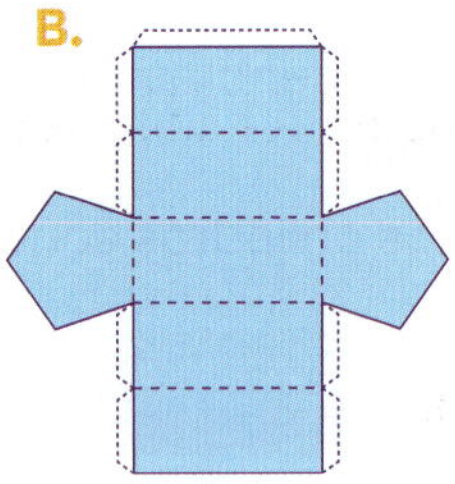

C. 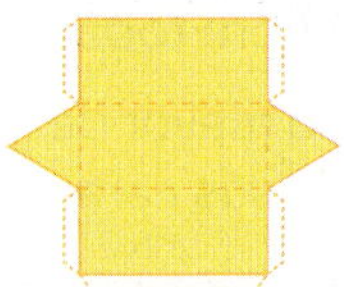

D. 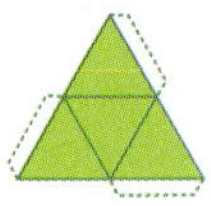

Un **prisma** es un poliedro que cumple las siguientes propiedades.

- Tiene dos caras paralelas e iguales denominadas bases.
- El resto de sus caras son paralelogramos y se denominan caras laterales.

Una **pirámide** es un poliedro que cumple las siguientes propiedades.

- Tiene como única base un polígono cualquiera.
- Las caras laterales son triángulos.
- Las caras laterales concurren en un punto común: el vértice o cúspide de la pirámide.

Los **prismas** se nombran según el número de lados de sus bases: triangular, cuadrangular, pentagonal... y pueden ser:

- **Rectos u oblicuos**: según sus caras laterales sean o no rectángulos.
- **Convexos**: cuando todos sus ángulos diedros son menores de 180°.
- **Cóncavos**: cuando alguno de sus ángulos diedros es mayor de 180°.
- **Regulares**: cuando son rectos y sus bases son polígonos regulares.

Ejemplo

Estos son algunos ejemplos de prismas:

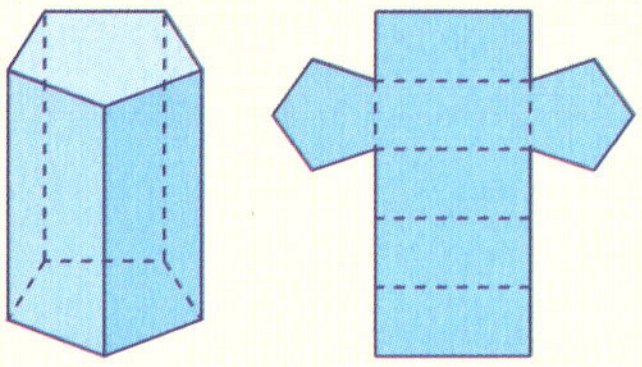

Prisma pentagonal recto, convexo y regular y su desarrollo plano

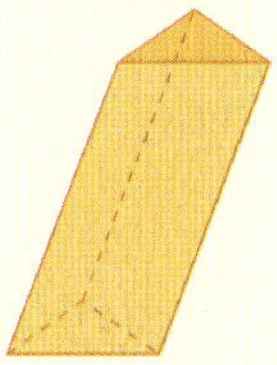

Prisma triangular oblicuo, convexo e irregular

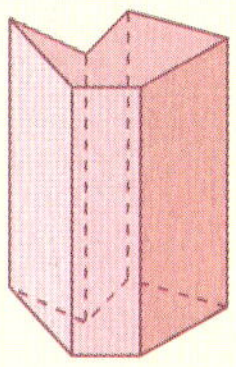

Prisma hexagonal recto, cóncavo e irregular

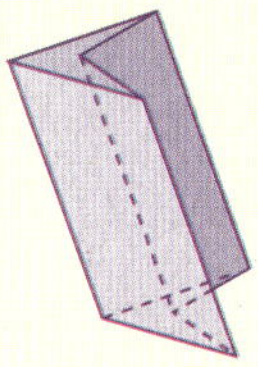

Prisma cuadrangular oblicuo, cóncavo e irregular

30 **Aprendo a pensar. Con la ayuda de un mapa conceptual descendente di cuáles de los siguientes poliedros son prismas y clasifica aquellos que lo sean.**

a.

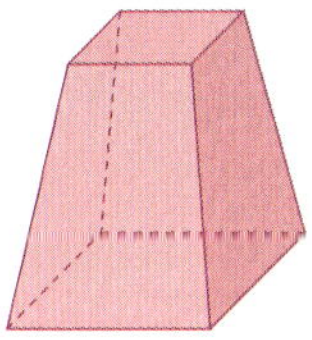

b.

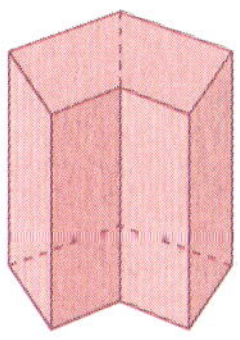

c.

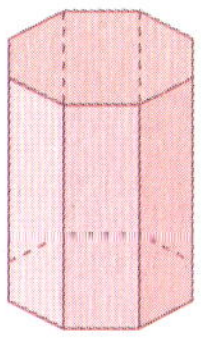

d.

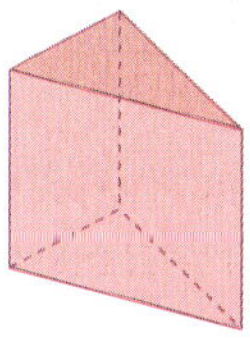

31 **Dibuja un prisma triangular oblicuo e irregular.**

Un **paralelepípedo** es un prisma convexo cuyas bases son paralelogramos (cuadrados, rectángulos, rombos o romboides). Por tanto, sus caras son seis paralelogramos paralelos dos a dos.

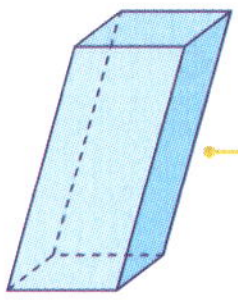

Paralelepípedo oblicuo

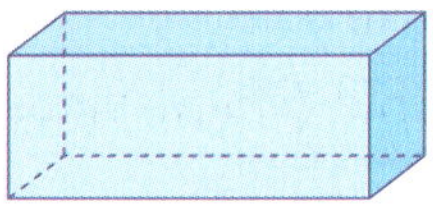

Ortoedro (paralelepípedo recto)

Cuando un paralelepípedo es recto se denomina **ortoedro** y está formado por seis rectángulos paralelos dos a dos.

32 **Dibuja los siguientes paralelepípedos.**

a. Recto de 8 cm de longitud, 5 cm de altura y 3 cm de profundidad.

b. Oblicuo de 7 cm de altura y base romboidal de 3 cm de arista.

33 **Para establecer puntos de recogida de residuos sólidos, se van a utilizar módulos con la forma de prisma regular cuya base es un triángulo equilátero de 0,5 m de lado. La altura de los módulos es de 1 m. Adosando varios de estos módulos, se forma el punto de recogida.**

a. ¿Se podría formar un paralelepípedo de dimensiones 1 m × 1 m × 1 m? ¿Podría ser un hexaedro? Indica el número de módulos que hay que utilizar, su disposición y la forma de la base del punto de recogida que se formaría.

b. ¿Se podría formar otro tipo de prisma regular? ¿Qué prisma sería? Indica el número de módulos que hay que utilizar y su disposición

¿Has encontrado dificultades para pasar del plano al espacio?

El **área lateral** de un prisma recto es la suma de las áreas de los rectángulos que forman sus caras laterales y coincide con la del rectángulo de su desarrollo plano:

$$A_{lateral} = p \cdot h$$

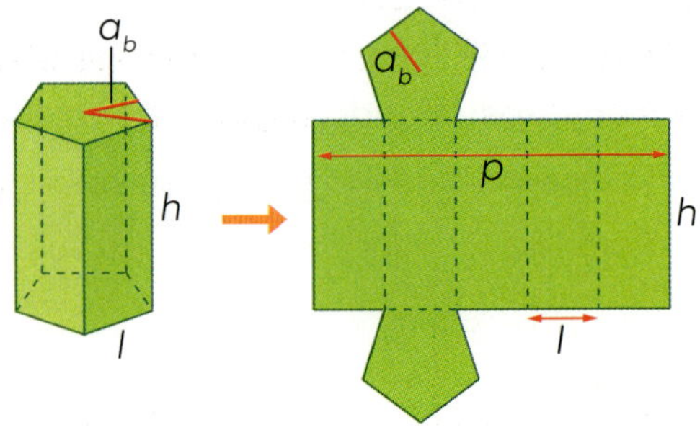

a_b = apotema
p = perímetro
h = altura
l = lado

El **área total** de un prisma regular es:

$$A_{total} = A_{lateral} + 2 \cdot A_{base} = p \cdot h + p \cdot a_b = p \cdot (h + a_b)$$

El **volumen** de un prisma regular es:

$$V = A_{base} \cdot h$$

Ejemplo

MAT-TIC Calculamos el área total y el volumen de un prisma pentagonal recto de 4 cm de altura, si el lado de la base mide 3 cm y su radio mide 2,552 cm. Nos apoyamos con el interactivo GeoGebra *Área lateral del prisma*, para verificar nuestros cálculos.

La superficie lateral del prisma es:

$A_{lateral} = p \cdot h = (5 \cdot 3) \cdot 4 = 60 \text{ cm}^2$

Para hallar el área de la base, calculamos la apotema utilizando el teorema de Pitágoras:

$$a_b^2 = 2{,}552^2 - 1{,}5^2 \Rightarrow a_b = \sqrt{4{,}2627} = 2{,}0646 \text{ cm}$$

$$A_{base} = \frac{p \cdot a_b}{2} = \frac{5 \cdot 3 \cdot 2{,}0646}{2} = 15{,}48 \text{ cm}^2$$

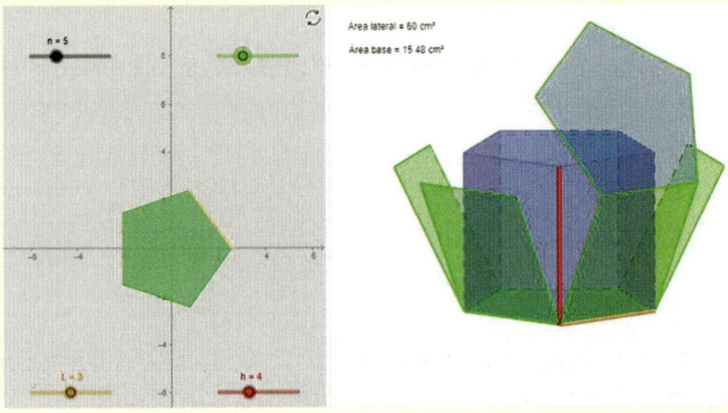

Finalmente, el área total es:

$$A_{total} = A_{lateral} + 2 \cdot A_{base} = 60 + 2 \cdot 15{,}48 = 90{,}96 \text{ cm}^2$$

El volumen del prisma es:

$$V = A_{base} \cdot h = 15{,}48 \cdot 4 = 61{,}92 \text{ cm}^3$$

34 Calcula el área total y el volumen de un envase con forma de prisma regular hexagonal de 6 cm de altura, sabiendo que el lado de la base mide 4 cm, y su apotema, 3,5 cm.

35 Calcula el área total y el volumen de un prisma recto de 3 m de altura y cuya base es un triángulo equilátero de 2 m de arista.

36 Calcula el área total y el volumen de un prisma cuadrangular regular en el que la arista de la base mide 4 dm y su altura es 11 dm.

37 Dibuja un ortoedro de dimensiones 4, 5 y 6 cm.

- **a.** Dibuja su desarrollo plano indicando las dimensiones del mismo.
- **b.** Calcula sus áreas lateral y total.

38 Halla las áreas total y lateral de un cubo de arista a cm.

39 Calcula el volumen de los siguientes prismas.

a.

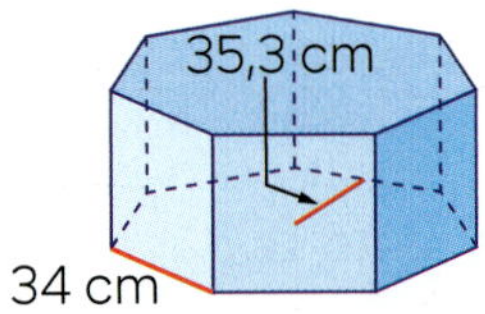

b.

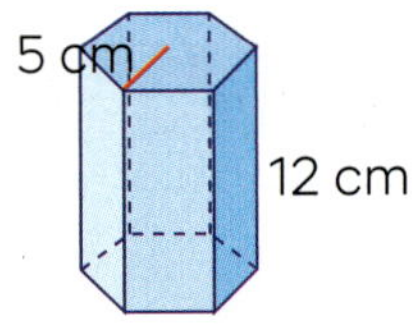

40 El templo de Santa María del Naranco (Asturias) es una pieza representativa de arte prerrománico. Su forma recuerda a la de un prisma irregular de base pentagonal. Si las medidas se estiman como se ilustra en la figura, calcula una aproximación del volumen total que ocupa.

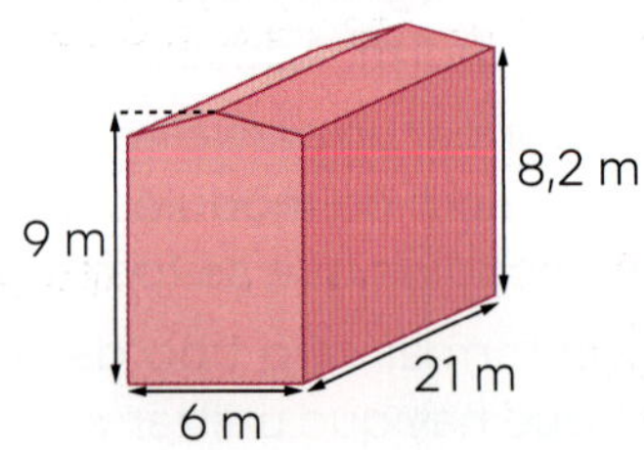

Las **pirámides** se nombran según el número de lados de sus bases: triangular, hexagonal, decagonal... y pueden ser:

- **Rectas u oblicuas**: si sus caras laterales son o no triángulos isósceles.
- **Cóncavas o convexas**: según sea cóncavo o convexo el polígono de la base.
- **Regulares**: si son rectas y su base es un polígono regular.

Ejemplo

Estos son algunos ejemplos de pirámides:

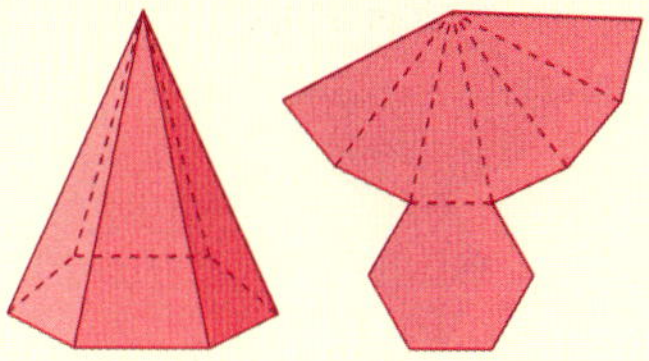
Pirámide hexagonal recta, convexa y regular y su desarrollo plano

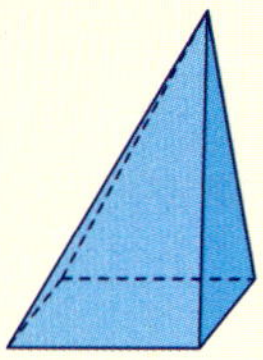
Pirámide cuadrangular oblicua, convexa e irregular

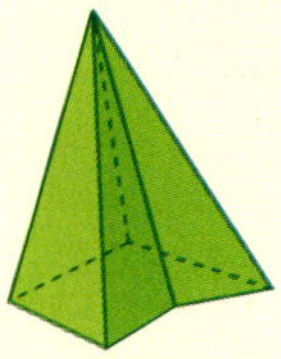
Pirámide pentagonal oblicua, cóncava e irregular

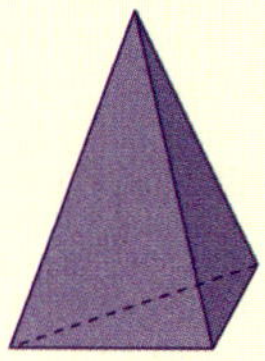
Pirámide triangular recta, convexa e irregular

41 **Indica cuáles de los siguientes poliedros son pirámides y clasifica aquellos que lo sean.**

a.

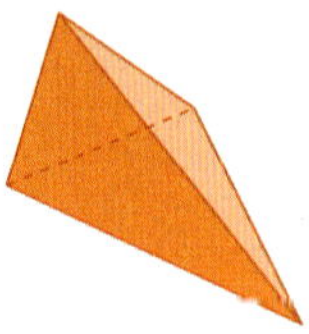

b.

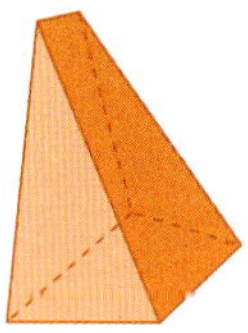

c.

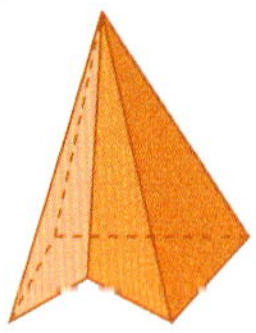

El **área lateral** de una pirámide regular es la suma de las áreas de todos los triángulos isósceles que forman las caras:

$$A_{\text{lateral}} = \frac{1}{2} \cdot p \cdot a_p$$

El **área total** de una pirámide regular es:

$$A_{\text{total}} = A_{\text{lateral}} + A_{\text{base}} = \frac{1}{2} \cdot p \cdot a_p + \frac{p \cdot a_b}{2} = \frac{1}{2} \cdot p \cdot (a_p + a_b)$$

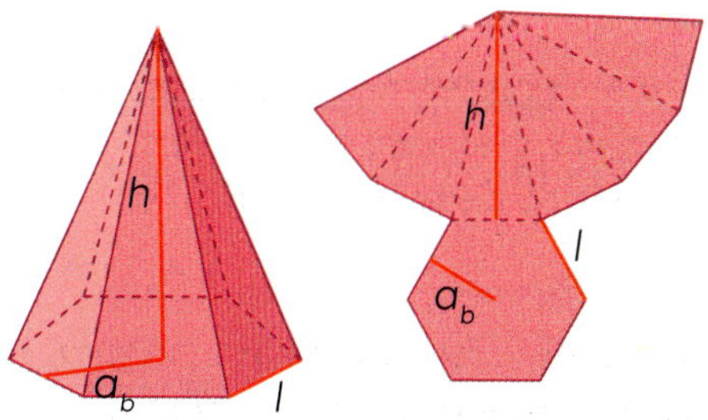

El **volumen** de una pirámide es: $V = \frac{A_{\text{base}} \cdot h}{3}$

En las fórmulas, p es el perímetro de la base de la pirámide, a_p es la altura de uno de los triángulos laterales, a_b es la apotema de su base y h es la altura de la pirámide.

Un **tronco de pirámide** se obtiene cuando se corta una pirámide por un plano paralelo a la base y se prescinde de la parte superior. Este poliedro está formado por dos bases que son polígonos semejantes, y por caras laterales que son trapecios.

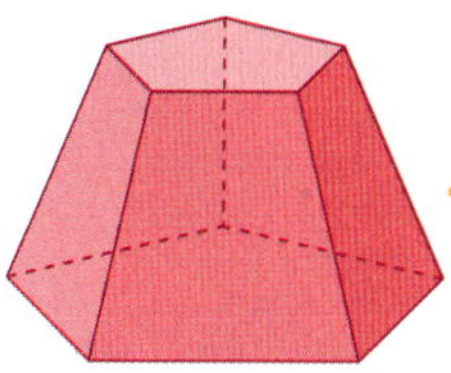
Tronco de pirámide recto

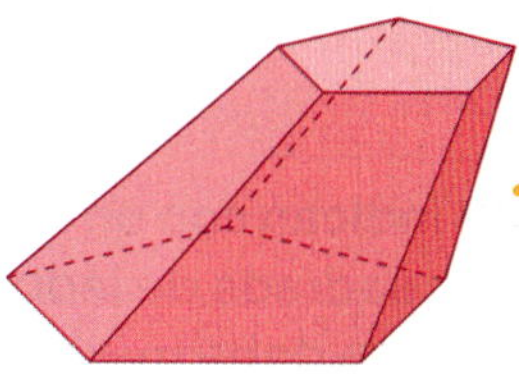
Tronco de pirámide oblicuo

Ejemplo

Calculamos el área total y el volumen de una pirámide hexagonal regular de 7,24 cm de altura, si el lado de la base mide 8 cm, y la apotema de la base, 6,9 cm.

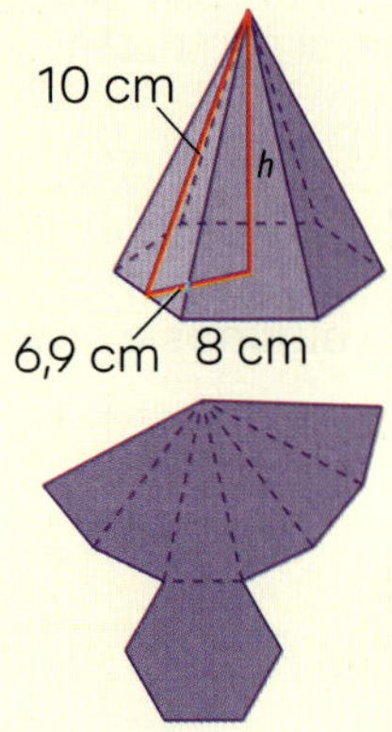

Calculamos la apotema de la pirámide utilizando el teorema de Pitágoras:

$$a_p^2 = 7{,}24^2 + 6{,}9^2 \Rightarrow a_p = \sqrt{100} = 10 \text{ cm}$$

Por tanto, el área lateral es: $A_{\text{lateral}} = \dfrac{1}{2} \cdot 6 \cdot 8 \cdot 10 = 240 \text{ cm}^2$

El área de la base es: $A_{\text{base}} = \dfrac{6 \cdot 8 \cdot 6{,}9}{2} = 165{,}6 \text{ cm}^2$

El área total es: $A_{\text{total}} = A_{\text{lateral}} + A_{\text{base}} = 240 + 165{,}6 = 405{,}6 \text{ cm}^2$

El volumen de la pirámide es: $V = \dfrac{A_{\text{base}} \cdot h}{3} = \dfrac{165{,}6 \cdot 7{,}24}{3} = 399{,}6 \text{ cm}^3$

42 **Calcula el área total y el volumen de estas pirámides.**

a.

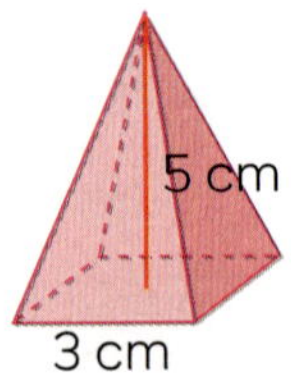

b.

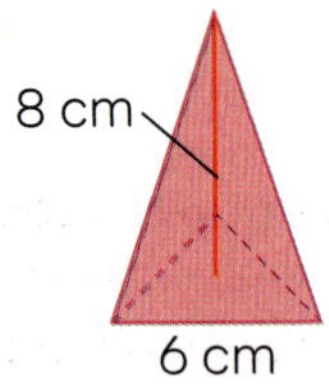

c.

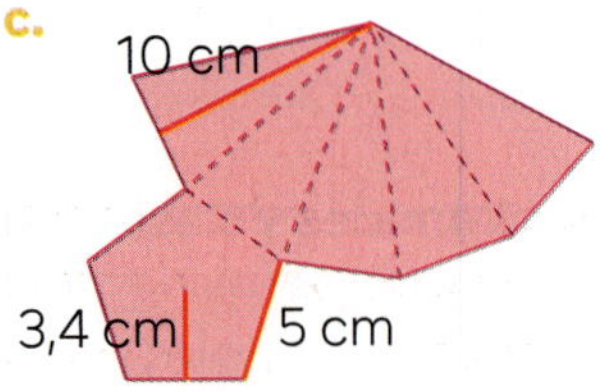

d.

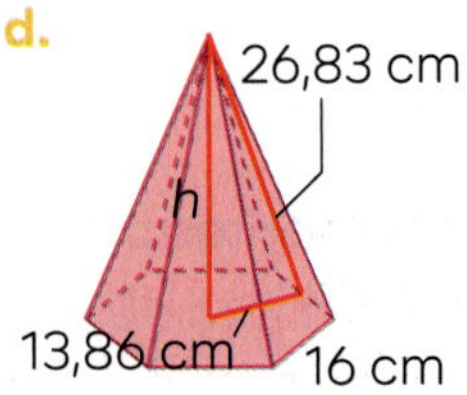

e.

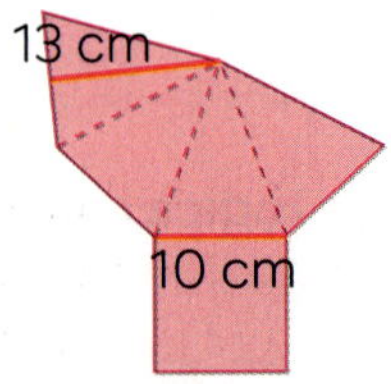

43 Actividad resuelta

Calcula el área total del tronco de la pirámide representada y el volumen, sabiendo que la altura de la pirámide completa es de 6 cm.

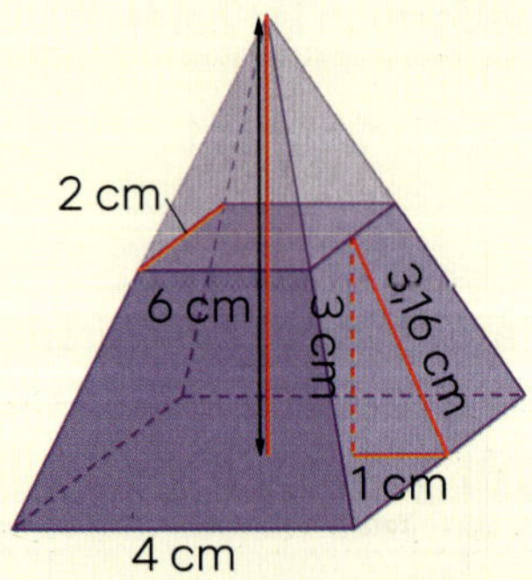

Para hallar su área total, dibujamos su desarrollo plano y calculamos las áreas:

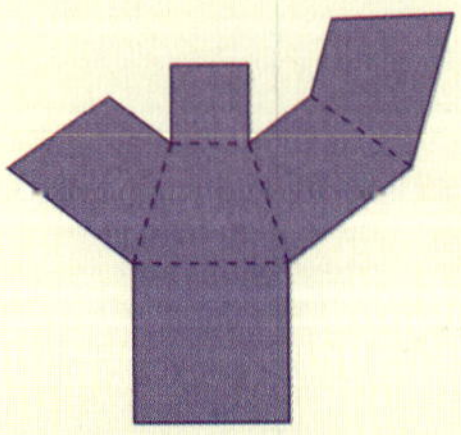

- $A_{\text{base mayor}} = 4^2 = 16 \text{ cm}^2$
- $A_{\text{base menor}} = 2^2 = 4 \text{ cm}^2$
- $A_{\text{lateral}} = 4 \cdot A_{\text{trapecio}} = 4 \cdot \dfrac{(4+2) \cdot 3{,}16}{2} = 37{,}92 \text{ cm}^2$

Por tanto, el área total del tronco de pirámide es:

$$A_{\text{total}} = A_{\text{base mayor}} + A_{\text{base menor}} + A_{\text{lateral}} = 16 + 4 + 37{,}92 = 57{,}92 \text{ cm}^2$$

Y el volumen es: $V_{\text{tronco}} = V_{\text{pir. grande}} - V_{\text{pir. pequeña}} = \dfrac{A_{\text{base mayor}} \cdot h}{3} - \dfrac{A_{\text{base menor}} \cdot h}{3} = \dfrac{16 \cdot 6}{3} - \dfrac{4 \cdot 3}{3} = 28 \text{ cm}^3$

44 **Halla el área total de los siguientes troncos de pirámide.**

a.

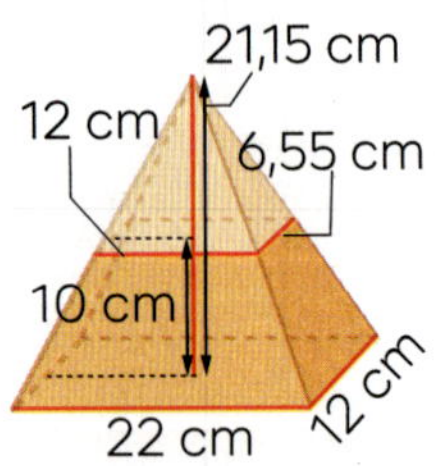

b.

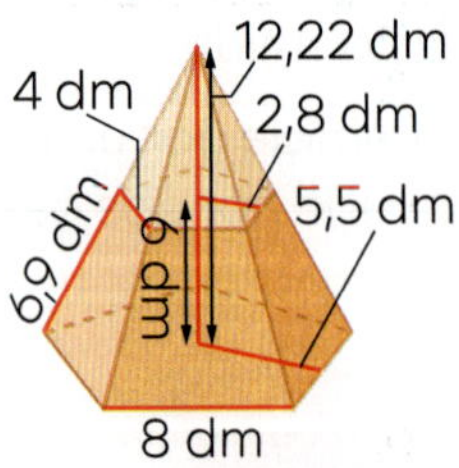

45 **En una carrera urbana los tramos más fáciles se indican con un hexaedro de lado 30 cm, y los más difíciles, con una pirámide regular de base cuadrada de lado 30 cm. Si se quiere que los volúmenes de las dos señales sean iguales, ¿cuánto debe medir la altura de la pirámide?**

Cuerpos de revolución

Un **cuerpo de revolución** es la figura que se obtiene al hacer girar una figura plana alrededor de una recta situada en el mismo plano, llamada eje.

La **generatriz** es la línea de la figura plana que genera el cuerpo redondo.

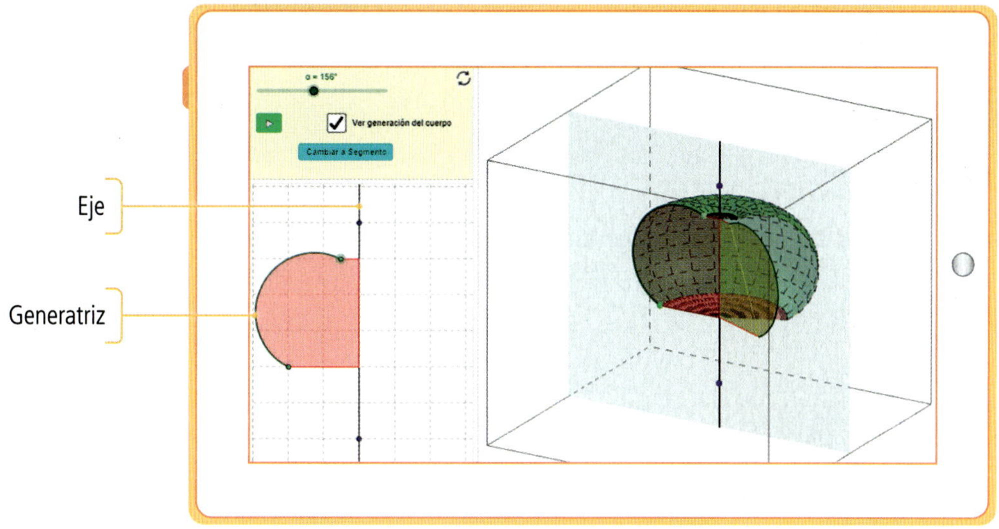

46 MAT-TIC **Los cuerpos redondos más conocidos son: el cilindro, el cono y la esfera, pero podemos crear muchos. En los interactivos de GeoGebra *Cuerpos redondos y Cuerpos de revolución,* puedes crearlos modificando la generatriz y comprobando el cuerpo de revolución que generas.**

47 **Señala cuáles de los siguientes objetos tienen forma de cuerpo de revolución.**

a. 

b. 

c. 

d. 

Un **cilindro recto** es el cuerpo de revolución que se genera al hacer girar un rectángulo en torno a uno de sus lados.

Los cilindros rectos están formados por dos bases circulares paralelas y una superficie lateral.

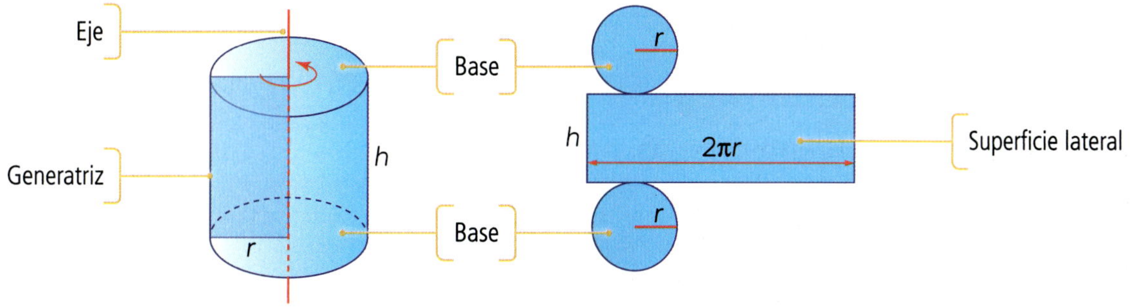

48 **Di si son verdaderas o falsas estas afirmaciones.**

a. La superficie lateral de un cilindro es un rectángulo.

b. Los cilindros son poliedros de tres caras.

c. Las bases de los cilindros siempre son círculos.

d. La generatriz de un cilindro recto siempre es igual a la altura.

El **área lateral** de un cilindro es el del rectángulo que forma su superficie lateral:

$$A_{lateral} = 2\pi r \cdot h$$

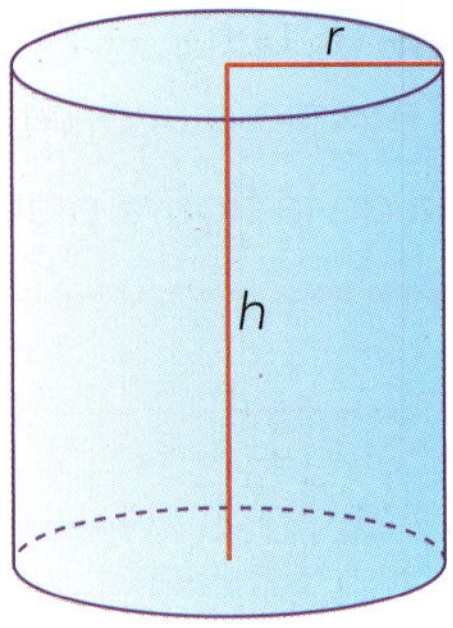

El **área total** de un cilindro de radio de la base r y de altura h es:

$$A_{total} = A_{lateral} + 2 \cdot A_{base} = 2\pi r \cdot h + 2\pi r^2$$

El **volumen** de un cilindro es:

$$V = A_{base} \cdot h = \pi r^2 \cdot h$$

49 **Indica cuáles de las siguientes figuras son cilindros, señala sus elementos y dibuja su desarrollo plano.**

a.

b.

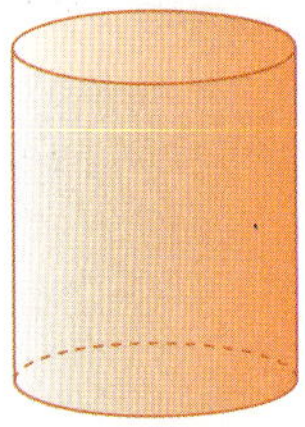

c.

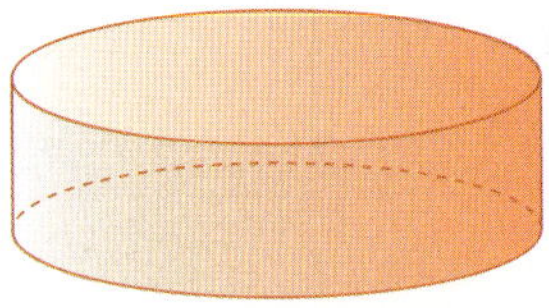

50 **Actividad resuelta**

Calcula la cantidad de chapa reciclable (aproximadamente) de una lata de refresco con forma de cilindro de radio 4 cm y altura 15 cm. Calcula también la cantidad de refresco que puede contener.

El área total del cilindro es:

$A_{lateral} = 2\pi rh = 2 \cdot 3{,}14 \cdot 4 \cdot 15 = 376{,}8\ \text{cm}^2$

$A_{total} = A_{lateral} + 2 \cdot A_{base} = 376{,}8 + 2 \cdot 3{,}14 \cdot 4^2 = 376{,}8 + 100{,}48 = 477{,}28\ \text{cm}^2$

El volumen del cilindro es:

$V = A_{base} \cdot h = 50{,}24 \cdot 15 = 753{,}6\ \text{cm}^3 = 0{,}7536\ \text{L}$

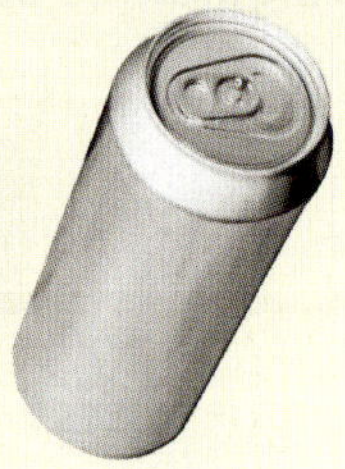

51 **Calcula el área total y el volumen de estos cilindros.**

a.

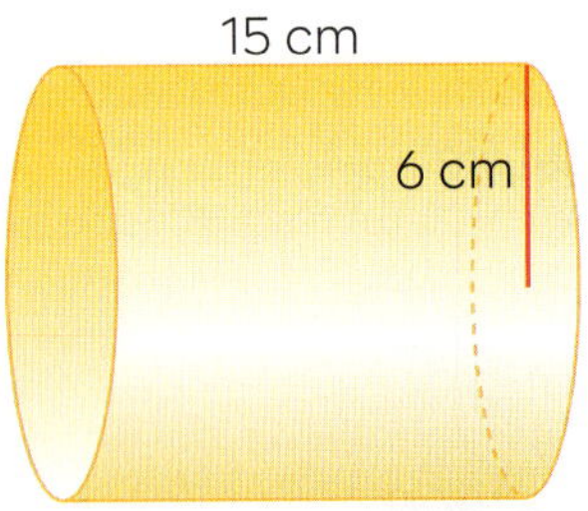

b.

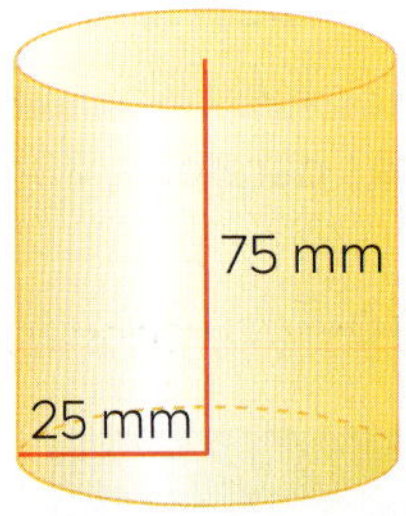

c.

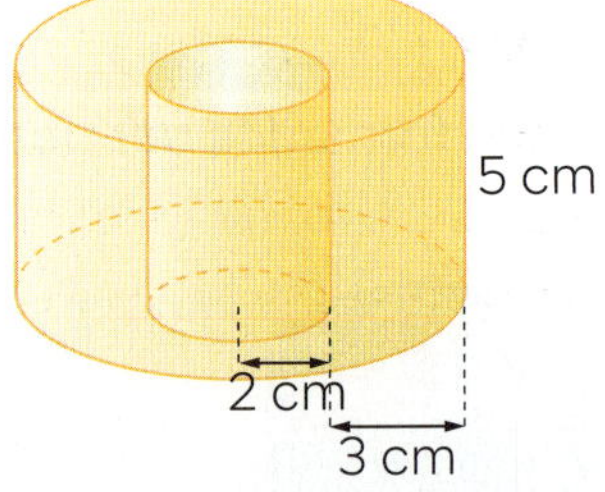

52 **Dibuja un cilindro cuyo radio de la base y altura midan 4 cm. Dibuja también su desarrollo calculando, previamente, las dimensiones del rectángulo que representa su superficie lateral.**

53 **En un cultivo autótrofo de microalgas, Marc, Guille y Agustín utilizan biorreactores tubulares para producir biocombustible. Son de forma cilíndrica con radio exterior de 15 cm y radio interior de 13 cm; es decir, las tuberías tienen un espesor de 2 cm. Calcula el volumen de material que hay en un metro de dicha tubería.**

Un **cono recto** es un cuerpo redondo que se genera al girar un triángulo rectángulo sobre uno de sus catetos. La hipotenusa es la generatriz, por ser el lado del triángulo que genera el cono, y el cateto sobre el que gira es el eje. Por tanto, se verifica el teorema de Pitágoras:

$$g^2 = h^2 + r^2$$

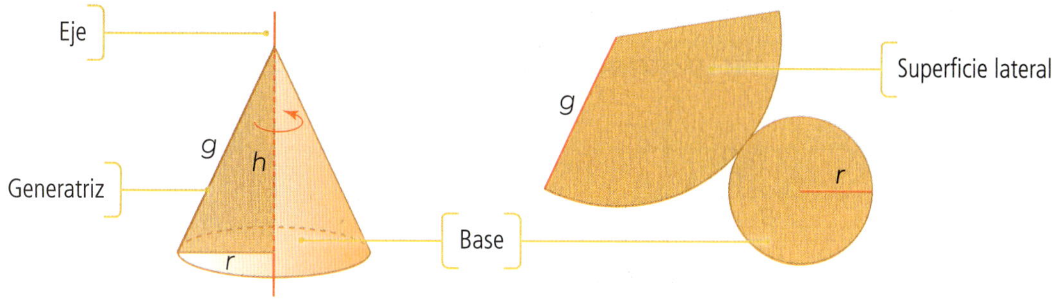

En el desarrollo plano de un cono, las longitudes de la circunferencia de la base y el arco del sector circular son iguales y valen $2\pi r$.

Un **tronco de cono** se obtiene cuando se corta un cono recto por un plano paralelo a la base y se prescinde de la parte superior.

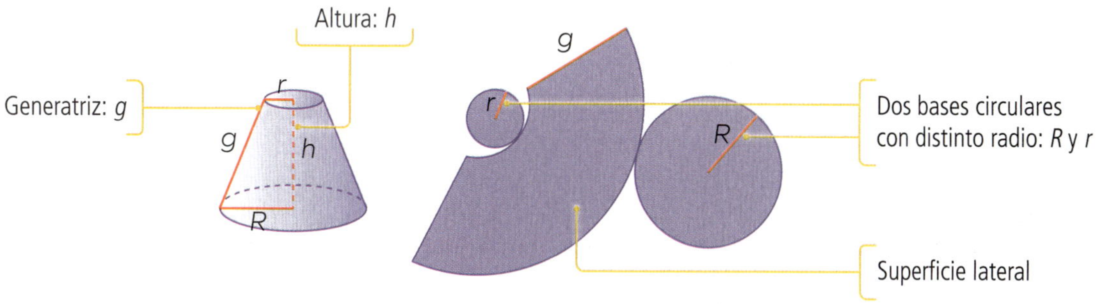

54 **Describe las siguientes figuras. Señala los elementos y dibuja su desarrollo plano.**

a.

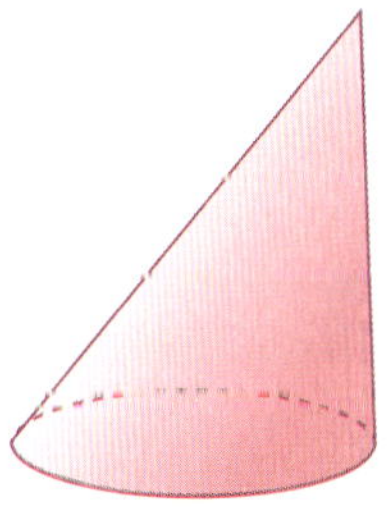

b.

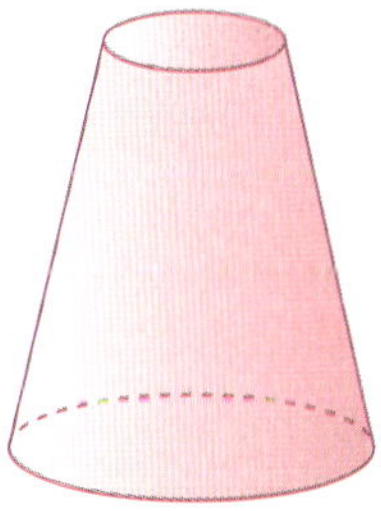

c.

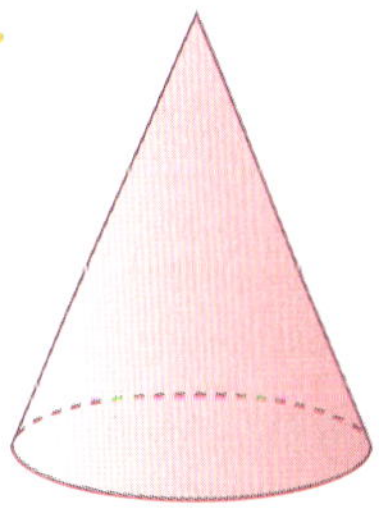

55 **Di si son verdaderas o falsas estas afirmaciones.**

a. La superficie lateral de un cono es un triángulo.

b. Los conos son poliedros de dos caras.

c. Con un mismo triángulo rectángulo se pueden obtener dos conos distintos.

Ejemplo

Calculamos la generatriz de un cono recto de 8 cm de altura y radio de la base de 6 cm.

Utilizamos el teorema de Pitágoras: $g = \sqrt{h^2 + r^2} = \sqrt{8^2 + 6^2} = \sqrt{64 + 36} = \sqrt{100} = 10$ cm

Por tanto, la generatriz del cono de 8 cm de altura y radio de la base de 6 cm es igual a 10 cm.

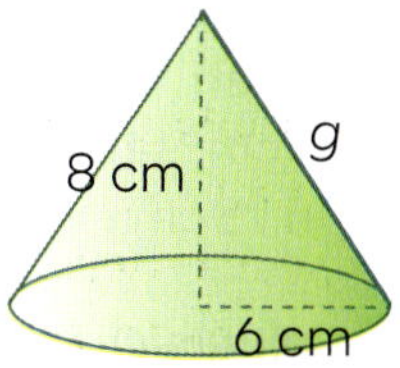

56 **Calcula el radio de la base de un cono, sabiendo que la altura mide 4 cm y que su generatriz tiene una dimensión de 5 cm.**

57 **Dibuja el desarrollo plano de un tronco de cono de 4 cm de altura, 3 cm de radio mayor y 1 cm de radio menor.**

El **área lateral** de un cono de radio de la base *r* es un sector circular que forma su superficie lateral:

$$A_{lateral} = \pi r \cdot g$$

El **área total** de un cono de radio de la base *r* y altura *h* es:

$$A_{total} = A_{lateral} + A_{base} = \pi r \cdot g + \pi r^2 = \pi r \cdot (g + r)$$

El **volumen** de un cono es:

$$V = \frac{A_{base} \cdot h}{3} = \frac{\pi r^2 \cdot h}{3}$$

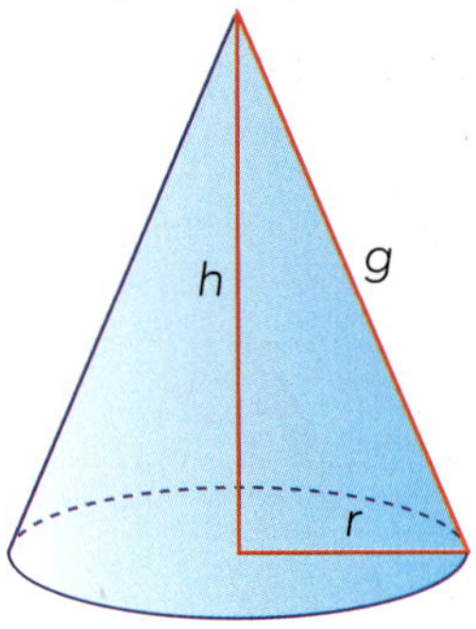

Ejemplo

Calculamos el área total y el volumen de un cono cuyo radio de la base mide 5 cm, y su generatriz 13 cm.

- $A_{lateral} = \pi r \cdot g = 3{,}14 \cdot 5 \cdot 13 = 204{,}1$ cm
- $A_{total} = A_{lateral} + A_{base} = \pi r \cdot (g + r) = 3{,}14 \cdot 5 \cdot (13 + 5) = 282{,}6$ cm²

Calculamos la altura del cono utilizando el teorema de Pitágoras:

$$h^2 = g^2 - r^2 = 13^2 - 5^2 \Rightarrow h = \sqrt{144} = 12 \text{ cm}$$

El volumen del cono es: $V = \frac{A_{base} \cdot h}{3} = \frac{\pi r^2 \cdot h}{3} = \frac{\pi 5^2 \cdot 12}{3} = 314 \text{ cm}^3$

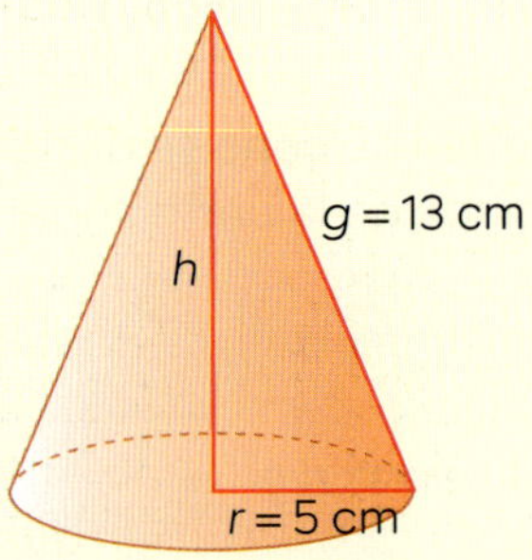

58 **Calcula él área lateral, el área total y el volumen de un cono cuya generatriz mide 20 cm, y el radio de su base, 10 cm.**

59 **Halla el área lateral, el área total y el volumen del cono que se genera al girar el triángulo rectángulo alrededor del cateto $\overline{AB}$.**

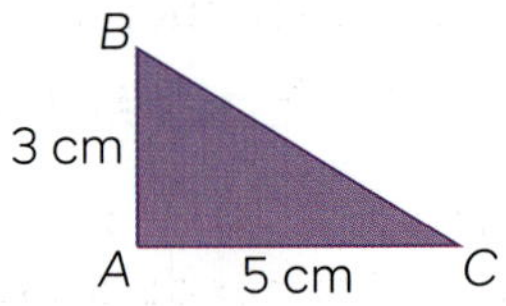

60 Actividad resuelta

Calcula el volumen del tronco de cono, de radios 10 cm y 6 cm, y de 9 cm de altura, sabiendo que la altura del cono completo mide 22,5 cm.

Calculamos el volumen del cono completo y le restamos el volumen del cono sobrante para hallar el volumen del tronco:

$$V_{tronco} = \frac{\pi \cdot 10^2 \cdot 22{,}5}{3} - \frac{\pi \cdot 6^2 \cdot 13{,}5}{3} = 750\pi - 588\pi = 1847{,}26 \text{ cm}^3$$

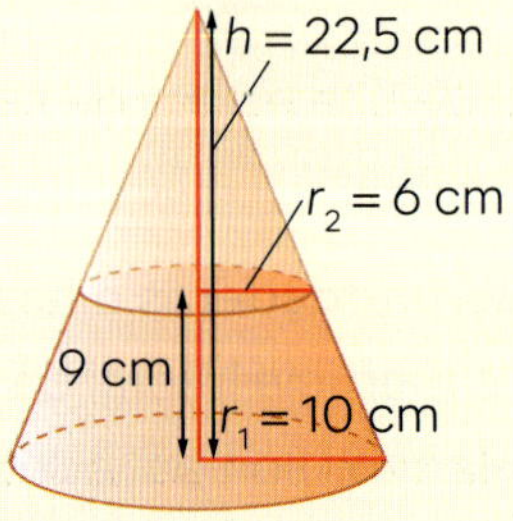

61 **Halla el volumen de un tronco de cono cuyos radios miden 15 cm y 20 cm, respectivamente, y su altura, 25 cm, sabiendo que la altura del cono sobrante es de 75 cm.**

62 **Calcula el área lateral y el volumen del cono correspondiente al siguiente desarrollo plano.**

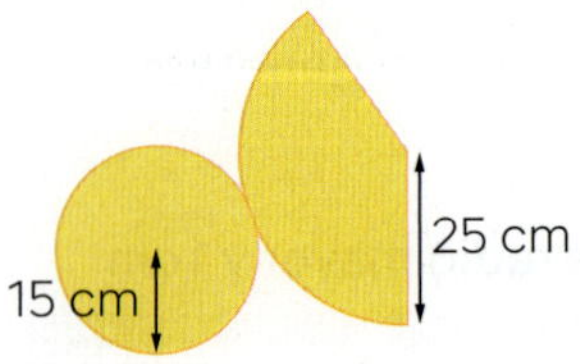

63 **Se han cambiado las farolas en las calles de un barrio por otras más sostenibles con bombillas de bajo consumo. Estas están formadas por un cilindro y un cono, tal y como muestra la figura.**

Calcula la superficie de metal necesaria para fabricar cada farola.

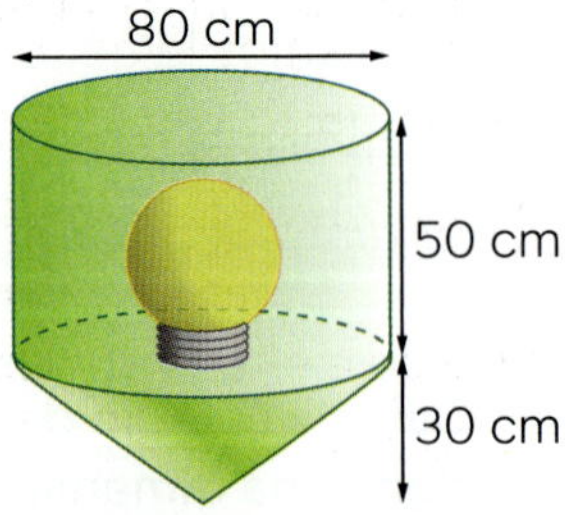

Una **esfera** es un cuerpo de revolución que se genera al girar un semicírculo sobre su diámetro. La superficie que lo delimita se llama **superficie esférica**.

Los elementos de la esfera son:

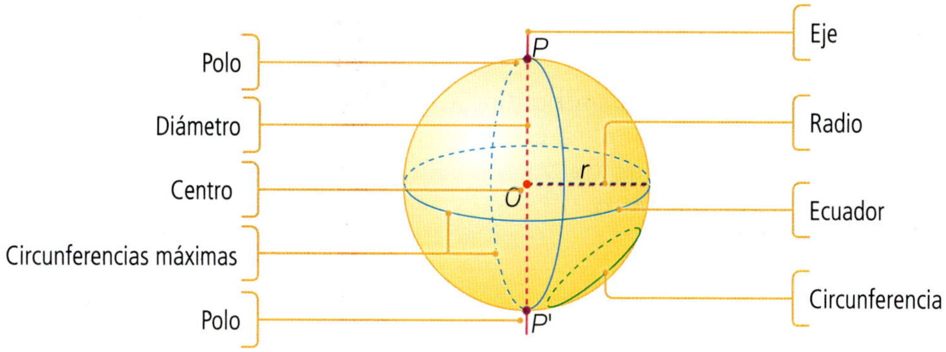

Observemos algunas partes de la esfera:

Semiesfera	Casquete esférico	Zona esférica	Cuña esférica	Huso esférico
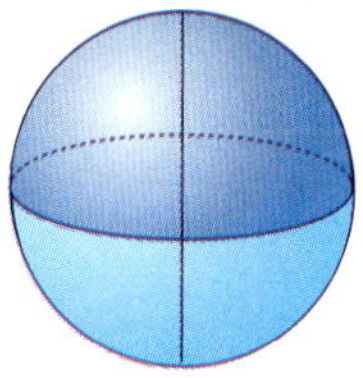	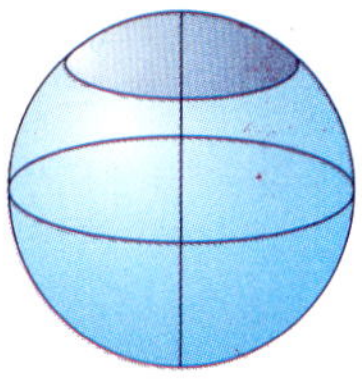	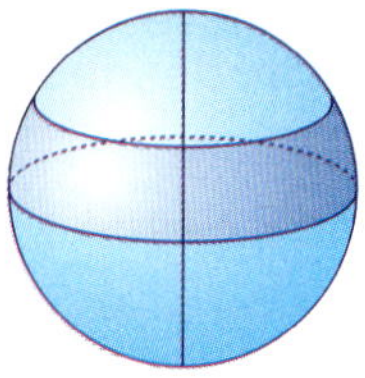	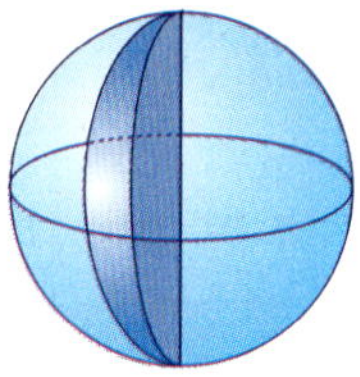	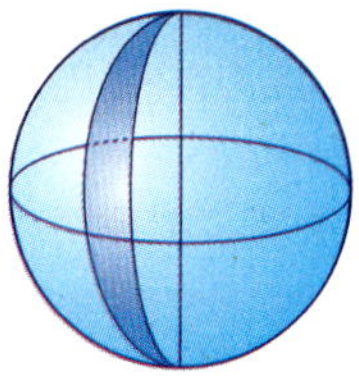

64 **Razona si las siguientes afirmaciones son verdaderas o falsas.**

a. La esfera es un poliedro de una sola cara.

b. El radio del ecuador coincide con el radio de la esfera.

c. Si una circunferencia gira alrededor de uno de sus diámetros, genera una superficie esférica.

65 **Dibuja un plano que corte a una esfera. ¿Qué figura geométrica determina la intersección? ¿En qué partes queda dividida la esfera?**

El **área** de una superficie esférica de radio r es: $A = 4\pi r^2$

El **volumen** de una esfera de radio r es: $V = \dfrac{4\pi r^3}{3}$

66 **Actividad resuelta**

Una bola de billar es una esfera cuya circunferencia máxima mide 19,32 cm. Calcula su superficie y su volumen.

El radio de la bola es: $19{,}32 = 2\pi r \Rightarrow r = \dfrac{19{,}32}{2 \cdot 3{,}14} = 3{,}08$ cm

La superficie de la bola es: $A = 4\pi r^2 = 4 \cdot 3{,}14 \cdot 3{,}08^2 = 119{,}15\ \text{cm}^2$

El volumen de la bola es: $V = \dfrac{4\pi r^3}{3} = \dfrac{3 \cdot 3{,}14 \cdot 3{,}08^2}{3} = 122{,}33\ \text{cm}^3$

67 **Calcula el área de las esferas con los radios siguientes.**

a. 2 cm **b.** 4,75 dm **c.** 0,5 m

68 **Calcula la superficie de una cáscara de naranja de diámetro 4,5 cm.**

69 **Calcula la superficie y el volumen de una esfera de 8 cm de diámetro.**

70 Se quieren instalar contenedores de agua para dar servicio a una localidad con problemas de sequía. Hay que elegir entre contenedores con forma esférica o contenedores con forma de cilindro cuyo diámetro coincide con la altura. Si se quiere que los contenedores esféricos y los cilíndricos tengan una superficie total de 100 m², ¿en cuál de ellos cabría mayor volumen de agua?

71 La Real Basílica de San Francisco el Grande, ubicada en Madrid, tiene una cúpula que se encuentra entre las de mayor tamaño de Europa, con 33 m de diámetro. La cúpula de las Escuelas Pías de Valencia también es una de las más grandes, con 24,5 m de diámetro.

a. Calcula el volumen que tienen las dos cúpulas.

b. Si comparáramos las cúpulas de las Escuelas Pías de Valencia y la de la Basílica de San Francisco, ¿cuál sería la diferencia entre sus volúmenes?

Real Basílica de San Francisco el Grande

Escuelas Pías de Valencia

72 El Hemisfèric es una construcción que se encuentra en la Ciudad de las Artes y de las Ciencias de Valencia. Se trata de un edificio que recuerda la forma de un ojo en el que hay una esfera con una sala de proyecciones en su interior. La bóveda de hormigón semicircular, en la que se encuentra la sala de proyecciones, tiene un diámetro aproximado de 32 m, desde su borde exterior.

a. ¿Cuál es el volumen de la bóveda de hormigón medido desde su borde exterior?

b. Si la pared de hormigón tiene un ancho de 0,2 m, el diámetro desde el borde interior de la semiesfera que forma la estructura será de 31,6 m. Calcula el volumen de la bóveda desde el borde interno de la pared de hormigón.

c. Calcula el volumen que ocupa la pared de hormigón, como la diferencia entre los semicírculos que definen sus bordes interior y exterior.

d. Si se estima que, por cada metro cúbico de hormigón, se han utilizado 8 sacos de cemento, ¿cuántos sacos de cemento se utilizaron, aproximadamente, para construir la estructura anterior?

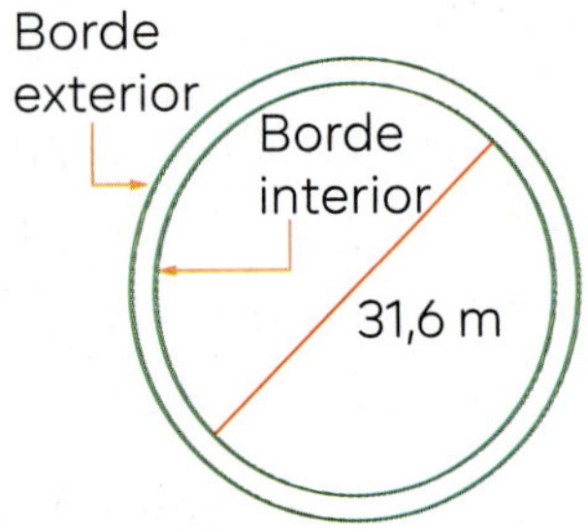

73 En las fotografías aparecen las torres de Belém de Lisboa y la del Oro de Sevilla. Las dos torres quedaron hermanadas durante la Expo de Sevilla de 1992. Señala todos los cuerpos geométricos que aprecies en sus estructuras.

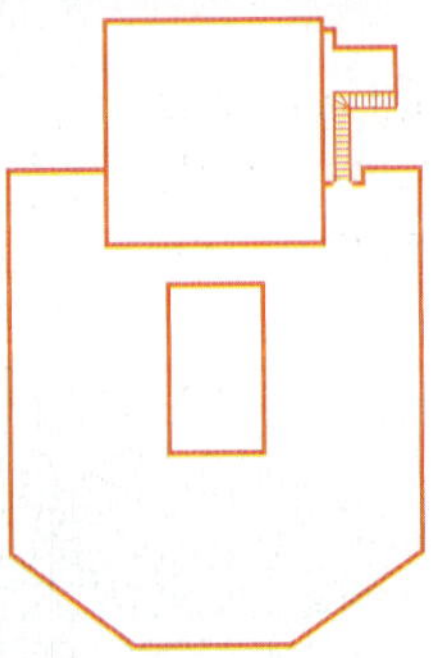

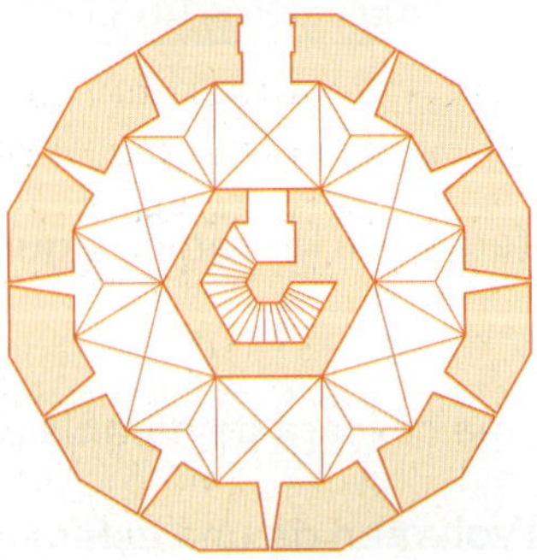

NUESTRO RETO

Las cinco erres

Recicla una caja y calcula el espacio conseguido para guardar tus cosas

Paso 1

Recogida del material

Vamos a reciclar una caja que tengas en casa sin usar para que puedas guardar tu material escolar o cualquier cosa te apetezca. Para ello, necesitarás material para revestirla. ¡Tiene que ser material reciclado! Podrían ser hojas de periódicos, tiras de recortes de papel, trozos de papel de regalo o cintas de colores.

Paso 2

Cálculo de la cantidad de material reciclable

Primero, realizarás el desarrollo plano de tu caja para tomar sus medidas. Y calcularás las áreas de la base y lateral. El área total te dará, aproximadamente la cantidad de material que tienes que utilizar (no estamos considerando los rebordes para hacer un trabajo fino).

Después, calcularás el volumen de tu caja para saber cuánto espacio has ganado para guardar tus cosas.

Paso 3

Campaña de reciclaje

¿Cómo te sientes tras haber realizado el reto? ¿Seguirás reutilizando material de casa para darle nueva vida? Elabora un anuncio publicitario para una campaña de fomento de la reutilización, del reciclaje, de las reparaciones, y de la reducción y recuperaciones de material en nuestros hogares. Puedes ayudarte con la plantilla.

¿Cómo te ha ido el reto? Entra y haz tu valoración

EN RESUMEN

Geometría del plano

TRIÁNGULO	PARALELOGRAMOS				TRAPECIO	POLÍGONO REGULAR
	Cuadrado	Rectángulo	Romboide	Rombo		
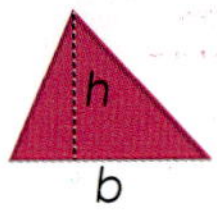	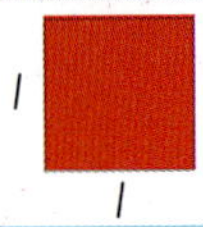	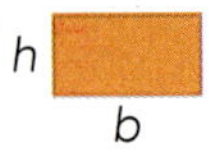	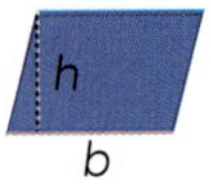	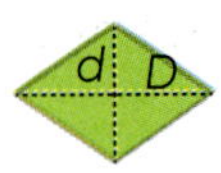	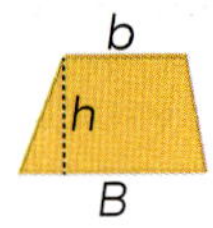	
$A=\frac{b\cdot h}{2}$	$A=l^2$	$A=b\cdot h$	$A=b\cdot h$	$A=\frac{D\cdot d}{2}$	$A=\frac{(B+b)\cdot h}{2}$	$A=\frac{n\cdot l\cdot a}{2}=\frac{p\cdot a}{2}$

Circunferencia y círculo	Arco $\widehat{A}$ y sector circular A de ángulo $\widehat{A}$	Corona circular
$l=\pi\cdot d=2\cdot\pi\cdot r$ $A=\pi\cdot r^2$ 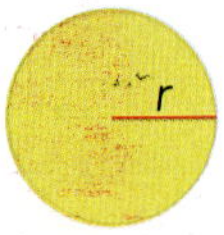	$\frac{\widehat{A}}{\widehat{A}}=\frac{2\pi r}{360°}$ 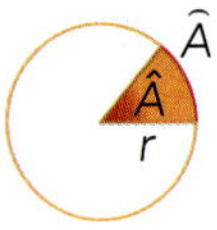 $\frac{A}{\widehat{A}}=\frac{\pi r^2}{360°}$	$A=\pi\cdot(R^2-r^2)$ 

Elementos del espacio

Punto		Rectas		Planos	
Dos rectas que se cortan. 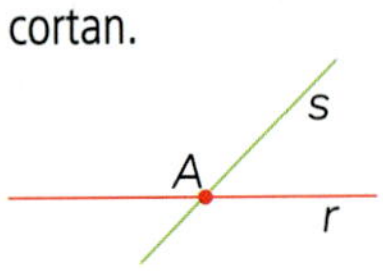	Una recta que corta a un plano. 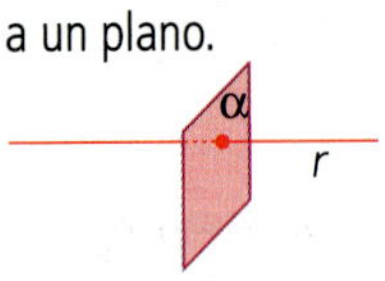	Dos puntos. 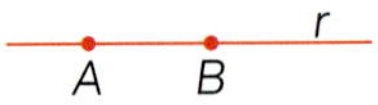	La intersección de dos planos. 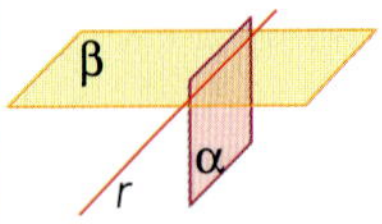	Tres puntos no alineados. 	Una recta y un punto exterior a la recta. 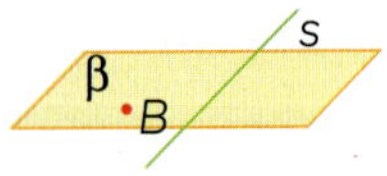

POSICIONES RELATIVAS DE DOS RECTAS		
Rectas paralelas	Rectas secantes	Rectas que se cruzan
No tienen ningún punto en común. 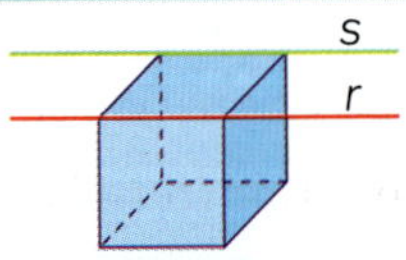	Tienen un punto en común. 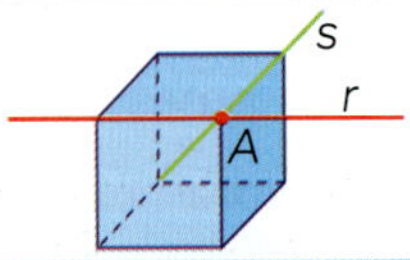	No tienen ningún punto en común. 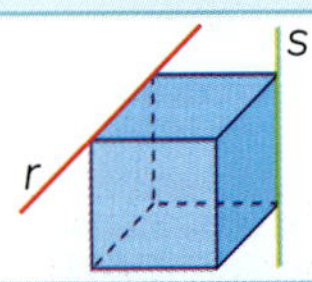
POSICIONES RELATIVAS DE UNA RECTA Y UN PLANO		
Rectas paralelas al plano	Rectas contenidas en el plano	Rectas secantes al plano
No tienen ningún punto en común. 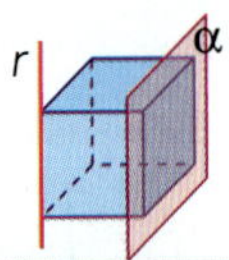	Todos los puntos de la recta están en el plano. 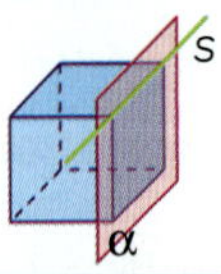	Solo tiene un punto en común con el plano. 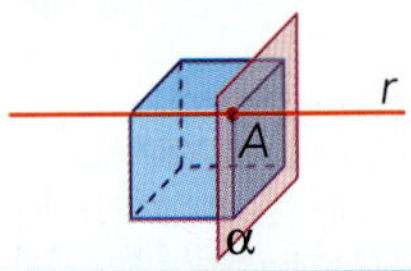

POSICIONES RELATIVAS DE DOS PLANOS	
Planos paralelos	Planos secantes
No tienen ningún punto en común. 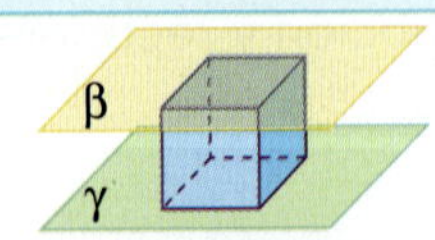	Tienen una recta en común. 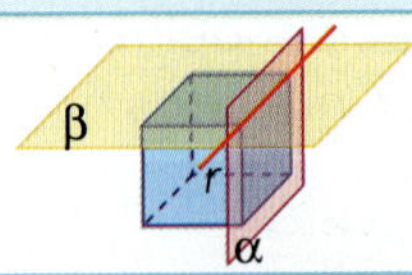

Geometría del espacio

Un **poliedro** es un cuerpo geométrico limitado por cuatro o más polígonos.

Los **elementos** de un poliedro son:

- **Aristas**: son los lados de los polígonos que lo forman. El número de ángulos diedros de un poliedro coincide con el número de aristas.
- **Vértices**: son los vértices de los polígonos que lo forman. En cada vértice pueden concurrir tres o más aristas.
- **Caras**: son los polígonos que lo forman.

Un poliedro es **regular** cuando es convexo, todas sus caras son polígonos regulares iguales y en todos sus vértices concurre el mismo número de aristas o de caras.

Hay 5 poliedros regulares:

Tetraedro	Hexaedro o cubo	Octaedro	Dodecaedro	Icosaedro
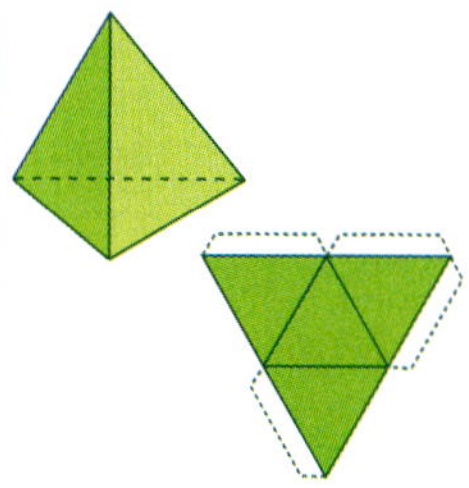	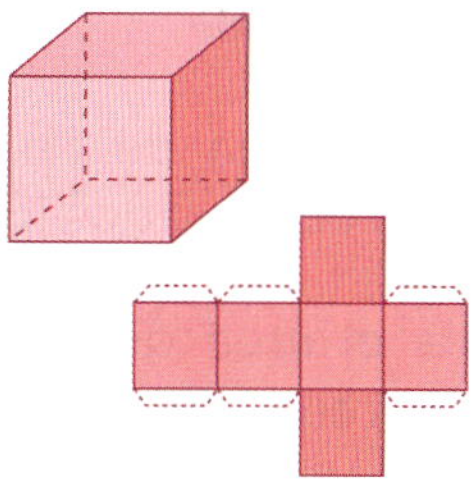	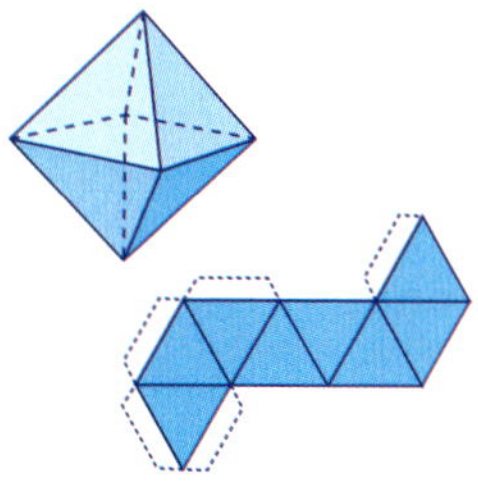	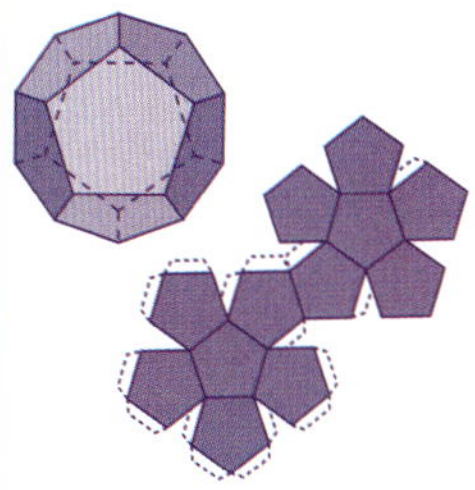	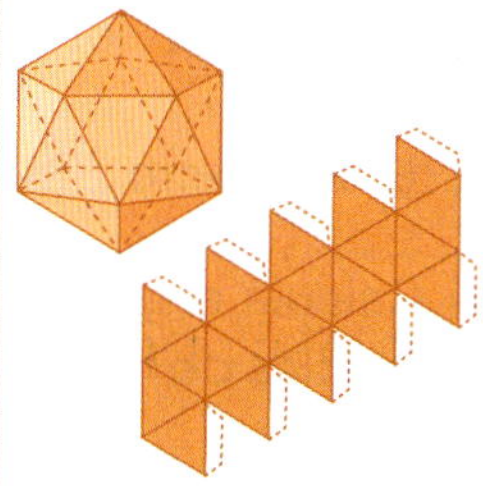

Prisma	Pirámide
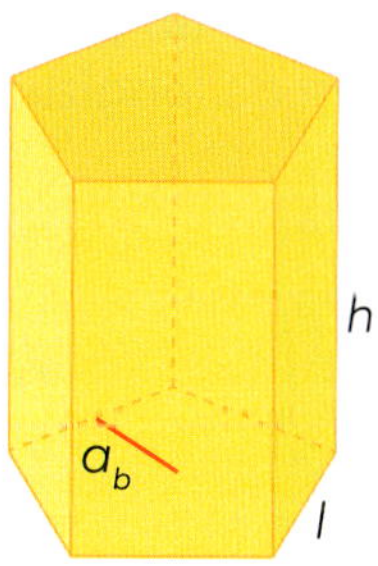 $A_L = p \cdot h$ $A_T = p \cdot (h + a_b)$ $V = A_{base} \cdot h$	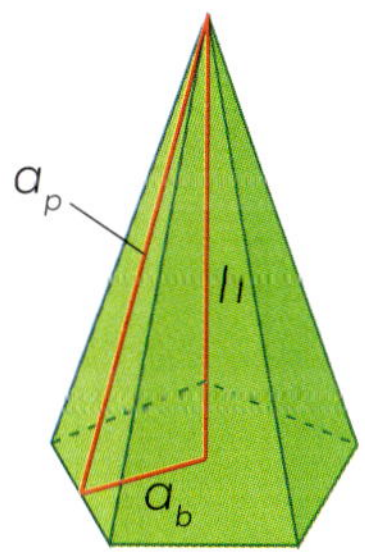 $A_l = \frac{1}{2} p \cdot a_p$ $A_T = \frac{1}{2} p \cdot (a_b + a_p)$ $V = \frac{A_{base} \cdot h}{3}$

Un **cuerpo de revolución** es la figura que se obtiene al hacer girar una figura plana alrededor de una recta situada en el mismo plano y llamada **eje**.

- La **generatriz** es el lado de la figura plana que genera el cuerpo de revolución.

Cilindro	Cono	Esfera
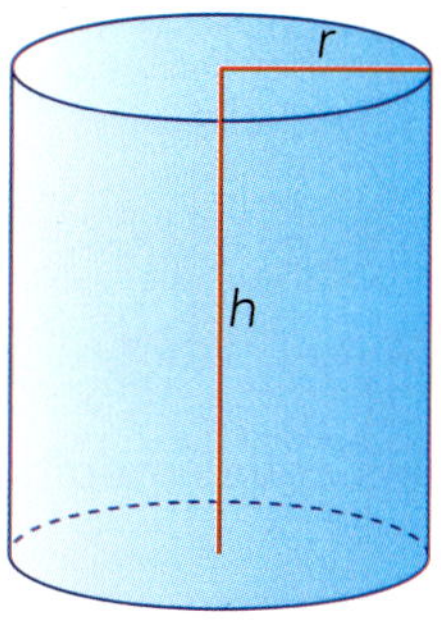 $A_L = 2\pi r \cdot h$ $A_T = 2\pi r \cdot h + 2\pi r^2$ $V = \pi r^2 \cdot h$	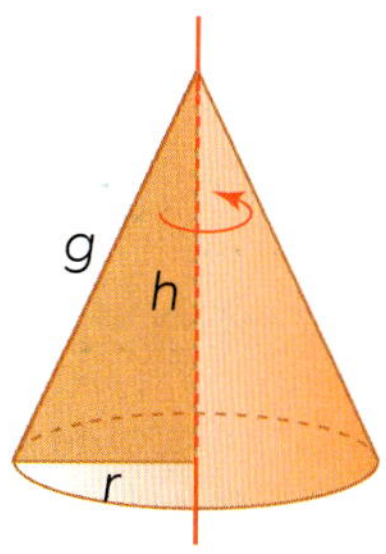 $A_L = \pi r \cdot g$ $A_T = \pi r \cdot g + \pi r^2$ $V = \frac{\pi \cdot r^2 \cdot h}{3}$	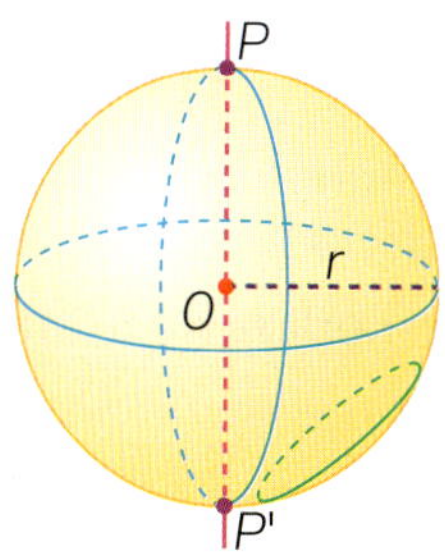 $A = 4\pi r^2$ $V = \frac{4\pi \cdot R^3}{3}$

PRACTICAMOS

Actividades

1 **Aprendo a pensar.** Organiza en un mapa mental los conceptos que has aprendido.

2 Calcula el perímetro de un octógono regular de apotema 24,14 cm y radio 26,13 cm.

3 Calcula el perímetro de este polígono regular.

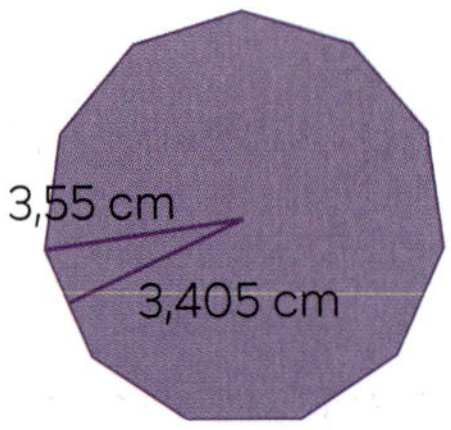

4 Calcula la longitud de una circunferencia circunscrita a un rectángulo de dimensiones 12 cm y 5 cm.

5 Calcula el diámetro y el radio de las circunferencias de longitud:

a. 35 cm b. 40 dm c. 8 m

6 Calcula la amplitud de un arco de 15,7 m de longitud correspondiente a una circunferencia de 12,5 m de radio.

7 Calcula el área y el perímetro de los siguientes cuadriláteros.

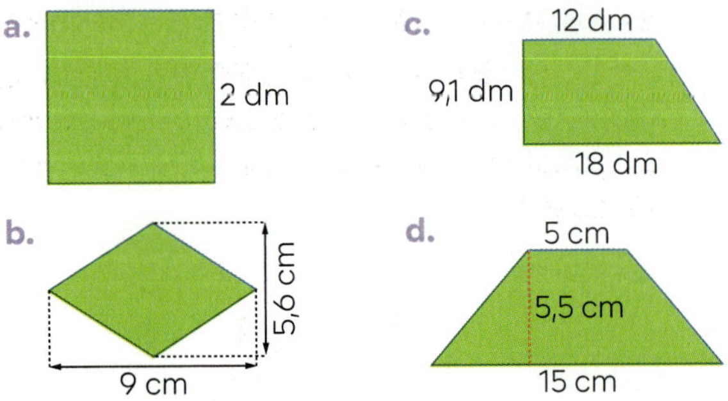

8 Calcula el perímetro y el área de un rectángulo sabiendo que su diagonal mide 20,5 cm, y uno de sus lados, 18,7 cm.

9 La diagonal menor de un rombo mide 5,6 mm y su lado mide 19,7 mm.

a. Calcula la medida de la otra diagonal.

b. Halla el perímetro y el área del rombo.

10 Calcula el área de un triángulo de 45 cm de base y 4 cm de altura.

11 La diagonal de un rectángulo de dimensiones 25 y 30 cm lo divide en dos triángulos. Calcula el área de cada uno de ellos.

12 Un triángulo tiene un área de 67,35 cm^2 y uno de sus lados mide 7,5 cm. ¿Cuánto mide la altura correspondiente a ese lado?

13 Calcula el área de los siguientes triángulos rectángulos.

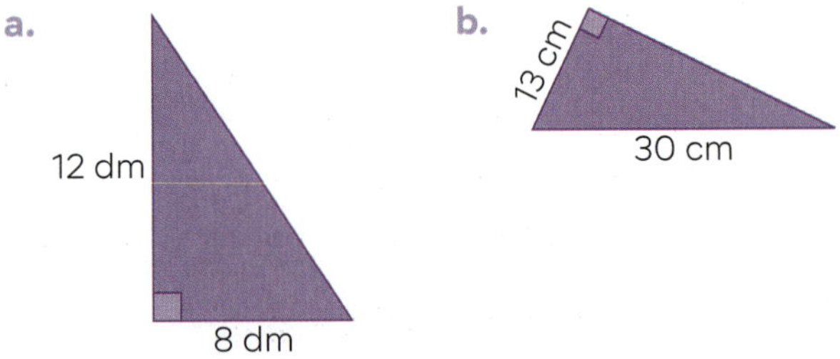

14 Calcula el área de un triángulo rectángulo isósceles cuyos lados iguales miden 13 cm.

15 Calcula el área de un triángulo rectángulo isósceles cuya hipotenusa mide 12 dm.

16 Calcula el área de un dodecágono regular de 11 cm de lado y de apotema 20,53 cm.

17 Calcula el área de un polígono regular de 15 lados de 25 mm de longitud y radio 60,12 mm.

18 Calcula el área de los siguientes polígonos regulares.

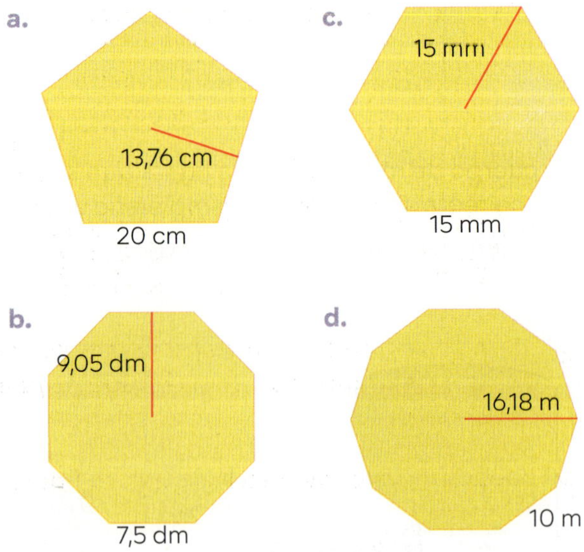

19 Calcula el área de los círculos cuyas medidas son las siguientes.

a. $r = 2$ dm b. $d = 24{,}4$ cm c. $r = 4{,}5$ cm

20 Calcula el área de un círculo cuyo diámetro mide la mitad del perímetro de un cuadrado de 4 cm de lado.

21 Una circunferencia tiene 10 cm de longitud. Calcula el área del círculo que forma.

22 Calcula la longitud de una circunferencia si el área que encierra es 35 dm^2.

23 Calcula:

a. El área de un sector circular de ángulo central 36° y radio 4,65 cm.

b. El área de una corona circular limitada por las circunferencias de radios 15 dm y 25 dm.

24 Calcula la amplitud del ángulo α.

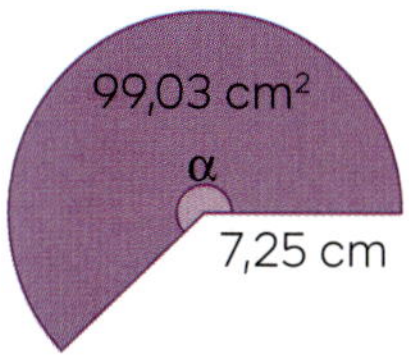

25 Calcula el radio *r* del sector.

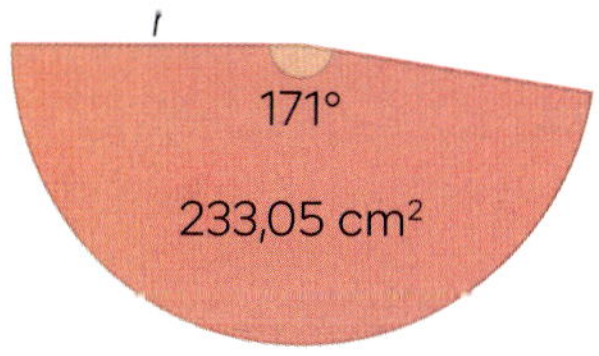

26 Calcula el área de las zonas verdes.

a.

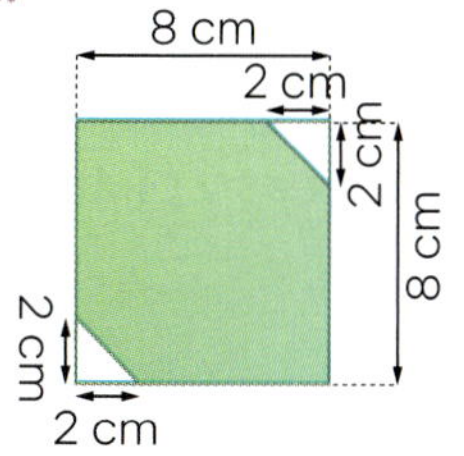

b.

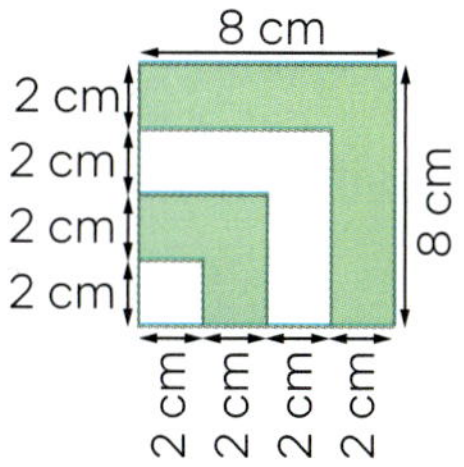

27 Calcula el área de un hexágono regular con el mismo perímetro que un cuadrado cuya área es 3969 m^2.

28 Calcula el valor de *a* en la siguiente figura.

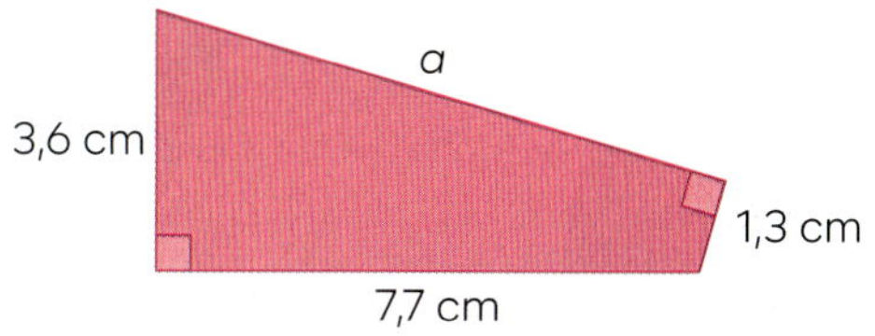

29 Analiza el dibujo e identifica los elementos geométricos que aparecen en él.

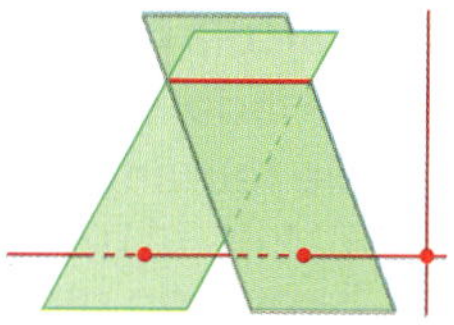

30 Halla la medida que se ha borrado en los siguientes ángulos diedros.

a.

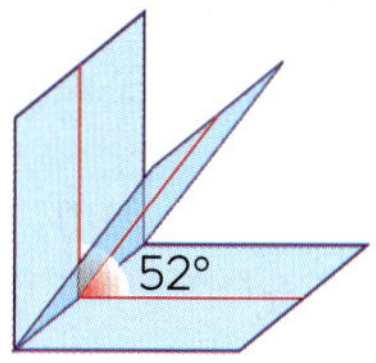

b.

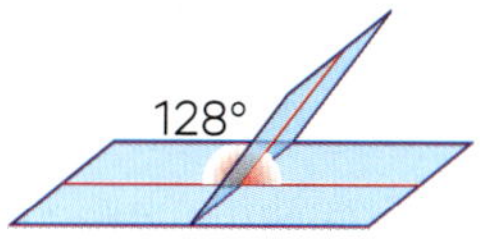

31 Identifica si el poliedro es cóncavo o convexo.

a.

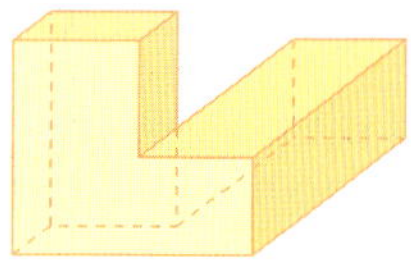

b.

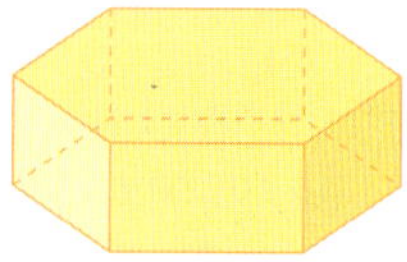

32 Observa la figura e indica:

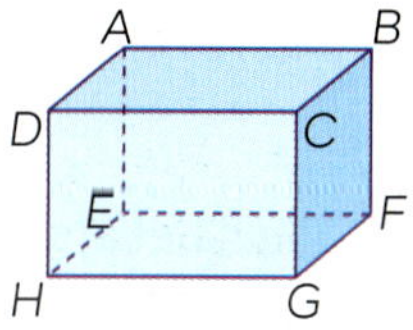

a. Dos planos paralelos y dos planos secantes.

b. Dos rectas paralelas, dos rectas secantes y dos rectas que se crucen.

c. Una recta paralela a un plano y una recta secante a un plano.

33 En el cubo de vértices *ABCDEFGH* se consideran las diagonales $\overline{AF}$, $\overline{FC}$ y $\overline{CH}$ de tres de sus caras. Indica la posición relativa de dichas diagonales con la cara determinada por los vértices *C*, *H* y *G*.

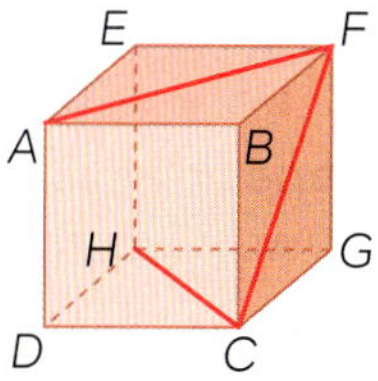

34 Observa el ortoedro de la figura y responde:

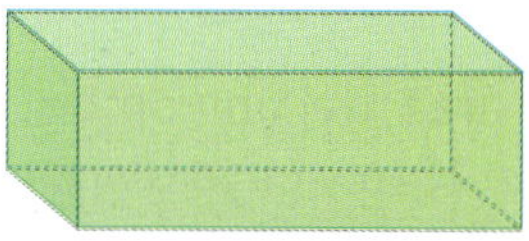

a. ¿Cuántos ángulos diedros tiene?

b. ¿Cuánto mide cada ángulo diedro?

c. ¿Cuántas caras, vértices y aristas tiene?

35 Calcula cuántas baldosas cuadradas, de 10 cm de lado, se necesitan para enlosar una superficie rectangular de 4 m x 3 m.

36 Sabiendo que las amplitudes de tres ángulos diedros son $\hat{A}=30^\circ 25'20''$, $\hat{B}=45^\circ 35'40''$ y $\hat{C}=20^\circ 15'30''$, calcula:

a. $\hat{A}+\hat{B}-\hat{C}$

b. $2\hat{A}-\hat{B}+\hat{C}$

c. $3\hat{A}-\hat{B}+4\hat{C}$

d. $4\hat{A}-2\hat{B}-\hat{C}$

37 Dibuja dos planos paralelos y un tercer plano que corte a los dos primeros en dos rectas *r* y *s*.

a. ¿Cómo son entre sí las rectas *r* y *s*?

b. ¿Cómo son sus ángulos diedros?

38 Se sabe que los planos α y β son paralelos, que la recta *r* pertenece al plano α y que la recta *s* pertenece al plano β.

a. ¿Son necesariamente paralelas las rectas *r* y *s*?

b. ¿Puede haber algún caso en el que las rectas *r* y *s* sean secantes?

39 Halla el área de los siguientes polígonos.

a.

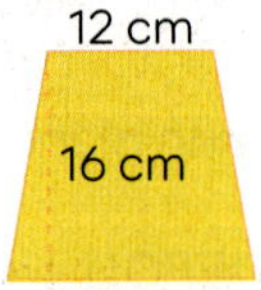

b.

c.

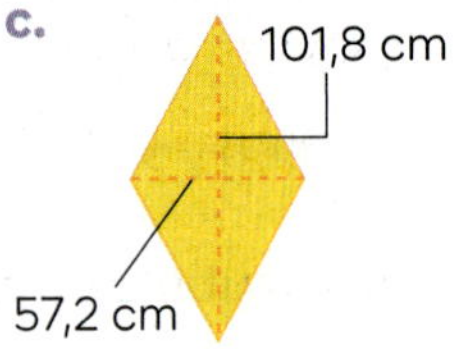

d.

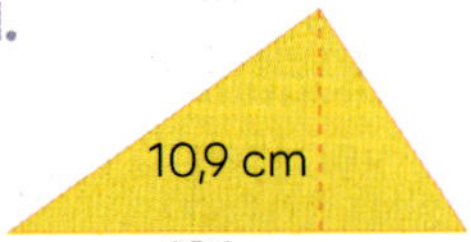

40 El área de un trapecio es 12 m², su altura es 8 m y su base mide 10 m. ¿Cuánto mide la otra base?

41 Calcula el área de un rombo cuya diagonal mayor mide 10 m y cuya diagonal menor mide la mitad de la mayor.

42 Calcula el área de un rombo cuya diagonal menor mide 10 m y cuya diagonal mayor mide tres veces la menor.

43 En el centro de un jardín cuadrado de 1500 dm de lado hay una piscina cuadrada de 2500 cm de lado. ¿Qué área tiene la zona ajardinada?

44 Una zona boscosa tiene forma de trapecio, cuyas bases miden 128 m y 920 dm. La anchura de la zona mide 400 dm. Se construye un paseo de 4 m de ancho perpendicular a las dos bases. Calcula el área de la zona arbolada que queda.

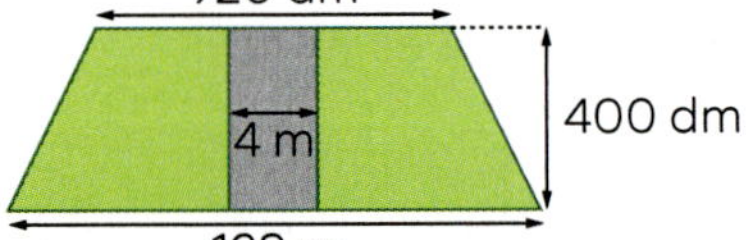

45 Calcula la cantidad de pintura que se necesita para pintar la fachada de este edificio sabiendo que se gastan 0,5 kg de pintura por m².

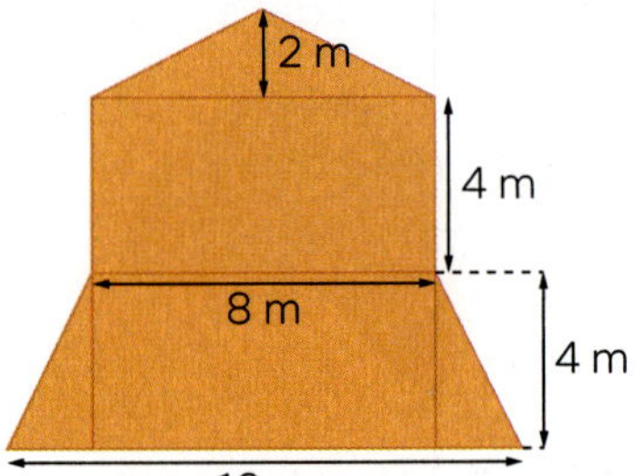

46 Calcula el área total y el volumen de los siguientes prismas.

a.

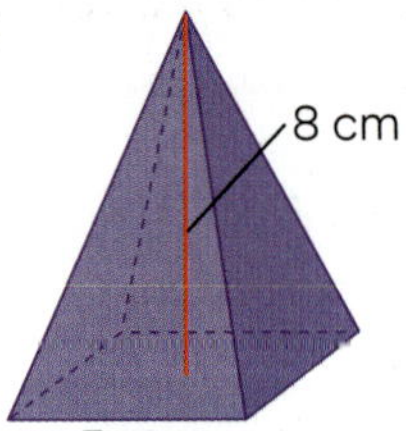

b.

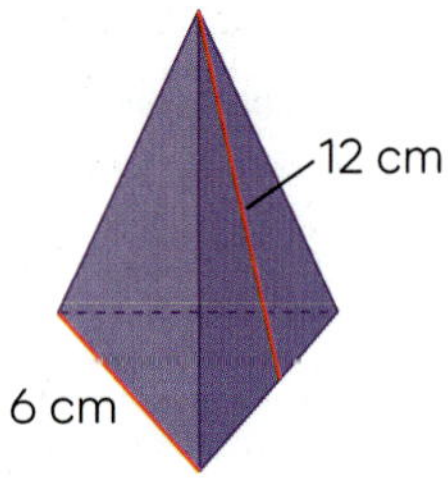

47 Clasifica los siguientes prismas y pirámides.

a.

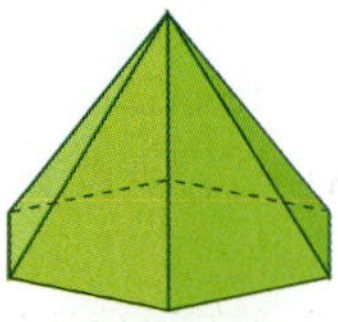

b.

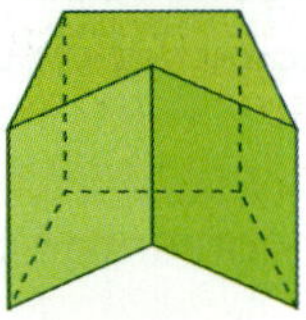

c.

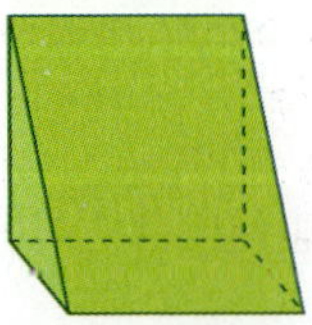

d.

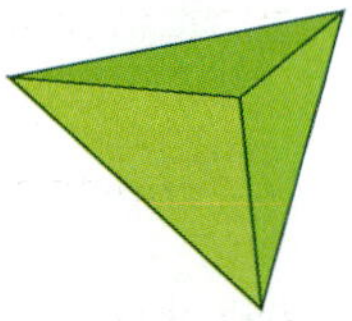

e.

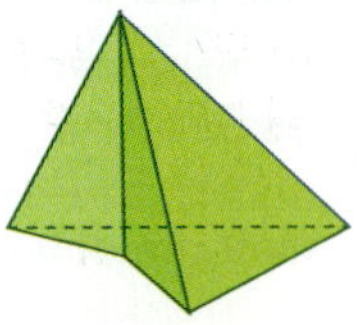

f.

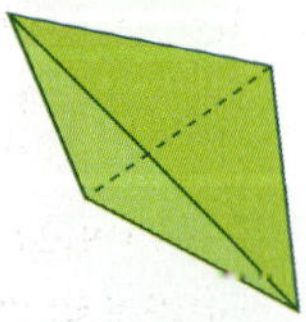

48 Calcula el área total y el volumen de los siguientes prismas.

a.
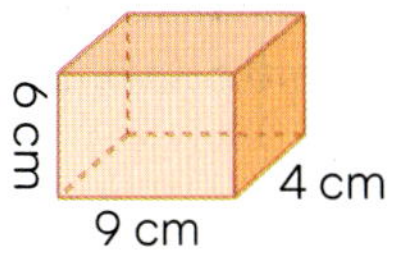

c.
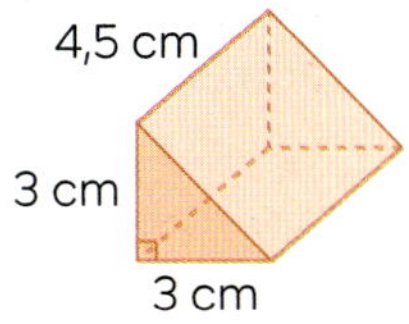

b.
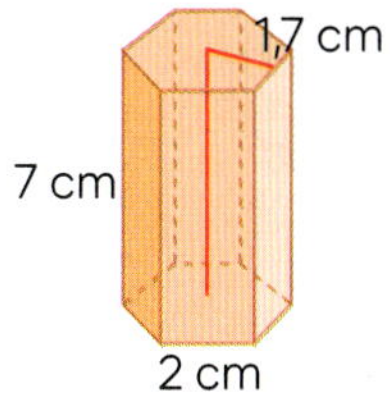

d.
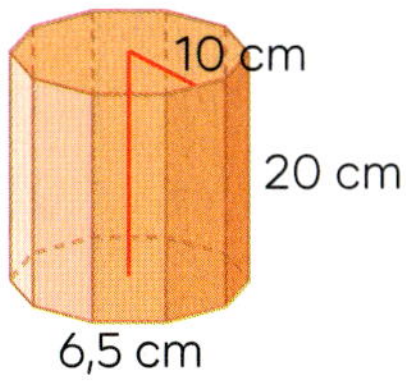

49 Calcula el volumen de una pirámide de altura 3 cm cuya base es un cuadrado de 4 cm de lado.

50 Dibuja un paralelepípedo cuya base mide 4 por 6 cm, y tiene 4 cm de altura.

a. Dibuja su desarrollo plano indicando las dimensiones del mismo.
b. Calcula las áreas lateral y total.
c. Calcula su volumen.

51 Dibuja una pirámide regular cuya base es un cuadrado de lado 6 cm, y su altura, 4 cm.

a. Dibuja su desarrollo plano indicando las dimensiones del mismo.
b. Calcula las áreas lateral y total.
c. Calcula su volumen.

52 Calcula el área total y el volumen de un cubo sabiendo que el perímetro de la base es 24 dm.

53 Dibuja el prisma indicado en cada caso y halla sus dimensiones.

a. Un cubo de 27 cm^3 de volumen.
b. Un ortoedro de 40 cm^3 de volumen.

54 Dibuja un cilindro cuya base tenga un radio de 4 cm y cuya altura sea 6 cm. Dibuja su desarrollo plano e indica todas sus dimensiones en el mismo. Luego, calcula las áreas laterales y el volumen.

55 Dibuja un cono cuyo radio de la base es 6 cm, y su altura, 2,5 cm. Calcula la medida de su generatriz. Dibuja su desarrollo e indica sus dimensiones. Luego, calcula las áreas laterales y el volumen.

56 Clasifica las figuras correspondientes a los siguientes desarrollos.

a.
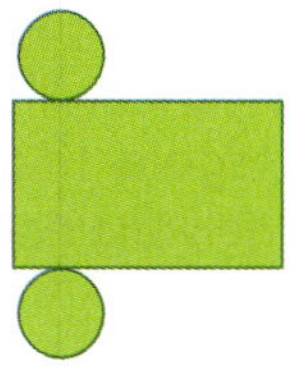

c.

b.

d.

57 Calcula la superficie y el volumen de los siguientes cuerpos redondos.

a.
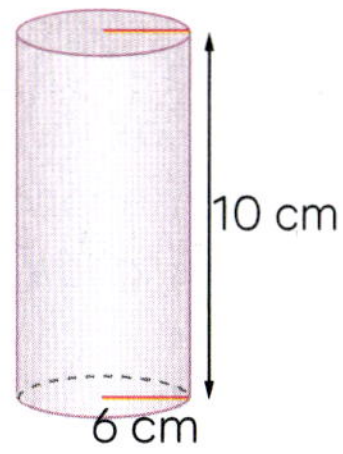

b.
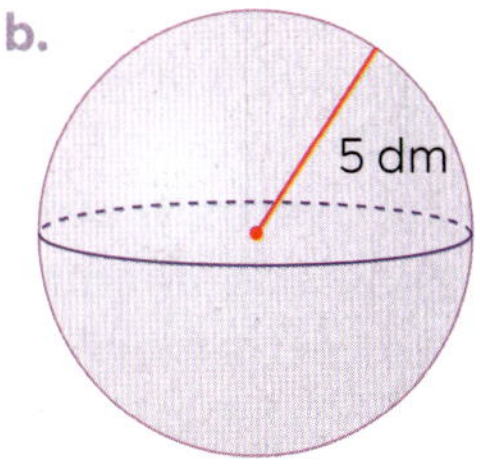

58 Calcula el área lateral de los cilindros que se generan al girar el rectángulo alrededor del lado $\overline{AB}$ y alrededor del lado $\overline{AD}$. ¿Son iguales? ¿Y sus volúmenes?

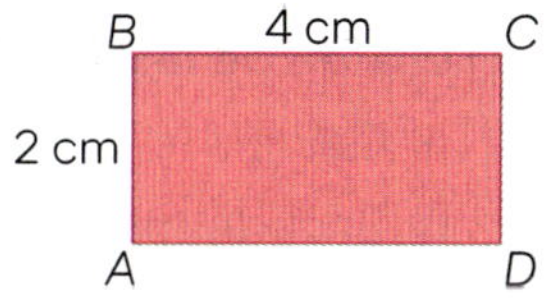

59 Calcula cuántos litros caben en una esfera de radio 125 mm.

60 Halla el volumen de los siguientes cuerpos geométricos.

a.
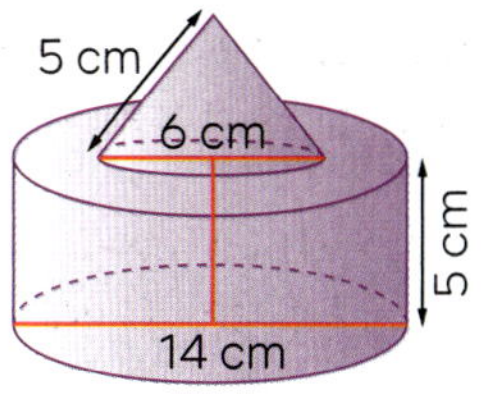

b.
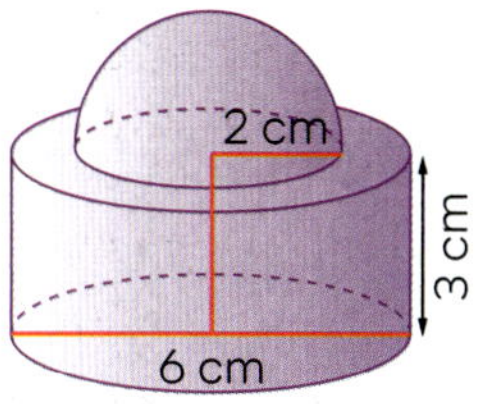

61 Dibuja un polígono tal que, al girar alrededor de uno de sus lados, dé como resultado el embudo de la figura mostrada. Luego describe la composición del polígono y del embudo.

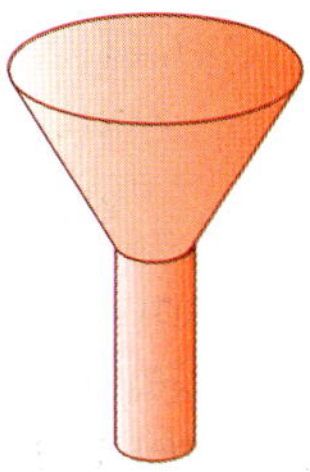

Problemas

62 Sergio ha instalado una piscina octogonal en el jardín y quiere poner una valla a su alrededor. Si la apotema del octógono regular mide 2,77, y el radio, 3 m, ¿qué longitud de valla necesita?

63 Un aspersor que da vueltas completas tiene un alcance de 5 m. ¿Qué superficie de césped riega?

64 Un carpintero utiliza una escalera de 1 metro como la de la figura. ¿A qué altura llega la escalera si la abre 120 cm?

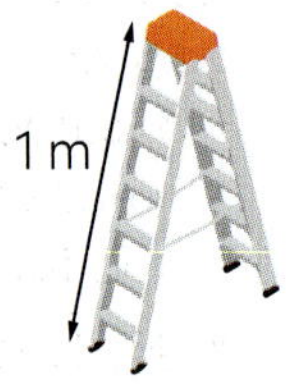

65 Se quiere fijar con cables de acero una antena para sujetarla. Los cables estarán unidos a la antena a una altura de 21 m y fijados al suelo a una distancia de 16 m del pie de la antena. ¿Cuántos metros de cable se necesitarán si hay que añadir 30 cm para fijar cada uno de los extremos?

66 Se quiere vallar una pista de aterrizaje para helicópteros con forma circular. Se sabe que el área de la pista es $6358,5\ m^2$.

a. Calcula la longitud de valla necesaria.

b. Si cada metro de valla cuesta 35 €, ¿cuánto costará vallar la pista?

67 La sección de uno de los componentes del juego "Turismo sideral" tiene la forma que se aprecia en la figura.

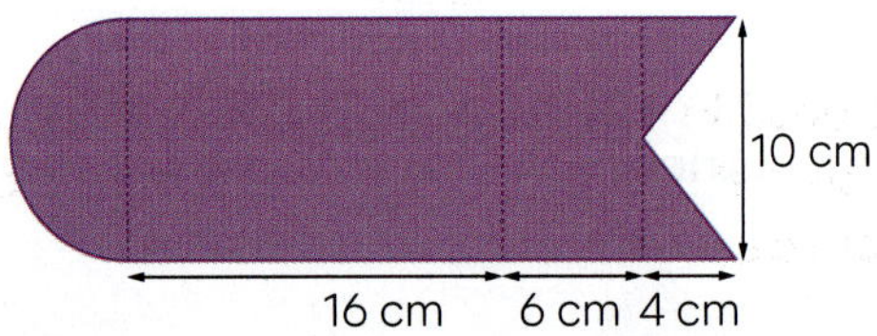

Calcula el perímetro y el área de la figura.

68 Sofía tiene una jarra de 3,5 L de capacidad llena de agua y desea llenar vasos de $250\ cm^3$.

a. ¿Podrá llenar más de 10 vasos?

b. Si se le derraman $600\ cm^3$, ¿cuántos vasos llenos tendrá? ¿Cuánta agua quedará en la jarra?

69 Las dimensiones de una papelera cilíndrica son 20 cm de diámetro y 31 cm de altura. Calcula la superficie de material que se ha necesitado para fabricarla.

70 Calcula cuántos metros cuadrados de madera se necesitan para construir el podio representado en la figura si no tiene base inferior, es decir, si se apoya directamente sobre el suelo.

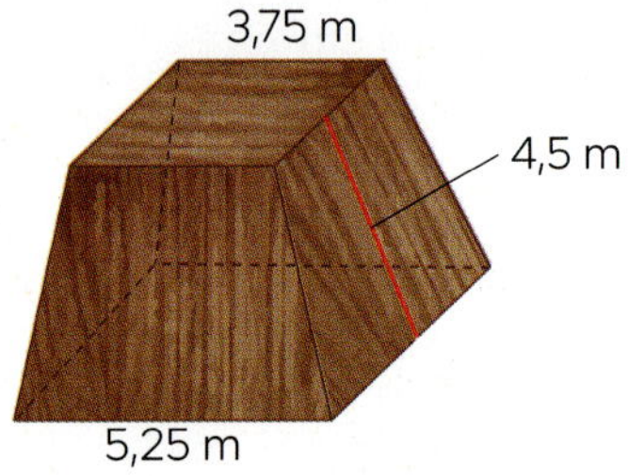

71 Las figuras representan jardineras. ¿En cuál de ellas hay que poner más tierra para llenarla?

72 En la figura se representa el paralelo terrestre determinado por la intersección con un plano que dista del centro de la Tierra 2000 km. Calcula el radio de dicho paralelo tomando 6371 km como radio medio terrestre.

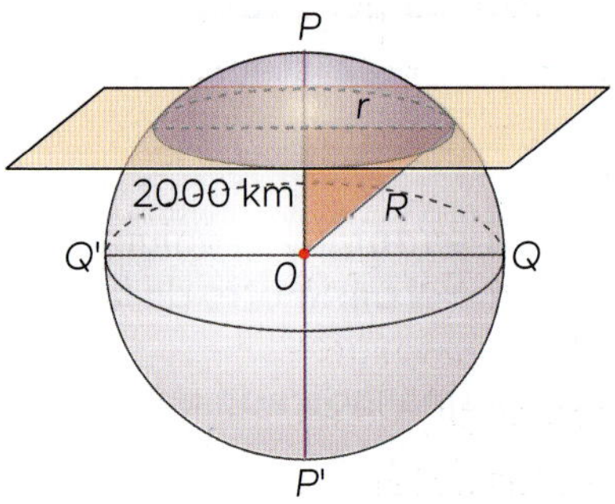

73 Para almacenar cierto medicamento contra las inflamaciones óseas de caballos, se quieren construir unas cápsulas con forma de cilindro y semiesferas en sus extremos con estas dimensiones:

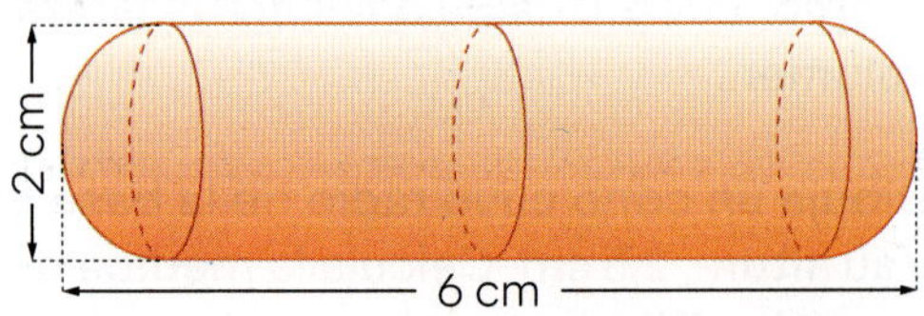

Calcula la cantidad de superficie necesaria para construir cada cápsula y el volumen de la misma.

Comprueba lo que has aprendido

1 Calcula el perímetro y el área de estas figuras.

a.

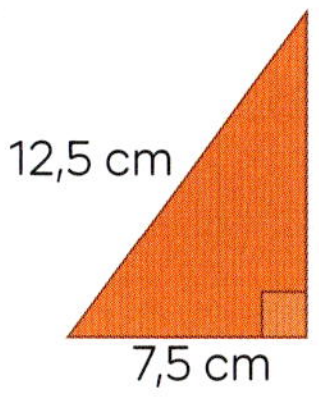

c.

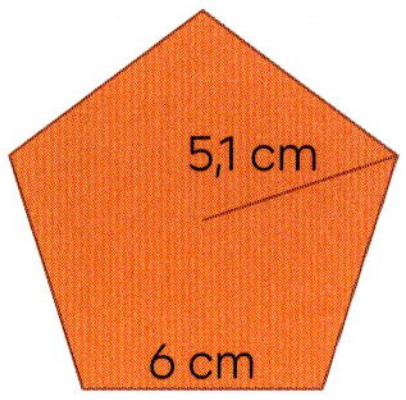

b.

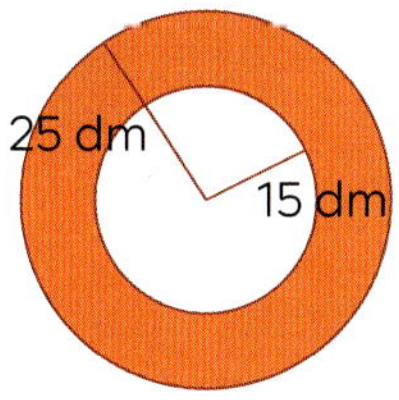

d.

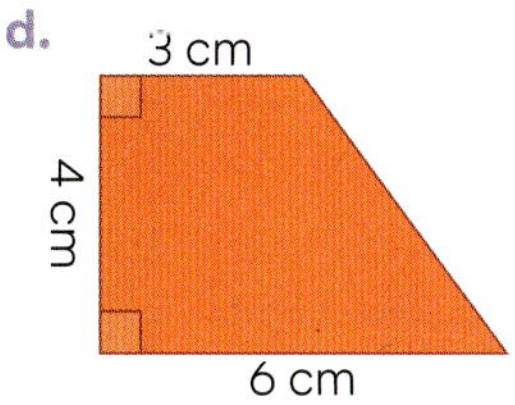

2 Aplica la descomposición o descomposición de figuras para calcular las áreas amarillas.

a.

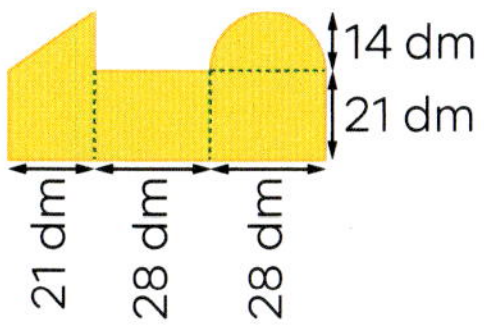

b.

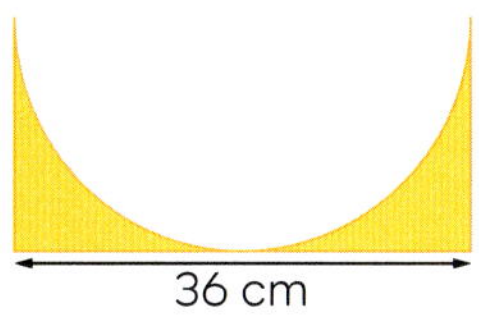

3 Observa la figura e indica:

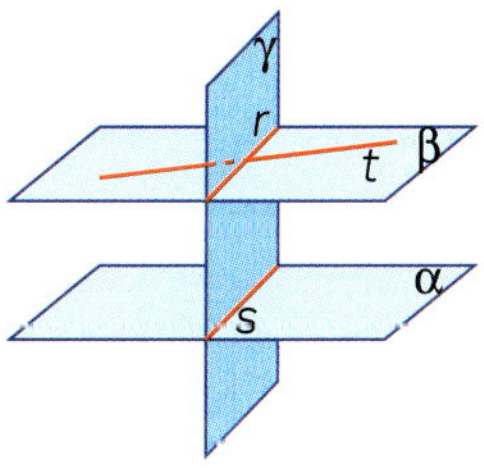

a. Dos planos paralelos.

b. Dos planos secantes.

c. Dos rectas paralelas.

d. Dos rectas secantes.

e. Dos rectas que se cruzan.

f. Una recta paralela a un plano.

g. Una recta contenida en un plano.

4 Un ángulo diedro tiene una amplitud de 55° 30'. ¿Cuánto mide su ángulo diedro complementario?

5 Calcula el área total de un tetraedro si cada una de sus aristas mide 25 cm.

6 Calcula el área total y el volumen de un cubo de arista 5 cm.

7 Dibuja el desarrollo plano y calcula el área total y el volumen del prisma de la figura.

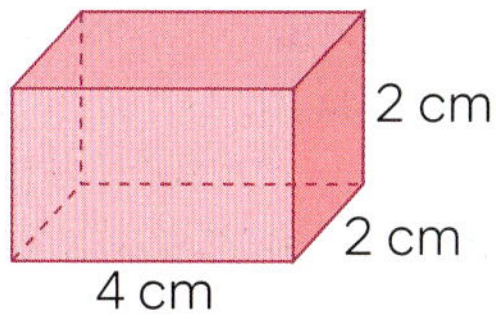

8 La pirámide de la figura tiene por base un cuadrado de 2 cm de lado. Sus cuatro caras laterales están formadas por triángulos equiláteros.

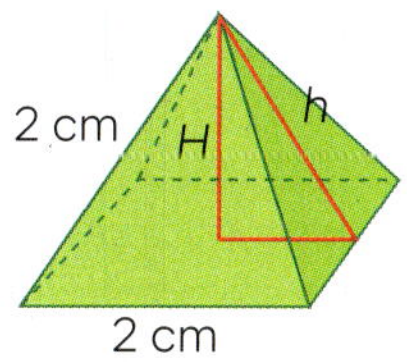

a. Halla la altura h de cada una de las caras laterales y la altura H de la pirámide.

b. Calcula el área y el volumen de la pirámide.

9 Un cono tiene 4 cm de radio de la base y 3 cm de altura. Calcula su área total y su volumen.

10 Los estudiantes de 2.º de ESO han tenido que diseñar el modelo de un volcán para su experimento de ciencias. Determina la cantidad de material que necesitan para recubrir su superficie y el volumen que ocupará.

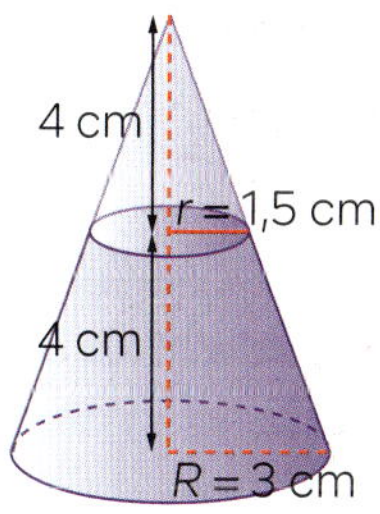

11 ¿Es posible desarrollar una esfera en el plano? Calcula el área y el volumen de una esfera de 10 cm de diámetro.

12 Halla el volumen de los siguientes cuerpos geométricos.

a.

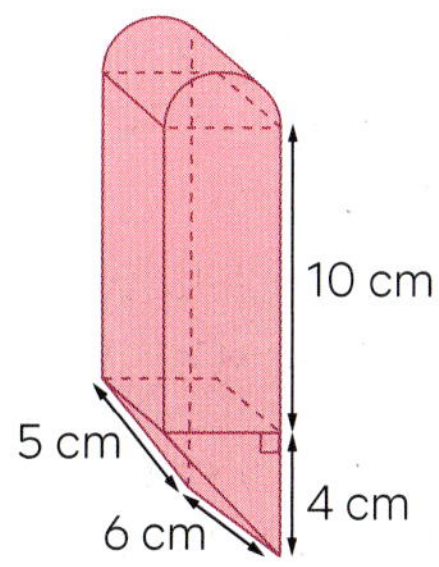

b.

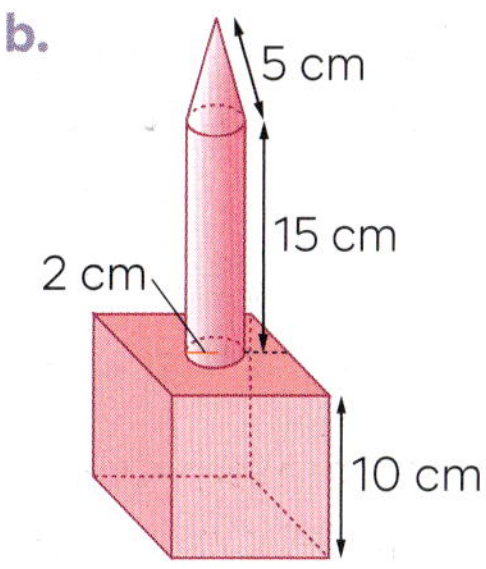

Mis competencias | Autoevaluación

2.2 A escala

¡EMPEZAMOS!

Rantelpeski19 * 3h ···

Rantelpeski19 *Peces en círculo*, Aurea (2023).

Aurea es un artista emergente que en esta obra se ha inspirado en *Peces y escamas* de M. C. Escher. Aurea juega con la geometría: simetría y razón se funden dando lugar a movimientos en el plano en el que el objeto crece y decrece fundiéndose... más

Ver los 314 comentarios

- ¿Conoces a este artista y sus obras? ¿Qué te llama más la atención?
- ¿Recuerdas algún movimiento artístico, o algún monumento o construcción donde se utilicen los movimientos del plano: simetrías, giros y traslaciones?

¡VAMOS A APRENDER!

1. Compartir el espacio y los materiales.
2. Reconocer los movimientos en el plano y clasificarlos a través de un flujograma.
3. Identificar la simetría en los cuerpos geométricos.
4. Construir polígonos semejantes.
5. Calcular razones de longitudes, áreas y volúmenes.
6. Resolver problemas de semejanza con los teoremas de Pitágoras y de Tales.
7. Interpretar escalas, mapas, planos y maquetas.
8. Cooperar para el bien común.

NUESTRO RETO

El pez que nada al revés

Resolverás en grupo un desafío, consensuando con tus compañeros de equipo las decisiones para llegar al resultado final. Medirás longitudes y áreas y encontrarás una relación entre ellas. Finalmente, reflexionaréis sobre el proceso de cooperación que habéis seguido para conseguir este reto.

¡Vamos allá!

1 ¿Recolocamos la habitación?

Movimientos en el plano: traslaciones, giros y simetrías

1 Adela quiere mover de pared el armario que tiene en su cuarto para que esté a los pies de su cama. ¿Crees que se producirá alguna variación en las medidas, longitudes y ángulos, del armario por ese cambio?

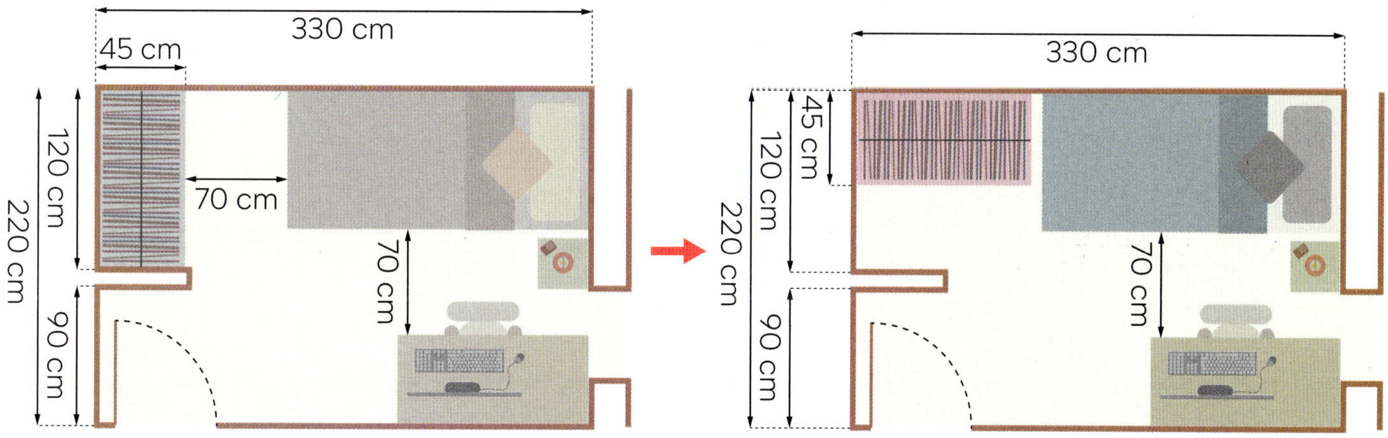

¿Podrá Adela mover el armario?

Un **movimiento en el plano** es cualquier transformación geométrica en la que se obtiene una figura a partir de otra conservando los ángulos y las distancias.

Hay cuatro movimientos básicos: las **traslaciones**, los **giros**, las **simetrías centrales** y las **simetrías axiales**.

Traslaciones	Giros
El barquito de la derecha se ha obtenido como "copia" del barquito de la izquierda de la siguiente forma: Cada punto P de la figura inicial se desplaza hasta otro punto P' siguiendo la longitud y dirección de la flecha $\vec{F}$. Este procedimiento se aplica a todos los puntos de la figura, dando lugar a una **traslación** de la misma.	El barquito de arriba se ha obtenido como "copia" del barquito de abajo de la siguiente forma: Cada punto P de la figura inicial se desplaza hasta otro punto P' de forma que el ángulo $\hat{O}$ tenga la amplitud α y sus lados $\overline{OP}$ y $\overline{OP'}$ sean de la misma longitud. El punto O y la amplitud α se han fijado previamente y el sentido de giro es el contrario a las agujas del reloj. Este movimiento recibe el nombre de **giro** de centro O y amplitud α.
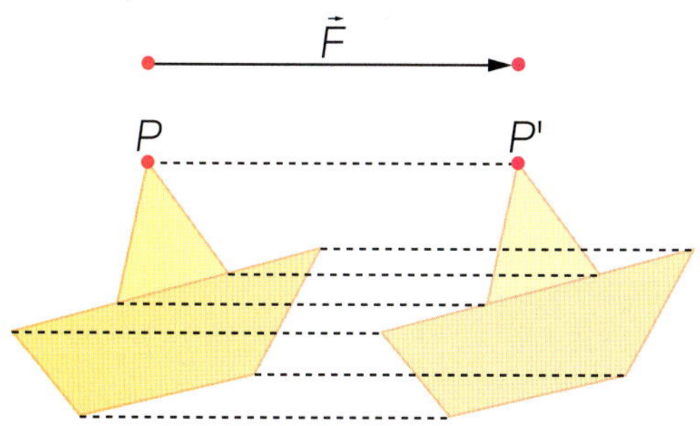	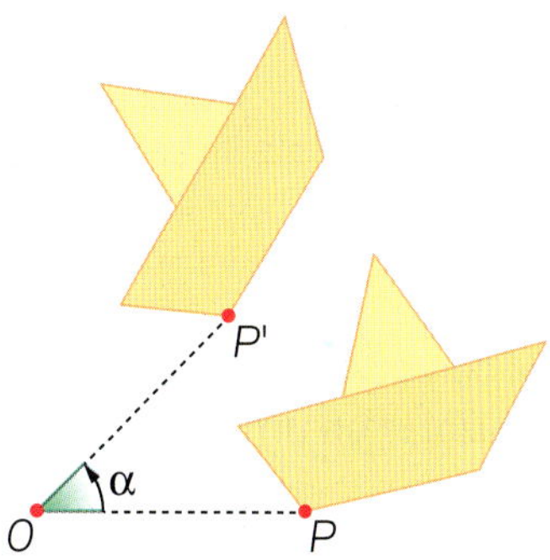

2 Fíjate en el logotipo del objetivo ODS 17 de desarrollo sostenible de las Naciones Unidas: está formado por 5 circunferencias. Si consideramos la circunferencia que aparece más arriba, indica los giros necesarios para obtener las otras cuatro circunferencias.

17 PARTNERSHIPS FOR THE GOALS

Simetría central	Simetría axial
El barquito de la izquierda se ha obtenido como "copia" del barquito de la derecha de la siguiente forma: Cada punto P de la figura inicial se desplaza hasta otro punto P' de forma que P, O y P' están alineados y los segmentos $\overline{OP}$ y $\overline{OP'}$ tienen la misma longitud. El punto O se ha fijado previamente. Este movimiento recibe el nombre de **simetría central** de centro O.	El barquito de la izquierda se ha obtenido como "copia" del barquito de la derecha de la siguiente forma: Cada punto P de la figura inicial se desplaza hasta otro punto P' de forma que $\overline{PP'}$ es un segmento perpendicular a la recta e, previamente fijada, y tal que las distancias de P y de P' a la recta e son iguales. Este movimiento recibe el nombre de **simetría axial** de eje e.
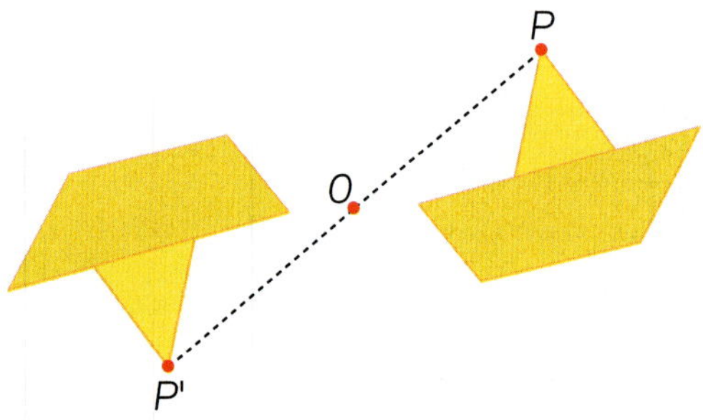	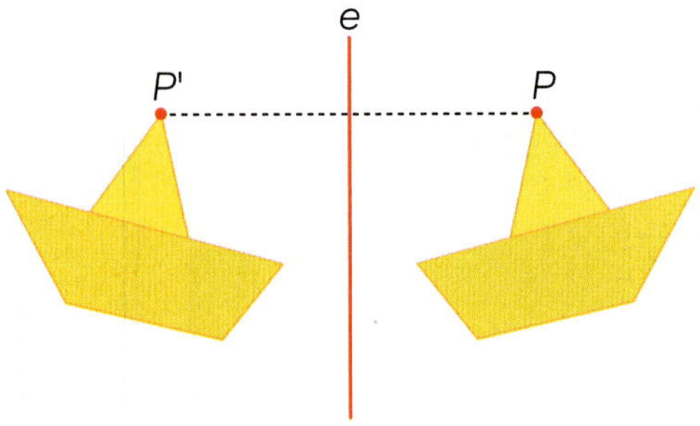

3 Para las siguientes figuras, dibuja la figura resultante al aplicar:

- Una traslación según la flecha $\vec{F}$.
- Una simetría axial de eje e.

a.

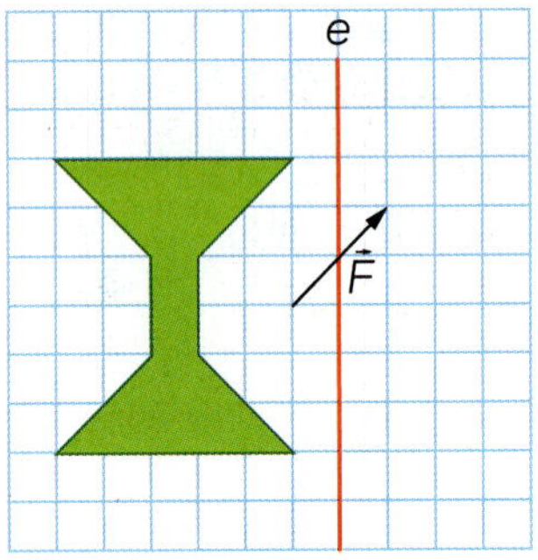

b.

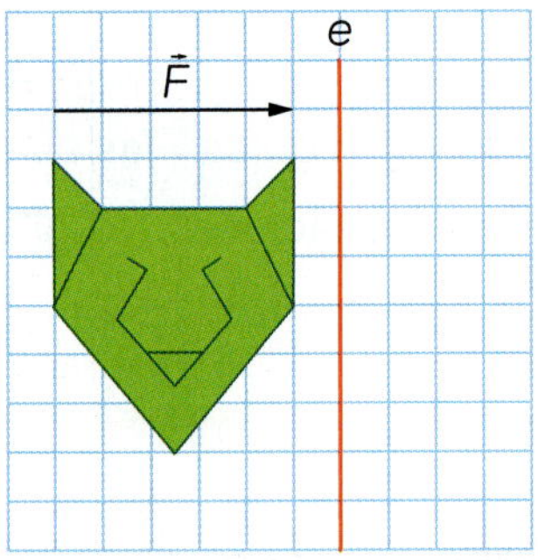

4 ¿Es la simetría central un caso particular de giro?

5 La estrella tartesia, o estrella mudéjar, es un elemento que aparece reiteradamente en el arte árabe. Se trata de dos cuadrados girados, tal y como hemos resaltado en morado en la foto del techo del Palacio de la Bahía, situado en Marrakech, Marruecos.

a. ¿Qué giro se debe aplicar al cuadrado cuyo vértice aparece más arriba para obtener el otro cuadrado? Indica el centro y la amplitud.

b. ¿Solo existe una amplitud posible?

c. Dibuja un esquema con una estrella de este tipo con tres rectas que sean ejes de simetría axial; es decir, que la mitad de la estrella a un lado de esa recta sea simétrica de la otra mitad.

6 **Aprendo a pensar.** Observa el corazón realizado con el arte japonés del origami. ¿Qué transformaciones has realizado? Organízalas en un flujograma.

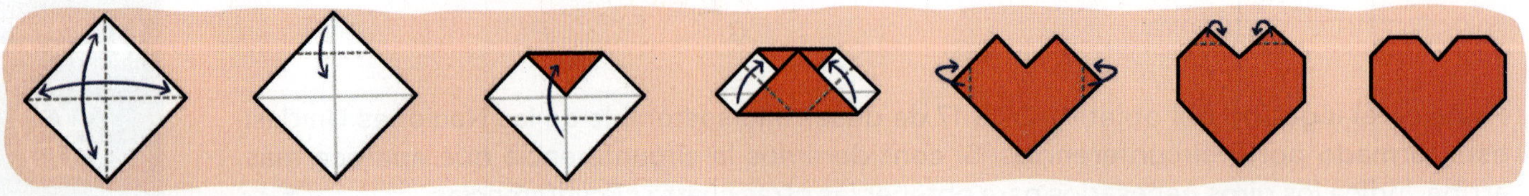

Simetrías en cuerpos geométricos

Los cuerpos geométricos también pueden presentar diferentes tipos de simetría. En particular, un cuerpo geométrico es simétrico respecto de un plano cuando este, llamado **plano de simetría**, divide al cuerpo en dos partes que se corresponden de forma exacta.

- En un prisma regular, el plano determinado por dos ejes paralelos de simetría, uno de cada base, es un plano de simetría del cuerpo geométrico. El plano paralelo a las dos bases y que pasa por el centro del prisma, también lo es.
- En una pirámide regular, el plano determinado por uno de los ejes de simetría de la base y el vértice es un plano de simetría del cuerpo geométrico.

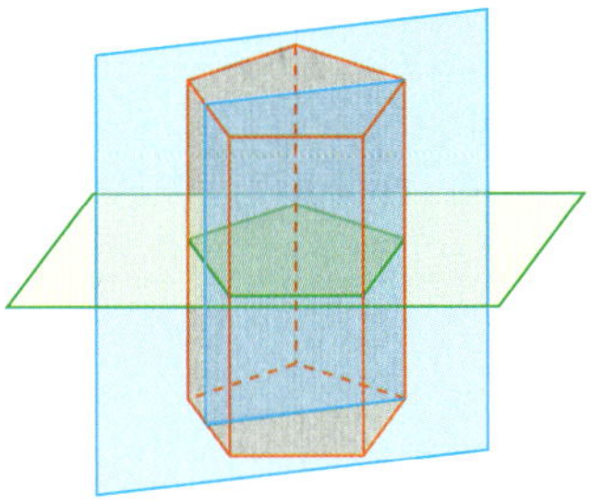

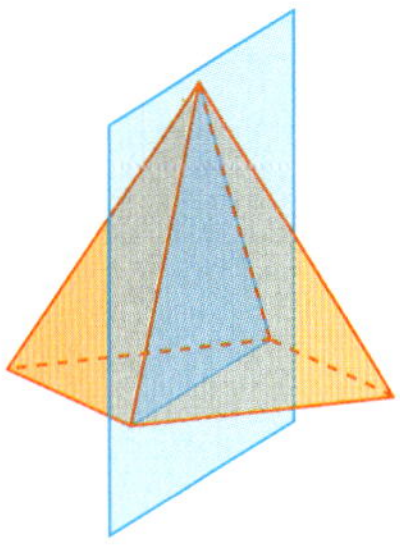

Ejemplo

Aquí puedes observar algunos planos de simetría de un cubo:

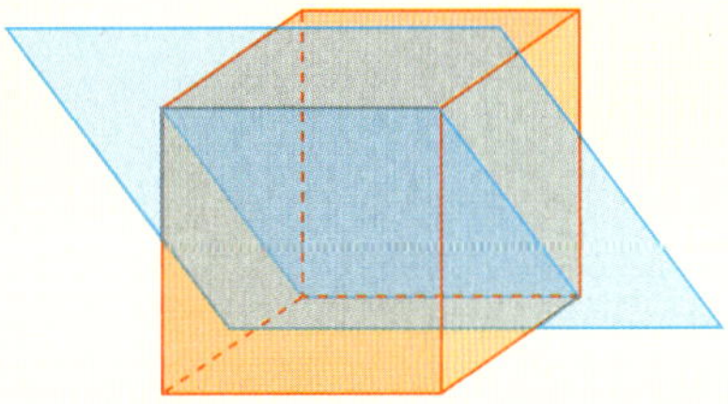

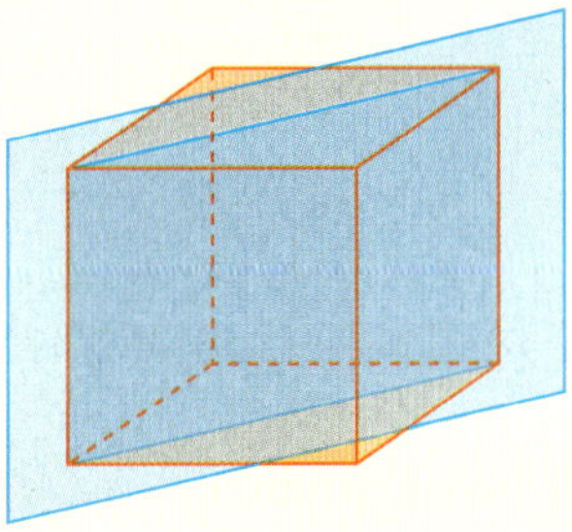

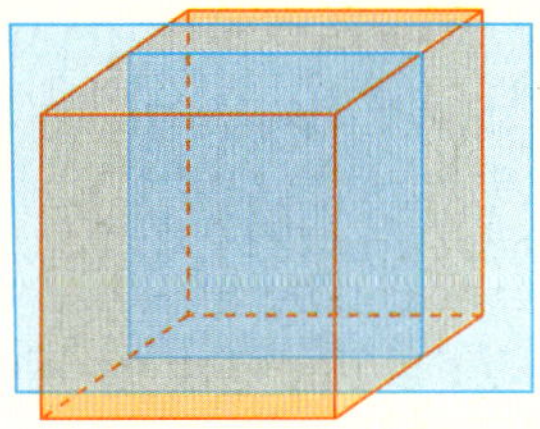

7 Indica los planos de simetría de un cilindro. ¿Cuántos tiene?

8 Indica los planos de simetría de un cono. ¿Cuántos tiene?

9 Dibuja un tetraedro señalando uno de sus planos de simetría.

10 Observa estos juegos y dibuja los planos de simetría, siempre y cuando sea posible.

a.

b.

a.

b.

¿Qué pregunta podrías hacer para entender mejor lo que hemos aprendido?

2 ¿Qué movimiento en el plano es ese?

Figuras semejantes

11 Alejandro y Sofía están discutiendo sobre la figura de los barquitos. Alejandro dice que es un giro, mientras Sofía dice que no puede serlo.

¿Quién tiene razón? Explica tu respuesta.

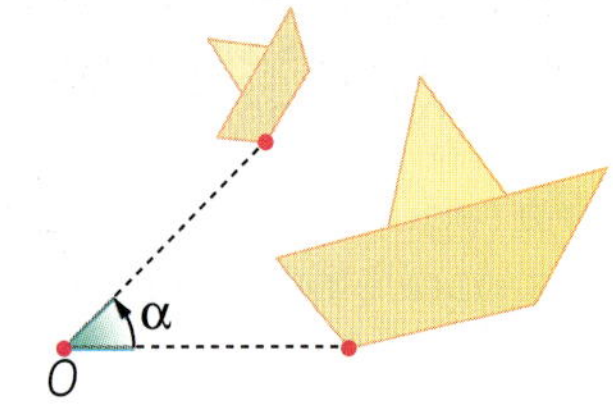

Dos figuras son **semejantes** cuando tienen la misma forma, aunque sus dimensiones sean diferentes.

- La distancia entre dos puntos cualesquiera de una de ellas dividida entre la distancia entre los dos puntos correspondientes de la otra es constante y se denomina **razón de semejanza**.
- Dos **polígonos** son **semejantes** cuando sus ángulos correspondientes son iguales y sus lados son proporcionales.

Ejemplo

Los triángulos *ABC* y *A'B'C'* son semejantes con razón de semejanza $k = 2$, pues:

- Los ángulos de los triángulos son iguales:

  $\hat{A} = \hat{A}' = 90°$; $\hat{B} = \hat{B}' = 45°$; $\hat{C} = \hat{C}' = 45°$

- Sus lados son proporcionales:

  $\frac{\overline{A'B'}}{\overline{AB}} = \frac{4}{2} = 2$; $\frac{\overline{B'C'}}{\overline{BC}} = \frac{5{,}66}{2{,}83} = 2$; $\frac{\overline{A'C'}}{\overline{AC}} = 2$

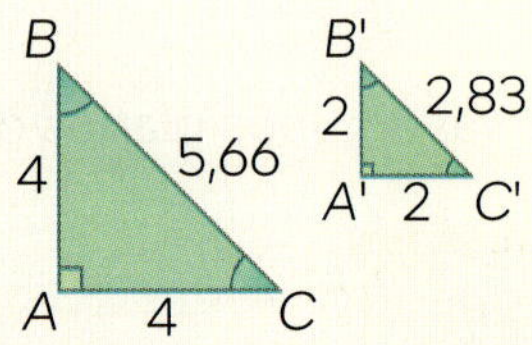

12 Fíjate en las siguientes parejas de figuras, ¿son semejantes? En caso afirmativo, ¿cuál es la razón de semejanza?

a.

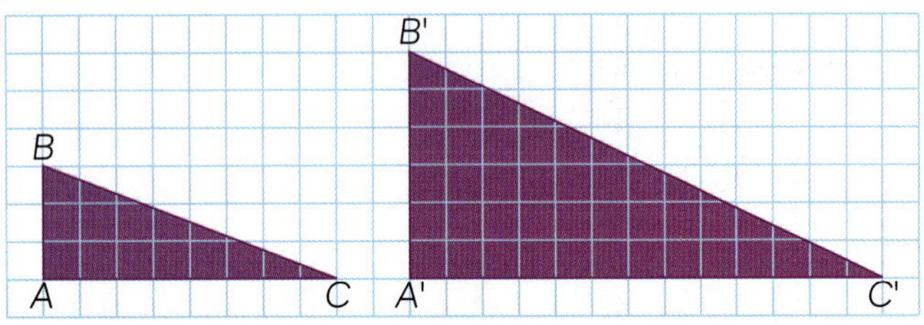

b.

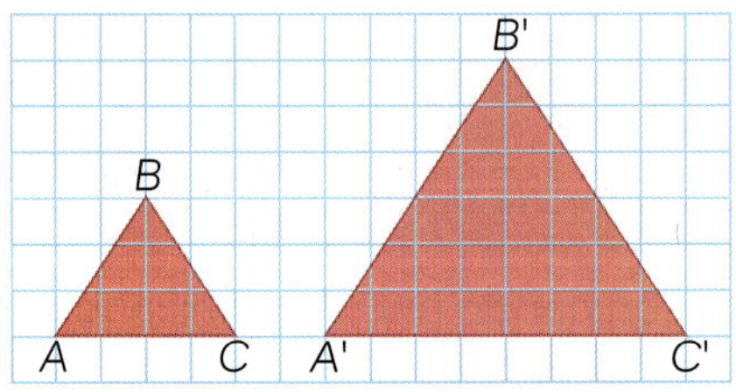

13 Se ha ampliado una fotografía que medía 10 cm × 15 cm a 16 cm × 24 cm. ¿Cuál es la razón de semejanza aplicada en la ampliación?

14 Actividad resuelta

Los lados de un triángulo miden 2 cm, 3 cm y 4 cm. Halla la medida de los lados de otro triángulo semejante al anterior y cuyo lado menor mide 14 cm.

Calculamos la razón de semejanza: $k = \frac{14}{2} = 7$

Los otros dos lados del segundo triángulo medirán: $3 \cdot 7 = 21$ cm y $4 \cdot 7 = 28$ cm

15 Las medidas de un rectángulo son 5 cm y 10 cm. Calcula las medidas de otro rectángulo semejante al anterior si su lado mayor mide 5 cm.

Teorema de Tales

Si varias rectas paralelas cortan a dos rectas secantes *r* y *s*, los segmentos determinados por las rectas paralelas sobre *r* y *s* son proporcionales.

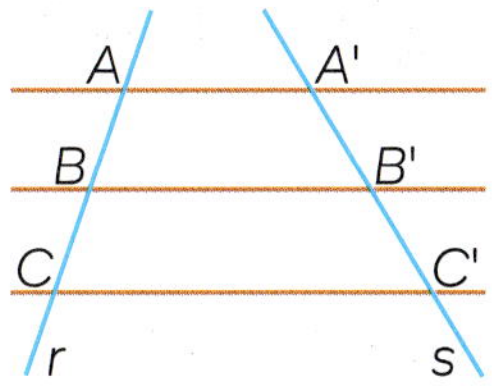

$$\frac{\overline{AB}}{\overline{A'B'}} = \frac{\overline{BC}}{\overline{B'C'}} = \frac{\overline{AC}}{\overline{A'C'}}$$

Ejemplo

Calculamos la medida del segmento $\overline{A'B'}$ de la figura:

Aplicando el teorema de Tales:

$$\frac{\overline{AB}}{\overline{A'B'}} = \frac{\overline{BC}}{\overline{B'C'}} \Rightarrow \frac{1{,}8}{x} = \frac{4}{3{,}9} \Rightarrow x = \frac{1{,}8 \cdot 3{,}9}{4} = 1{,}755$$

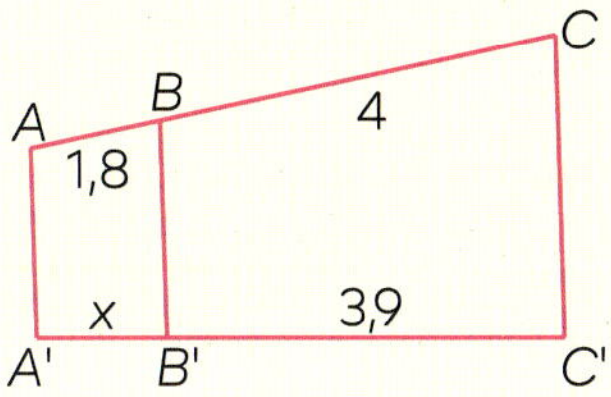

16 **Calcula la longitud de los segmentos desconocidos.**

a.

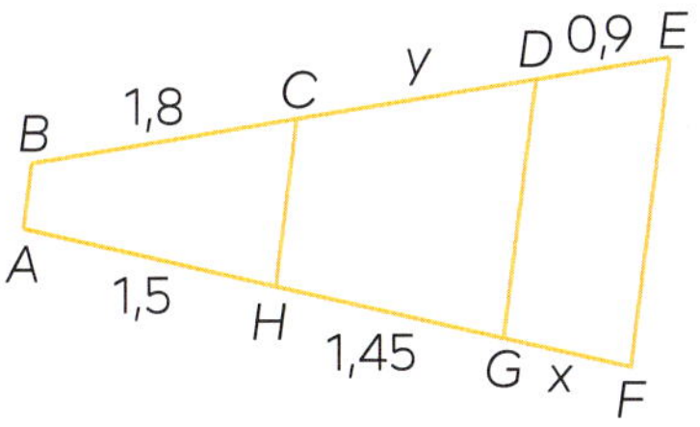

b.

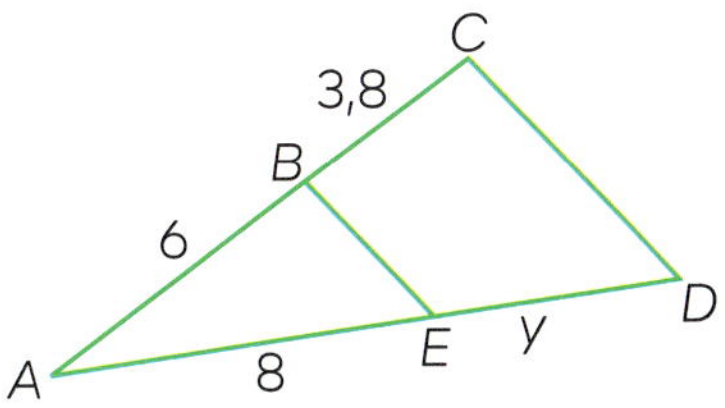

c.

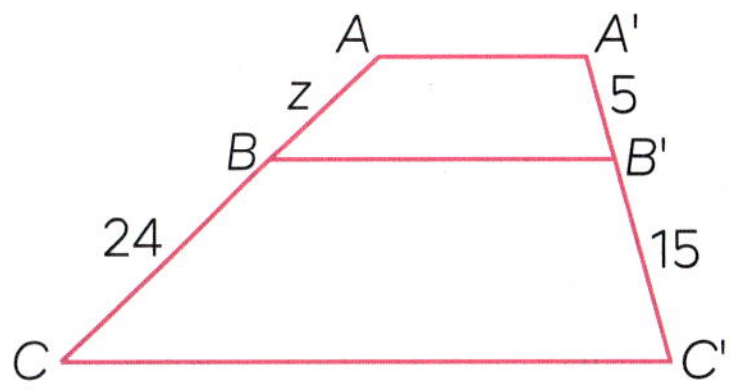

DIVISIÓN DE SEGMENTOS EN PARTES IGUALES

Dividimos el segmento $\overline{AB}$ en 5 partes iguales.

Paso 1

Trazamos una semirrecta auxiliar, con origen en uno de los extremos del segmento y utilizando un compás, señalamos sobre la recta auxiliar 5 segmentos iguales.

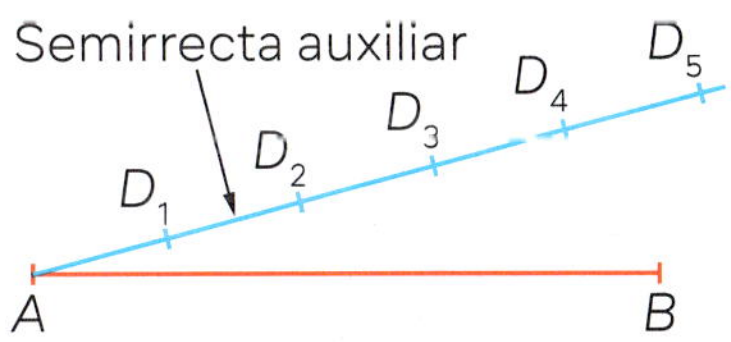

Paso 2

Unimos la última división de la semirrecta auxiliar con el otro extremo del segmento y trazamos paralelas a esta recta que pasen por el resto de divisiones.

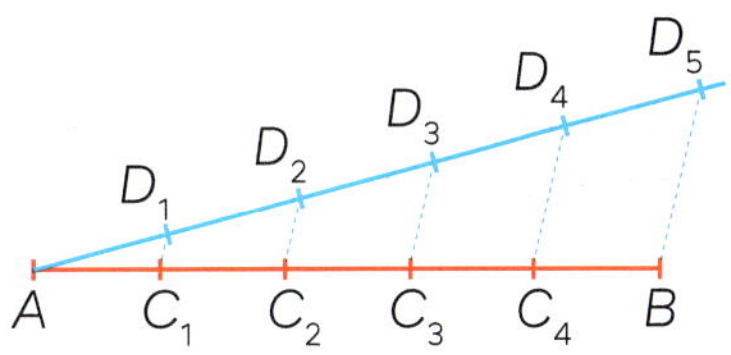

17 **Divide un segmento de 7 cm de longitud en cuatro partes iguales.**

18 **Divide un segmento de 18 cm de longitud en seis partes iguales.**

19 **El segmento muestra la situación de dos molinos eólicos, *A* y *B*. Entre ellos, alineados y conservando siempre la misma distancia entre los dos, se quieren colocar cuatro molinos más. ¿Puedes indicar su ubicación exacta?**

DIVISIÓN DE SEGMENTOS EN PARTES PROPORCIONALES

Dividimos un segmento $\overline{AB}$ en 3 partes proporcionales a 2, 3 y 5.

Paso 1

Trazamos una semirrecta auxiliar, con origen en uno de los extremos del segmento y señalamos en ella $2 + 3 + 5 = 10$ partes iguales con la ayuda de un compás.

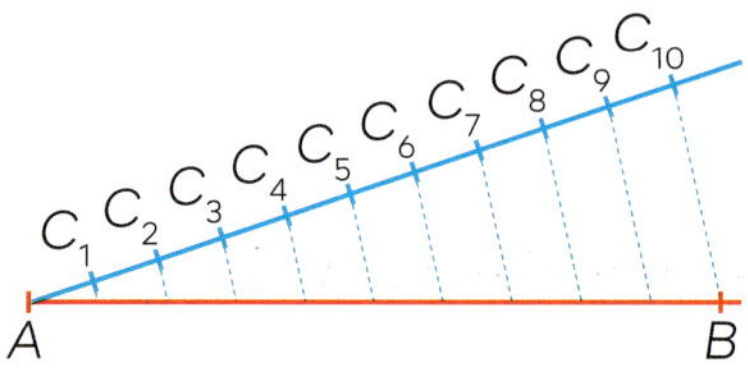

Paso 2

Unimos la última división de la semirrecta auxiliar con el otro extremo del segmento y trazamos paralelas a esta recta que pasen por la segunda y la quinta división.

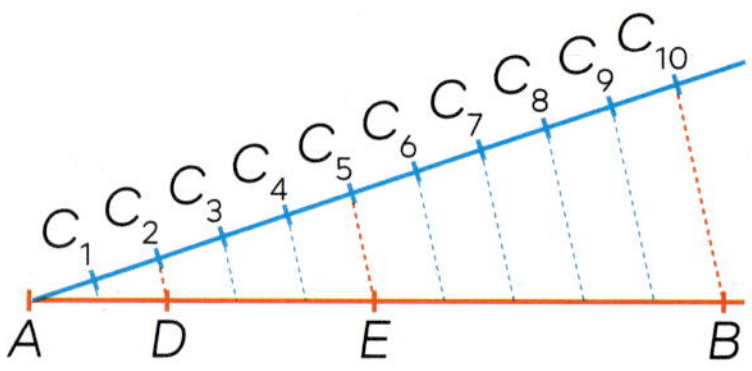

El teorema de Tales nos asegura que los segmentos $\overline{AD}$, $\overline{DE}$ y $\overline{EB}$, en que ha quedado dividido el segmento $\overline{AB}$, son proporcionales a 2, 3 y 5, respectivamente.

20 **Divide un segmento de 6 cm de longitud en dos partes proporcionales a 2 y 3.**

21 **Julián quería dividir el segmento $\overline{AB}$ en dos partes proporcionales a 2 y 3, pero su división no es correcta. ¿Qué error ha cometido?**

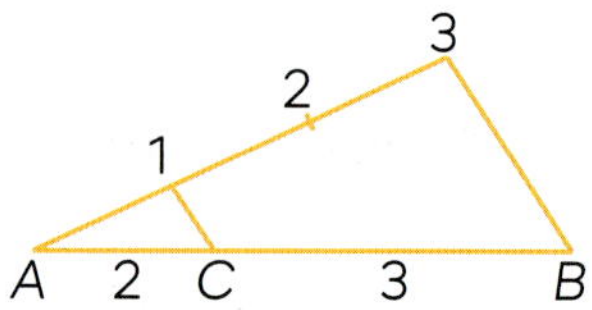

CONSTRUCCIÓN DE POLÍGONOS SEMEJANTES

Construimos un polígono semejante al cuadrilátero verde con razón de semejanza $\frac{3}{4}$.

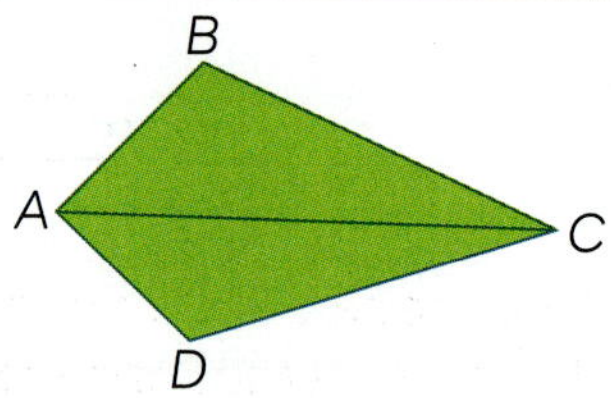

Paso 1

Trazamos todas las diagonales del polígono por un vértice. Desde ese mismo vértice trazamos una semirrecta auxiliar y dividimos el lado del polígono en 4 partes iguales.

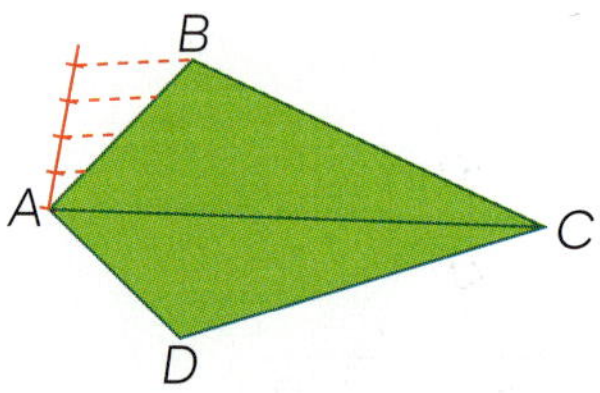

Paso 2

Desde la tercera división, correspondiente a los $\frac{3}{4}$ del lado, trazamos un segmento paralelo al lado del polígono hasta la siguiente diagonal. Luego, trazamos el resto de lados paralelos.

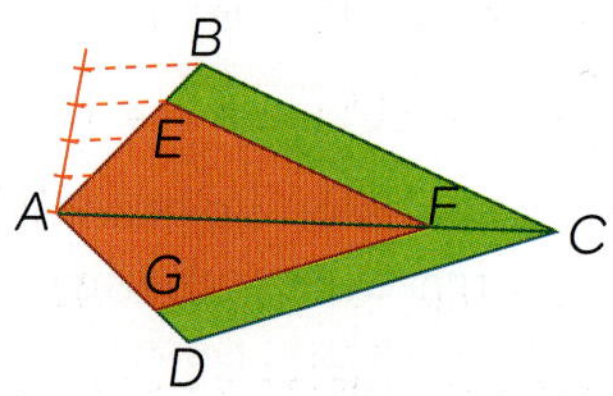

El polígono *AEFG* obtenido es semejante al polígono original *ABCD* con razón de semejanza $\frac{3}{4}$.

22 **Dibuja un hexágono regular de 5 cm de lado y construye otro semejante al anterior con razón de semejanza $\frac{1}{3}$.**

23 MAT-TIC **Dibuja un triángulo de lados 3 cm, 4 cm y 5 cm. Más tarde, construye otro semejante al anterior, con razón de semejanza $\frac{7}{3}$. Sigue entrenando con el interactivo** GeoGebra ***Construcción de polígonos semejantes.***

Triángulos en posición de Tales

Dos **triángulos** están en **posición de Tales** cuando tienen un ángulo en común y los lados opuestos a ese son paralelos.

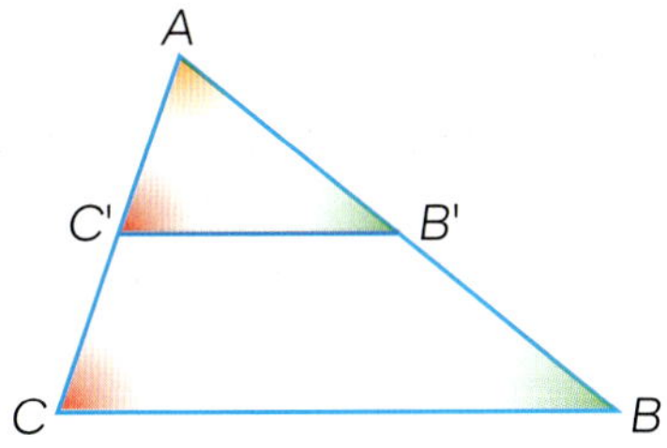

Los triángulos en posición de Tales son **semejantes**.

24 **Halla la longitud de los lados desconocidos, *x* e *y*, de los dos triángulos en posición de Tales.**

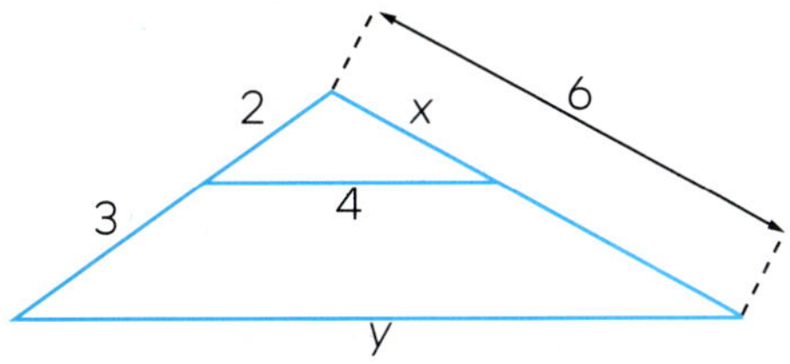

25 **Calcula el valor de los lados desconocidos de los siguientes triángulos en posición de Tales.**

a.

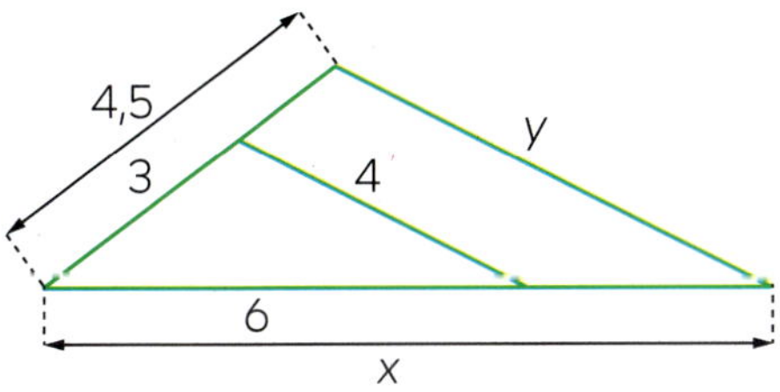

b.

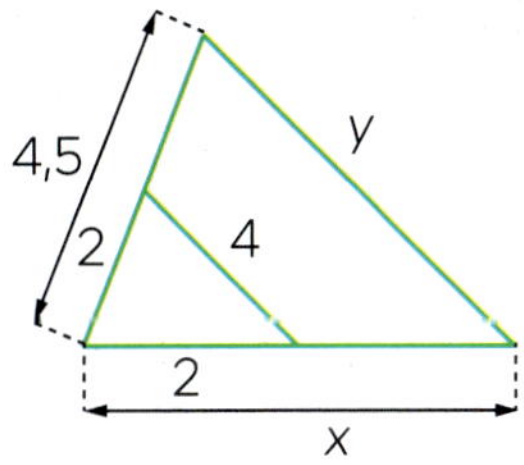

Para asegurar que dos triángulos son semejantes, podemos comprobar que se cumple alguno de los siguientes **criterios de semejanza**.

1.er criterio de semejanza de triángulos

Dos triángulos son semejantes si tienen **dos ángulos correspondientes iguales**.

Ejemplo:

Los dos triángulos de la figura tienen dos ángulos iguales.

$$\hat{A} = \hat{A}' = 100° \text{ y } \hat{C} = \hat{C}' = 40°$$

Como la suma de los ángulos de un triángulo es 180°:

$$\hat{B} = \hat{B}' = 180° - 40° - 100° = 40°$$

Como tienen los tres ángulos iguales, los dos triángulos son semejantes.

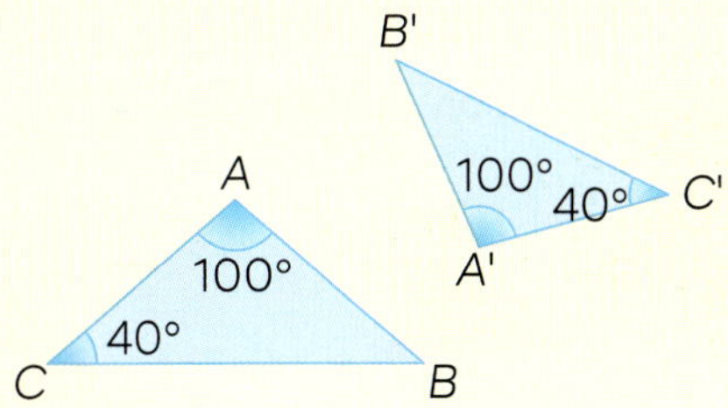

26 **Estudia si los siguientes pares de triángulos son o no semejantes.**

a.

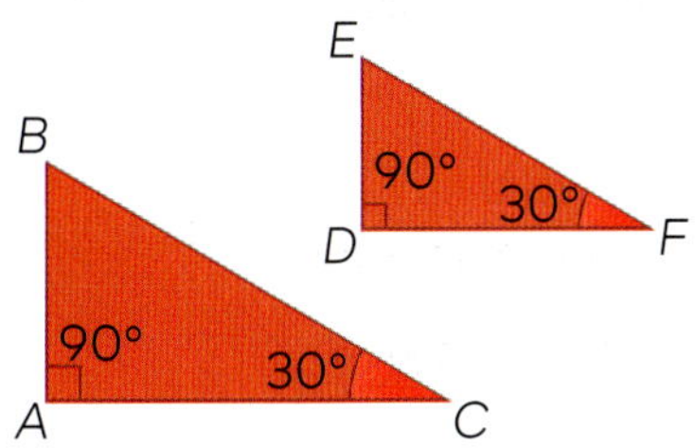

b.

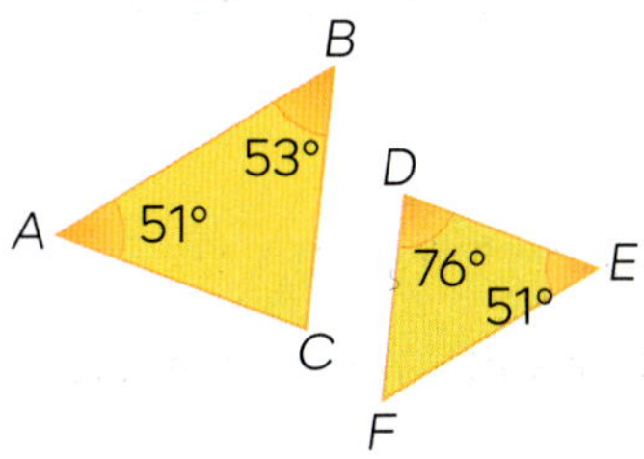

c.

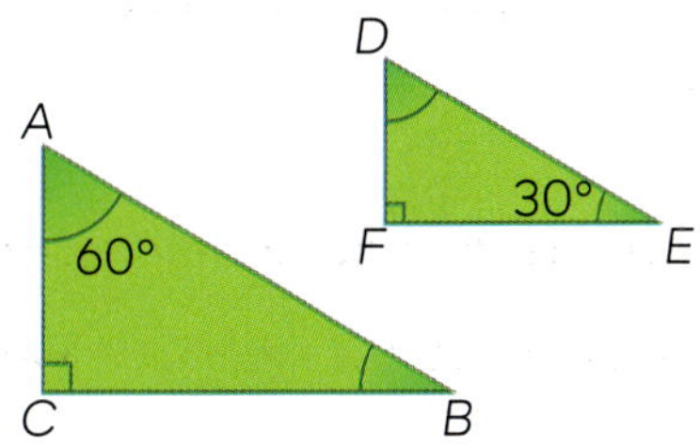

2.º criterio de semejanza de triángulos

Dos triángulos son semejantes si tienen **un ángulo correspondiente igual**, y **los lados** que lo forman, **proporcionales**.

Ejemplo:

Si los dos triángulos tienen un ángulo igual y los lados que lo forman son proporcionales, podemos ubicarlos de la siguiente forma:

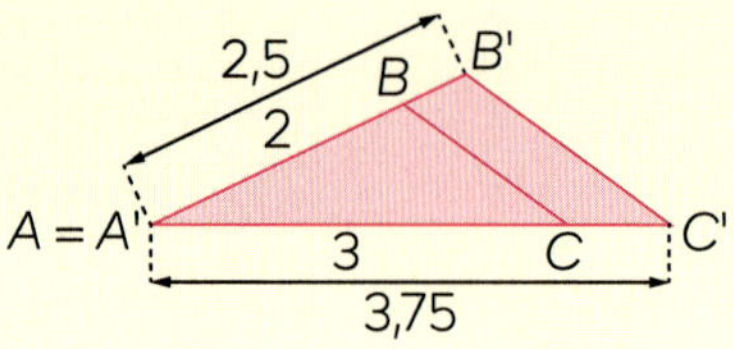

Como:

$$\hat{A} = \hat{A}' \text{ y}$$

$$\frac{\overline{AB}}{\overline{A'B'}} = \frac{\overline{AC}}{\overline{A'C'}} \Rightarrow \frac{2}{2{,}5} = \frac{3}{3{,}75} = 0{,}8$$

Por tanto, los dos triángulos son semejantes y podemos asegurar que:

$$\hat{B} = \hat{B}', \hat{C} = \hat{C}' \text{ y } \frac{\overline{BC}}{\overline{B'C'}} = 0{,}8$$

27 Comprueba, aplicando los criterios de semejanza, si los siguientes triángulos son semejantes.

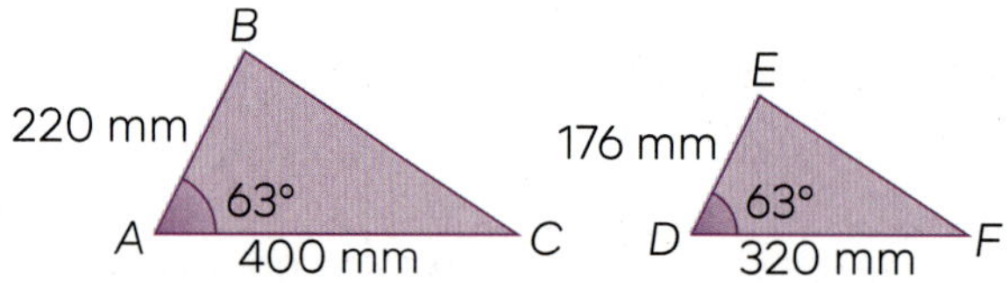

3.er criterio de semejanza de triángulos

Dos triángulos son semejantes si **los tres lados** de uno son **proporcionales** a los del otro.

Ejemplo:

Si los dos triángulos tienen los tres lados proporcionales, podemos ubicarlos en la posición que muestra la imagen.

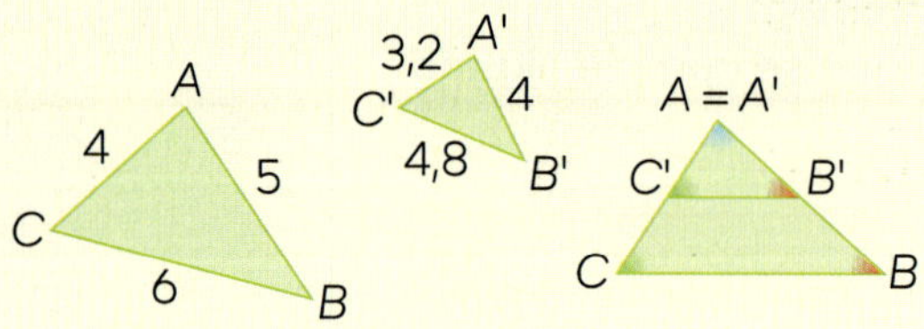

Sus lados son proporcionales:

$$\frac{\overline{AB}}{\overline{A'B'}} = \frac{\overline{AC}}{\overline{A'C'}} = \frac{\overline{BC}}{\overline{B'C'}} \Rightarrow \frac{5}{4} = \frac{4}{3{,}2} = \frac{6}{4{,}8} = 1{,}25$$

Por tanto, los dos triángulos son semejantes y podemos asegurar que:

$$\hat{A} = \hat{A}', \hat{B} = \hat{B}' \text{ y } \hat{C} = \hat{C}'$$

28 Comprueba si estos triángulos son semejantes.

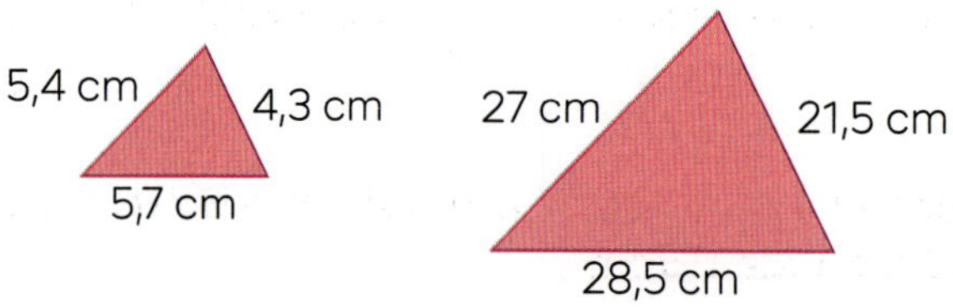

29 Escribe cuáles de los siguientes triángulos son semejantes e indica el criterio que permite afirmarlo.

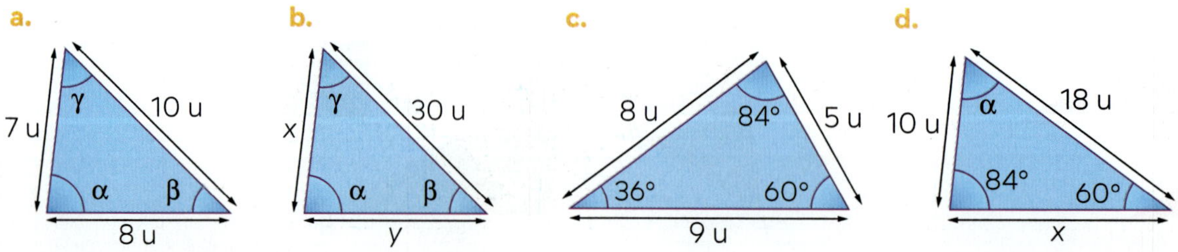

3 ¿Con razón?

Razón de longitudes, áreas y volúmenes

30 El suelo de una habitación, con forma de cuadrado, está cubierto por un número exacto de losas, *x*. Se quieren colocar losas del mismo tipo en el salón, también cuadrado, pero cuyo lado es el doble de la habitación, 2*x*. ¿Cuántas losas crees que se necesitarán?

A. x **B.** $2x$ **C.** x^2 **D.** $4x$

Razón de longitudes, *k*

La **razón de dos longitudes**, ***k***, correspondientes en dos figuras semejantes coincide con la razón de semejanza.

Ejemplo:

Los rectángulos son semejantes, ya que sus ángulos correspondientes son iguales y sus lados, proporcionales.

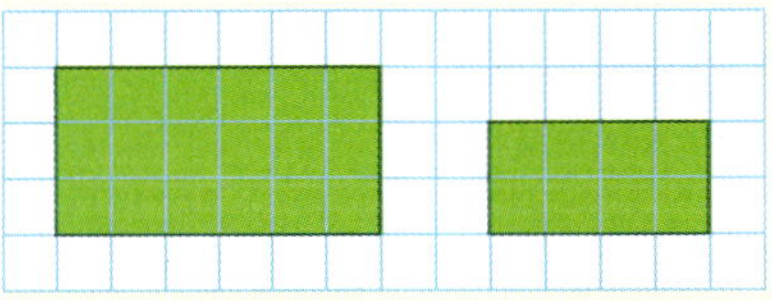

La razón de semejanza es:

$$k = \frac{6}{4} = \frac{3}{2} = 1{,}5.$$

Los perímetros miden $P_1 = 2 \cdot 6 + 2 \cdot 3 = 18\,\text{cm}$ y $P_2 = 2 \cdot 4 + 2 \cdot 2 = 12\,\text{cm}$.

La razón entre los perímetros es $\frac{P_1}{P_2} = \frac{18}{12} = 1{,}5 = k$.

31 Un pentágono tiene tres lados que miden 5 cm, 4 cm y 6 cm, respectivamente. Calcula los lados de otro pentágono semejante al anterior, con perímetro de 37,5 cm.

Razón de áreas, k^2

La **razón de las áreas, k^2**, de dos figuras semejantes coincide con el cuadrado de la razón de semejanza.

Ejemplo:

Los triángulos son semejantes, ya que tienen un ángulo recto y los lados que lo forman son proporcionales.

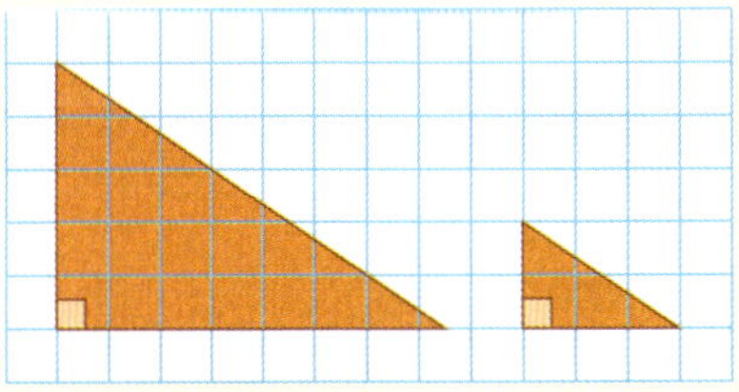

La razón de semejanza es $k = \frac{7{,}5}{3} = \frac{5}{2} = 2{,}5$.

Las áreas de los dos triángulos son $A_1 = \frac{7{,}5 \cdot 5}{2} = 18{,}75\,\text{cm}^2$ y $A_2 = \frac{3 \cdot 2}{2} = 3\,\text{cm}^2$.

La razón entre las áreas es $\frac{A_1}{A_2} = \frac{18{,}75}{3} = 6{,}25 = 2{,}5^2 = k^2$.

32 Las medidas de un rectángulo son 3 cm y 5 cm. Calcula las medidas de otro rectángulo semejante al anterior, de modo que su área mida 135 cm^2.

33 Halla la razón de semejanza entre estas figuras. ¿Cuál es la razón entre sus perímetros? ¿Y entre sus áreas?

a.

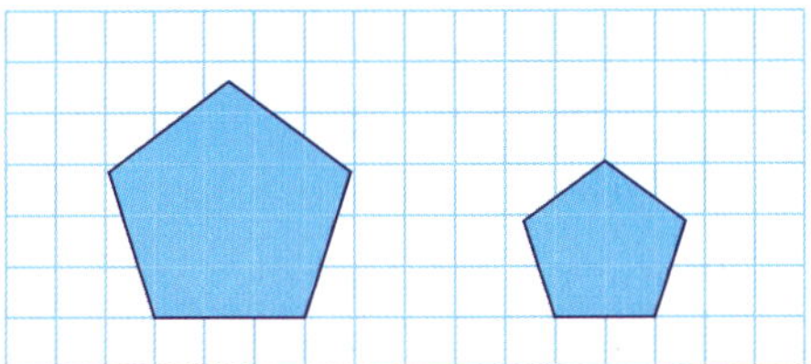

b.

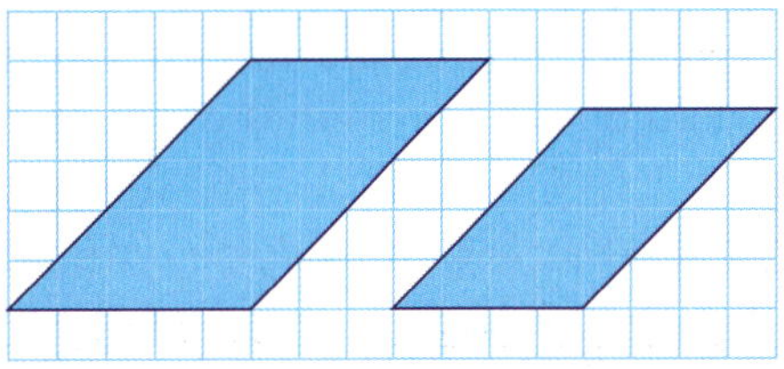

Razón de volúmenes, k^3

La **razón de los volúmenes, k^3**, de dos cuerpos semejantes coincide con el cubo de la razón de semejanza.

Ejemplo:

Los dos cubos son semejantes, ya que las distancias entre dos puntos correspondientes cualesquiera son proporcionales.

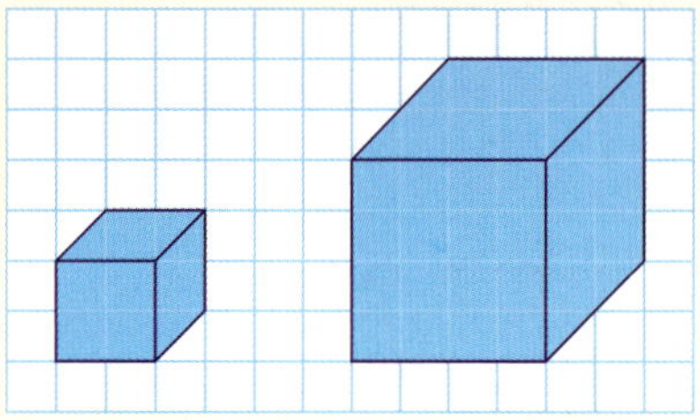

La razón de semejanza es $k = 2$.

Los volúmenes son $V_1 = 2^3 = 8\,\text{cm}^3$ y $V_2 = 4^3 = 64\,\text{cm}^3$.

La razón entre los volúmenes es:

$$\frac{V_1}{V_2} = \frac{64}{8} = 8 = 2^3 = k^3.$$

34 El volumen de una pirámide es $125\,\text{cm}^3$. ¿Cuál será el volumen de otra pirámide semejante a esta si la razón de semejanza es 2,5?

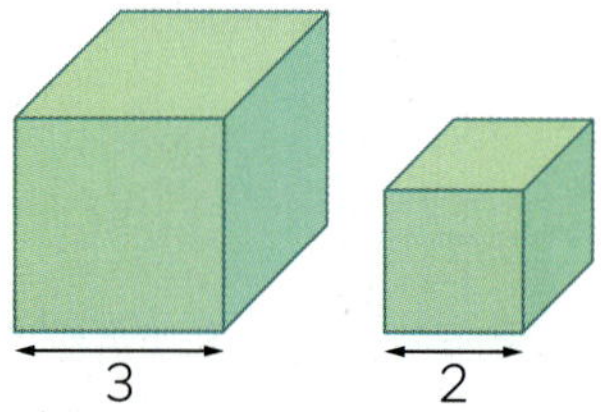

35 Calcula la razón de semejanza entre los cubos de la imagen. ¿Cuál será la razón entre los volúmenes?

36 MAT-TIC Investiga más sobre razones y semejanza con el interactivo GeoGebra *Razones de áreas, perímetros y volúmenes.*

37 Los lados de un cuadrilátero miden 4, 7, 9 y 12 cm y su área es $100\,\text{cm}^2$.

a. Halla la medida de los lados de un cuadrilátero semejante al anterior cuyo perímetro sea 48 cm.

b. ¿Cuál será la razón entre las áreas de los cuadriláteros?

38 Jorge y Elena han preparado un cartel de $40\,\text{cm} \times 25\,\text{cm}$ para anunciar la fiesta de final de curso. Como piensan que les ha quedado un poco pequeño, hacen una fotocopia ampliada un 25 %.

a. Halla las nuevas dimensiones del cartel.

b. Comprueba que la relación entre las áreas es el cuadrado de la razón de semejanza.

39 Una vajilla contiene tres tipos de vasos de diferentes tamaños, pero semejantes entre sí.

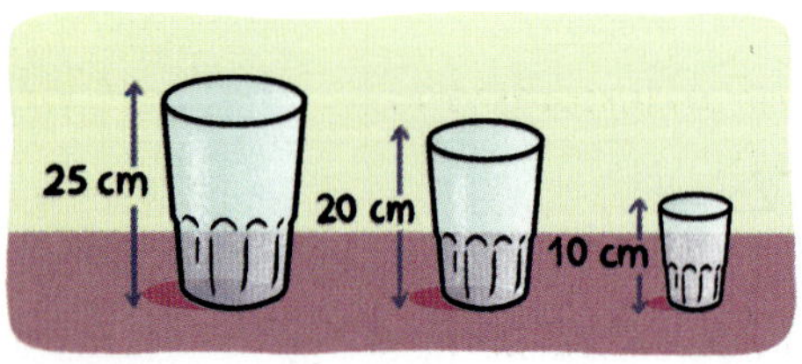

a. Calcula las razones de semejanza entre el vaso grande y el mediano y entre el vaso mediano y el pequeño.

b. Si el vaso mediano tiene un volumen de $256\,\text{cm}^3$, calcula los volúmenes de los otros dos vasos.

40 Dos frascos de perfume son semejantes y tienen capacidades de $80\,\text{cm}^3$ y $270\,\text{cm}^3$.

a. Halla el área del mayor, si la del menor es $112\,\text{cm}^2$.

b. Halla la altura del menor si se sabe que la del mayor es 6,6 cm.

41 En un campo rectangular, con dimensiones de 30 m y 50 m, hay colocados 100 paneles fotovoltaicos, el número máximo que las normas permiten para esa superficie. El campo se amplía de forma que su dimensión menor crece 15 m y la mayor lo hace 25 m, formando un nuevo rectángulo.

a. Comprueba que el nuevo rectángulo es semejante al inicial.

b. Calcula el número de paneles que se podrán colocar como máximo, además de los 100 ya instalados.

Para resolver un problema usando las proporciones de las figuras semejantes tenemos en cuenta los siguientes pasos.

CÓMO ENFRENTARSE A UN PROBLEMA

Juan ha plantado en su jardín, al lado del aguacatero, un pequeño laurel de 1,2 m de altura. Si la sombra del laurel mide 2 m, y la del aguacatero, 5 m, ¿cuánto mide este último?

Paso 1

Comprendemos el problema identificando los datos e incógnitas y buscando sus relaciones. Nos ayudamos con un dibujo o esquema.

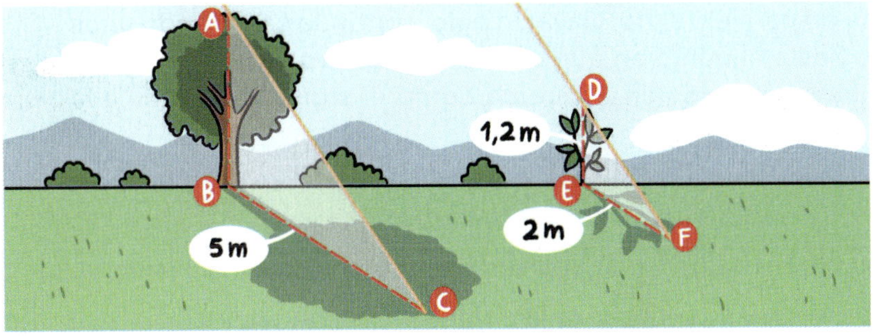

Paso 2

Creamos y ejecutamos un plan.

Con las sombras y las alturas podemos formar dos triángulos. Aplicando el primer criterio, comprobamos que los triángulos *ABC* y *DEF* son semejantes, ya que $\hat{B}=\hat{E}=90°$ y $\hat{A}=\hat{D}$, por ser paralelos los rayos de luz.

$$\frac{\overline{AB}}{\overline{DE}}=\frac{\overline{BC}}{\overline{EF}} \Rightarrow \frac{h}{1,2}=\frac{5}{2} \Rightarrow h=\frac{5\cdot 1,2}{2}=3\,\text{m}$$

Paso 3

Analizamos si la respuesta encontrada tiene sentido y damos respuesta.

El aguacatero mide 3 m de alto.

42 La sombra de un árbol de 2,5 metros de alto es de 3,25 metros en un momento determinado. ¿Cuánto mediría la sombra que proyectaría si su altura fuera de 3,5 metros?

43 Isabel ha quedado con una amiga para ir a un congreso sobre la agenda 2030 y la está esperando al lado de una farola. Durante la espera, Isabel observa que su sombra mide 40 cm, y la de la farola, 60 cm. Si ella mide 1,6 m, ¿cuál es la altura de la farola?

44 Durante una esperada tormenta en una zona que sufre sequía, se han recogido 50 litros en un bidón cuya base tiene forma de triángulo rectángulo isósceles. ¿Cuántos metros cúbicos de agua habrán caído en todo el terreno si su forma también es un triángulo rectángulo isósceles, pero su hipotenusa es 100 veces mayor que la de la base del recipiente?

45 En la figura mostrada hay dos edificios muy cercanos. A la misma hora, el más alto proyecta una sombra de 12 m, y el más bajo, una sombra de 4 m. Si el edificio más bajo mide 10 m, ¿cuál es la altura del otro edificio?

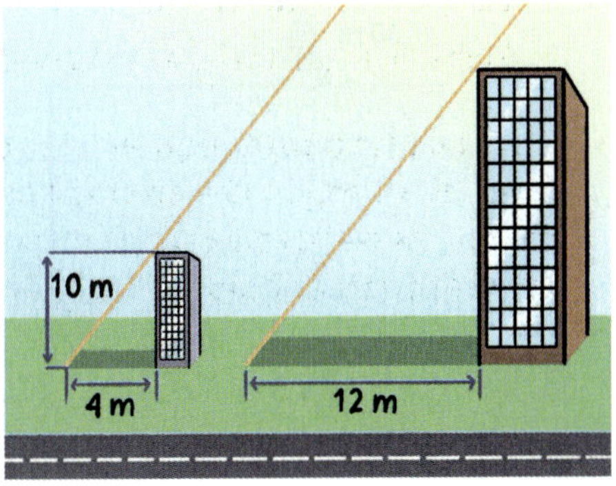

46 **Halla el área total y el volumen de los siguientes troncos.**

PISTA: Considera las pirámides o los conos que formarían si tuvieran toda la altura y utiliza la semejanza.

a.

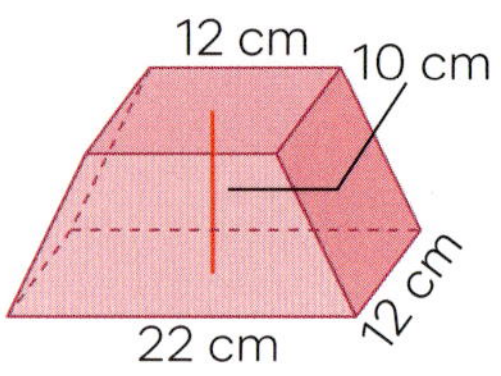

b.

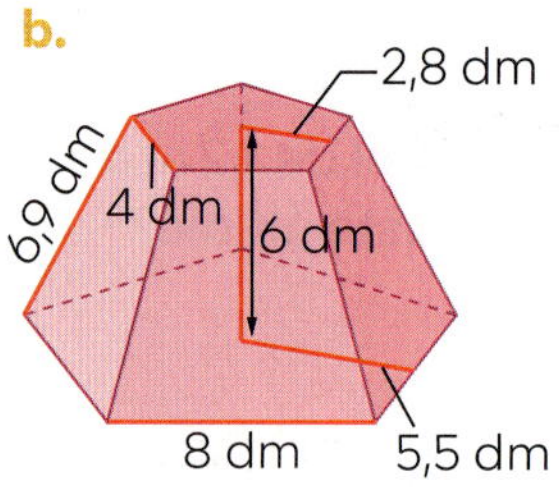

c.

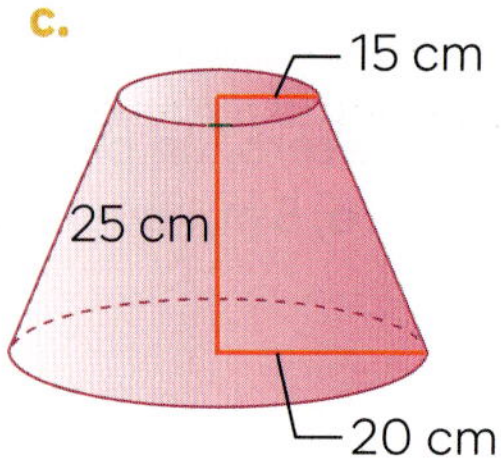

d.

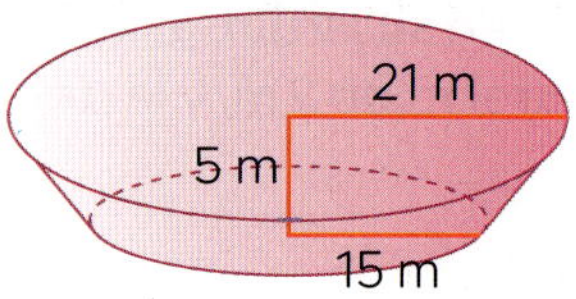

47 **Para calcular el ancho de un río, Juan hace lo siguiente. Desde un punto situado frente a un árbol del otro lado del río, camina en paralelo al río, clava un palo, continúa caminando unos metros, gira 90° y se aleja del río hasta el punto en que el palo y el árbol quedan alineados. Luego, anota las medidas que ha tomado en un esquema como el siguiente. Calcula la anchura *x* del río.**

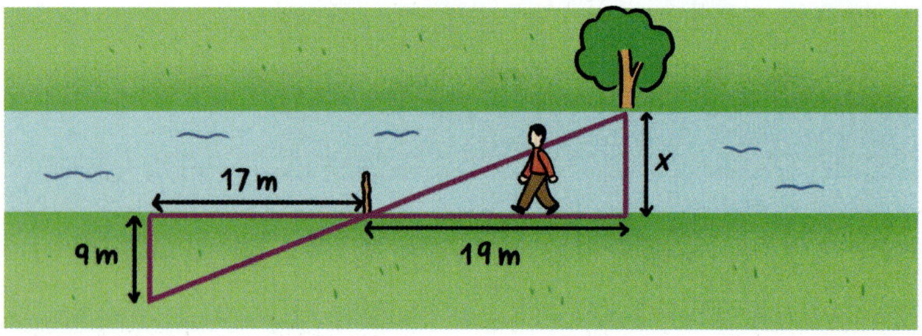

PISTA: Ten en cuenta que los triángulos que se observan son semejantes porque tienen dos ángulos rectos y los ángulos opuestos por el vértice son iguales.

48 **Para calcular la altura de un objeto, podemos colocar un espejo en el suelo y después alejarnos en línea recta hasta que podamos ver reflejada la parte más alta del objeto en él. ¿Qué altura tiene el edificio del dibujo, si una chica observa su parte superior en un espejo colocado a 6 m de distancia de ella y a 120 m del edificio? La altura de la joven es de 1,5 m.**

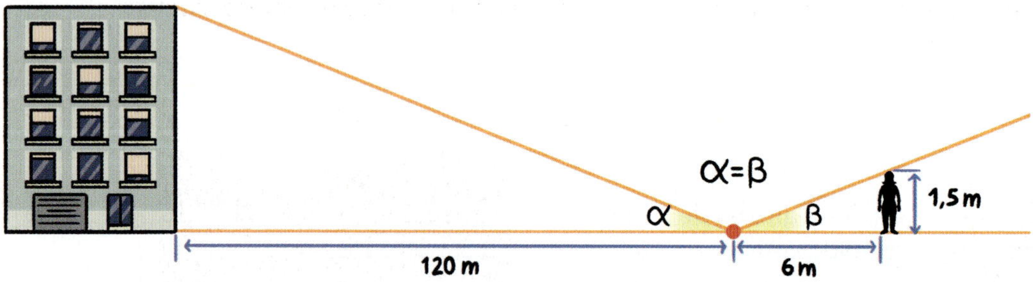

49 **Una persona ha vaciado una balsa de agua para regar y quiere saber qué profundidad tiene. Por eso, se acerca hasta que su visual queda alineada a la vez con el borde y el fondo del lado de la pared más lejana. ¿Qué profundidad *x* tiene la balsa?**

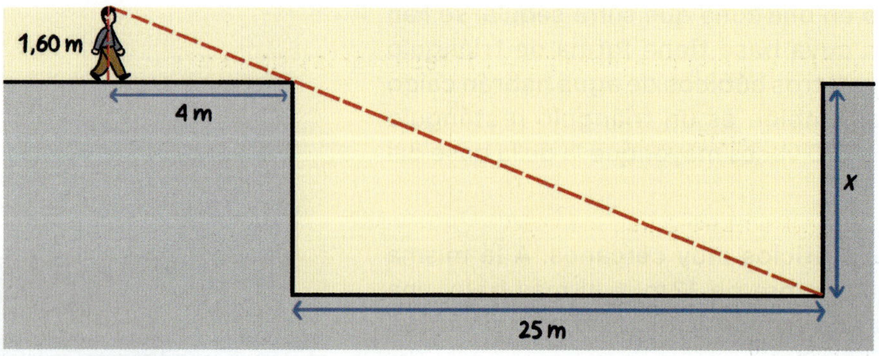

4 ¿Los planos, mapas y maquetas respetan las proporciones?

Mapas, planos y maquetas

50 ¿De qué tipo son las siguientes representaciones: planos o mapas?

a. 

c. 

b. 

d. 

Explica, con tus propias palabras, la diferencia entre un plano y un mapa. Busca en internet, en el diccionario de la RAE, el significado de estas dos palabras.

La **escala** de un mapa, plano o maqueta es la razón de semejanza entre la representación de la zona u objeto y la realidad. Se expresa mediante una relación de proporcionalidad numérica o con una representación gráfica.

$$E = \frac{\text{Distancia en la representación}}{\text{Distancia en la realidad}}$$

- Un **mapa** es la representación gráfica plana de una zona geográfica.
- Un **plano** es la representación gráfica plana proporcional reducida o ampliada, de otro tipo de elementos como viviendas, ciudades o circuitos electrónicos.
- Una **maqueta** es la representación reducida en tres dimensiones de cualquier objeto, como edificios, aviones, automóviles...

Mapa	Plano	Maqueta

51 **Indica si utilizarías un mapa, un plano o una maqueta para representar las siguientes situaciones.**

a. La disposición de los asientos en un teatro.

b. Una locomotora de vapor.

c. La forma de llegar desde tu ciudad al pueblo de un amigo.

d. Los ríos y sus afluentes europeos.

e. Las conexiones internas de uno de los microchips de tu ordenador.

f. Las salidas de incendio de un hospital.

52 **Actividad resuelta**

La escala del mapa de una zona montañosa es 1:30 000. Calcula la distancia real que separa dos refugios si en el mapa están separados por 2,7 cm.

Si 1 cm en el mapa equivale a 30 000 cm en la realidad, la distancia real entre los refugios es:

$$2{,}7 \cdot 30\,000 = 81\,000 \text{ cm} = 810 \text{ m}$$

53 **Fíjate en este plano de una oficina. Mide todas las estancias con ayuda de una regla y calcula sus dimensiones teniendo en cuenta que la escala es 1:300.**

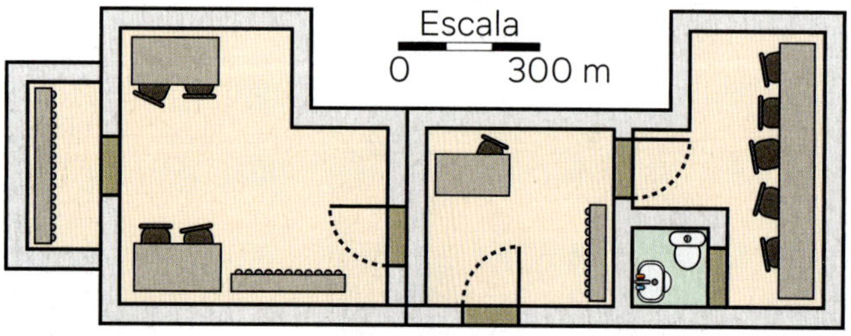

54 **La distancia entre dos ciudades en un mapa de escala 1:50 000 es de 4 cm. Calcula la distancia entre ambas ciudades en otro mapa de escala 1:120 000.**

55 **Calcula las medidas reales de un edificio si su maqueta se construyó a escala 1:500 y tiene 13 cm de largo, 4 cm de ancho y 20 cm de alto.**

56 **Van a replantar parte de un parque delimitado por dos calles. Cada parcela se utilizará de forma diferente. La P_1, como zona verde, la P_2, para juegos infantiles hasta 5 años, la P_3, como zona de juegos para niños mayores de 5 años, la P_4, como zona de deporte para personas mayores, la P_5, como zona de deporte para jóvenes, la P_6, zona para los perros,y la P_7, como punto información, tal y como se indica en el plano.**

a. Halla las dimensiones de cada parcela.

b. Calcula la superficie que ocupa la zona de información y la zona verde.

c. ¿Cuál de las zonas tiene la mayor área?

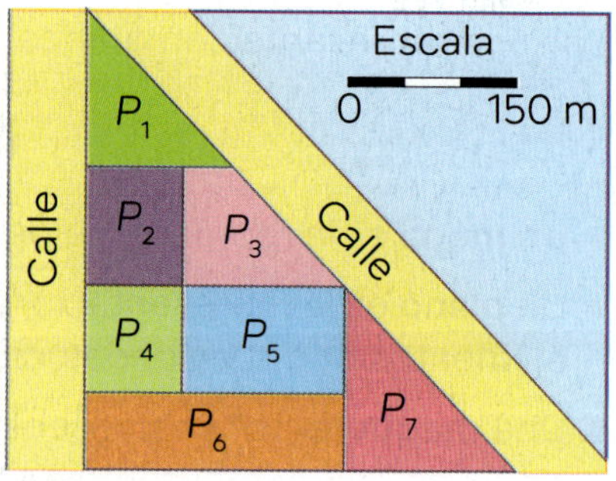

57 **El parque Nacional de Doñana es la mayor reserva ecológica europea y fue declarado Patrimonio de la Humanidad por la Unesco en 1994. Se encuentra en las provincias andaluzas de Huelva, Sevilla y Cádiz. Busca un mapa y contesta.**

a. Estima la distancia real aproximada que separa a las localidades de Matalascañas y Sanlúcar de Barrameda.

b. Estima la distancia real aproximada que separa a las localidades de Matalascañas y El Rocío.

NUESTRO RETO

El pez que nada al revés

Resuelve en grupo el desafío consensuando con tus compañeros de equipo las decisiones para llegar al resultado final

Paso 1

Cooperación

CREAMOS JUNTOS. Forma cinco grupos heterogéneos para trabajar en equipo con la intención de llegar a un consenso. Cada grupo necesitará 16 palillos para simular los movimientos en el plano de un pez y herramientas para medir.

En primer lugar, cada grupo tendrá que formar el pez de la primera foto con sus 8 palillos. El desafío consiste en hacer que el pez nade del revés como en la segunda foto moviendo 3 palillos.

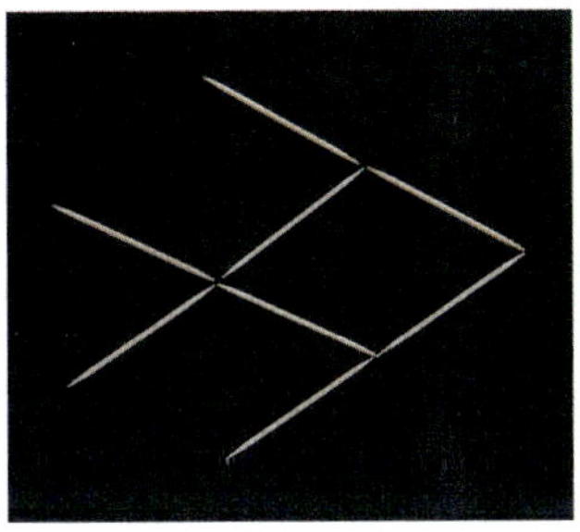

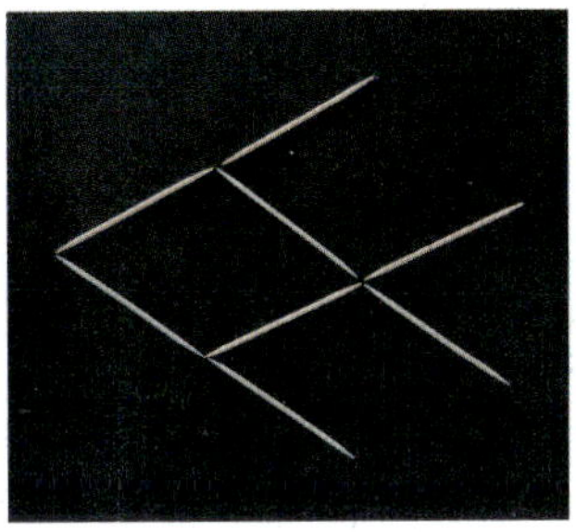

- ¿Qué movimientos en el plano habéis utilizado?

Ahora, considerad el pez como una figura plana cerrada.

- Calculad su perímetro y su área midiendo vuestros palillos. Si quisiéramos doblar su longitud, esta vez tendríamos que colocar 16 palillos en forma de pez. Volviendo a calcular el nuevo perímetro y la nueva área, ¿qué ha cambiado? ¿Hay relación con la anterior? ¿Se duplica? Explica tu razonamiento.

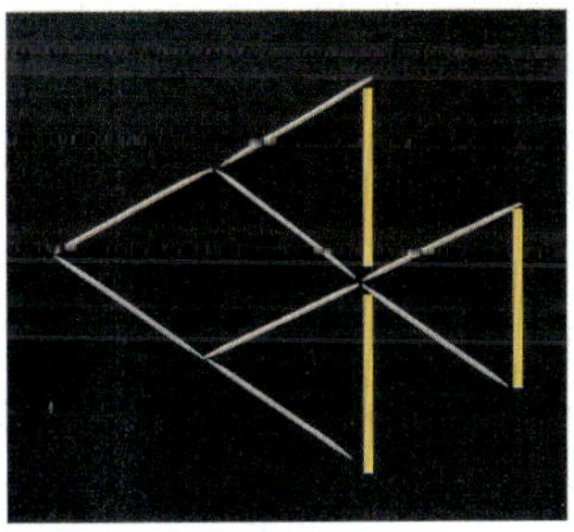

Paso 2

Reflexión final

Como has podido comprobar durante el desarrollo de este reto, has debido llegar a un consenso con tus compañeros para tomar decisiones y buscar soluciones. Nombrad un portavoz de grupo que explique al resto de compañeros cómo ha sido ese proceso hasta alcanzar el resultado final. Recuerda cuidar la respiración para hablar con las pausas correctas.

¿Cómo te ha ido el reto? Entra y haz tu valoración

EN RESUMEN

Movimientos en el plano

Traslaciones	Giros	Simetría central	Simetría axial
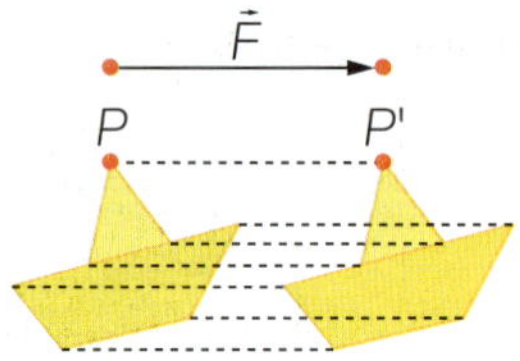	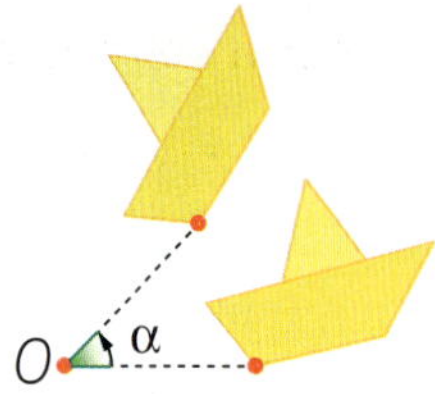	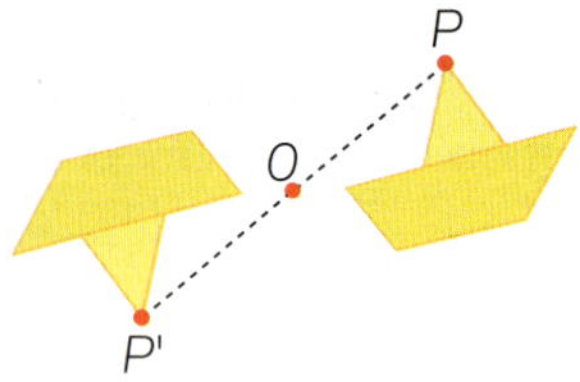	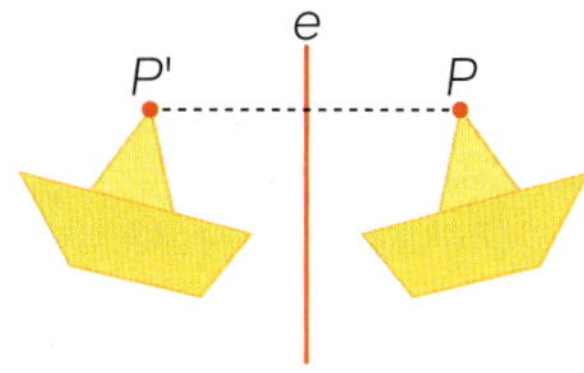

Simetría en cuerpos geométricos

Un cuerpo geométrico es **simétrico** respecto de un plano cuando este plano, llamado **plano simétrico**, divide al cuerpo en dos partes que se corresponden de forma exacta.

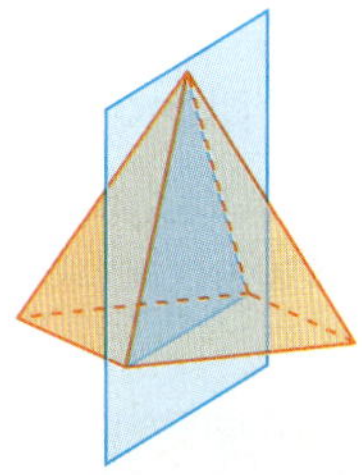

Semejanza y teorema de Tales

Las figuras **semejantes** tienen la misma forma, pero distinto tamaño.

- La distancia entre dos puntos cualesquiera de una de ellas dividida entre la distancia entre los dos puntos correspondientes de la otra, es constante y se denomina **razón de semejanza**, *k*.
- Dos **polígonos** son **semejantes** cuando sus ángulos correspondientes son iguales, y sus lados, proporcionales.

Razón de semejanza *k*	
Razón de longitudes	k
Razón de áreas	k^2
Razón de volúmenes	k^3

Si varias rectas paralelas cortan a dos rectas secantes, *r* y *s*, los segmentos determinados por las rectas paralelas sobre *r* y *s* son proporcionales.

Teorema de Tales → $\frac{\overline{AB}}{\overline{A'B'}} = \frac{\overline{BC}}{\overline{B'C'}} = \frac{\overline{AC}}{\overline{A'C'}}$

- Dos **triángulos** están **en posición de Tales** cuando tienen un ángulo en común y los lados opuestos a ese son paralelos.

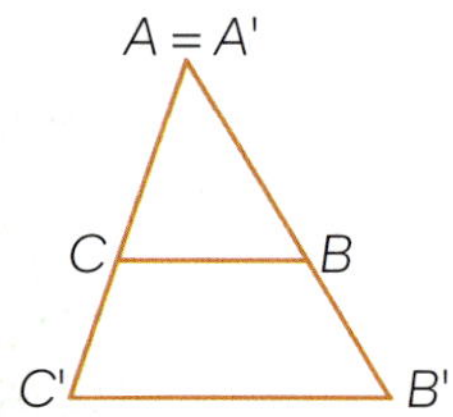

Criterios de semejanza de triángulos		
1.er criterio	**2.º criterio**	**3.er criterio**
Dos triángulos son semejantes si tienen **dos ángulos** correspondientes **iguales**.	Dos triángulos son semejantes si tienen **un ángulo correspondiente igual**, y **los lados** que lo forman, **proporcionales**.	Dos triángulos son semejantes si tienen **los tres lados** de uno **proporcionales** a los del otro.

Escalas

Escala numérica

1:1 500 000 → $E = \frac{\text{Distancia en la representación}}{\text{Distancia en la realidad}}$

Escala gráfica

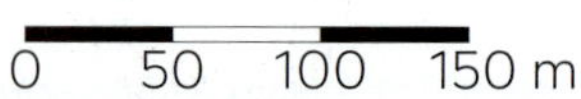

PRACTICAMOS

Actividades

1 **Aprendo a pensar.** Organiza en un mapa mental los conceptos que has aprendido.

2 Para las siguientes figuras, dibuja la figura resultante al aplicar:

- Una traslación según la flecha $\vec{F}$.
- Una simetría axial de eje *e*.

a.

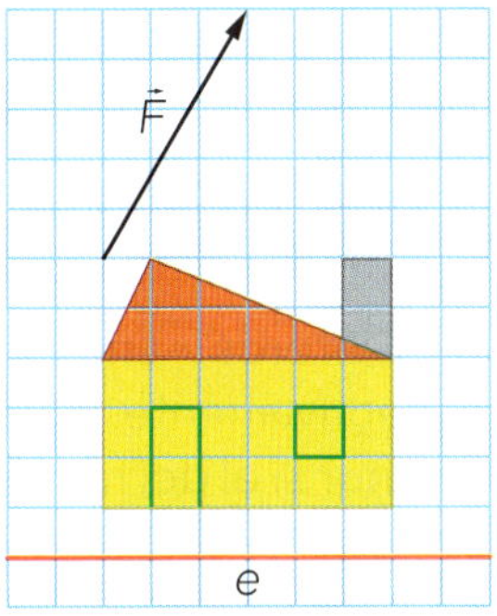

b.

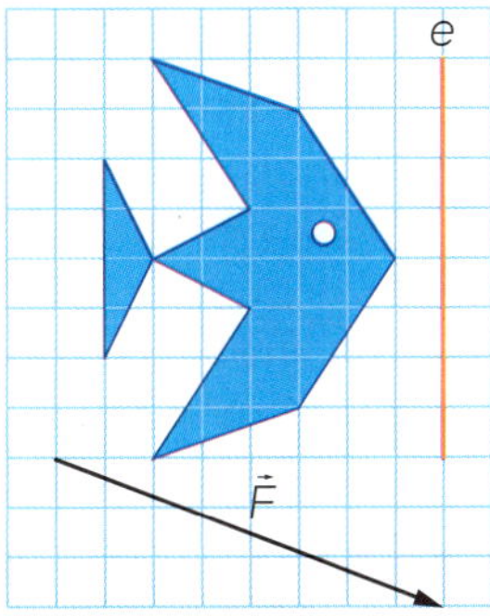

3 Para el siguiente pentágono regular de centro *O*, dibuja la figura resultante y sitúa los nuevos vértices después de aplicarle:

a. Un giro de centro *O* y amplitud 72°

b. Un giro de centro *O* y amplitud 144°

Pista: el ángulo central de un pentágono regular es de 72°.

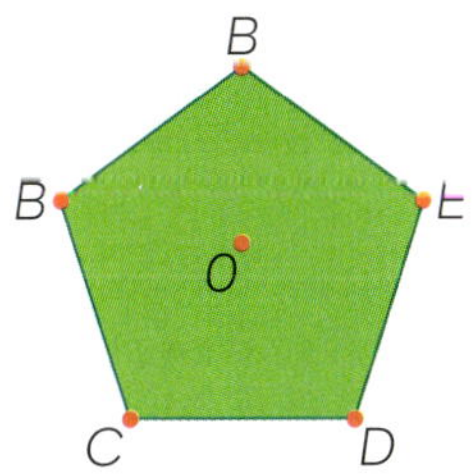

4 Dibuja dos rectángulos con una base que sea exactamente el doble que su altura.

a. ¿Son semejantes las figuras que has dibujado?

b. ¿Cuál es la razón de semejanza?

5 Indica algún plano de simetría en los siguientes cuerpos.

a.

b.

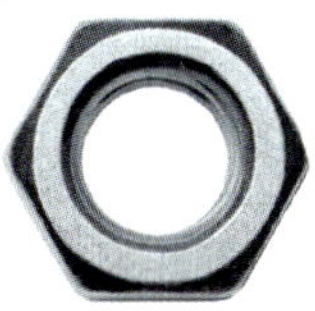

c.

6 Divide un segmento de 10 cm de longitud en tres partes proporcionales a 1, 3 y 4.

7 Construye polígonos semejantes a los siguientes con razón de semejanza $\frac{2}{3}$.

a.

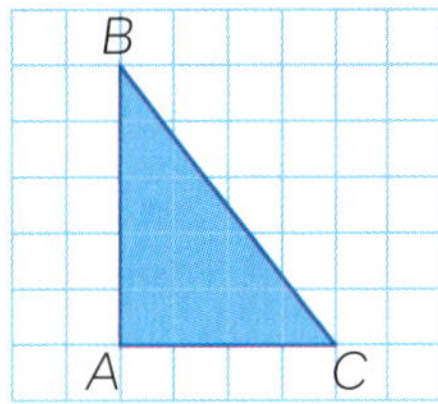

b.

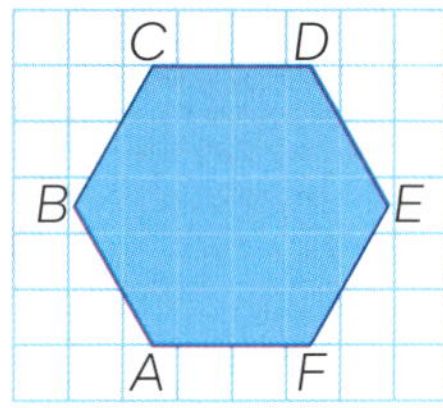

8 Indica la razón de semejanza de las siguientes parejas de figuras.

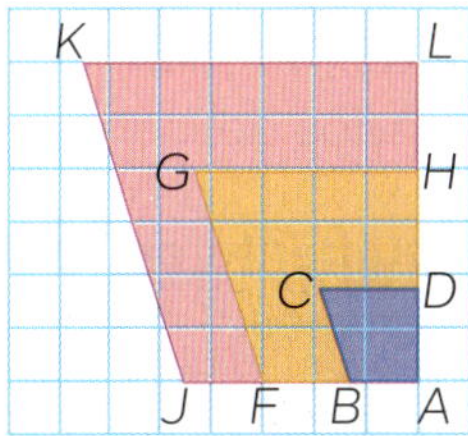

a. Los cuadriláteros *ABCD* y *AFGH*.

b. Los cuadriláteros *ABCD* y *AJKL*.

c. Los cuadriláteros *AFGH* y *AJKL*.

9 ¿Son semejantes todos los hexágonos regulares? Un hexágono regular tiene por lado 4 cm. Calcula el lado de otro hexágono regular con razón de semejanza respecto al anterior de 3,5.

10 Las siguientes ternas de números representan las longitudes de los lados de una pareja de triángulos. Estudia, en cada caso, si son o no semejantes. En caso afirmativo, determina la razón de semejanza.

	a	*b*	*c*	*a'*	*b'*	*c'*
i)	2	4	5	8	16	20
ii)	3	4	6	4,5	6	8,5
iii)	2,5	5,5	7	7,5	16,5	21

11 Calcula el valor de los segmentos desconocidos en las siguientes representaciones.

a.

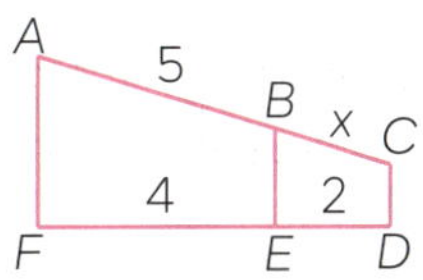

b.

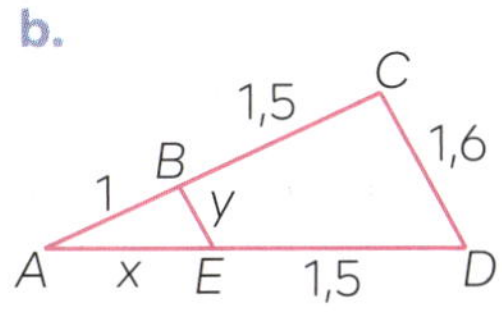

12 Del polígono *ABCDE* de la siguiente figura se conocen las medidas:

$\overline{AB} = 27$ mm $\overline{CD} = 30$ mm $\overline{EA} = 25$ mm

$\overline{BC} = 30$ mm $\overline{DE} = 45$ mm

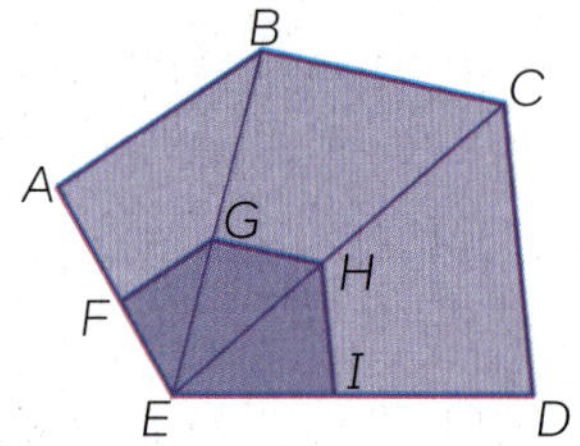

Si el polígono *EFGHI* es semejante al anterior e $\overline{IE} = 2$ cm:

a. Calcula la razón de semejanza entre ambos polígonos.

b. Halla los lados desconocidos de *EFGHI*.

13 Divide un segmento de 10 cm de longitud en seis partes iguales.

14 Divide un segmento de 8 cm de longitud en cuatro partes proporcionales a 1, 2, 4 y 4.

15 Construye un rectángulo de medidas 3 cm × 6 cm y, después, otro semejante al anterior con razón de semejanza $\frac{1}{3}$.

16 Dibuja un triángulo de lados 2 cm, 4 cm y 5 cm. Después, construye otro triángulo semejante con razón de semejanza 0,75.

17 Construye dos polígonos semejantes con razones de semejanza $\frac{1}{2}$ y $\frac{2}{3}$.

18 Divide un segmento de 4 cm en tres partes, de forma que la primera sea el doble que la segunda, y esta, el doble que la tercera.

19 Dibuja un octógono regular y, a continuación, construye otro octógono semejante al primero, cuyos lados sean un 20 % más pequeños. Comprueba, midiendo, que mantienen la razón de semejanza.

20 Dibuja un segmento de 8 cm de longitud y, a continuación, construye otro segmento semejante al primero, con razón de semejanza $\frac{7}{5}$.

21 El perímetro de un hexágono regular mide 36 cm. ¿Cuál será el perímetro de otro hexágono regular si la razón de semejanza entre ambos es 5?

22 Los lados de un pentágono miden 4 cm, 3 cm, 3 cm, 5 cm y 5 cm, respectivamente, y su área mide 25 cm^2. Calcula los lados de otro pentágono semejante al anterior con área de 100 cm^2.

23 Un triángulo rectángulo tiene catetos de medidas 3 cm y 4 cm. Halla la hipotenusa de otro triángulo semejante al anterior sabiendo que el área de este segundo triángulo es de 24 cm^2.

24 Las áreas de dos cuadriláteros semejantes son 18 m^2 y 28,125 m^2, respectivamente. ¿Cuánto mide el perímetro del menor si el del mayor es de 22,5 m?

25 Los triángulos *ABC* y *DEF* son equiláteros.

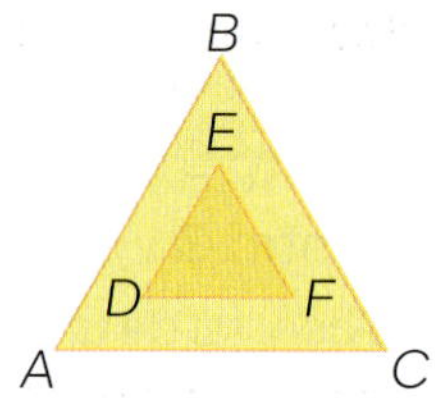

Si el área del mayor es 6,93 cm^2 y el lado del menor mide 2 cm, ¿cuál es la razón de semejanza?

26 Dibuja un triángulo de lados 3 cm, 4 cm y 5 cm, respectivamente. Después, construye otro triángulo semejante al anterior, con razón de semejanza $\frac{2}{3}$.

27 Las diagonales de dos cubos miden 5,2 cm y 10,4 cm, respectivamente.

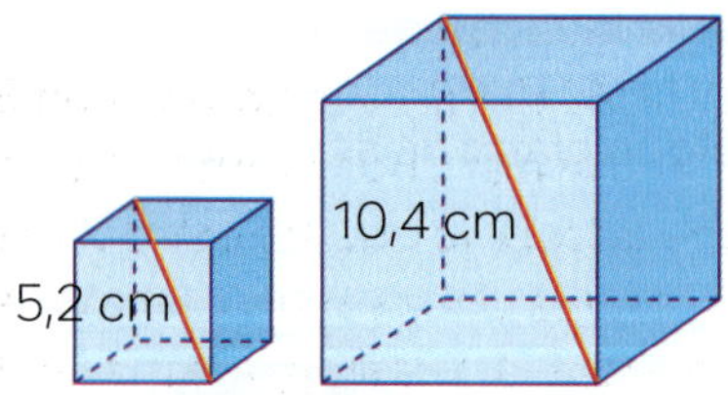

Si el volumen del primero es 27 cm^3, ¿cuál es el volumen del segundo?

28 En un mapa se indica que la escala es 1:5000.

a. ¿Cuál es la razón de semejanza entre la imagen y la realidad representada?

b. Si la distancia entre dos ciudades en ese mapa es de 7,3 cm, ¿cuál será la distancia real que las separa? Da el resultado en kilómetros.

29 Relaciona las escalas gráficas con las escalas numéricas.

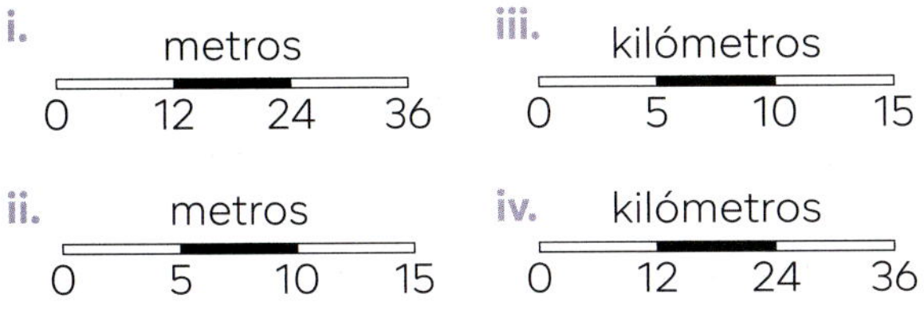

a. 1:500 000

b. 1:500

c. 1:1 200 000

d. 1:1200

30 La distancia entre dos ciudades representadas en un mapa de escala 1:50 000 es de 10 cm. Calcula la distancia que separa a dichas ciudades en otro mapa de escala 1:125 000.

Problemas

31 La pintura blanca en el techo de un edificio refleja la luz solar y disminuye la temperatura. Para pintar de blanco los dos triángulos grises que aparecen en la figura, se necesita saber, entre otros datos, si son o no son semejantes.

Estudia si lo son sabiendo que sus lados miden 10 m, 10 m y 16 m en el de arriba y 7,5 m, 7,5 m y 12 m en el de abajo. En caso afirmativo, indica la razón de semejanza.

32 Desde 2006, el 8 de septiembre en España se celebra el Día del Cooperante, día en el que se reconoce el trabajo que más de 1400 españoles realizan en las zonas más desfavorecidas de la Tierra. Para la ocasión, realiza un logo para un cartel publicitario que refleje los movimientos en el plano y explica dónde los has aplicado.

33 El siguiente dibujo es un esquema del detalle de la Puerta del Perdón de Sevilla y de la Puerta del Perdón de Córdoba.

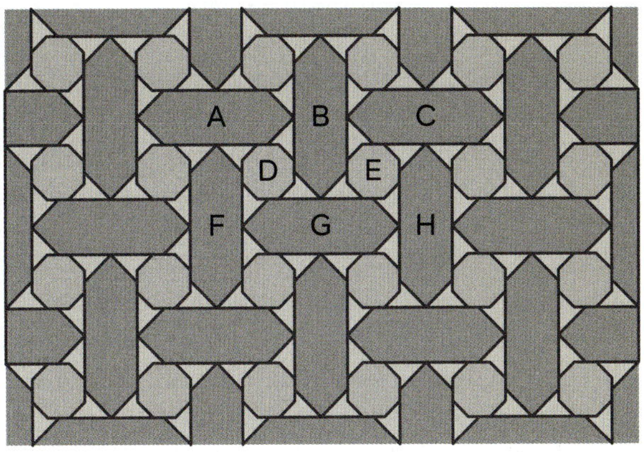

a. Indica qué movimiento del plano transforma el hexágono *A* en el hexágono *H*.

b. Indica qué movimiento del plano transforma el hexágono *A* en el hexágono *G*.

c. Indica qué movimiento del plano transforma el octógono *D* en el octógono *E*.

34 En el pueblo de Nuria, han montado un parque de atracciones con una noria. Dibuja un plano de simetría.

35 En un concierto quieren reservar $\frac{2}{5}$ de la pista a las personas con movilidad reducida. La pista tiene forma de hexágono regular y la zona reservada debe quedar lo más cerca posible del escenario, situado en uno de los lados del hexágono. Dibuja un esquema de la pista del concierto y de la zona reservada.

36 Los estudiantes de 2.º de ESO organizan una exposición sobre el cambio climático y quieren utilizar paneles rectangulares que sean todos semejantes. Uno de los paneles mide 120 cm × 80 cm, y otro, 138 cm × 92 cm. ¿Crees que, efectivamente, son semejantes?, ¿cuál es su razón de semejanza? Un tercer panel mide 207 cm de ancho. ¿Cuánto debe medir su largo para que conserve la semejanza?. ¿Solo hay una posibilidad?

37 Un edificio de cinco plantas de igual altura proyecta, en cierto instante, una sombra de 22 m. Calcula la altura de cada planta, si se sabe que, en ese mismo momento, un árbol de 3 m de altura proyecta una sombra de 4,5 m.

38 El cuarto de Javier es un rectángulo de dimensiones 3,15 m × 3,78 m. ¿Qué dimensiones tendrá su representación en un plano con escala 1:21?

39 Un coche mide de largo 2,7 m en la realidad y su maqueta, 15 cm. ¿Cuál es la escala de la maqueta?

40 El mapa representa la isla de Gran Canaria. Halla la distancia en línea recta entre la capital, Las Palmas de Gran Canaria, y los municipios de Maspalomas y Agache.

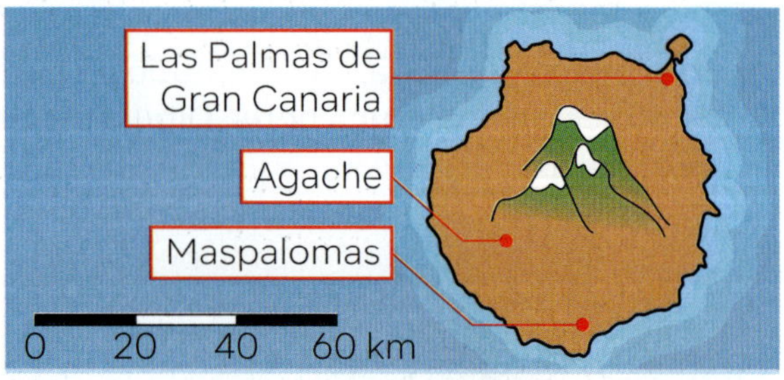

41 Una masa de hielo marino cercana al polo Norte tiene una superficie delimitada, de forma aproximada, por un hexágono regular. Se espera que, debido al cambio climático, dicha superficie se vea reducida en los próximos 20 años y se transforme en otra superficie, también con forma de hexágono regular semejante al anterior y con razón de semejanza $\frac{4}{5}$.

Dibuja un esquema de las superficies de las masas de hielo inicial y final. ¿Cuál es la proporción de las áreas?

42 Comprueba que los dos triángulos que forman el cartabón de la figura son proporcionales.

Calcula la medida de todos los lados e indica la razón de semejanza.

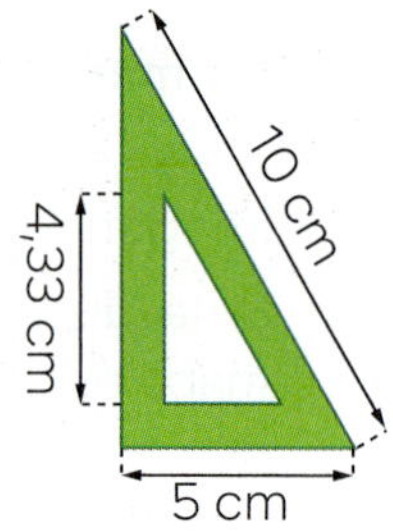

43 Se ha realizado una maqueta de 25 cm de la estatua de un parque para colocarla en el centro de exposiciones del colegio. Calcula la escala de la maqueta si la altura real de esa estatua es de 2 m.

44 Alfredo sabe que un triángulo cuyos lados miden 3, 4 y 5 cm, respectivamente, es rectángulo. Quiere dibujar un triángulo rectángulo semejante al anterior, pero con una hipotenusa de 1,5 cm. Calcula las longitudes de los catetos del nuevo triángulo y la relación entre las áreas de ambos triángulos.

45 Un hombre está esperando un taxi al lado de una farola. Durante la espera se pregunta cuánto medirá su altura. Gracias a una app de su teléfono móvil observa que la sombra de su cuerpo que crea la farola en el el suelo mide 140 cm. Sabiendo que la estatura del hombre es 160 cm y que la distancia desde el punto *E* hasta la base de la farola es 253 cm, ¿cuál será la altura *X* de la farola?

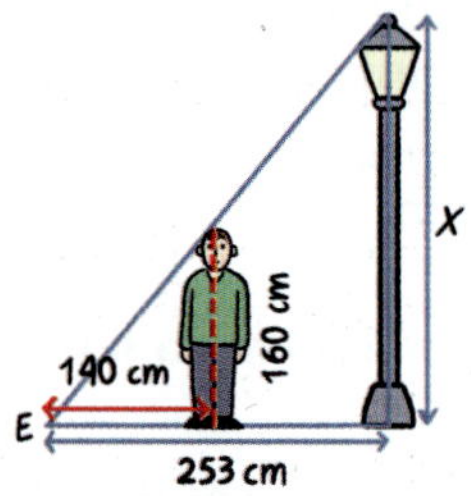

46 Tres latas de tomate tienen forma semejante y sus alturas respectivas son de 20 cm, 25 cm y 40 cm. Si el volumen de la lata mediana es de 250 cm^3, halla los volúmenes de las otras dos latas.

47 La altura de un edificio es de 30 m. Se quiere construir una maqueta con escala 1:200. ¿Cuál será la altura de ese edificio en la maqueta?

48 La distancia entre dos ciudades es de 350 km y la distancia que las separa en un mapa es de 7 cm. ¿Cuál es la escala de dicho mapa?

49 Se quiere colocar una puerta de garaje en la entrada de una casa, con un un acceso para los vehículos y otro para los peatones, como se muestra en la figura.

a. Calcula el valor del lado X para que los rectángulos $ACDF$ y $BCDE$ sean semejantes.

b. Halla las áreas de los rectángulos anteriores y comprueba la relación que existe entre su razón y la razón de semejanza.

c. Comprueba si el rectángulo $ABEF$ es también semejante a los anteriores.

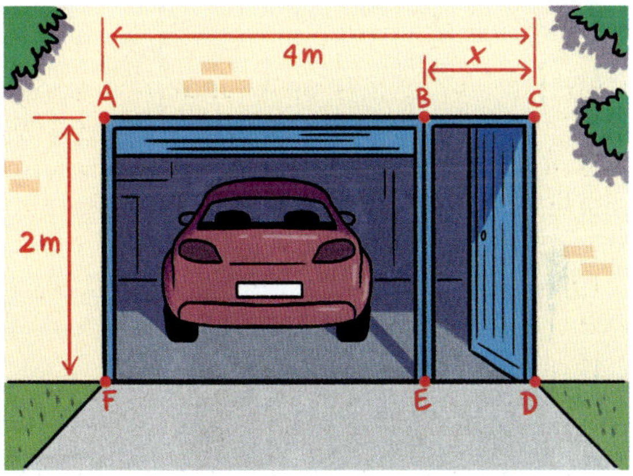

50 Las dimensiones de un jardín rectangular en un plano de escala 1 : 125 son 24 cm y 32 cm.

a. Calcula las dimensiones reales del jardín y expresa los resultados en metros.

b. Calcula el perímetro y el área del jardín.

51 En un triángulo isósceles, la base mide 10 cm, y la altura, 20 cm.

a. Calcula el perímetro de dicho triángulo y el de otro triángulo obtenido al unir los puntos medios de sus lados.

b. Halla la relación entre las áreas de los dos triángulos.

52 Una empresa de vehículos fabrica dos camiones semejantes para transporte de carburantes.

- Las alturas respectivas son de 2 m y 2,5 m.
- La superficie de material necesaria para construir el depósito del camión menor es de 18 m^2.
- El volumen del depósito del camión mayor es de 48 m^3.

Calcula el área necesaria para construir el depósito mayor y el volumen del depósito menor.

Comprueba lo que has aprendido

1 Dibuja la resultante de la figura al aplicar:

a. Una simetría axial de eje e.

b. Una traslación de flecha $\vec{F}$.

c. Un giro de centro O y amplitud 180°.

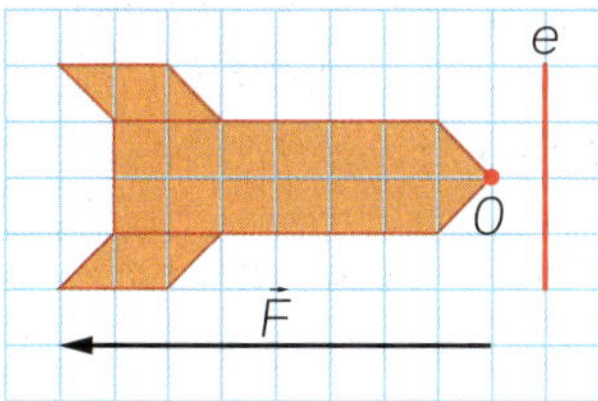

2 Indica los planos de simetría de una esfera. ¿Cuántos tiene?

3 Observa la siguiente figura y calcula $\overline{GF}$ y $\overline{CD}$.

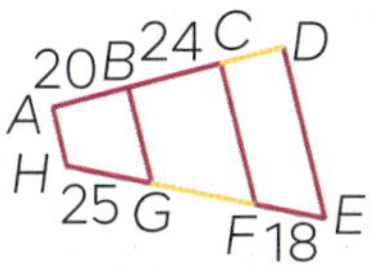

4 Comprueba si las siguientes parejas de triángulos son o no semejantes.

a. Uno de lados 12, 9 y 4, y el otro, 12, 27 y 36.

b. Uno con ángulos 43° y 67°, y el otro, 70° y 67°.

5 Divide un segmento de 9 cm de longitud en tres partes proporcionales a 1, 2 y 4.

6 La sombra de una casa de 21 m de altura es de 28 m. ¿Qué sombra proyectará en ese momento un árbol de 3 m de alto?

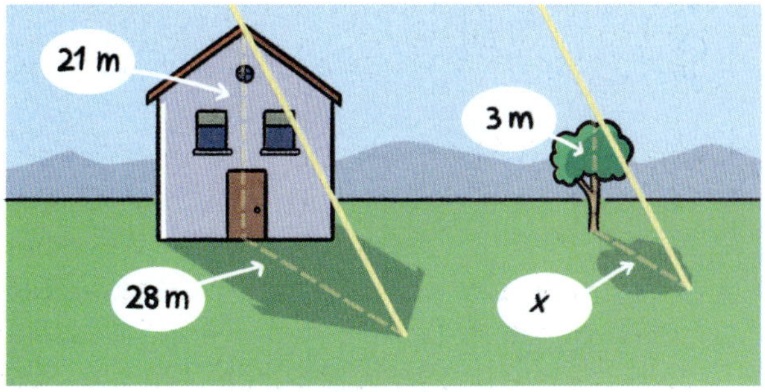

7 Las áreas de dos cuadriláteros semejantes son 47,32 m^2 y 1183 m^2, respectivamente. ¿Cuánto mide el perímetro del mayor si el del menor es de 28,6 m?

Mis competencias Autoevaluación

Bloque 3 SENTIDO ALGEBRAICO

3.1 ¿Esto va de letras?

¡EMPEZAMOS!

La finca de Mateo

G Guillermo ¡Hola, amigos! Acabo de montar una granja ecológica en mi finca.

B Bene ¡Qué gran idea! ¡Así podréis comer huevos de alta calidad!

E Edu ¡Y educar a Mateo en la conciencia ambiental!

S Sebas ¡Y apoyar la economía local!

G Germán Pero ¡¡si no tienes ni idea de gallinas!!

G Guillermo Cuento con toda tu sabiduría y, además, he estudiado mucho para ello.

- ¿Te gustaría tener un corral domestico?
- ¿Puedes enumerar dos ventajas para el ser humano, para el medioambiente y para los animales que se obtienen al montar una granja avícola sostenible?

¡VAMOS A APRENDER!

1. Pedir ayuda a los compañeros antes que al profesor.
2. Identificar expresiones algebraicas y calcular su valor numérico.
3. Definir monomios y polinomios y realizar operaciones con ellos.
4. Extraer factor común.
5. Desarrollar igualdades notables.
6. Demostrar el acuerdo o desacuerdo con una argumentación.
7. Valorar la importancia de un crecimiento económico inclusivo y sostenible.

NUESTRO RETO

Una granja sostenible

Determinarás las condiciones ideales para criar gallinas ponedoras y obtener huevos de calidad. Recopilarás los datos en hojas de cálculo para determinar la relación entre las variables y su posible influencia en la calidad de los huevos y las modelizarás a través de polinomios. Usarás toda la información encontrada para crear la página de entrada de una web de una granja sostenible.

¡Vamos allá!

1 ¿Cómo relacionamos cantidades desconocidas?

Expresiones algebraicas

1 En una torre de naipes, el piso más alto tiene 2 cartas y, según bajamos, cada piso tiene 3 cartas más que el superior. ¿Sabrías encontrar una expresión que indique el número de cartas de cualquier piso?

Una **expresión algebraica** es una expresión matemática en la que intervienen letras, números y los signos de las operaciones aritméticas.

Las letras reciben el nombre de **variables** o **incógnitas** y representan números o cantidades desconocidas.

Ejemplo

Las expresiones algebraicas permiten definir propiedades generales, fórmulas, relaciones entre valores numéricos, igualdades o desigualdades.

Propiedades generales	Propiedad conmutativa del producto de números enteros: $a \cdot b = b \cdot a$	
Fórmulas	Área de un rombo: $A(D,d) = \frac{D \cdot d}{2} = \frac{3\,\text{cm} \cdot 2\,\text{cm}}{2} = 3\,\text{cm}^2$	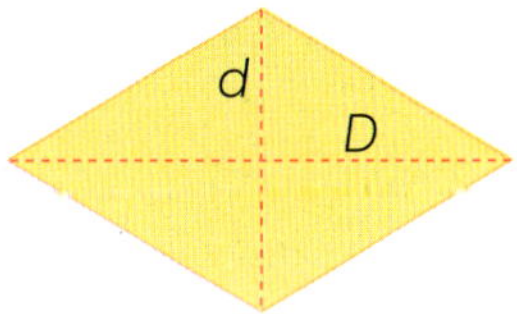
Relaciones entre valores numéricos	Si la edad de Bea es x: • Dentro de 5 años tendrá $x + 5$.	• Luis tiene el triple de la edad de Bea, es decir, $3 \cdot x$.
Igualdades o desigualdades numéricas	• $2x + 5 = 1$	• $4n + 3 < 6$

2 Asocia cada frase con su expresión algebraica.

- A La suma de dos números consecutivos
- B El cuadrado de un número
- C La raíz cuadrada del doble de un número
- D El triple de un número menos cinco
- E El doble de la raíz cuadrada de un número

1. $3n - 5$
2. $2\sqrt{n}$
3. $n + (n + 1)$
4. n^2
5. $\sqrt{2n}$

En las expresiones algebraicas no se suele escribir el punto que representa la multiplicación.

$4 \cdot x \Rightarrow 4x$

$4 \cdot x \cdot y^2 \Rightarrow 4xy^2$

3 **Escribe en lenguaje algebraico el tiempo que ha tardado cada trabajador en hacer sus tareas.**

a. Isabel ha tardado *t* horas en hacer su trabajo.

b. Juan ha tardado una hora menos que Isabel.

c. Paco ha tardado el doble de tiempo que Juan.

d. Teresa ha empleado la mitad de tiempo que Paco.

4 **Comprueba si las siguientes expresiones algebraicas se corresponden con el enunciado. Corrige las falsas.**

Diez unidades más que el doble de un número → $2(x + 10)$

La tercera parte de la suma de un número y su consecutivo → $\frac{x+(x+1)}{3}$

Cinco veces un número menos la mitad de su consecutivo → $5x-\frac{5x}{2}$

5 **Escribe las fórmulas del área y del perímetro de un rectángulo. Calcula el resultado para un rectángulo de base 5 cm y altura 12 cm.**

6 **Los lados de la figura vienen dados en centímetros.**

a. Escribe la fórmula que permite calcular el área del trapecio en función de *b* y *h*.

b. Calcula el área sabiendo que $b = 10$ cm y $h = 8$ cm.

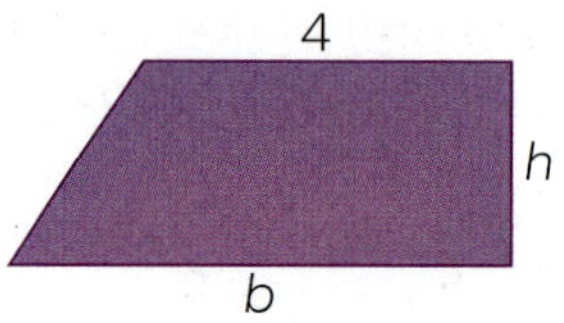

Un **término general** es una expresión algebraica que permite calcular cualquier término de una sucesión numérica.

Una **sucesión** es un conjunto ordenado de números. Un ejemplo de sucesiones son los **números poligonales**, que se clasifican en función del polígono regular que forman.

NÚMEROS POLIGONALES

Números triangulares

Para construir directamente cualquier número triangular se utiliza la expresión algebraica:

$$T(n)=\frac{n(n+1)}{2}$$

Donde *n* es la longitud del lado correspondiente del triángulo.

Números cuadrados

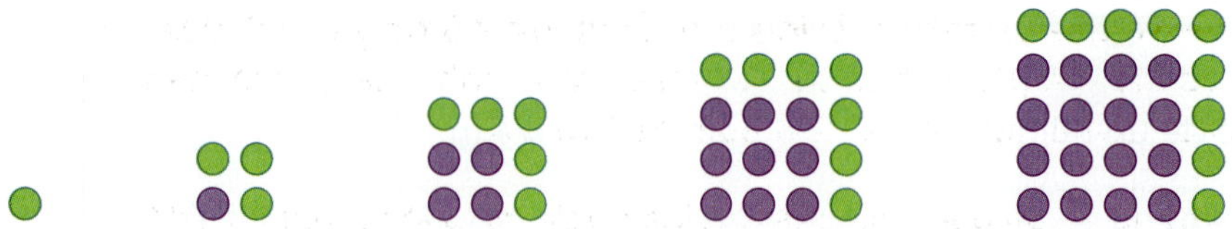

Para construir directamente cualquier número cuadrado se utiliza la expresión algebraica:

$$C(n) = n^2$$

Donde *n* es la longitud del lado correspondiente al cuadrado.

7 **Calcula los diez primeros números cuadrados y los primeros diez triangulares.**

Valor numérico de una expresión algebraica

El **valor numérico de una expresión algebraica** es el resultado de sustituir cada una de las variables por un número determinado.

- Las expresiones algebraicas se nombran con una letra mayúscula y las incógnitas entre paréntesis. Las incógnitas pueden tener cualquier valor.

Ejemplo

Observa cómo se calculan estos valores numéricos.

- $A(x) = 6x - 7$ para $x = -1$

  $A(-1) = 6 \cdot (-1) - 7 = -6 - 7 = -13$

- $B(m, n) = n^2(m - 1)$ para $m = 6$ y $n = -2$

  $B(6, -2) = (-2)^2 \cdot (6 - 1) = 4 \cdot 5 = 20$

8 **Calcula el valor numérico de las siguientes expresiones para los valores que se indican.**

a. $A(x) = 3x + 5$ para $x = 4$

b. $B(t) = t(t - 1)$ para $t = 6$

c. $D(x, y) = 3xy + 5x - y$ para $x = 3$, $y = 5$

9 **La tarifa básica de un aparcamiento es 0,04 €/min los primeros 30 minutos, 0,03 €/min entre el minuto 31 y el minuto 90 y 0,05 €/min a partir del minuto 91.**

a. ¿Cuánto se pagará para un tiempo t entre 0 y 30 minutos?

b. ¿Y para un tiempo t entre 31 y 90 minutos?

c. Expresa el precio que se pagará para $t > 90$.

d. Calcula el dinero que pagará una persona que deja su coche 3,5 h en el aparcamiento.

10 ### Actividad resuelta

En la expresión algebraica $P(x,y) = 3(x-1)^2 + \frac{y}{3}$, calcula $P(-1, 6)$.

Sustituimos en la expresión $x = -1$ e $y = 6$:

$$P(-1,6) = 3(-1-1)^2 + \frac{6}{3} = 3(-2)^2 + 2 = 3 \cdot 4 + 2 = 14$$

11 **Dada la expresión algebraica $A(a, b, c) = 2a^2b - 3c$, calcula su valor numérico para los valores indicados.**

a. $A(2, 1, 0)$

b. $A(1, \frac{1}{2}, \frac{1}{3})$

c. $A(10, 15, 1000)$

12 **Calcula los números triangulares para valores de n menores que 10.**

13 **Calcula el número triangular de $n = 50$.**

14 **Unos trabajadores están ampliando una carretera. Inicialmente medía 40 km y construyen 15 km más cada semana. Expresa la longitud total de la carretera al cabo de t semanas. ¿Cuántos kilómetros medirá la carretera tras un mes y medio de trabajo?**

15 **En el año 2000, la tasa de desempleo en un país con bajo índice de desarrollo humano (IDH) era del 14 %. Se tomaron medidas con el objetivo de reducirla un 0,4 % cada año.**

a. Halla la fórmula que permite calcular la tasa t en años después del año 2000.

b. ¿Cuál será la tasa de paro en 2030?

16 MAT-TIC **Sigue entrenando con el interactivo** GeoGebra ***Valor numérico.***

2 ¿Cómo operamos con monomios?

Monomios

17 **¿Sabes distinguir cuáles de estas expresiones son monomios?**

$2x^2$ $\quad \frac{5}{3}x^3y^2$ $\quad -4abc$ $\quad 3x + 5y$ $\quad \frac{3}{x}$ $\quad \sqrt{7x^3}$

Un **monomio** es una expresión algebraica formada por el producto de un número por una o varias variables elevadas a exponentes naturales.

Los monomios constan de dos partes:

- **Parte literal:** formada por las variables y sus exponentes correspondientes.
- **Coeficiente** o **parte numérica**: el número que multiplica a la parte literal.

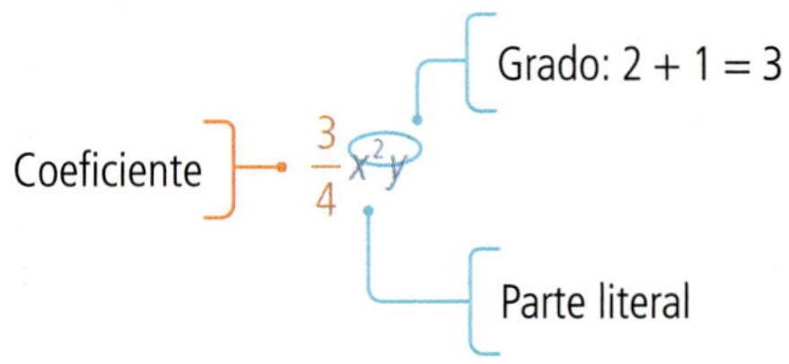

El **grado** de un monomio es la suma de todos los exponentes de las variables que forman la parte literal.

18 **¿Cuáles de las siguientes expresiones algebraicas son monomios? Indica su coeficiente, su parte literal y su grado.**

a. $-7x^4y$ **b.** $6\sqrt{x^3}$ **c.** 9 **d.** $3x - 2$ **e.** $(5-3)x^3y^4$ **f.** $\frac{3x^2z^6}{y^3}$

Dos monomios son **semejantes** si tienen la misma parte literal.

19 Actividad resuelta

Indica si los monomios $-8x^3y^2$ y $3y^2x^3$ son semejantes.

Como los dos monomios tienen la misma parte literal, x^3y^2, son semejantes.

20 **Indica, en cada caso, si los monomios son semejantes o no.**

a. $-4x^2$ y $8yx^2$ **b.** $9a^2b^3$ y $-11a^3b^2$ **c.** $\frac{2}{5}m^4n$ y $-\frac{2}{5}mn$ **d.** $\frac{1}{7}p^5q^4$ y q^4p^5

Operaciones entre monomios

Suma	Resta
Los monomios solo se pueden sumar (o restar) si son semejantes. En tal caso, sumamos o restamos los coeficientes y mantenemos la parte literal. Las operaciones con monomios tienen las mismas propiedades que las operaciones con números.	
Ejemplo Hallamos la suma y la diferencia de $A(x) = -3x^2$ y $B(x) = 4x^2$.	
$A(x) + B(x) = -3x^2 + 4x^2 = (-3+4)x^2 = x^2$	$A(x) - B(x) = -3x^2 - 4x^2 = (-3-4)x^2 = -7x^2$

21 **Halla las siguientes sumas y restas.**

a. $13x - 5x + 17x + 4x - 20x$

b. $\frac{7}{3}x^3 - \frac{4}{3}x^3 + \frac{11}{3}x^3$

c. $\frac{2b^6}{9} - \frac{5}{6}b^6 + \frac{17b^6}{8}$

d. $\frac{13}{24}t^6 - \frac{5}{18}t^6 + \frac{7t^6}{45}$

Producto de un número por un monomio	Producto de dos monomios
Para multiplicar un número por un monomio, multiplicamos el número por el coeficiente del monomio y escribimos la misma parte literal.	Para multiplicar cualquier par de monomios, multiplicamos los coeficientes y las partes literales.
Ejemplos	**Ejemplo**
• $-4 \cdot 3x^2y = -12x^2y$ • $-2 \cdot \frac{3}{5}x^4 = -\frac{2 \cdot 3}{5}x^4 = -\frac{6}{5}x^4$	$-2x^2y \cdot 5x^3y^2 = (-2 \cdot 5) \cdot x^2 \cdot y \cdot x^3 \cdot y^2 =$ $= -10\, x^{2+3}y^{1+2} = -10x^5y^3$

22 Realiza estas operaciones con monomios y, cuando sea posible, simplifica el resultado.

a. $(-7) \cdot (5x^6y^4)$

b. $(-5x^2) \cdot (4x^2)$

c. $\left(\frac{3}{4}x\right) \cdot \left(\frac{y}{3}\right)$

d. $(-6x^3) \cdot (2x)$

e. $(-2a^3b^5c) \cdot (7a^9c^3)$

f. $\left(\frac{4}{5}x^8y^7\right) \cdot \left(\frac{15}{14}x^6y^9\right)$

Potencia de un monomio

Para calcular la potencia de un monomio, elevamos el coeficiente al exponente y cada una de las variables de la parte literal.

Ejemplo

$(-2x^2y^3)^2 = (-2)^2 \cdot (x^2)^2 \cdot (y^3)^2 = 4 \cdot x^{2 \cdot 2}\, y^{3 \cdot 2} = 4x^4\, y^6$

23 Calcula las siguientes potencias.

a. $\left(-4x^4\right)^2$

b. $\left(-2x^{10}\right)^3$

c. $\left(3^5x^9\right)^{10}$

d. $\left(-2a^3b^2\right)^2$

e. $\left(x^3y^5z\right)^{10}$

f. $\left(-a^9b^3c^6\right)^7$

División de monomios

Para dividir dos monomios, dividimos sus coeficientes y sus partes literales. El resultado no tiene por qué ser siempre un monomio.

Ejemplo

- $(12x^8):(3x^5) = \frac{12}{3} \cdot \frac{x^8}{x^5} = 4x^3 \Rightarrow$ El resultado es un monomio.
- $(6x^2):(-3x^4) = \frac{6}{-3} \cdot \frac{x^2}{x^4} = \frac{-2}{x^2} = -2x^{-2} \Rightarrow$ El resultado no es un monomio.

24 Resuelve los siguientes cocientes entre monomios. Simplifica la respuesta.

a. $\frac{81x^7}{9x^5}$

b. $\frac{-48x^9}{6x^9}$

c. $\frac{-48x^7yz^3}{16x^7z^3}$

d. $\frac{5x^9y^4z^5}{20x^4y^4z^4}$

e. $\frac{8x^{40}}{4x^{20}}$

f. $\frac{36x^{120}y^{110}z^{100}}{48x^{10}y^{10}z}$

25 Una empresa que fabrica tipis, las típicas tiendas de campaña de los indígenas americanos, ha contratado un diseñador para crear un logo de empresa. Tomás ha ilustrado el logotipo con una creación geométrica que recuerda al tipi. Escribe el monomio que expresa el área de la parte sin colorear si el lado del triángulo es x.

3 Y si no es un monomio, ¿qué es?

Polinomios

26 Observa y contesta.

Un **polinomio** es una expresión algebraica formada por la suma de varios monomios no semejantes. Cada sumando se llama término. En un polinomio:

- El **término principal** es el monomio de mayor grado. Su coeficiente es el **coeficiente principal.**
- El **término independiente** es el monomio que no tiene parte literal.
- El **grado** es el mayor de los grados de los monomios que lo forman.

Al polinomio de dos sumandos se le denomina **binomio**, y al de tres, **trinomio**. A partir de cuatro términos se utiliza el término polinomio.

Ejemplo

Polinomio	Término principal	Coeficiente principal	Grado	Término independiente
$3x^5 - 2x^2 - 7$	$3x^5$	3	5	-7
$-4x^2y - 5xy + \frac{1}{3}$	$-4x^2y$	-4	$2 + 1 = 3$	$\frac{1}{3}$
$\frac{x^2}{2} + 3x$	$\frac{x^2}{2}$	$\frac{1}{2}$	2	0

27 **Determina el término principal, el coeficiente principal, el grado y el término independiente de los siguientes polinomios.**

a. $9x^2 - 5x - \frac{1}{3}$

b. $2x + 11$

c. $-7x^{10} + x^9 - 4x^2$

d. $x - x^2 + x^3$

e. $5x^4 - 6x^2 + 1$

f. $-3x + 4x^2 - 8 + x^3$

28 **Escribe un polinomio que cumpla simultáneamente todas estas condiciones.**

- Es de grado 4.
- Su coeficiente principal es igual a su término independiente.
- No tiene términos de grados impares.

Un **polinomio** con una sola variable es **completo** si tiene términos de todos los grados intermedios, desde el de mayor grado al término independiente y es **incompleto** si falta alguno.

29 Actividad resuelta

Ordena y completa el polinomio $P(x) = -6x + x^2 - 2x^4$ con los términos que faltan.

Indica todos los coeficientes.

1.° Ordenamos los términos de mayor a menor grado: $P(x) = -2x^4 + x^2 - 6x$

2.° Completamos el polinomio con los términos de los grados que faltan, con coeficiente 0.

$$P(x) = -2x^4 + 0x^3 + x^2 - 6x + 0$$

Los coeficientes del polinomio son, en orden: –2, 0, 1, –6, 0.

30 **Ordena y completa los siguientes polinomios y escribe sus coeficientes.**

a. $P(x) = 3 - x^3$

b. $Q(x) = 2x - x^4 + 2$

c. $R(x) = 1 + x + x^5 + x^2$

d. $T(x) = 5 - 2x + x^3 - 7x^4$

31 **PEDIMOS AYUDA. Escribe un polinomio que cumpla las condiciones pedidas en cada caso.**

a. Tiene una sola variable, su coeficiente principal es –1 y es de grado 3.

b. Es un polinomio completo en una sola variable, de grado 4.

c. Es un polinomio incompleto en una sola variable de grado 2.

d. Todos sus coeficientes son iguales, todos sus términos tienen grado 4 y tiene, al menos, dos términos no semejantes.

¿Qué has aportado por tu parte y qué has recibido?

Operaciones con polinomios y monomios

Suma	Resta
Para sumar o restar polinomios, sumamos o restamos los monomios semejantes que los forman. El proceso de sumar o restar los términos semejantes de un polinomio se llama reducir términos.	
Ejemplo	
Hallamos la suma y la diferencia de $P(x) = 3x^2 - 6x + 7$ y $Q(x) = -2x^2 + 8x$.	
$P(x) + Q(x) = (3x^2 - 6x + 7) + (-2x^2 + 8x) =$ $= 3x^2 - 6x + 7 - 2x^2 + 8x = x^2 + 2x + 7$	$P(x) - Q(x) = (3x^2 - 6x + 7) - (-2x^2 + 8x) =$ $= 3x^2 - 6x + 7 + 2x^2 - 8x = 5x^2 - 14x + 7$

32 **Si $P(x) = 6x^2 + 6x - 5$ y $Q(x) = -3x^2 - 6x + 9$, realiza las siguientes operaciones.**

a. $P(x) + Q(x)$

b. $P(x) - Q(x)$

c. $P(x) + P(x)$

d. $Q(x) + Q(x)$

e. $P(x) + P(x) - Q(x)$

f. $Q(x) - P(x)$

33 **Conociendo tres polinomios, $P(x) = -5x^3 + 6x^2 + x - 8$, $Q(x) = 2x^3 + 4x^2 + 10x - 3$ y $R(x) = 3x^2 - 9x - 1$, realiza las operaciones indicadas.**

a. $P(x) + Q(x)$

b. $P(x) - Q(x)$

c. $Q(x) - P(x)$

d. $P(x) - Q(x) + R(x)$

e. $P(x) - [Q(x) + R(x)]$

f. $R(x) - [P(x) - Q(x)]$

34 **A un albañil se le cae un martillo desde un piso en el que está haciendo reparaciones. La altura de la herramienta después de t segundos, expresada en metros, viene dada por el siguiente polinomio: $h(t) = 80 - 4,9t^2$.**

a. ¿A qué altura estará a los 3 segundos?

b. ¿Cuánto tardará, aproximadamente, en llegar al suelo (altura $t = 0$)?

Producto de un número por un polinomio	Producto de dos polinomios
Para multiplicar un número por un polinomio, multiplicamos dicho número por cada uno de los monomios que forman el polinomio.	Para multiplicar polinomios, multiplicamos cada monomio del primer polinomio por cada monomio del segundo polinomio y operamos los monomios semejantes obtenidos.
Ejemplo	**Ejemplo**
$3 \cdot (6x^5 + 2x^2 - 3) = 18x^5 + 6x^2 - 9$	$(x^2 - 6) \cdot (2x + 1) = x^2 \cdot 2x + x^2 \cdot 1 - 6 \cdot 2x - 6 \cdot 1 =$ $= 2x^3 + x^2 - 12x - 6$

35 Resuelve las siguientes multiplicaciones.

a. $7 \cdot (x^3 - 3x^2 + 5x + 1)$

b. $(-2) \cdot (-8x^5 - 9x^2 + 6x + 11)$

c. $\left(\frac{1}{2}x\right) \cdot (12x^4 + 6x^3 - 4x^2 + 6x + 12)$

d. $(-x^3) \cdot (-4x^{12} + x^7 + 5x^3 + 13x)$

e. $(-10x^3) \cdot (4x^3 + 7x - 10)$

f. $\left(\frac{2x^2}{3}\right) \cdot (9x^3 + 6x^2 + 12x)$

36 Multiplica los siguientes polinomios.

a. $(5x^2 - 2x - 3) \cdot (x + 2)$

b. $(9x^2 - 6x - 3) \cdot \left(x + \frac{2}{3}\right)$

c. $(10x^3 - 4) \cdot (5x^6 - 2x^3 + 2)$

d. $(7x^2 + 8x - 12) \cdot \left(\frac{1}{3}x + \frac{1}{6}\right)$

e. $\left(\frac{3}{4}x^2 - \frac{1}{6}x - 2\right) \cdot \left(-\frac{1}{3}x + \frac{1}{2}\right)$

c. $\left(\frac{2}{3}x^2 + \frac{1}{9}x\right) \cdot \left(\frac{1}{3}x^2 - \frac{3}{2}\right)$

Potencia de un polinomio

Una potencia de exponente natural de un polinomio es igual al producto del polinomio por sí mismo tantas veces como indica el exponente.

Ejemplo

$(1 - 2x^2y^3)^2 = 1^2 - 2x^2y^3 - 2x^2y^3 + (-2)^2 \cdot (x^2)^2 \cdot (y^3)^2 = 1^2 - 2x^2y^3 - 2x^2y^3 + 4 \cdot x^4 \cdot y^6 = 1 - 4x^2y^3 + 4x^4y^6$

37 Desarrolla las siguientes potencias y reduce términos semejantes.

a. $(2x + 5)^2$

b. $(3x^3 - 8x)^2$

c. $(2x^2 + 5x - 2)^2$

d. $(3x^3 - 2x^2)^3$

e. $(a + b)^3$

f. $(a - b)^3$

División de un polinomio entre un monomio

Para dividir un polinomio entre un monomio, dividimos cada término del polinomio entre el monomio.

Ejemplo

$$(6x^4 - 8x^3 + 3x^2) : (2x^2) = \frac{6x^4 - 8x^3 + 3x^2}{2x^2} = \frac{6x^4}{2x^2} - \frac{8x^3}{2x^2} + \frac{3x^2}{2x^2} = 3x^2 - 4x + \frac{3}{2}$$

38 Calcula las siguientes divisiones.

a. $(x^3 - 7x^2 + 4x) : x$

b. $(6x^8 + 12x^5) : (3x^3)$

c. $(10x^4 + 20x^3 - 15x^2) : (5x)$

d. $(30x^6 - 25x^5 - 20x^4 + 5x^3) : (5x^3)$

e. $(-36x^{12} + 24x^8 - 48x^4) : (-12x^4)$

f. $(x^4 + 6x^3 - 7x^2) : (3x)$

39 MAT-TIC Entrena divisiones y potencias con el interactivo de GeoGebra *División y potencias de polinomios.*

40 **Actividad resuelta**

Dados los polinomios $P(x) = 3x^2 - 4$ y $Q(x) = 5x - 6$, calcula $3 \cdot P(x) - 2 \cdot P(x) \cdot Q(x)$.

Operamos siguiendo la jerarquía de operaciones. En primer lugar, realizamos las multiplicaciones y, después, las sumas y restas:

$$3P(x) - 2P(x)Q(x) = 3(3x^2 - 4) - 2(3x^2 - 4)(5x - 6) =$$
$$= 9x^2 - 12 - 2(15x^3 - 18x^2 - 20x + 24) =$$
$$= 9x^2 - 12 - 30x^3 + 36x^2 + 40x - 48 =$$
$$= -30x^3 + 45x^2 + 40x - 60$$

41 **Realiza las siguientes operaciones con los polinomios.**

$P(x) = 3x^2 - 5x + 2$ $Q(x) = -2x^2 + 3x - 5$ $R(x) = 2x^2 - 7x$

a. $2P(x)$
b. $-3Q(x)$
c. $2P(x) - 3Q(x)$
d. $2P(x) + 3Q(x)$
e. $R(x) \cdot [Q(x) + P(x)]$
f. $R(x) \cdot Q(x) + R(x) \cdot P(x)$

42 **Alicia trabaja como vendedora en una agencia de seguros. Su sueldo tiene una parte fija, 800 € al mes, y una que depende de los seguros que venda. Por cada uno, cobra 50 € más. Si vende *x* seguros en un mes, ¿cómo podrá calcular el dinero que cobrará con una única expresión?**

43 **A partir de los polinomios $P(x) = 2x^3 - 5x^2 - 3x - 6$ y $Q(x) = 6x^4 - 2x + 4$, responde a las siguientes cuestiones sin efectuar el producto $P(x) \cdot Q(x)$.**

a. ¿Cuántos términos tendrá el producto antes de reducir los términos semejantes?
b. ¿Cuál será el coeficiente principal del producto? ¿Y su grado?
c. ¿Cuál va a ser su término independiente?
d. Una vez reducidos los términos semejantes, ¿cuántos términos puede tener, como máximo, el polinomio resultante? ¿Puede tener menos?

44 **Debido a la pandemia, el porcentaje de jóvenes entre 18 y 25 que no estudian ni tienen empleo aumentó del 21,8 % en 2019 al 23,3 % en 2020. El objetivo es reducir ese porcentaje significativamente de aquí a 2030.**

a. Si se reduce un 1,5 % anual, ¿cuál será el porcentaje después de *t* años desde 2020?
b. ¿Qué porcentaje habrá en 2030?
c. Halla la expresión que permite hallar el número de empleos creados en *x* años.
d. Se estima que en los próximos años deberían crearse 470 millones de empleos nuevos. ¿Cuántos años se tardaría?

45 **Aprendo a pensar. Para hacer unas macetas de madera, Clara recorta de un panel de madera cuatro cuadrados de igual tamaño, uno de cada esquina. El cuadrado que se recorta en cada esquina tiene el lado que aparece en la figura. El panel mide 18 cm por 14 cm.**

a. ¿Cuánto tiene que valer *x* como mínimo?
b. Expresa la longitud de cada lado de la caja en función de *x*. ¿Cuánto puede valer *x* como máximo?
c. ¿Cuánta superficie de madera se utiliza para construir la caja si *x* es igual a 8?
d. Una vez recortados los cuadrados, para formar la caja se recorta después la madera por las líneas discontinuas y se pega y clava. Expresa su volumen en función de la incógnita *x*.
e. Para *x* = 5, calcula el volumen de la caja.

Extracción del factor común

Si los monomios de un polinomio tienen factores comunes, se puede expresar dicho polinomio como el producto de un monomio, llamado factor común, por otro polinomio de grado menor. La operación se llama **extracción del factor común.**

46 Actividad resuelta

Extrae factor común y reduce términos semejantes.

a. $A(x) = 120 + 180 + 60 - 30$

b. $B(x) = -6x^4 - 12x^3 + 18x \cdot x^3$

a. Podemos considerar esta operación como la suma de monomios semejantes de grado 0.

$$A(x) = 120x^0 + 180x^0 + 60x^0 - 30x^0 = 120 + 180 + 60 - 30 =$$
$$= 30 \cdot (4 + 6 + 2 - 1) = 30 \cdot (11) = 330$$

b. $B(x) = -6x^4 - 12x^3 + 18x \cdot x^3 = x^3 \cdot (-6x - 12 + 18x) = x^3 \cdot (12x - 12)$

47 **Extrae factor común en las siguientes expresiones.**

a. $8x^3 - 16x^2 + 40x - 80$

b. $3x^5 - 6x^4 + 4x^3 - 7x^2$

c. $25x^9 - 30x^6 + 5x^3$

d. $\frac{3}{7}x^2 - \frac{6}{7}x + \frac{9}{7}$

e. $5a^2b^2 - 20a^4b^2$

f. $16x^3y^3z^5 - 8x^2y^4 + 24x^3y^3z$

g. $2a^4b^5 - 18a^3b^{10}$

h. $16x^2y^7 - 8x^9y^6 + 20x^3y^8$

48 MAT-TIC **Sigue entrenando la extracción del factor común con el interactivo** GeoGebra ***Operaciones con polinomios.***

Identidades notables

Cuadrado de una suma

El cuadrado de una suma de dos términos es igual al cuadrado del primer término más el cuadrado del segundo término más el doble del primero por el segundo.

$$(a + b)^2 = a^2 + b^2 + 2ab$$

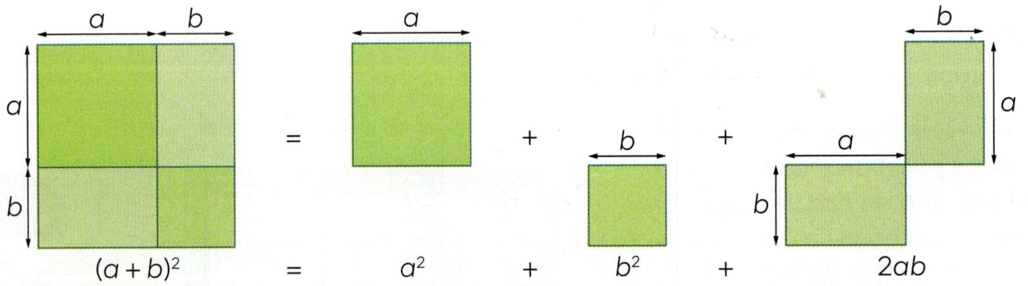

Ejemplo

$$(5x^2+4x)^2 = (5x^2)^2 + (4x)^2 + 5x^2 \cdot 4x + 5x^2 \cdot 4x = (5x^2)^2 + (4x)^2 + 2 \cdot 5x^2 \cdot 4x = 25x^4 + 16x^2 + 40x^3 = 25x^4 + 40x^3 + 16x^2$$

49 **Desarrolla utilizando la identidad notable: cuadrado de una suma.**

a. $(6x^3 + 5x^2)^2$

b. $\left(\frac{3}{4}x^4 + 8x^2\right)^2$

c. $(10x^{10} + 5)^2$

d. $\left(\frac{1}{2} + \frac{1}{2}x\right)^2$

Cuadrado de una diferencia

El cuadrado de una diferencia de dos términos es igual al cuadrado del primer término más el cuadrado del segundo término menos el doble del primero por el segundo.

$$(a-b)^2 = a^2 + b^2 - 2ab$$

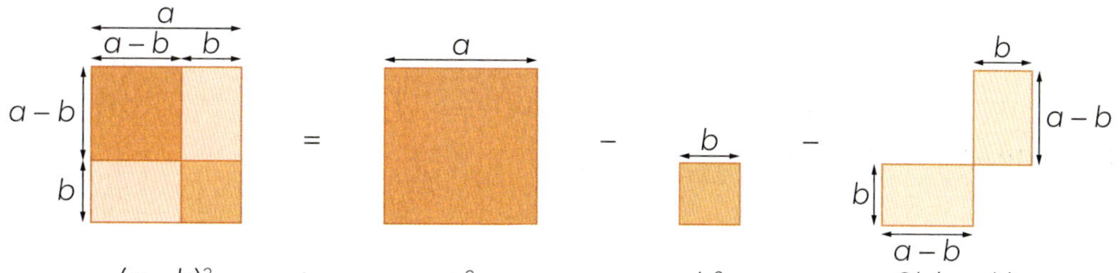

$(a-b)^2 = a^2 - b^2 - 2b(a-b) =$

$= a^2 - b^2 - 2ba + 2b^2 = a^2 + b^2 - 2ab$

Ejemplo

$$(5x^2-4x)^2 = (5x^2)^2 + (4x)^2 - 5x^2\cdot 4x - 5x^2\cdot 4x = (5x^2)^2 + (4x)^2 - 2\cdot 5x^2\cdot 4x = 25x^4 + 16x^2 - 40x^3 = 25x^4 - 40x^3 + 16x^2$$

50 Desarrolla utilizando la identidad notable: cuadrado de una diferencia.

a. $(10x^8-2)^2$

b. $\left(\frac{2}{3}x^2-5\right)^2$

c. $(5x^2-4)^2$

d. $\left(\frac{1}{2}x^2-\frac{1}{2}x\right)^2$

Suma por diferencia

La suma de dos términos por su diferencia es igual al cuadrado del primer término menos el cuadrado del segundo término.

$$(a+b)\cdot(a-b) = a^2 - b^2$$

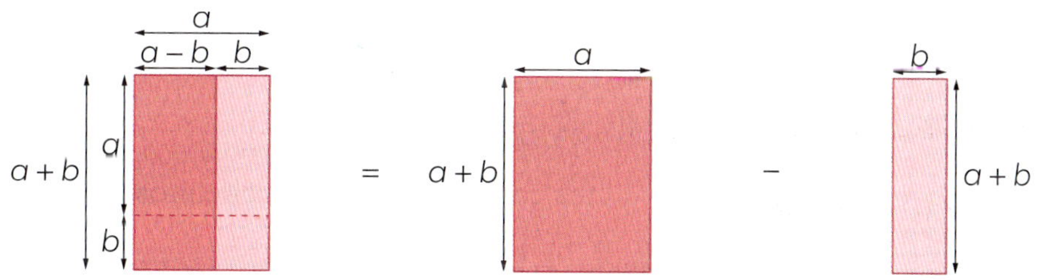

$(a-b)\cdot(a+b) = a(a+b) - b(a+b) =$

$= a^2 + ab - ba - b^2 = a^2 - b^2$

Ejemplo

$$(5x^2+4x)\cdot(5x^2-4x) = (5x^2)^2 - (4x)^2 \cancel{- 5x^2\cdot 4x} \cancel{+ 5x^2\cdot 4x} = 25x^4 - 16x^2$$

51 Desarrolla utilizando la identidad notable: suma por diferencia.

a. $\left(x+\frac{1}{10}x^{10}\right)\cdot\left(x-\frac{1}{10}x^{10}\right)$

b. $(6x^7+x^2)(6x^7-x^2)$

c. $(3a^4b-ab^2)(3a^4b+ab^2)$

d. $(10x^{10}+5)(10x^{10}-5)$

52 Comprueba y corrige las igualdades erróneas.

a. $(x-2x^2)^2 = x^2-4x^3-4x^4$

b. $(x-y^2)(x+y^2) = x^2-y^4$

c. $(5x+3)\cdot(5x-3) = 25x^2+9$

d. $\left(\frac{2}{3}x+5\right)^2 = \frac{2}{3}x^2+\frac{20}{3}x+25$

53 Desarrolla, opera y simplifica.

a. $(5x^2+2x)(5x^2-2x)-(5x^2-2x)^2$

b. $(a+b)^2-(a-b)^2+(a+b)(a-b)$

54 Completa las siguientes igualdades, utilizando las identidades notables.

a. $(\bullet x+2)^2=4x^2+\bullet x+4$

b. $(\bullet+3x)(\bullet-3x)=16x^8-\bullet$

c. $25x^8+20x^7+4x^6=(\bullet+\bullet)^2$

d. $36x^6-\frac{49}{4}x^4=\left(6x^{\bullet}+\frac{\bullet}{\bullet}x^2\right)\left(6x^{\bullet}+\frac{\bullet}{\bullet}x^2\right)$

55 **Actividad resuelta**

Expresa el polinomio $4x^2+1+4x$ como potencia de un binomio.

En primer lugar, ordenamos el polinomio:

$$4x^2+1+4x=4x^2+4x+1$$

Después, descomponemos cada término como producto de los factores adecuados:

$$4x^2+4x+1=(2x)^2+2\cdot(2x)\cdot1+1^2$$

De lo anterior deducimos que:

$$(2x)^2+2\cdot(2x)\cdot1+1=(2x+1)^2$$

56 Encuentra la identidad notable que corresponde a cada polinomio.

a. $9x^2+y^2+6xy$

b. $25y^6+100+100y$

c. x^2+2x+1

d. $100x^4+100x^2+25$

e. $x^2+49-14x$

f. x^4+12x^2+36

g. $9x^6-12x^5+4x^4$

h. $\frac{100}{49}x^2-\frac{1}{9}y^4 100$

¿Qué has aprendido hoy nuevo e interesante?

57 Simplifica las siguientes expresiones. Utiliza las identidades notables y opera.

a. $(3x^2+4)^2-(4x^2+3)^2$

b. $(x+1)^2+(x+1)(x-1)-2(x-1)^2$

c. $(3x^4-5x)^2-(5x-3x^4)^2$

d. $x(4x-6)-(2x+3)^2-9$

58 Trabajando en equipo, $x+6$ trabajadores fabrican $x+6$ circuitos cada uno. ¿Cuántos circuitos se fabrican en total?

59 Observa la viñeta con atención y contesta.

Comprueba quién tiene razón.

NUESTRO RETO

Una granja sostenible

Averigua las condiciones ideales para criar gallinas ponedoras y determina la relación entre estas variables y su influencia en la calidad de los huevos

Paso 1

Investigación

Realiza una búsqueda sobre los diferentes factores que influyen en la producción de huevos de calidad, como la alimentación de las gallinas, el tamaño del gallinero, el clima, la limpieza del gallinero, la superficie de campo para vivir en libertad...

Recopila todos los datos obtenidos sobre la producción de huevos, sobre las condiciones del gallinero y la alimentación en una tabla o en una hoja de cálculo.

Una vez tengas todos los datos, analiza la tabla, determinando relaciones entre las variables y su posible influencia en la calidad de los huevos.

Paso 2

Cálculo del polinomio

Modeliza los datos a través de polinomios para determinar las condiciones ideales para obtener huevos de calidad.

Por ejemplo, puedes calcular la cantidad de alimento necesario para mantener las gallinas en su peso óptimo.

Paso 3

Creación de una página de entrada

Ahora, utiliza toda la información encontrada sobre la crianza de gallinas ponedoras y las condiciones optimas para obtener huevos de calidad para crear la página de entrada de una web de una granja sostenible. Puedes emplear la plantilla para presentar la información y estructurar la página según quieras que quede montada.

¿Cómo te ha ido el reto? Entra y haz tu valoración

EN RESUMEN

Expresiones algebraicas y valor numérico

Una **expresión algebraica** es una expresión matemática en la que intervienen números, letras y los signos de las operaciones aritméticas. El **valor numérico de una expresión algebraica** es el resultado de sustituir cada una de las variables por un número determinado.

Monomios

Un **monomio** es una expresión algebraica formada por el producto de un número por una o varias variables elevadas a exponentes naturales.

Coeficiente → $\frac{3}{4}x^2y$

Grado: 2 + 1 = 3

Parte literal

Monomios semejantes	Suma y resta de monomios semejantes
$A(x) = -3x^2 \qquad B(x) = 4x^2$	$A(x) - B(x) = -3x^2 - 4x^2 = (-3 - 4)\,x^2 = -7x^2$
Producto de un número por un monomio	**Producto de dos monomios**
$-4 \cdot 3x^2y = -12x^2y$	$-2x^2y \cdot 5x^3y^2 = (-2 \cdot 5)\,x^{2+3}y^{1+2} = -10\,x^5y^3$
Potencia de un monomio	**División de monomios**
$(-2x^2y^3)^2 = (-2)^2 \cdot (x^2)^2 \cdot (y^3)^2 = 4x^4y^6$	$(12x^8):(3x^5) = \frac{12}{3} \cdot \frac{x^8}{x^5} = 4x^3$

Polinomios

Polinomio	Término principal	Coeficiente principal	Grado	Término independiente
$3x^5 - 2x^2 - 7$	$3x^5$	3	5	-7

Suma	Resta
$(3x^2 - 6x + 7) + (-2x^2 + 8x) = 3x^2 - 6x + 7 - 2x^2 + 8x = x^2 + 2x + 7$	$(3x^2 - 6x + 7) - (-2x^2 + 8x) = 3x^2 - 6x + 7 + 2x^2 - 8x = 5x^2 - 14x + 7$
Producto de un número por un polinomio	**Producto de dos polinomios**
$3 \cdot (6x^5 + 2x^2 - 3) = 18x^5 + 6x^2 - 9$	$(x^2 - 6) \cdot (-2x + 1) = x^2 \cdot (-2x) + x^2 \cdot 1 - 6 \cdot (-2x) - 6 \cdot 1 = -2x^3 + x^2 + 12x - 6$
Potencia de un polinomio	**División de un polinomio entre un monomio**
$(1 - 2x^2y^3)^2 = 1^2 - 2x^2y^3 - 2x^2y^3 + (-2)^2 \cdot (x^2)^2 \cdot (y^3)^2 = 1 - 2x^2y^3 - 2x^2y^3 + 4 \cdot x^4 \cdot y^6 = 1 - 4x^2y^3 + 4x^4y^6$	$(6x^4 - 8x^3 + 3x^2):(2x^2) = \frac{6x^4 - 8x^3 + 3x^2}{2x^2} = \frac{6x^4}{2x^2} - \frac{8x^3}{2x^2} + \frac{3x^2}{2x^2} = 3x^2 - 4x + \frac{3}{2}$
Extracción del factor común	**Identidades notables**
$-6x^4 - 12x^3 + 18x \cdot x^3 = x^3 \cdot (-6x - 12 + 18x) = x^3 \cdot (12x - 12)$	**Cuadrado de una suma:** $(a + b)^2 = a^2 + b^2 + 2ab$ **Cuadrado de una diferencia:** $(a - b)^2 = a^2 + b^2 - 2ab$ **Suma por diferencia:** $(a + b) \cdot (a - b) = a^2 - b^2$

PRACTICAMOS

Actividades

1 **Aprendo a pensar.** Organiza en un mapa mental los conceptos que has aprendido.

2 Expresa en lenguaje algebraico.

a. La mitad de la suma de dos números consecutivos.

b. La suma de tres números consecutivos, si el mediano es x.

c. El doble de la edad que tenía una persona hace 20 años, si ahora tiene x años.

d. Los minutos que llevo haciendo ejercicio, si llevo t horas.

e. Los minutos que he trabajado hoy, si he trabajado 7 horas y media.

3 Actividad resuelta

La base de un rectángulo mide 2 cm más que la altura. Expresa su perímetro en función de la altura, x.

Si la altura del rectángulo mide x, la base mide $x + 2$. Por tanto, el perímetro es:

$$P(x) = 2x + 2(x + 2) = 2x + 2x + 4 = 4x + 4$$

4 En un pentágono, cada lado mide 3 cm más que el anterior. Expresa su perímetro mediante una expresión algebraica si el lado mediano mide x.

5 Si h son los hectómetros cúbicos de agua que hay en un embalse en el mes de enero, escribe en lenguaje algebraico las siguientes afirmaciones.

a. En febrero había una sexta parte más de agua que en el mes anterior.

b. En mayo había el doble de hectómetros cúbicos que en febrero.

c. En agosto había la mitad de agua que en mayo más un tercio de la de febrero.

d. En marzo había la tercera parte de hectómetros cúbicos que en abril.

6 La base mayor de un trapecio mide 2 cm más que la base menor, y la altura, 1 cm menos que la base menor. Expresa el área con una expresión algebraica. ¿Cuál es su área si la base menor es 5 cm?

7 Suma dos números triangulares consecutivos y contesta las siguientes cuestiones.

a. ¿El resultado es un número triangular?

b. ¿Qué ocurre si sumas dos números cuadrados?

8 Observa la siguiente figura.

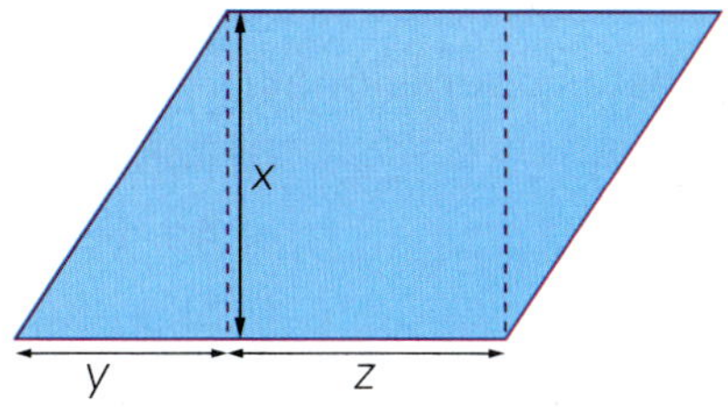

a. Escribe una expresión algebraica para determinar su perímetro.

b. Escribe una expresión algebraica para determinar su área.

9 El número triangular de lado 5 es $1 + 2 + 3 + 4 + 5 = 15$. Halla el número triangular de lado 15.

10 Encuentra todos los números menores que 30 que se pueden hallar sumando tres números triangulares distintos.

11 Indica qué expresiones algebraicas son monomios.

a. -5

b. $\frac{2x^2}{y}$

c. $2x^{-3}$

d. $\sqrt{3}x^7y$

e. $3x$

f. $\frac{3x \cdot 5}{2}$

12 Completa la siguiente tabla.

Monomio	Coeficiente	Parte literal	Grado
•••	$-\frac{1}{6}$	a^3b^8c	•••
$2^4x^4y^4z^4$	•••	•••	•••
•••	$-\frac{1}{6}$	•••	0

13 Indica el coeficiente, la parte literal y el grado de los siguientes monomios.

a. $\frac{2}{3}x^8y^4$

b. $\sqrt{3}$

c. $9x^3y$

d. $3^5x^5y^5z^5$

e. $\frac{16x^2}{5}$

f. $-4x^3y^0z$

14 Realiza la siguiente operación.

$$5a^3x^4 + 7x^4a^3 - 30x^4a^3 + 19a^3x^4$$

15 Realiza las siguientes operaciones.

a. $5 \cdot 2x^7$

b. $5x^4 : 2x^3$

c. $\frac{-5}{3}x^7 \cdot \frac{9}{10}x^4$

d. $(-2x^2)^2$

16 Realiza estas operaciones.

a. $3x \cdot x^2 \cdot 2y$

b. $a^3 : a^2$

c. $-4y : 2x^2y^2$

d. $8abcz^3 : 4abz^2$

e. $4a \cdot (-3a^3) \cdot 2a$

f. $5x^2y : 3xy^2$

17 Completa aplicando el producto de monomios.

	$3x^2$	$-2y$	●●●
$2xy$	●●●	$2xy \cdot (-2y) = -4xy^2$	●●●
●●●	$15x^3y^2$	●●●	$20x^2y^2$

18 Halla el grado de los siguientes polinomios.

a. $P(x) = 5x - 7x^3 + 111$

b. $Q(x) = 24x^7 - 5x^3 + 220$

c. $R(x, y) = 3x^4y^6 - x^2y^5 + 9x^7y^3$

d. $S(x, y, z) = 5x^2yz + 6x^3yz^5$

19 Indica el término principal, el coeficiente principal, el grado y término independiente de estos polinomios.

a. $5x^4 - 6x^2 + 1$

b. $-3x + 4x^2 - 8 + x^3$

c. $6x^2 - 8x$

d. $-\frac{2}{3}x^2 + x - \frac{4}{9}$

20 Calcula el valor numérico de los siguientes polinomios en los valores que se indican.

a. $P(x) = 3x^2 - 5x + 7$ para $x = 2$

b. $Q(x) = -5x^3 + 4x + 9$ para $x = -1$

c. $R(x, y) = 3x^2y - 5xy$ para $x = 2, y = -1$

d. $S(x, y, z) = 3x^2 - 2y^2 + 4z^2$ para $x = 2, y = 0, z = -2$

21 Cuatro personas se suben en un ascensor. Expresa en lenguaje algebraico la suma de sus pesos, sabiendo que la primera pesa 10 kg más que la segunda, la segunda pesa 5 kg más que la tercera y las dos últimas pesan lo mismo.

22 Escribe tres monomios semejantes al monomio $-3x^2y$ y otros tres que no lo sean, pero que estén formados por las mismas variables.

23 Se dice que:

> Un número a es una raíz del polinomio $P(x)$ si el valor numérico del polinomio para $x = a$ es cero, es decir, si $P(a) = 0$.

Comprueba, en cada uno de los casos, si $x = 2$ y $x = -2$ son raíces del polinomio.

a. $P(x) = x^2 - 4$

b. $Q(x) = 5x^2 - 8x - 4$

c. $R(x) = x^3 - 6x - 4$

d. $S(x) = 2x^2 + 2x + 4$

24 A partir de los polinomios $P(x) = -4x^2 + 9x - 15$ y $Q(x) = 8x^2 - 8x - 19$, realiza las siguientes operaciones.

a. $P(x) + Q(x)$

b. $P(x) - Q(x)$

c. $Q(x) + P(x)$

d. $Q(x) - P(x)$

e. $Q(x) + Q(x)$

f. $P(x) + [Q(x) + Q(x)]$

g. $[P(x) + Q(x)] + Q(x)$

h. $P(x) + P(x) + P(x)$

25 A partir de los polinomios:

$$P(x) = 8x^3 + x^2 + 10x - 2$$

$$Q(x) = -7x^3 - 4x^2 + 14x + 20$$

$$R(x) = 8x^2 + 5x - 3$$

Realiza las operaciones indicadas.

a. $P(x) + Q(x)$

b. $Q(x) - P(x)$

c. $Q(x) - P(x)$

d. $P(x) + Q(x) + R(x)$

e. $P(x) - Q(x) + R(x)$

f. $P(x) - [Q(x) + R(x)]$

g. $P(x) - Q(x) - R(x)$

h. $R(x) - [P(x) - Q(x)]$

26 Calcula las siguientes multiplicaciones.

a. $(-3x^3 + 6x^2 - x - 4) \cdot (3x^2 - 5x)$

b. $(6x - 9) \cdot (7x^3 - 2x^2 + 3x + 8)$

c. $(5x^2 - 6x - 7) \cdot (7x^2 - 6x - 5)$

d. $(4x^2 - x - 3) \cdot \left(3x + \frac{1}{2}\right)$

27 Realiza las siguientes divisiones.

a. $(6x^4 - 9x^3 - 12x^2 + 6x) : (-3x)$

b. $(4x^6 + 20x^4 - 16x^2 + 24) : 4$

c. $(13x^7 + 2x^6 - 19x^5) : (-x^3)$

d. $(24x^8 - 12x^7 + 48x^6 + 54x^5 + 6x^4) : (6x^4)$

e. $(x^4 + 6x^3 - 7x^2) : \left(-\frac{2}{5}\right)$

f. $\left(\frac{2}{3}x^4 + \frac{3}{4}x^3 - 2x^2\right) : \left(\frac{4}{3}x\right)$

28 Con estos tres polinomios:

$$P(x) = x^2 - 4x + 9$$

$$Q(x) = -x^2 + x - 7$$

$$R(x) = 3x^2 - 6$$

Realiza las siguientes operaciones.

a. $4 \cdot P(x)$

b. $-2 \cdot Q(x)$

c. $4P(x) - 2Q(x)$

d. $3Q(x) + 2P(x) - 3R(x)$

e. $\frac{1}{2}P(x) - \frac{1}{4}Q(x)$

f. $P(x) + Q(x) \cdot R(x)$

29 Saca factor común en estas expresiones.

a. $25x^3 - 50x^2 + 100x - 200$

b. $35x^4 - 7x^3 + 15x^2 + 14x$

c. $16x^7 \quad 8x^6 + 24x^5 + 36x^3 - 88x$

d. $-6a^3b^5 + 21a^7b^2 + 48a^8b^2 - 33ab^5$

e. $60a^3b^5c^9 - 55a^4b^9c^3 + 45a^7b^7c^7 + 5a^2b$

30 Utiliza las identidades notables para desarrollar las siguientes expresiones.

a. $(3x^2 + 4)^2 - (4x^2 + 3)^2$

b. $(8a^2b^3 + 4a^6b^3)^2$

c. $\left(\frac{3}{5}x^2y - 5yz^2\right)^2$

d. $(2x + 3)^2 - (2x - 3)^2$

31 Escribe en forma de potencia los siguientes polinomios. Utiliza las identidades notables.

a. $16x^2 + 8x + 1$

b. $36x^8 - 49x^4$

c. $100a^6 + 9a^4 - 60a^4$

d. $49x^8 - 81x^2$

e. $9x^6 + 9x^4 + 18x^9$

f. $\frac{1}{4}x^2 - \frac{16}{25}$

g. $4x^2 - 4xy + y^2$

h. $16a^7b^5 + 16a^{14} + 4b^{10}$

32 **Actividad resuelta**

Resuelve la operación $11^2 - 10^2$ sin calculadora.

Esta diferencia se puede expresar como el producto $(11 + 10)(11 - 10)$.

Por tanto, $(11 + 10)(11 - 10) = 21 \cdot 1 = 21$

33 Resuelve las siguientes operaciones sin usar la calculadora.

a. $20^2 - 19^2$

b. $30^2 - 20^2$

c. $75^2 - 25^2$

d. $50^2 - 40^2$

e. $999^2 - 1^2$

f. $650^2 - 150^2$

34 Se tienen dos cuadrados de lados x y $x + 1$.

x $\qquad$ $x + 1$

¿La diferencia de sus áreas es par o impar? Razona tu respuesta.

35 ¿Es posible que la suma de dos polinomios de grado 3 sea un polinomio de grado 1? En caso afirmativo, pon un ejemplo.

36 ¿Es posible que la resta de dos polinomios de grado 4 siga siendo de grado de 4? ¿Y de grado 3? Pon un ejemplo.

37 **Actividad resuelta**

Deduce la fórmula del cuadrado de un trinomio:

$$(a + b + c)^2$$

Obtenemos la fórmula realizando el producto:

$$(a + b + c)^2 = (a + b + c) \cdot (a + b + c) =$$

$$= a^2 + ab + ac + ba + b^2 + bc + ca + cb + c^2 =$$

$$= a^2 + b^2 + c^2 + 2ab + 2ac + 2bc$$

Por tanto, el cuadrado de un trinomio es igual a la suma de los cuadrados de cada término más la suma de todos los dobles productos posibles.

38 Calcula $(a - b + c)^2$ empleando la fórmula:

$$(a + b + c)^2 = a^2 + b^2 + c^2 + 2ab + 2ac + 2bc$$

Ten en cuenta que $(a - b + c)^2 = [a + (-b) + c]^2$.

Problemas

39 Problema resuelto

Florencio está montando una pequeña granja en su pueblo, con gallinas ponedoras y dos caballos. Observa el mapa de la granja. Está formada por dos cuadrados destinados a las instalaciones para las gallinas y los caballos, respectivamente, y un área hexagonal de jardín común. Expresa el área total mediante un polinomio.

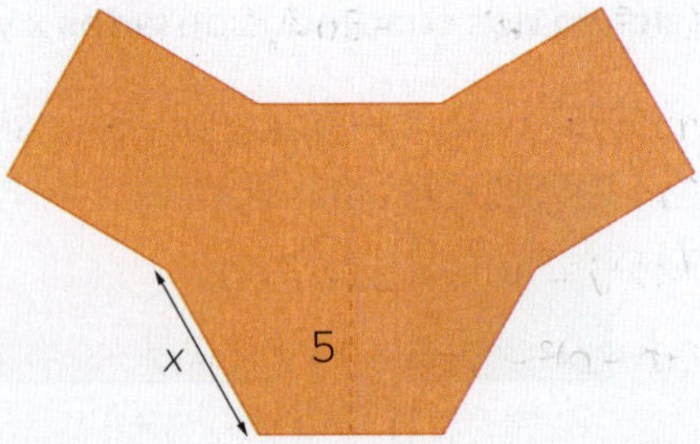

Como está formada por un hexágono y dos cuadrados, operamos componiendo las áreas.

Primero, obtenemos el monomio que representa el área del hexágono:

$$H(x) = \frac{6 \cdot x \cdot 5}{2} = 15x$$

Segundo, obtenemos el monomio que representa el área de los dos cuadrados:

$$C(x) = 2x^2$$

Finalmente, sumamos los dos monomios para obtener el polinomio pedido:

$$F(x) = H(x) + C(x) = 15x + 2x^2$$

40 El logo de una empresa de molinos de viento, está formado por 6 triángulos rectángulos isósceles: 4 rosa iguales y 2 verdes, semejantes a los primeros, cuyo cateto es la mitad que el cateto rosa. Indica el polinomio que expresa su área.

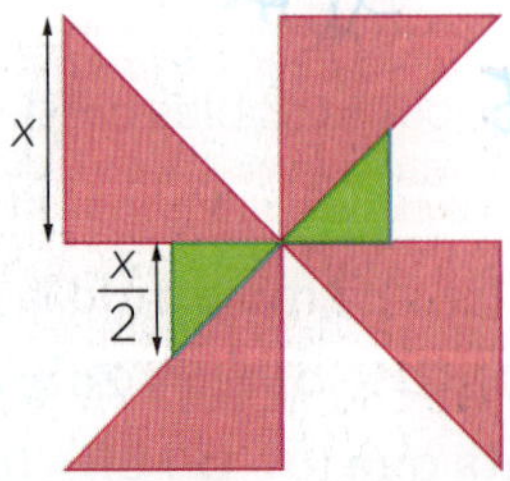

41 Todos los días Borja y su padre nadan en una piscina que mide 50 m de largo y 25 m de ancho.

a. Halla la expresión que permite calcular el volumen de la piscina a partir de su profundidad p.

b. Halla el volumen de la piscina si tiene 2 m de profundidad.

c. Halla el volumen si la piscina solo tiene 1,5 m de profundidad.

42 El 25 % de la recaudación de un concierto benéfico se ha destinado a cursos de formación para los jóvenes de zonas rurales que promueven el empleo verde.

a. Escribe una expresión algebraica que permita calcular la cantidad donada dependiendo de la recaudación x. ¿Qué tipo de expresión algebraica has obtenido?

b. Utiliza la expresión obtenida para calcular la cantidad de dinero donada si se recaudaron 38 000 €.

43 Laura cobra 1500 euros al mes y ahorra un 20 % para comprarse un piso.

a. Halla la expresión que permite calcular el dinero ahorrado en t meses. ¿Es un monomio?

Si tenía ahorrados 20 000 €:

b. ¿Cuál será ahora la expresión algebraica correspondiente?

c. ¿Sigue siendo un monomio?

d. ¿Cuánto tendrá ahorrado en 5 años?

44 El espacio recorrido por un cuerpo móvil en función del tiempo se obtiene mediante la siguiente expresión algebraica: $S(t) = 4t + \frac{1}{5}t^2$, donde t se mide en segundos y S se mide en metros.

a. ¿Qué tipo de expresión es?

b. Calcula la distancia recorrida a los 5, 10, 15 y 30 segundos.

45 Un pintor contrata un trabajo del siguiente modo: 50 € al iniciar el trabajo y 0,85 € por metro cuadrado pintado.

a. Expresa mediante una fórmula el coste del trabajo en función del número de metros cuadrados pintados.

b. Calcula, aplicando la fórmula, cuánto costaría pintar 300 m^2 de pared.

c. Si otro pintor cobrara solo 0,87 € por metro cuadrado sin cargo inicial, ¿sería más económico?

46 Un coche consume 6,5 L de gasolina por cada 100 km recorridos.

a. ¿Cuánto consume por cada kilómetro recorrido?

b. Calcula el consumo del coche si recorre 20 km, 50 km y 200 km.

c. Escribe una expresión algebraica que permita hallar el consumo de gasolina según los kilómetros recorridos x.

Comprueba lo que has aprendido

1 Indica el término principal, el coeficiente principal, el grado y el término independiente de estos polinomios.

a. $-6x^2 - 6x + 6$

b. $\frac{5}{3}x^4y^9z$

c. $5x^2 - 4x^5 + 87x - 1$

d. $-5a^6b^2 + 3a^8b - 5$

2 Realiza las siguientes operaciones con monomios. Simplifica cuando sea posible.

a. $5x^7 - 8x^7 - 13x^7 - (-6x^7)$

b. $6a^2b \cdot (-5a^3b^5) \cdot 2a^8$

c. $\left(-10x^6y^8\right)^3$

d. $(-16a^6b^4c^2) : (2a^3c^2)$

3 Dados los siguientes polinomios, $P(x) = 11x^2 - 15x - 5$ y $Q(x) = -x^3 + 11x^2 + 6x$, calcula:

a. $P(x) + Q(x)$

b. $P(x) - Q(x)$

c. $5P(x) - Q(x)$

d. $P(x) \cdot Q(x)$

4 Utiliza las identidades notables y desarrolla.

a. $\left(3x^{10} - 5x^7\right)^2$

b. $\left(8x^4 + 6\right)^2$

c. $(7x^6 + 4x^4)(7x^6 - 4x^4)$

d. $\left(\frac{3}{5}x - \frac{1}{2}\right)^2$

5 Extrae todos los factores comunes posibles.

a. $6x^8 - 27x^6 + 45x^4 + 12x^3$

b. $24x^5y^4 + 48x^4y^2 - 56x^3y^7 - 64x^3y^6$

6 Simplifica estas expresiones algebraicas.

a. $(3x - 5)^2 - 3x(3x - 5) + 5(3x + 5)$

b. $\left(4x^3\right)^2 - 4(2x^3 + 3)(2x^3 - 3)$

c. $(3a - b)^2 - (3b + a)^2 + 8(a - b)$

7 Justifica si las siguientes afirmaciones son verdaderas o falsas.

a. El grado de un producto de monomios es el producto de sus grados.

b. Al multiplicar dos polinomios de grado 3 se obtiene un polinomio de grado 6.

c. Para cualquier polinomio $P(x)$, el valor de $P(0)$ es igual al término independiente.

d. Dos polinomios distintos no pueden tener los mismos coeficientes.

8 Oiana tiene cuatro veces la edad de su sobrina Lucía, que es 6 años mayor que su hermano León. Expresa de forma algebraica las edades de cada uno, en función de una sola variable x.

9 Expresa en función de x el área de la figura y opera hasta obtener un polinomio de segundo grado. Calcula su valor numérico para $x = 10$ cm.

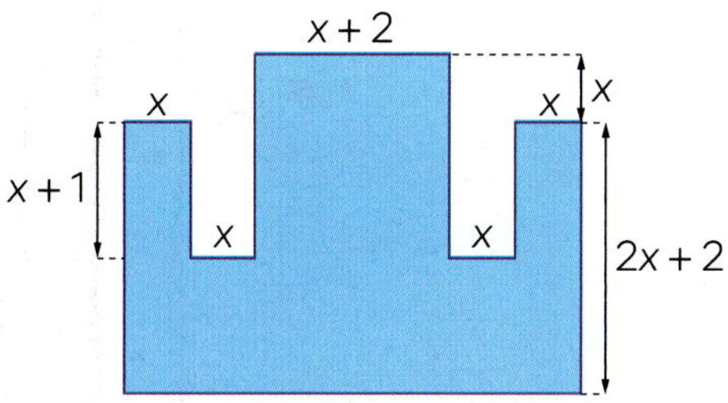

Mis competencias Autoevaluación

3.2 Despejando incógnitas

¡EMPEZAMOS!

FUENTE: AECID

- ¿Qué te parecen estas viñetas? ¿Entiendes el problema?
- ¿Conoces casos de pueblos o de familias que cultiven fruta y verdura, tengan ganado o gallinas y produzcan lo que consuman?
- ¿Sabes qué es un banco de semillas?

¡VAMOS A APRENDER!

1. Prestar ayuda cuando alguien la necesita.
2. Diferenciar identidades de ecuaciones.
3. Reconocer ecuaciones equivalentes.
4. Identificar y solucionar ecuaciones de primer y de segundo grado.
5. Resolver problemas con ecuaciones de primer y segundo grado.
6. Comprender la utilidad de las ecuaciones y para qué sirven en la vida real.
7. Tomar conciencia de la importancia de mantener unos ecosistemas saludables y cuidar la biodiversidad.

NUESTRO RETO

Los bancos de semillas

Investigarás los bancos de semillas y encontrarás una aplicación de las ecuaciones para modelar una situación real. Reflexionarás sobre lo que has aprendido, sobre cómo puedes utilizarlo en la vida real y elaborarás unas propuestas de medidas para proteger la biodiversidad de las especies vegetales.

¡Vamos allá!

1 ¿Identidad o ecuación?

Igualdades: identidades y ecuaciones

1 Observa estas expresiones algebraicas.

$A = b \cdot h$	$F = k \cdot x$	$V = I \cdot R$
$a^2 = b^2 + c^2$	$v = \frac{e}{t}$	$F \cdot b_F = R \cdot b_R \Rightarrow F = \frac{R \cdot b_R}{b_F}$
$F = m \cdot a$	$R_{total} = R_1 + R_2$	$P(l) = 4l$

¿Qué tienen en común?

Entre las expresiones algebraicas que manejamos en matemáticas y en más asignaturas, encontramos expresiones que contienen el signo igual. Al igualar dos expresiones algebraicas se obtiene una **igualdad algebraica**. Estas pueden ser de dos tipos: identidades y ecuaciones.

- Una **identidad** es una igualdad algebraica que se verifica para cualquier valor de las variables que aparecen.
- Una **ecuación** es una igualdad algebraica que se verifica solamente para ciertos valores de las **variables**, o **incógnitas**. El **grado** de una ecuación es el mayor grado de los monomios que contiene.

1.er miembro → $3x + 5 = 7x - 3$ ← 2.º miembro

términos

Ejemplo

- El teorema de Pitágoras, $a^2 = b^2 + c^2$, no se cumple para cualquier valor de *a*, *b* y *c*. Por tanto, es una ecuación.
- También es una ecuación $3x + 5 = 7x - 3$, porque es válida solo para $x = 2$.
- En cambio, la identidad notable, $(a+b)^2 = a^2 + 2ab + b^2$, se cumple para cualquier valor de *a* y *b*. Por tanto, es una identidad.

2 **Expresa cada enunciado usando igualdades algebraicas. Indica si las expresiones encontradas son identidades o ecuaciones.**

a. El perímetro de un rectángulo que mide 5 cm más de ancho que de largo es igual a 22 cm.
b. El triple de un número más el doble del número es cinco veces el número.
c. El cuadrado de un número es igual a la suma de los cuadrados de otros dos números.

3 **Indica cuáles de las siguientes expresiones son identidades.**

a. $7x^3 - 5x^3 + 9x^3 = 11x^3$
b. $7x^3 - 5x^3 + 9x^3 = 0$
c. $(a - b)^2 = b^2 + a^2 - 2ab$
d. $4x \cdot 5x = 20x^2$
e. $(2n \cdot 2^5)^3 \cdot 2 = 2^{3n} \cdot 216$
f. $6x^3 - 12x^2 + 3x = 3x(2x^2 - 4x + 1)$

Solución de una ecuación

Resolver una ecuación es encontrar el valor o los valores que ha de tomar la incógnita para que se cumpla la igualdad. Dichos valores se denominan **soluciones** de la ecuación. Una ecuación puede tener ninguna, una, varias o infinitas soluciones.

Ejemplo

Ninguna solución	La ecuación $x + 1 = x + 2$ no tiene solución, ya que, si a un número se le suma una unidad, el resultado siempre es menor que si se le suman dos.
Una solución	La ecuación $3x - 5 = 7$ tiene una única solución, $x = 4$, ya que solo hay un valor de x que cumple la igualdad.
Varias soluciones	La ecuación $x^2 = 9$ tiene dos soluciones, ya que hay dos números cuyo cuadrado vale 9, $x = 3$ y $x = -3$.
Infinitas soluciones	La ecuación $x + y = 3$ tiene infinitas soluciones, ya que para cada valor de x existe un valor de y que cumple la igualdad: (1, 2), (0,9; 2,1)...

4 **Comprueba, en cada caso, si el valor de x propuesto es solución de la ecuación.**

a. $3x^2 - 5x + 2 = 0$, para $x = 1$

b. $2(3x - 5) - 4x = -6$, para $x = 2$

c. $\frac{x-1}{3}$, para $x = 4$

d. $3x^2 + x - 2 = 0$, para $x = \frac{2}{3}$

5 **Inventa un enunciado que se resuelva con cada una de estas ecuaciones.**

a. $3x + 5 = 26$

b. $5x - 4 = 21$

6 **Escribe una ecuación que se cumpla para $x = 3$.**

7 **Sustituye la incógnita por números para que se verifiquen las ecuaciones.**

a. $2x - 8 = 0$

b. $3x + 5 = 20$

c. $x^2 - 1 = 10$

d. $x^2 + 4 = 29$

8 **Para comprar comida, Claudia tiene monedas de 1 € y de 2 €. En total tiene 10 monedas.**

a. Expresa los datos con una ecuación. ¿Cuántas variables necesitas?

b. ¿Puedes encontrar más de una solución?

c. ¿Alguna de las soluciones puede ser negativa? ¿Y decimal?

d. No todas las soluciones de la ecuación son válidas. ¿Por qué? Encuentra las soluciones que sirven.

9 **Inventa un problema sobre la imagen y escribe en lenguaje algebraico lo que indica. A continuación, contesta las preguntas.**

a. ¿Qué tipo de igualdad obtienes?

b. Calcula mentalmente cuánto mide cada trozo y comprueba si ese valor es solución de la ecuación.

2 ¿Las ecuaciones son como básculas en equilibrio constante?

Ecuaciones equivalentes

10 Observa la imagen y contesta.

¿Cuánto pesa el saco de arroz?

Dos **ecuaciones** son **equivalentes** cuando tienen las mismas soluciones.

11 **Actividad resuelta**

Andrés, de 11 años, tiene dos hermanas pequeñas, Bea y Celia. El triple de la edad de Bea más 2 es igual a la edad de Andrés y el doble de la edad de Celia más 5 es igual a la edad de Andrés. ¿Quién es mayor de las dos?

Escribimos las ecuaciones que nos indican las edades de Bea y Celia:

- Si llamamos x a la edad de Bea:

  $$3x + 2 = 11$$

  Si sustituimos el valor de x por 3, se obtiene la igualdad:

  $$3 \cdot 3 + 2 = 11$$

  Por tanto, $x = 3$ es solución de la ecuación.

- Si llamamos x a la edad de Celia:

  $$2x + 5 = 11$$

  Si sustituimos el valor de x por 3, se obtiene la igualdad:

  $$2 \cdot 3 + 5 = 11$$

  Por tanto, $x = 3$ es solución de la ecuación.

Las dos ecuaciones $3x + 2 = 11$ y $2x + 5 = 11$ son equivalentes, pues tienen la misma solución. Bea y Celia son hermanas gemelas o mellizas.

12 **Sustituye el valor de x y comprueba en cada caso si el valor propuesto es solución de la ecuación. Indica cuáles son equivalentes.**

a. $2x-8+3(3x-1)=0\,,\ x=1$

b. $\dfrac{x-1}{3}-\dfrac{x+2}{5}=0\,,\ x=-2$

c. $\dfrac{x-1}{3}-\dfrac{x+2}{5}=0\,,\ x=2$

d. $\dfrac{2(3x-1)^2}{5}-\dfrac{x-4}{2}=11,\ x=2$

e. $\dfrac{2(3x-1)^2}{5}-\dfrac{x-4}{2}=11,\ x=-2$

f. $\dfrac{9(4x-8)}{3}+\dfrac{2x+8}{5}=-10\,,\ x=1$

13 **Comprueba si las siguientes ecuaciones de solución $x=3$ son equivalentes a $7x+1=22$.**

a. $10x+3=3x+24$

b. $2x+5x-8+9x=5(x+5)$

c. $\dfrac{2x-5}{4}+\dfrac{x}{4}=1$

d. $2(x-3)+9=5x-6$

En algunos casos, dos ecuaciones comparten solo una de sus soluciones. Entonces, las **ecuaciones no** son **equivalentes**.

14 Actividad resuelta

¿Las ecuaciones $5x - 4 = 6$ y $x^2 = 4$ son equivalentes?

- La ecuación $5x - 4 = 6$ tiene como solución $x = 2$.
- La ecuación $x^2 = 4$ tiene la misma solución, $x = 2$, pero además tiene otra, $x = -2$.

Por tanto, las ecuaciones no son equivalentes.

15 **¿Las ecuaciones $8x + 3 = 27$ y $x^2 = 9$ son equivalentes? Explica tu respuesta.**

16 **Determina si las siguientes afirmaciones son verdaderas o falsas. Justifica la respuesta.**

a. Es posible encontrar un par de ecuaciones con dos soluciones y que además sean equivalentes.

b. Existen ecuaciones que comparten las mismas infinitas soluciones, por lo que son equivalentes.

Para resolver ecuaciones, aplicamos técnicas que permiten hallar otras ecuaciones equivalentes más sencillas.

Regla de la suma	Regla del producto
Si en una ecuación sumamos o restamos el mismo número o la misma expresión algebraica en los dos miembros, obtenemos una ecuación equivalente.	Si en una ecuación multiplicamos o dividimos los dos miembros por un mismo número, distinto de cero, obtenemos una ecuación equivalente.

Ejemplos:

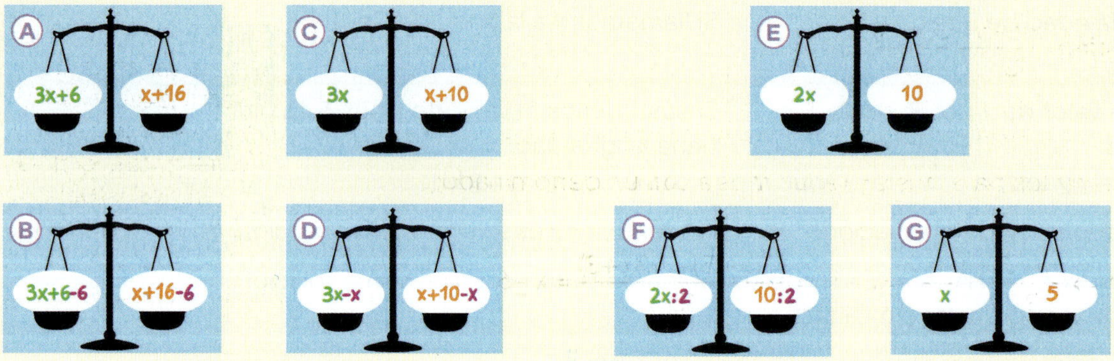

17 **Escribe ecuaciones equivalentes a la ecuación $2(3x - 4) + 7 = 4x + 11$ realizando los siguientes pasos.**

1.° Resta 7 en ambos miembros.

2.° Divide ambos miembros entre 2.

3.° Suma 4 en ambos miembros.

4.° Resta $2x$ en ambos miembros.

18 **Escribe tres ecuaciones que sean equivalentes a $3x - 5 = 7x + 15$ usando las reglas de la suma y del producto.**

19 MAT-TIC **En cada caso, usa las reglas de la suma y del producto para despejar x.**

a. $2x - 2 = 27$

b. $3x - 11 = -2x - 6$

c. $x - 9 = -7x + 3$

d. $7x + 4 = 13 + 4x$

e. $2x - 15 + 3 + 5x = -4x - 3x + 9$

f. $2x - 4 - 7x - 3 = 5 - x - 16$

Sigue entrenando con el interactivo GeoGebra *La ecuación: una balanza de platillos.*

3 ¿Cómo se resuelven las ecuaciones de primer grado?

Ecuaciones de primer grado con una incógnita

20 **Observa este acertijo y trata de dar una respuesta.**

> Una botella y su tapón cuestan 1,10 €. La botella cuesta 1€ más que el tapón. ¿Cuánto cuesta cada uno?

Una **ecuación** es de **primer grado** o **lineal** si es equivalente a una ecuación en la que los dos miembros de la igualdad son polinomios de grado 1. La forma general de la ecuación lineal es $ax+b=0$.

21 **Indica si las siguientes ecuaciones son de primer grado.**

a. $3x-1+2(5x+6)=\frac{4}{3}-\frac{2x}{5}$

b. $3(x-5)=3(x-2)-9$

c. $\frac{3}{x+1}-\frac{5}{x+2}=5$

d. $x^2+5x-9=6+x^2-4x$

e. $3x^2-5x=5(20-x)$

f. $\frac{2x+2}{3}+\frac{x}{3}-\frac{5x-1}{4}=0$

Para resolver una ecuación de primer grado con una incógnita, se despeja la incógnita siguiendo estos pasos.

RESOLUCIÓN DE ECUACIONES DE 1.ER GRADO

Resolvemos la ecuación $\frac{2x-5}{3}-\frac{3(x+1)}{5}=x-6$.

> En una ecuación, cada vez que operamos en un miembro, para que se mantenga la igualdad, hay que operar de la misma manera en el otro.

Paso 1

Operamos para suprimir los paréntesis y reducimos a común denominador, m.c.m. (3, 5) = 15.

$$\frac{2x-5}{3}-\frac{3(x+1)}{5}=x-6 \Rightarrow \frac{2x-5}{3}-\frac{3x+3}{5}=x-6 \Rightarrow \frac{5(2x-5)-3(3x+3)}{15}=x-6$$

Paso 2

Operamos para eliminar los denominadores.

$$15\cdot\frac{5(2x-5)-3(3x+3)}{15}=15\cdot(x-6)\Rightarrow$$
$$\Rightarrow 5(2x-5)-3(3x+3)=15x-90\Rightarrow$$
$$\Rightarrow 10x-25-9x-9=15x-90$$

Paso 3

Simplificamos los términos semejantes.

$$10x-25-9x-9=15x-90 \Rightarrow x-34=15x-90$$

Paso 4

Aplicamos las reglas de la suma y el producto.

$$x-34=15x-90 \Rightarrow x-34+34=15x-90+34\Rightarrow$$
$$\Rightarrow x-15x=15x-56-15x \Rightarrow -14x=-56 \Rightarrow \frac{-14x}{-14}=\frac{-56}{-14}\Rightarrow$$
$$\Rightarrow x=4$$

Paso 5

Verificamos la solución obtenida sustituyendo el valor en la ecuación original.

$$\frac{2x-5}{3}-\frac{3(x+1)}{5}=x-6 \Rightarrow \frac{2\cdot 4-5}{3}-\frac{3(4+1)}{5}=4-6\Rightarrow$$
$$\Rightarrow \frac{3}{3}-\frac{15}{5}=-2 \Rightarrow 1-3=-2 \Rightarrow -2=-2$$

Como **consecuencia de la regla de la suma**, los términos que están sumando en un miembro pasan al otro restando, y viceversa.

Algo parecido pasa con **la regla del producto** que nos permite despejar la incógnita: el coeficiente del término con la incógnita pasa de multiplicar (o dividir) un miembro a dividir (o multiplicar) el otro miembro al completo.

Ejemplo

Resolvemos la ecuación de primer grado: $3x - 5(x + 2) = 4x - 1$.

1.° Eliminamos el paréntesis aplicando la propiedad distributiva y simplificamos:

$$3x - 5(x + 2) = 4x - 1 \Rightarrow 3x - 5x - 10 = 4x - 1 \Rightarrow -2x - 10 = 4x - 1$$

2.° Decidimos en qué miembro dejar la incógnita, y en qué miembro, el término de grado 0. Parece natural en este caso dejar la incógnita en el segundo miembro, y el término de grado 0, en el primero.

Aplicamos la regla de la suma o su consecuencia.

$+2x$ $\quad +1$

$$-2x - 10 = 4x - 1 \Rightarrow$$

$$\cancel{-2x} \cancel{+2x} - 10 + 1 = 4x + 2x \cancel{-1} \cancel{+1} \Rightarrow -9 = 6x$$

$$-10 = 4x + 2x - 1 \Rightarrow -10 + 1 = 6x \Rightarrow -9 = 6x$$

3.° Aplicamos la regla del producto o su consecuencia.

$$-9 = 6x \Rightarrow$$

$$\frac{-9}{6} = \frac{\cancel{6}}{\cancel{6}}x \Rightarrow x = -\frac{9}{6} = -\frac{3}{2}$$

$:6$

$$\frac{-9}{6} = x \Rightarrow x = -\frac{9}{6} = -\frac{3}{2}$$

22 **Resuelve las siguientes ecuaciones de primer grado.**

a. $5x + 4 = 49$

b. $3 + 8x = 5x$

c. $4x - 5 = 7x + 15$

d. $2x - 3 = 8x + 21$

e. $3x - 2 + 11x + 19 = 23x - 45 - 11x - 6$

f. $23x - 93 + 9x + 99 - 12x = 99 - 12x + x$

g. $3x + 2 - 5x - 7x + 9 = 8x - 1 + 7x$

h. $7x + 7 - x = 4x + 15 + 2x - 8$

i. $4x + 9 = 5x - 3 - x + 6$

j. $16x + 24 - 32x = 40x - 32$

k. $16x - 9 - 41x = 13 - 15x + 34$

l. $48x - 15 + 17x + 122 = 113 - 13x - 5$

23 **Resuelve estas ecuaciones de primer grado con paréntesis.**

a. $2(x - 1) + 3 = 9$

b. $5x - 4(2x - 7) = 13$

c. $6(2x - 3) = 10(2x - 5)$

d. $3(5x - 1) - 7x = 2x + 9$

e. $10(2x - 3) - 7(4x - 6) = 2 - 6x$

f. $x - 2(2 - 3x) = 9 + 5(3x - 1)$

g. $3(6x - 10) - 5(2 - 4x) = 25x - 1$

h. $-4(-3x + 2) - 5 = -6x + 2$

i. $3x - 2 - (-x - 5) = 3(2x - 5) - (2x + 3)$

j. $3(3x - 1) - 5(4x - 2) + 9(2 - x) = 15$

k. $3(2x - 8) - 6(x - 7) = 18$

l. $2(1 - 3x) - 7(4x - 6) = 17(2 - 2x)$

24 **Encuentra mentalmente el valor de la incógnita *x* y comprueba la solución.**

a. $x - 9 = 2$

b. $\frac{x}{4} = 8$

c. $2x = \frac{1}{2}$

d. $5x - 3 = -18$

e. $6 - x = 10$

f. $3x = \frac{3}{4}$

g. $\frac{1}{3}x = 4$

h. $2x - 14 = 0$

Ejemplo

Resolvemos la ecuación de primer grado: $\frac{x+1}{4}-\frac{x-2}{6}+\frac{3x-3}{5}=\frac{34}{10}$

1.° Eliminamos los denominadores, multiplicando todos los términos por su mínimo común múltiplo, m.c.m. (4, 6, 5, 10) = 60.

$$\frac{x+1}{4}-\frac{x-2}{6}+\frac{3x-3}{5}=\frac{34}{10}\Rightarrow\frac{15x+15}{60}-\frac{10x-20}{60}+\frac{36x-36}{60}=\frac{204}{60}$$

2.° Operamos para eliminar los paréntesis.

$$\frac{15x+15-(10x-20)+(36x-36)}{60}=\frac{204}{60}\Rightarrow\frac{15x+15-10x+20+36x-36}{60}=\frac{204}{60}$$

3.° Simplificamos términos .

$$\cancel{60}\cdot\frac{41x-1}{\cancel{60}}=\cancel{60}\cdot\frac{204}{\cancel{60}}\Rightarrow 41x-1=204$$

4.° Aplicamos la regla de la suma y del producto o sus consecuencias para despejar la incógnita, *x*.

$$41x\cancel{-1+1}=204+1\Rightarrow\frac{41x}{41}=\frac{205}{41}\Rightarrow x=\frac{205}{41}\Rightarrow x=5$$

25 **Resuelve estas ecuaciones de primer grado con denominadores.**

a. $3x-\frac{1}{4}=2x+\frac{1}{3}-\frac{5}{6}$

b. $\frac{2x-3}{5}+1=4x+4$

c. $\frac{3x-1}{2}+\frac{5x+7}{2}=-1$

d. $\frac{5x+7}{4}-\frac{2x+1}{3}=2$

e. $\frac{x}{3}+\frac{x}{6}-\frac{x}{9}=7$

f. $\frac{x+1}{4}-\frac{x-2}{6}+\frac{3x-3}{5}=\frac{34}{10}$

g. $\frac{x-3}{2}+\frac{2x-5}{2}=5$

h. $\frac{5x-1}{4}-\frac{3x+8}{6}=\frac{17}{12}$

i. $\frac{6-x}{5}+\frac{3x-1}{6}-\frac{2x+3}{4}=\frac{1}{12}$

j. $x-2-\frac{5x+7}{6}=\frac{10-4x}{9}$

k. $\frac{9x-1}{12}+\frac{6x+6}{8}-\frac{3x}{10}=\frac{16}{15}$

l. $3(2x-4)+\frac{5x+1}{6}=\frac{1}{4}$

26 **Actividad resuelta**

Escribe una ecuación de primer grado con una incógnita que tenga exactamente cinco términos y cuya solución sea $x=2$.

Partiendo de la solución, podemos encontrar ecuaciones equivalentes usando las reglas de la suma y del producto.

$$x=2\Rightarrow 3x=6\Rightarrow 3x-4=6-4\Rightarrow 3x-4+7x=6-4+7x$$

Como hay un término de más, es decir, hay 6 términos, podemos agrupar el 6 y el –4 del segundo miembro.

$$3x-4+7x=6-4+7x\Rightarrow 3x-4+7x=2+7x$$

27 **Escribe una ecuación de primer grado con una incógnita en la que haya tres términos y que tenga la solución indicada en cada caso.**

a. $x=3$

b. $x=-5$

c. $x=\frac{1}{2}$

d. $x=\frac{-5}{2}$

e. $x=0$

f. $x=\frac{-5}{6}$

RESOLUCIÓN DE PROBLEMAS CON ECUACIONES DE 1.ER GRADO

Un viajero realiza un trayecto en tres días. El primer día recorre la tercera parte del camino, el segundo día recorre la quinta parte de lo que le quedaba, y el último día, 16 km. ¿Qué distancia ha recorrido en total?

Paso 1

Comprender el problema: hacemos un dibujo o esquema de la situación e identificamos en lenguaje algebraico lo que conocemos (datos) y asignamos una letra a lo que no (incógnita).

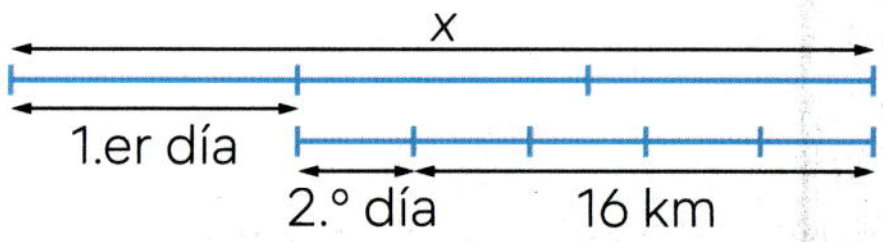

Distancia recorrida en total.	x
El primer día recorrió la tercera parte.	$\frac{1}{3}x$
El segundo día recorrió la quinta parte de lo que quedaba.	$\frac{1}{5}\left(x-\frac{1}{3}x\right)$
El último día recorrió 16 km.	16

Paso 2

Trazar un plan para resolverlo: planteamos la ecuación o ecuaciones que permiten resolver el problema, primero con un enunciado que, luego, traducimos en lenguaje algebraico.

La suma de las tres distancias es igual al total del camino recorrido.

$$\frac{1}{3}x+\frac{1}{5}\left(x-\frac{1}{3}x\right)+16=x$$

Paso 3

Poner en práctica el plan: resolvemos la ecuación o ecuaciones planteadas.

$$\frac{1}{3}x+\frac{1}{5}\left(x-\frac{1}{3}x\right)+16=x \Rightarrow \frac{1}{3}x+\frac{1}{5}x-\frac{1}{15}x+16=x \Rightarrow$$

$$\Rightarrow \frac{5}{15}x+\frac{3}{15}x-\frac{1}{15}x+\frac{15\cdot 16}{15}=x \Rightarrow$$

$$\Rightarrow 15\cdot\left(\frac{7}{15}x+\frac{240}{15}\right)=15\cdot x \Rightarrow 7x-7x+240=15x-7x \Rightarrow$$

$$\Rightarrow 240=8x \Rightarrow x=\frac{240}{8} \Rightarrow x=30$$

Paso 4

Comprobar los resultados: comprobamos si la solución tiene sentido en el contexto del problema e interpretamos el resultado.

1.er día	2.° día	3.er día	4.° día
$\frac{30}{3}=10$ km	$\frac{1}{5}$ de 20 km = 4 km	16 km	10 + 4 + 16 km = 30 km

28 **En un congreso sobre energías alternativas, la mitad de los científicos son europeos, la tercera parte, americanos, la décima parte, asiáticos, y 6 científicos son africanos. Calcula cuántos científicos han asistido a la conferencia.**

29 **Julio ha ido de compras. En la primera tienda ha gastado las dos terceras partes de su dinero, y en la segunda, las tres cuartas partes de lo que le quedaba. Para volver a casa le quedan 10 €.**

a. ¿Cuánto se ha gastado en total?

b. ¿Cuánto gastó en cada tienda?

30 **Actividad resuelta**

Alberto ha pagado 7 € por 5 refrescos y 3 bocadillos. Cada bocadillo vale un euro más que el refresco. ¿Cuánto vale cada refresco y cada bocadillo?

A partir de los datos del problema podemos responder diferentes preguntas. Para ello, debemos analizar las relaciones existentes entre ellos. Si x es el precio del refresco, entonces $x+1$ será el precio del bocadillo. Así el gasto total será:

$$\underbrace{5x}_{\text{Gastado en refrescos}} + \underbrace{3(x+1)}_{\text{Gastado en bocadillos}} = 7 \Rightarrow 5x + 3x + 3 = 7 \Rightarrow 8x = 4 \Rightarrow x = 0{,}5 \Rightarrow x + 1 = 1{,}5$$

Según lo anterior, cada refresco vale 0,50 €, y cada bocadillo, 1,50 €.

31 En la frutería del barrio, el kilo de tomates cuesta 30 cent más que el kilo de naranjas, pero 20 cent menos que el kilo de kiwis. Por 2 kg de tomates, 4 kg de kiwis y 3 kg de naranjas se han pagado 16,10 €. ¿Cuánto cuesta el kilo de cada fruta?

32 María, Elsa y Miguel han participado en una campaña de recogida de papel. María ha recogido el triple que Miguel, y Elsa, el doble de María. Calcula cuánto ha recogido cada uno si el total ha sido de 846 kg.

33 Tres amigos han trabajado en una obra, cobrando según las horas trabajadas. Alberto ha trabajado 2 h más que Carolina y Marcos ha trabajado el doble que los otros dos juntos.

a. Si en total han trabajado 48 h, ¿cuántas horas ha trabajado cada uno?

b. Si por una hora de trabajo cobran 20 €, ¿cuánto cobrará cada uno?

34 **Actividad resuelta**

Víctor tiene la cuarta parte de la edad de su padre y dentro de 10 años sus edades sumarán 75 años. ¿Cuántos años tiene cada uno?

Llamamos x a la edad de Víctor, y $4x$, a la edad de su padre.

$$\underbrace{x+10}_{\text{Edad de Víctor dentro de 10 años}} + \underbrace{4x+10}_{\text{Edad del padre dentro de 10 años}} = 75 \Rightarrow 5x = 75 - 20 \Rightarrow x = \frac{55}{5} \Rightarrow x = 11$$

Víctor tiene 11 años y su padre tiene: $11 \cdot 4 = 44$ años. Dentro de 10 años tendrán 21 y 54 años, respectivamente, y la suma de sus edades será: $21 + 54 = 75$ años.

35 Marisa tiene 43 años y tres hijos. El pequeño tiene 2 años menos que el mediano y este, tres años menos que la mayor. Calcula sus edades sabiendo que dentro de 3 años la suma de las edades de los hijos será igual a la edad que tendrá la madre.

36 En un concurso dan 5 puntos por cada respuesta correcta y quitan 3 puntos por cada fallo. Irma ha contestado 25 preguntas y lleva 69 puntos. ¿Cuántas respuestas ha acertado?

37 La diferencia entre las edades de Juan y Carolina es de 7 años, y entre las edades de Carolina y Elsa, de 5 años. Si la suma de las tres edades es 47 años. ¿Cuántos años tiene cada uno?

38 En el taller de Amparo hay coches y motos. En total son 40 vehículos. Al contar las ruedas, le salen 94 ruedas. ¿Cuántas motos hay?

4 ¿Te sientes capaz de pasar a las ecuaciones de segundo grado?

Ecuaciones de segundo grado con una incógnita

39 La geometría y el álgebra están estrictamente relacionadas. Por ejemplo, el teorema de Pitágoras se puede expresar como una ecuación. Observa la siguiente imagen y contesta.

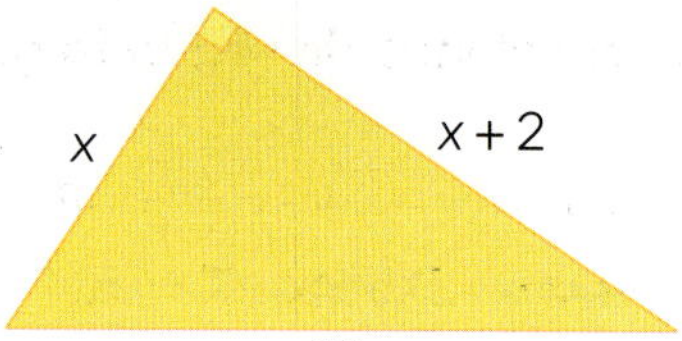

¿Sabrías escribir la ecuación asociada a la siguiente imagen?

Una **ecuación** es de **segundo grado** con una incógnita cuando se puede reducir a una ecuación equivalente de la forma $ax^2 + bx + c = 0$, con $a \neq 0$, donde a es el **coeficiente principal** y c es el **término independiente**.

- Si $a \neq 0$, $b \neq 0$ y $c \neq 0$, la ecuación es completa.
- Si $b = 0$ o $c = 0$ o $b = c = 0$, la ecuación es incompleta. Puede ser $ax^2 + c = 0$ o $ax^2 + bx = 0$.

$ax^2 + c = 0$, con $a \neq 0$	Ejemplo:
Se resuelven despejando x directamente y hallando la raíz cuadrada. $ax^2+c=0 \Rightarrow ax^2=-c \Rightarrow x^2=-\frac{c}{a} \Rightarrow x=\pm\sqrt{-\frac{c}{a}}$ • Si $-\frac{c}{a}<0$, la ecuación no tiene solución. • Si $-\frac{c}{a}>0$, la ecuación tiene dos soluciones opuestas.	• $x^2+4=0 \Rightarrow x^2=-4 \Rightarrow x=\pm\sqrt{-4}$, la ecuación no tiene solución. • $3x^2-75=0 \Rightarrow 3x^2=75 \Rightarrow$ $x^2=\frac{75}{3}=25 \Rightarrow x=\pm\sqrt{25} \Rightarrow \begin{cases} x=+\sqrt{25}=5 \\ x=-\sqrt{25}=-5 \end{cases}$
$ax^2 + bx = 0$, con $a \neq 0$	**Ejemplo:**
Se resuelven extrayendo factor común: $ax^2+bx=0 \Rightarrow x(ax+b)=0 \Rightarrow \begin{cases} x=0 \\ ax+b=0 \Rightarrow x=-\frac{b}{a} \end{cases}$	Resolvemos la ecuación $3x^2 - 5x = 0$. $3x^2-5x=0 \Rightarrow x(3x-5)=0 \Rightarrow \begin{cases} x=0 \\ 3x-5=0 \Rightarrow x=\frac{5}{3} \end{cases}$
$ax^2 + bx + c = 0$, con $a \neq 0$, $b \neq 0$ y $c \neq 0$	**Ejemplo:**
Las soluciones de la ecuación de segundo grado completa se obtienen mediante la fórmula: $ax^2+bx+c=0 \Rightarrow x=\frac{-b\pm\sqrt{b^2-4ac}}{2a}$ El número de soluciones de la ecuación depende del signo del discriminante, b^2-4ac, que se representa con la letra griega mayúscula Δ, llamada delta. • Si $\Delta<0$, la ecuación no tiene solución. • Si $\Delta=0$, la ecuación tiene una solución: $x=\frac{-b}{2a}$ • Si $\Delta>0$, la ecuación tiene dos soluciones: $x=\frac{-b+\sqrt{b^2-4ac}}{2a}$ y $x=\frac{-b-\sqrt{b^2-4ac}}{2a}$	Resolvemos la ecuación $3x^2 - 5x + 2 = 0$. Es una ecuación completa de segundo grado con $a = 3$, $b = -5$ y $c = 2$. $3x^2-5x+2=0 \Rightarrow x=\frac{-(-5)\pm\sqrt{(-5)^2-4\cdot 3\cdot 2}}{2\cdot 3} \Rightarrow$ $\Rightarrow x=\frac{5\pm\sqrt{25-24}}{6} \Rightarrow x=\frac{5\pm 1}{6} \Rightarrow$ $\Rightarrow x=\begin{cases} \frac{5+1}{6}=1 \\ \frac{5-1}{6}=\frac{4}{6}=\frac{2}{3} \end{cases}$ Las soluciones de la ecuación son $x = 1$ y $x=\frac{2}{3}$.

40 Expresa como una ecuación de segundo grado de la forma $ax^2 + bx + c = 0$.

a. $x^2 + 5 = 4x - 2$
b. $43 - 3x = 34 + 12x^2$
c. $7x + 7 = 5x^2 - 4x + 1$
d. $2x^2 + 9 = 8x - 3$

Indica los valores de a, b y c en cada caso.

41 Opera y expresa las siguientes ecuaciones como ecuaciones de segundo grado. Indica si son completas o incompletas.

a. $2x(3x - 5) + 7x(1 - x) = -10$
b. $3x^2 + x(5 - 3x) - 42 = 6(x - 7)$
c. $2x(5x - 1) - 6x^2 + 2(x - 5) = 0$
d. $3x(x-2) - 5x - 4 = -5x + 5$
e. $10 + 3x(2x-5) - 2(4x^2 - 3x - 1) = 1$
f. $3x + 5x(x - 1) + 8x - 7 = -8$
g. $-4x(x - 2) + 3(x + 7) = -8$
h. $-8x(x + 1) - 5(x - 2) - 4 = 9$
i. $\dfrac{2x^2-5}{3} - \dfrac{x^2+4}{4} = -1$
j. $6x(-3x+5) + 14(x^2-3) = 6(x-7)$

42 Halla las soluciones de las siguientes ecuaciones de segundo grado incompletas.

a. $x^2 - 16 = 0$
b. $5x^2 + 20 = 0$
c. $5x^2 - 20 = 0$
d. $4x^2 - 100 = 0$
e. $4x^2 + 100 = 0$
f. $3x^2 + 27 = 0$
g. $5x^2 - 80 = 0$
h. $16 + 4x^2 = 0$
i. $1 - 9x^2 = 0$
j. $5 + 2x^2 = 3x^2 - 11$
k. $3(x^2 - 2) + 18 = 0$
l. $10x^2 - 23x = -23x + 90$

43 Resuelve las siguientes ecuaciones de segundo grado incompletas.

a. $x^2 + 8x = 0$
b. $5x^2 + 30x = 0$
c. $x^2 - 8x = 0$
d. $18x^2 - 9x = 0$
e. $7x^2 + 12x = 0$
f. $7x^2 - 28x = 0$
g. $x^2 - 7x = 0$
h. $8x - 4x^2 = 0$
i. $11x^2 + 44x = 0$
j. $4x^2 - 9x = 0$
k. $50x^2 + 25x = 0$
l. $6x^2 - 3x = 3(7x^2 - 4x)$

44 ## Actividad resuelta

Indica el número de soluciones de la ecuación $x^2 - 9x + 14 = 0$.

Como la ecuación está expresada de la forma $ax^2 + bx + c = 0$, se estudia el valor de $b^2 - 4ac$, con $a = 1$, $b = -9$ y $c = 14$.

$$b^2 - 4ac = (-9)^2 - 4 \cdot 1 \cdot 14 = 81 - 56 = 25 > 0$$

Por tanto, la ecuación tiene dos soluciones.

45 Indica, sin resolverlas, el número de soluciones de las siguientes ecuaciones.

a. $x^2 - 5x + 4 = 0$
b. $-2x^2 + 3x + 5 = 0$
c. $3x^2 + 7x + 5 = 0$
d. $3x^2 + 8x + 5 = 0$
e. $4x^2 - 12x + 9 = 0$
f. $3x^2 - 5x + 8 = 0$
g. $-5x^2 + x + 1 = 0$
h. $10x^2 - 20x + 10 = 0$

46 **ENTRENAMOS JUNTOS.** Resuelve las siguientes ecuaciones de segundo grado completas.

a. $3x^2 - 3x - 18 = 0$
b. $-x^2 - 7x - 10 = 0$
c. $-x^2 - 7x + 10 = 0$
d. $2x^2 + 6x - 8 = 0$
e. $x^2 + 5x + 6 = 0$
f. $-x^2 + 8x - 16 = 0$
g. $5x^2 - 7x - 6 = 0$
h. $9x^2 - 24x + 16 = 0$
i. $x^2 + 8x + 16 = 0$
j. $6x^2 - 5x - 1 = 0$
k. $6x^2 + x - 1 = 0$
l. $2x^2 + 3x + 6 = 0$

¿Qué es lo que más te cuesta en las resoluciones de ecuaciones de segundo grado?

47 Actividad resuelta

Resuelve esta ecuación de segundo grado: $x(2x-5)=6-x$.

En primer lugar, se opera y se expresa la ecuación de la forma $ax^2+bx+c=0$.

$x(2x-5)=6-x \Rightarrow 2x^2-5x=6-x \Rightarrow 2x^2-4x-6=0$

Como es una ecuación cuadrática completa, con $a=2$, $b=-4$ y $c=-6$, entonces se utiliza la fórmula general para resolverla:

$$x=\frac{-(-4)\pm\sqrt{(-4)^2-4\cdot 2\cdot(-6)}}{2\cdot 2}=\frac{4\pm\sqrt{16+48}}{4}=\frac{4\pm 8}{4}=\begin{cases}=3\\=-1\end{cases}$$

Las soluciones de la ecuación son $x=3$ y $x=-1$.

48 **Halla la solución de las ecuaciones siguientes.**

a. $2x^2-6(2x-1)=1$

b. $x(4x-6)+1-4x=-5$

c. $3x^2-9x(2x+2)+4=7$

d. $(3x-1)2=-(3x-1)(3x+1)$

e. $(2-3x)^2+2(x-1)^2=0$

f. $(1-x)^2+3x^2=1$

49 MAT-TIC **Sigue entrenando con el interactivo de GeoGebra *Ecuaciones de segundo grado.***

RESOLUCIÓN DE PROBLEMAS CON ECUACIONES DE 2.° GRADO

Un rectángulo tiene 28 cm² de área y su base mide 3 cm más que su altura. ¿Cuáles son sus dimensiones?

Paso 1

Comprender el problema: hacemos un dibujo de la situación e identificamos en lenguaje algebraico lo que conocemos (datos) y asignamos una letra a lo que no (incógnita).

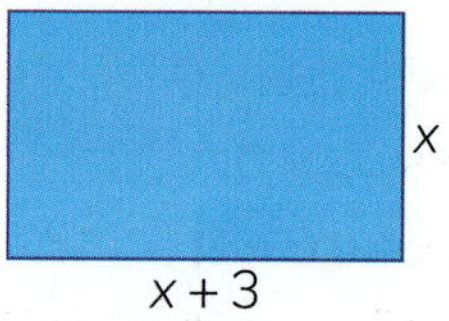

Dimensión de la altura	x
Dimensión de la base	$x+3$
Área del rectángulo	28 cm²

Paso 2

Trazar un plan para resolverlo: planteamos la ecuación o ecuaciones que permiten resolver el problema.

Como el área del rectángulo es $A=b\cdot h$, planteamos la ecuación: $28=(x+3)x$

Paso 3

Poner en práctica el plan: resolvemos la ecuación o ecuaciones planteadas.

$$(x+3)x=28 \Rightarrow x^2+3x=28 \Rightarrow x^2+3x-28=0$$

Es una ecuación de segundo grado completa con $a=1$, $b=3$ y $c=-28$. Entonces:

$$x=\frac{-3\pm\sqrt{3^2-4\cdot 1\cdot(-28)}}{2\cdot 1}=\frac{-3\pm\sqrt{9+112}}{2}=\frac{-3\pm\sqrt{121}}{2}=\frac{-3\pm 11}{2}=\begin{cases}\frac{-3+11}{2}=\frac{8}{2}=4\\[4pt]\frac{-3-11}{2}=\frac{-14}{2}=-7\end{cases}$$

Paso 4

Comprobar los resultados: comprobamos si la solución tiene sentido en el contexto del problema e interpretamos el resultado. En los problemas de ecuaciones de segundo grado pueden aparecer soluciones de la ecuación que no sean soluciones válidas.

- La solución $x=4$ es válida como solución del problema. Así, la altura mide 4 cm y la base mide $4+3=7$ cm. Comprobamos que el área es: $4\cdot 7=28$ cm².
- El resultado $x=-7$ no es válido para el problema, ya que la altura tiene que ser positiva.

50 La superficie de una colchoneta de gimnasia es de 84 m². Su largo es el doble del ancho más 2 m. Calcula las dimensiones de la colchoneta.

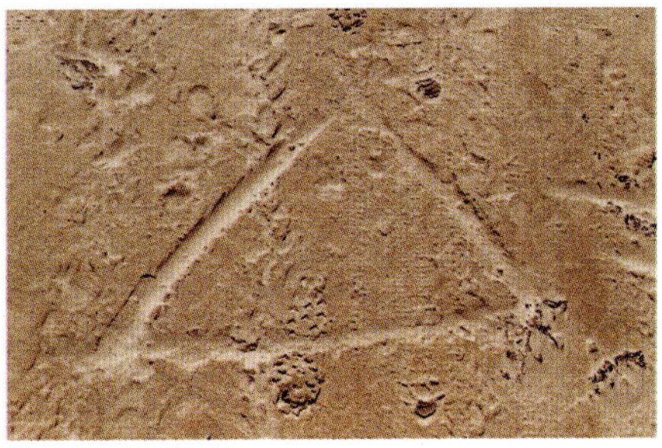

51 En un triángulo de 22 cm² de área, la base es igual a 3 cm más el doble de la altura. ¿Qué dimensiones tiene?

52 Martín ha dibujado un triángulo sobre la arena y ha calculado que tiene un área de 48 cm². Halla sus dimensiones si la base mide 2 cm más que la altura.

53 Óscar ha colocado piezas de construcción cuadradas formando un cuadrado. Su primo le ha regalado 39 piezas más, así que ha podido unirlas a las que tenía y formar un cuadrado con 3 piezas más de lado. ¿Cuántas piezas de construcción tenía Óscar al principio?

54 El producto de dos números naturales es 176 y el primero es 5 unidades menor que el segundo. ¿De qué números se trata?

55 Para hacer un cercado rectangular para su ganado, Alberto utiliza 80 m de valla. Si el cercado mide 375 m², ¿cuáles son sus medidas?

56 Un campo de cultivos de soja rectangular mide 10 800 m² y un lado es 30 m más largo que el otro. ¿Cuáles son sus dimensiones?

57 Actividad resuelta

La suma de los cuadrados de dos números consecutivos es igual a 113. Halla qué números son.

Si el primer número es x, el siguiente es $x + 1$.

Planteamos la ecuación: $x^2 + (x + 1)^2 = 113$

Usamos identidades notables: $x^2 + x^2 + 2x + 1 = 113$

Reducimos términos: $2x^2 + 2x - 112 = 0$

Dividimos toda la ecuación entre 2: $x^2 + x - 56 = 0$

Resolvemos:

$$x = \frac{-1 \pm \sqrt{1^2 - 4 \cdot 1 \cdot (-56)}}{2 \cdot 1} = \frac{-1 \pm \sqrt{225}}{2} = \frac{-1 \pm 15}{2} = \begin{cases} \dfrac{1+15}{2} = 7 \\ \dfrac{-1-15}{2} = -8 \end{cases}$$

Los números consecutivos pueden ser 7 y 8 porque $7^2 + 8^2 = 49 + 64 = 113$ o también pueden ser -8 y -7 porque $(-8)^2 + (-7)^2 = 64 + 49 = 113$.

Cuando la solución del problema no exige que los valores sean exclusivamente positivos o negativos, las dos respuestas son válidas.

58 La suma de los cuadrados de tres números consecutivos es 194. Calcúlalos de tres formas distintas:

i. Llamando x al menor de los tres.
ii. Llamando x al mediano.
iii. Llamando x al mayor.
a. ¿Se obtiene la misma solución?
b. ¿Qué ecuación es más fácil de resolver?

59 La suma de los cuadrados de dos números opuestos es 72. Averigua cuáles son.

60 MAT-TIC Sigue entrenando con el interactivo GeoGebra *Construcción de cajas*.

¿Qué has necesitado para afrontar el aprendizaje de algo nuevo como las ecuaciones de segundo grado?

NUESTRO RETO Los bancos de semillas

Investiga sobre los bancos de semillas y encuentra una aplicación de las ecuaciones para modelar una situación real

Paso 1

Investigación

Un banco de semillas es un lugar donde se almacenan semillas de diferentes tipos de plantas con el fin de preservar su diversidad genética y asegurar su conservación para el futuro. Son lugares esenciales para preservar la biodiversidad y proteger las plantas en peligro de extinción. Existen diferentes tipos de bancos de semillas, desde pequeños bancos comunitarios, hasta grandes instalaciones internacionales.

Investiga sobre el banco de semillas más cercano a ti. Busca información sobre los diferentes tipos de semillas y la cantidad que se almacena, las técnicas utilizadas para su conservación y los problemas a los que se enfrentan.

Paso 2

Cálculo de la ecuación

La calidad de las semillas almacenadas y la efectividad del banco de semillas en la conservación de la especie se controla mediante la tasa de germinación. Es una ecuación que relaciona el número de semillas que germinaron, con el número total de semillas almacenadas.

¿Sabrías encontrar la fórmula?

Paso 3

Reflexión sobre el aprendizaje de ecuaciones

Aprendo a pensar. A través de la plantilla, *Pasarela de la aplicación*, contesta a las preguntas: ¿Qué estoy aprendiendo? ¿Para qué puedo utilizar esto?

Reflexionando sobre lo que has aprendido y sobre cómo utilizarlo en la vida real, elaborarás unas propuestas para proteger la biodiversidad de las especies vegetales de los bancos de semillas y crearás una noticia. Puedes ayudarte con la plantilla.

¿Cómo te ha ido el reto? Entra y haz tu valoración

EN RESUMEN

Igualdades

- Una **identidad** es una igualdad algebraica que se verifica para cualquier valor de las variables que aparecen.
- Una **ecuación** es una igualdad algebraica que se verifica solamente para ciertos valores de las **variables** o **incógnitas**.
  - El **grado** de una ecuación es el mayor grado de los monomios que contiene.
  - En una ecuación las **soluciones** pueden ser una, varias, infinitas o ninguna.

Ecuaciones equivalentes

Dos **ecuaciones** son **equivalentes** si tienen las mismas soluciones. Para obtener ecuaciones equivalentes se usan las siguientes reglas.

Regla de la suma	Regla del producto
$5x = 2x + 12 \Rightarrow 5x - 2x = 2x + 12 - 2x \Rightarrow 3x = 12$	$3x = 12 \Rightarrow \frac{3x}{3} = \frac{12}{3} \Rightarrow x = 4$

Ecuaciones de primer grado

Una **ecuación** es de **primer grado** o **lineal** si es equivalente a una ecuación en la que los dos miembros de la igualdad son polinomios de grado 1.

La forma general de la ecuación lineal es $ax + b = 0$ y su solución es $x = -\frac{b}{a}$.

Ecuaciones de segundo grado

$ax^2 + c = 0$, con $a \neq 0$

$$ax^2 + c = 0 \Rightarrow ax^2 = -c \Rightarrow x^2 = -\frac{c}{a} \Rightarrow x = \pm\sqrt{-\frac{c}{a}}$$

- Si $-\frac{c}{a}$ es negativo, la ecuación no tiene solución.
- Si $-\frac{c}{a}$ es positivo, la ecuación tiene dos soluciones opuestas.

$ax^2 + bx = 0$, con $a \neq 0$

$$ax^2 + bx = 0 \Rightarrow x(ax + b) = 0 \Rightarrow \begin{cases} x = 0 \\ ax + b = 0 \Rightarrow x = -\frac{b}{a} \end{cases}$$

$ax^2 + bx + c = 0$, con $a \neq 0$, $b \neq 0$ y $c \neq 0$

$$ax^2 + bx + c = 0 \Rightarrow x = \frac{-b \pm \sqrt{b^2 - 4ac}}{2a} = \frac{-b \pm \sqrt{\Delta}}{2a}$$

Si $\Delta < 0$, la ecuación no tiene solución.	$\Delta = 0$, la ecuación tiene 1 solución.	Si $\Delta > 0$, la ecuación tiene 2 soluciones.

PRACTICAMOS

Actividades

1 **Aprendo a pensar.** Organiza en un mapa mental los conceptos que has aprendido.

2 Indica si las siguientes expresiones algebraicas son identidades o ecuaciones.

a. $5x-9x+4x=0$

b. $4(3x^2)=12x^2$

c. $(x+2)^2=x^2+4$

d. $\frac{x-1}{2}+\frac{x}{3}=\frac{5x-3}{6}$

e. $(a-b)^2=b^2+a^2-2ab$

f. $6x^3-12x^2+3x=3x(2x^2-4x+1)$

3 Escribe, para cada caso, la ecuación correspondiente.

a. La suma de dos números distintos es igual a 6.

b. La suma de dos números consecutivos es igual a 7.

c. Si a un número se le suma 3 y se divide el resultado entre 2, el resultado es 10.

d. Si al cuadrado de un número se le resta la tercera parte del número, el resultado es 34.

4 Comprueba, en cada caso, si el valor de x propuesto es solución de la ecuación.

a. $3x+8=10x+1$, para $x=1$

b. $3(2x-5)-4x=-11$, para $x=2$

c. $2x+\frac{5}{3}=8x-\frac{16}{3}$, para $x=\frac{1}{2}$

d. $\frac{x-1}{2}+\frac{x}{3}=-\frac{7}{18}$, para $x=\frac{2}{3}$

5 Indica si las siguientes ecuaciones son equivalentes a $2x-3=7$.

a. $3x-3=8$

b. $7x+9=5x+19$

c. $x^2-25=0$

d. $\frac{2}{3}x-1=\frac{14}{6}$

e. $\frac{2}{3}(x-1)=\frac{14}{6}$

f. $2x\cdot10-3\cdot10=7\cdot100$

6 Aplica la regla de la suma para encontrar la solución de las ecuaciones.

a. $14+x+10=35$

b. $18+2x-8=x-25$

c. $12-x=12-2x$

d. $7-5x=12-4x-17$

7 Escribe tres ecuaciones equivalentes a $5x-6=12-4x$, utilizando solo la regla de la suma, solo la regla del producto y una combinación de ambas, respectivamente.

8 Utiliza la regla del producto para despejar x en las siguientes ecuaciones.

a. $3x=18$

b. $\frac{x}{2}=8$

c. $6x=11$

d. $-2x=\frac{1}{3}$

e. $5=7x$

f. $-\frac{3x}{7}=12$

g. $3x=-\frac{3}{7}$

h. $-\frac{3x}{4}=-\frac{1}{4}$

9 Escribe una ecuación que tenga como solución $x=3$ y que cumpla las siguientes condiciones.

- En el primer miembro debe aparecer el sumando $4x$, y en el segundo, el término -9.
- En total tiene que haber cinco términos, dos con x y tres sin x.
- Uno de los términos con x debe llevar un coeficiente negativo.
- En la ecuación no debe aparecer el número 3.

10 **Actividad resuelta**

Resuelve la siguiente ecuación.

$$\frac{5(3x-5)}{4}-\frac{7x+3}{8}=2$$

Cuando hay denominadores y paréntesis, empezamos eliminando los denominadores (m.c.m. (4, 8) = 8).

$$\frac{5(3x-5)}{4}-\frac{7x+3}{8}=2\Rightarrow\frac{5\cdot2(3x-5)}{4\cdot2}-\frac{7x+3}{8}=\frac{2\cdot8}{8}\Rightarrow$$
$$\Rightarrow10(3x-5)-(7x+3)=16\Rightarrow30x-50-7x-3=16\Rightarrow$$
$$\Rightarrow23x=53+16\Rightarrow23x=69\Rightarrow x=\frac{69}{23}\Rightarrow x=3$$

11 Halla la solución de las siguientes ecuaciones.

a. $\frac{2(3x+7)}{5}+\frac{5(x-3)}{2}=-1$

b. $\frac{3(4x+1)}{7}-\frac{6(x-3)}{5}=3$

c. $3(2x-4)+\frac{5x+1}{4}=\frac{1}{6}$

12 Actividad resuelta

Resuelve la siguiente ecuación.

$$(x-2)(x+3)=0.$$

Para que el producto de dos factores sea 0, uno de ellos tiene que ser necesariamente 0. Por tanto, para que se cumpla:

$$(x-2)(x+3)=0$$

Tiene que ocurrir que $x-2$ sea 0 o que $x+3$ sea 0. Para resolver la ecuación, igualamos a 0 cada factor.

$$x-2=0 \Rightarrow x=2$$

$$x+3=0 \Rightarrow x=-3$$

Las soluciones son $x=2$ y $x=-3$.

13 Opera y calcula las soluciones de las siguientes ecuaciones de segundo grado.

a. $(x+5)(2x-4)=0$

b. $(3x-2)(5x-2)=0$

c. $(2x+4)(2x-1)=0$

d. $(3x-12)(5x+35)=0$

e. $(4x-1)(10x-1)=0$

f. $(36x-45)(28x+4)=0$

14 Actividad resuelta

Calcula el valor de k para que la ecuación $3x^2-12x+k=0$ tenga una única solución. Resuelve la ecuación para ese valor de k.

Para que la ecuación tenga una única solución, b^2-4ac tiene que valer 0.

$$b^2-4ac=12^2-4\cdot 3\cdot k-144-12k \rightarrow$$
$$\Rightarrow 144-12k=0 \Rightarrow 144=12k \Rightarrow$$
$$\Rightarrow k=\frac{144}{12}=12$$

La ecuación es $3x^2-12x+12=0$.

Como b^2-4ac es 0, la solución es:

$$x=\frac{-b\pm\sqrt{0}}{2a}=\frac{12}{2\cdot 3}=2$$

15 Calcula en cada caso los valores de k para los que la ecuación tiene una única solución. Después, resuélvela.

a. $2x^2-20x+k=0$

b. $kx^2+12x+18=0$

c. $x^2+kx+25=0$

d. $9x^2-2x+k=0$

Problemas

16 Un periodista ha escrito la crónica de un partido de baloncesto, en el que el equipo local ha sufrido una aplastante derrota. Las dos séptimas partes del artículo están dedicadas a criticar al árbitro, las tres cuartas partes del resto, a criticar al entrenador, y las 15 líneas restantes, a criticar a los jugadores. ¿Cuántas líneas tiene el artículo?

17 Irene y David son hermanos. David le saca dos años a Irene y el producto de sus edades es igual a la diferencia de los cuadrados de sus edades más 76. ¿Cuántos años tienen Irene y David?

18 Raquel, Alvaro y Rodrigo están contando el dinero que tienen para ver si pueden ir al cine. Raquel tiene 7 € más que Alvaro y Rodrigo tiene 5 € más que el doble de la suma de las cantidades de sus primos. Si en total tienen 50 €, ¿cuánto dinero tiene cada uno?

19 Un granjero tenía unas cuantas gallinas en su corral. Por un agujero de la valla se escapó la tercera parte y un lobo se comió dos tercios de las que quedaban. Cuando el granjero se dio cuenta, cambió las 18 gallinas que le quedaban a otro corral. ¿Cuántas gallinas había al principio?

20 En un concesionario han rebajado los precios de tres coches. El coche rojo cuesta 2000 € más que el verde y el coche azul cuesta 9500 €. La semana pasada se han vendido 7 coches rojos, 4 coches azules y 9 coches verdes, y se han recaudado 192 800 €. ¿Qué precio tiene cada coche?

21 La suma de un número con su mitad, su doble y su triple es 156. ¿Qué número es?

22 Con una cuerda de 20 m de longitud se ha construido un rectángulo de 21 m^2 de área. Calcula las dimensiones del rectángulo.

23 Averigua el número secreto.

> Si a un número le sumas 7, obtienes el triple que si le restas 5. ¿Qué número es?

24 La hermana mayor de una familia con tres hermanos tiene 4 años más que el segundo y este 3 más que el menor. Si entre todos tienen la edad de la madre, que tiene 40 años, ¿qué edad tiene cada hermano?

25 Alexa tiene 800 € y Federica tiene 750 €. Ambas se compran el mismo libro. Después de la compra, a Federica le quedan cinco sextas partes del dinero que le queda a Alexa. ¿Cuánto costó el libro?

26 En una torre se han usado distintos materiales. En la parte inferior se ha usado el material más pesado, hasta alcanzar la cuarta parte de la altura de la torre. La parte central, que equivale a las dos terceras partes de lo que queda, se construye con un material menos pesado y los 10 m que quedan se construyen con un material muy ligero. ¿Cuánto mide la torre?

27 En el castillo de un malvado hechicero hay una alta torre, con un gran número de escalones. La escalera está protegida de forma que solo aquel que adivine cuántos escalones tiene podrá subirla. Por suerte, al pie de la escalera hay una pista:

> Si a mis escalones le sumas la mitad de ellos y le restas la sexta parte obtendrás 200 más.

Un aventurero consiguió encontrar la solución del acertijo y subir a la torre. ¿Cuál era la solución?

28 De un tablero de 2400 cm^2 se cortan dos piezas cuadradas, una de ellas con 5 cm más de lado que la otra. Si las tiras de madera que sobran miden 166 cm^2, ¿cuánto miden los lados de las piezas cuadradas cortadas?

29 Encuentra tres números enteros consecutivos, sabiendo que al sumar el cuadrado del mayor con el menor se obtienen 79 unidades menos que el triple del cuadrado del segundo.

30 Un campo de cultivo mide 4800 m^2 y su largo mide 20 m más que su ancho. ¿Cuáles son sus dimensiones?

31 Un grifo llena un depósito en 6 horas y otro lo hace en 12 horas. Si el depósito está vacío y se abren los dos grifos a la vez, ¿cuánto tiempo tardará en llenarse?

32 De las personas que pasan hambre en el mundo, $\frac{1}{6}$ padecen hambre severa, $\frac{1}{3}$ están al borde de la hambruna y otros 420 millones padecen hambre moderada. ¿Cuántas personas pasan hambre en total?

33 Un parque tiene las dimensiones que muestra la imagen. Está formado por un jardín en el centro, rodeado de una acera, ambos con igual área. ¿Cuál es la medida del ancho de la acera?

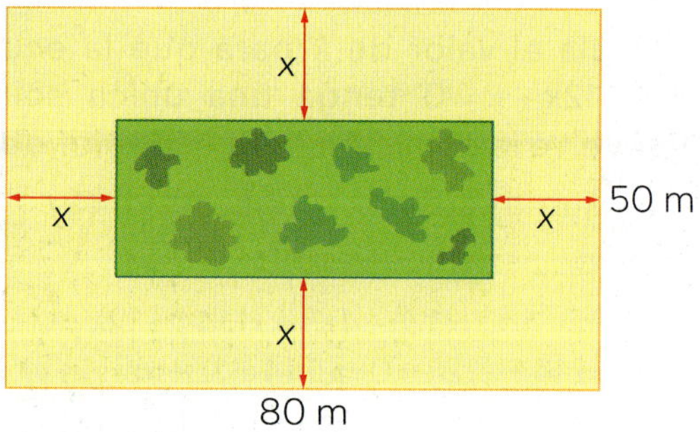

34 Una investigadora está probando una nueva variedad de arroz, más resistente a las plagas. En una parcela siembra la mitad con esta nueva variedad, $\frac{2}{5}$ del resto con otra diferente y deja sin sembrar 40 m^2. ¿Qué superficie ocupa la nueva variedad?

35 El cambio climático está provocando una disminución de los recursos en muchas zonas del planeta. En una aldea, la cosecha recogida cada año se ha ido reduciendo. Ahora se recogen 300 kg más que la mitad de lo que se recogía el año pasado. Si entre los dos años se recogieron 1500 kg, ¿cuánto se ha recogido este año?

36 Jimena trabaja en una tienda de alquiler de bicicletas. En dicha tienda, la cuota anual de socio es de 100 €. El precio de alquiler de las bicicletas para los socios es inferior al precio para los no socios, tal y como se muestra en la siguiente tabla.

Precio de alquiler para los no socios	4,50 €
Precio de alquiler para los socios	1,50 €

a. El año pasado, Martín era socio de la tienda. Gastó un total de 161,50 €. ¿Cuánto habría gastado Martín si no hubiese sido socio y hubiese alquilado el mismo número de veces una bicicleta?

b. ¿Cuál es el número mínimo de bicicletas que tiene que alquilar un socio para cubrir el coste de su cuota?

37 Un avestruz se ha percatado de que un guepardo duerme sobre la rama de un árbol y huye a una velocidad de 90 km/h antes de que se despierte. El guepardo se despierta 10 segundos después y sale en su persecución a 120 km/h. Como el guepardo va a más velocidad, terminará alcanzando al avestruz, pero si el avestruz llega a una zona de sabana donde se puede camuflar, conseguirá librarse del guepardo.

a. Si el guepardo tarda t minutos en alcanzar al avestruz, ¿cuánto tiempo llevará el avestruz huyendo?

A. 10 segundos

B. t minutos

C. $(t + 10)$ minutos

D. $(t + 10)$ segundos

E. $\left(t+\frac{1}{6}\right)$ minutos

b. Cuando el guepardo alcance al avestruz, habrán recorrido la misma distancia. Plantea y resuelve la ecuación correspondiente.

c. Si la zona de sabana está a 2 km, ¿logrará escapar el avestruz?

Comprueba lo que has aprendido

1 Escribe tres ecuaciones equivalentes a $-5x - 4 = 12 + 3x$, utilizando solo la regla de la suma, solo la regla del producto y una combinación de ambas, respectivamente.

2 Comprueba si $x = 2$, $x = -1$ y $x = 0$ son soluciones de estas ecuaciones.

a. $3x - 5(2x - 1) = 9 - 3x$

b. $\frac{2x+5}{8} - \frac{x+2}{3} = \frac{-1}{24}$

c. $3x^2 - 3x - 6 = 0$

3 Resuelve las siguientes ecuaciones.

a. $6(3x - 2) - 5(2x + 1) = 4x - 14$

b. $\frac{x-9}{8} - \frac{2x-7}{10} = \frac{x-2}{2}$

4 Calcula las soluciones de estas ecuaciones.

a. $5x^2 - 80 = 0$

b. $4x^2 - 4 = 0$

c. $3x^2 = 0$

d. $8x^2 + 24x = 0$

5 Resuelve estas ecuaciones de segundo grado.

a. $2x^2 - 12x - 14 = 0$

b. $-30x^2 + 50x + 20 = 0$

c. $-3x^2 + 6x = -6x^2$

d. $2x^2 + 5x + 2 = 0$

6 En un torneo de voleibol, cada equipo lleva ocho jugadores y un entrenador. Si en total hay 108 personas, ¿cuántos entrenadores hay y cuántos jugadores participan en el torneo?

7 En una carrera, el primero recibe 7 puntos más que el segundo, este recibe 4 puntos más que el tercero y este, a su vez, recibe 2 puntos más que el cuarto. Todos los demás reciben los mismos puntos que el cuarto clasificado. Si en total participaron 10 atletas y se repartieron 71 puntos, ¿cuántos recibió cada atleta?

8 Calcula las dimensiones del siguiente huerto sabiendo que su área es de 77 cm².

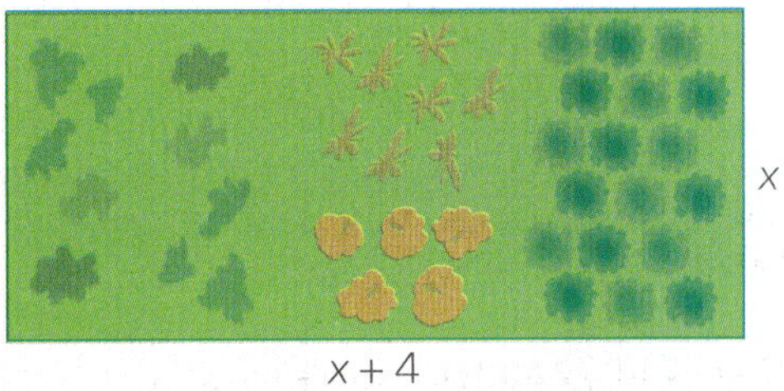

Mis competencias

Autoevaluación

3.3 ¡Que llega la y!

¡EMPEZAMOS!

Hipatia: una matemática y astrónoma pionera en la Antigüedad

Hipatia de Alejandría fue una importante matemática, astrónoma y filósofa que vivió en el siglo IV en la ciudad de Alejandría, en Egipto. Durante su vida hizo contribuciones significativas a la geometría y a la astronomía y su trabajo sigue siendo reconocido y valorado hoy en día. Sin embargo, a pesar de sus logros, Hipatia fue asesinada en el año 415 d.C. Es importante saber que la historia detrás del asesinato de Hipatia no está completamente clara y hay muchas teorías diferentes sobre lo que sucedió realmente. Lo que sí se sabe es que su muerte fue una gran pérdida para la comunidad matemática y científica de la época.

La película *Ágora*, dirigida por el cineasta español Alejandro Amenábar, se basa en la historia de Hipatia. Su vida y su obra son un recordatorio del importante papel que las mujeres han tenido y siguen teniendo en el mundo de la ciencia y las matemáticas.

- ¿Conocías la figura de Hipatia de Alejandría?
- ¿Conoces matemáticas, investigadoras o divulgadoras científicas de este siglo?
- ¿Crees que, a diferencia del caso de Hipatia, existe actualmente igualdad de oportunidades profesionales en el ámbito académico entre hombres y mujeres? ¿Por qué?

¡VAMOS A APRENDER!

1. Respetar el turno de palabra.
2. Identificar ecuaciones lineales con dos incógnitas.
3. Solucionar ecuaciones lineales con dos incógnitas.
4. Encontrar la solución de un sistema de ecuaciones por el método gráfico y por los métodos algebraicos.
5. Resolver problemas con sistemas de ecuaciones.
6. Planificar los pasos intermedios para solucionar un problema.
7. Reflexionar sobre la igualdad de oportunidades.

NUESTRO RETO

¿Iguales o diferentes?

Averiguaréis si hay diferencias de género en el ámbito laboral, académico, científico y, a raíz de los datos encontrados, plantearéis un problema matemático contextualizado que se resuelva con un sistema de ecuaciones.

¡Vamos allá!

1 ¿Cómo razonamos si tenemos dos incógnitas?

Ecuaciones lineales con dos incógnitas

1 Observa la viñeta y contesta.

- ¿Qué datos faltarían para que el problema solo tuviera una solución?

Una **ecuación lineal con dos incógnitas** es una ecuación de primer grado de la forma:

Coeficientes: a, b

$$ax + by = c$$

Término independiente: c

Incógnitas: x, y

Las soluciones de la **ecuación** $ax + by = c$ son los pares de valores que toman x e y que cumplen la igualdad. Tiene **infinitas soluciones**. Un par de valores, (x, y), es solución de una ecuación si al sustituirlos en ella se verifica la ecuación.

Ejemplo

Comprobamos si los siguientes pares de números son solución de la ecuación $2x + 4y = 32$.

a. (5, –3)

b. (12, 2)

a. $2x+4y=32 \Rightarrow 2\cdot5+4\cdot(-3)=10-12\neq32 \Rightarrow$ No, (5, –3) no es solución.

b. $2x+4y=32 \Rightarrow 2\cdot12+4\cdot2=24+8=32 \Rightarrow$ Sí, (12, 2) es solución.

2 **Determina qué pares de valores son solución de la ecuación $4x + 6y = 36$.**

a. (6, 2)

b. (–1, –2)

c. (0, –5)

d. (–3, 8)

3 **Halla el valor de la incógnita que falta en las siguientes ecuaciones.**

a. $3x+y=7$, si $x=4$

b. $x-8y=3$, si $x=5$

c. $6x-7y=13$, si $x=1$

d. $4x+7y=5$, si $x=\frac{-2}{3}$

¿Cómo puedes saber que has encontrado la solución correcta?

4 **Escribe la ecuación lineal con dos incógnitas que representa cada situación.**

a. La resta de dos números es igual a –5.

b. Tengo 11 € en monedas de 1 € y 2 €.

Para hallar las soluciones de una ecuación lineal con dos incógnitas podemos usar una **tabla** y una **gráfica**.

RESOLUCIÓN DE ECUACIONES LINEALES CON DOS INCÓGNITAS

Resolvemos la ecuación lineal $2x + y = 30$.

Paso 1

Despejamos una de las incógnitas de la ecuación. Se suele despejar la variable y.

$$2x + y = 30 \Rightarrow y = 30 - 2x$$

Paso 2

Damos valores a x para obtener los posibles valores de y y los representamos en una tabla.

x	$y = 30 - 2x$
-2	$30 - 2 \cdot (-2) = 34$
0	$30 - 2 \cdot 0 = 30$
5	$30 - 2 \cdot 5 = 20$
15	$30 - 2 \cdot 15 = 0$

Paso 3

Representamos dos o tres de los puntos de la tabla en unos ejes cartesianos y trazamos la recta que pasa por ellos. Todos los pares de puntos (x, y) que forman la recta son solución de la ecuación.

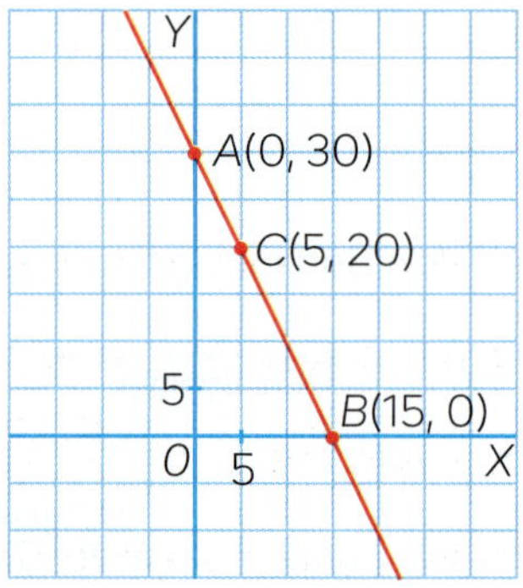

5 **Construye la tabla de valores correspondiente a cada ecuación.**

a. $-3x+y=6$

b. $5x-y=0$

c. $2x+2y=8$

d. $x+2y=1$

e. $x-\frac{1}{2}y=4$

f. $5x-4y=9$

6 **Encuentra tres soluciones con valores enteros de x e y para las siguientes gráficas y comprueba que cumplen las ecuaciones.**

a. $2x + 4y = 10$

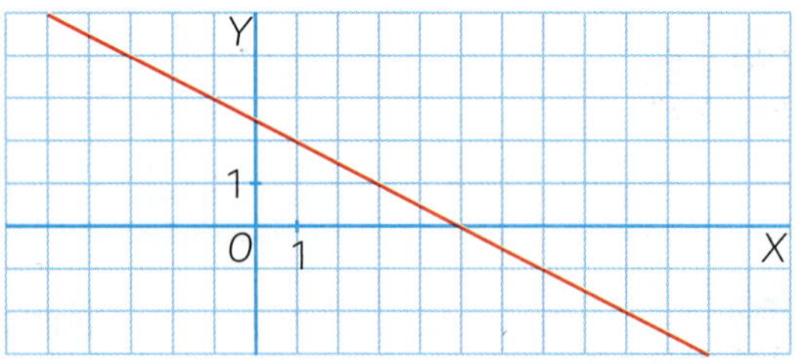

b. $3x - 2y = 7$

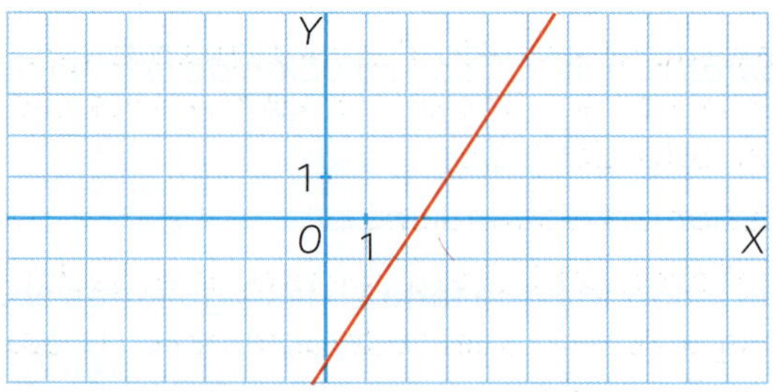

7 MAT-TIC **Representa en una gráfica las soluciones de estas ecuaciones.**

a. $x + y = 5$

b. $4x + y = 3$

c. $2x + y = 0$

d. $3x - y = -3$

e. $x - 2y = 1$

f. $2x + 3y = 5$

g. $4x + 5y = 14$

h. $5x - 4y = 9$

i. $3x - 2y = 5$

Sigue entrenando con el interactivo GeoGebra *Ecuaciones con dos incógnitas.*

8 Completa las tablas de soluciones correspondientes a las siguientes ecuaciones.

a. $x+y=27$

x	1	3	7	●●●	●●●	24
y	●●●	●●●	●●●	16	12	●●●

b. $x-4y=1$

x	5	9	2	●●●	0	●●●
y	●●●	●●●	●●●	0	●●●	3

c. $2x-3y=-2$

x	1	●●●	2	5	●●●	●●●
y	●●●	0	●●●	●●●	2	−2

d. $3x+y=7$

x	0	1	2	●●●	●●●	●●●
y	●●●	●●●	●●●	10	−2	19

e. $3x+2y=5$

x	1	−1	3	2	●●●	●●●
y	●●●	●●●	●●●	●●●	4	2

f. $\frac{x}{2}+y=6$

x	1	−1	3	2	●●●	●●●
y	●●●	●●●	●●●	●●●	4	2

9 ## Actividad resuelta

Calcula el valor de a para que $x=2$ e $y=5$ sea solución de la ecuación $ax+3y=25$.

1.° Sustituimos $x=2$ e $y=5$ en la ecuación: $a \cdot 2+3 \cdot 5=25 \Rightarrow 2a+15=25$

2.° Despejamos el valor de a: $a=\frac{25-15}{2}=5 \Rightarrow 5x+3y=25$

3.° Comprobamos el valor obtenido: $5 \cdot 2+3 \cdot 5=10+15=25$

10 Calcula el valor de a para que el par (4, 2) sea solución de la ecuación $ax-7y=26$.

11 Naomi ha leído 20 libros en total de dos colecciones diferentes, una de suspense y otra de novela negra. ¿Cuántos libros puede haber leído de cada colección?

a. Expresa con una ecuación la información del enunciado.

b. Si de la primera colección ha leído 8 libros, ¿cuántos ha leído de la segunda?

12 Para una fiesta de carnaval se han comprado botellas de refresco de 2 L y de 1,5 L. En total hay 29 L. ¿Cuántas botellas hay de cada tipo?

13 Marta está renovando su armario. Por cada prenda que se compra va a donar una que ya no use. Decide comprarse tres sudaderas y dos pantalones por un total de 100 €.

a. Escribe la ecuación correspondiente.

b. Representa gráficamente las soluciones de la ecuación.

c. ¿Puede ser una solución que cada sudadera cueste 18 €, y cada pantalón, 22 €? ¿Por qué?

14 El consejo de administración de una empresa consta de 20 miembros.

a. Escribe la ecuación que representa el reparto de consejeros.

b. Si hay 7 mujeres, ¿cuántos hombres hay?

c. ¿Es posible que haya el doble de hombres que de mujeres? Prueba por tanteo.

2 ¿Cómo escribimos un conjunto de ecuaciones?

Sistemas de ecuaciones lineales

15 Observa estas dos ecuaciones.

$3x + 2y = 5$ $\qquad$ $3000x + 2000y = 5000$

- ¿Tienen alguna relación entre ellas?
- ¿Crees que tendrán las mismas soluciones?

Un **sistema de dos ecuaciones lineales** con dos incógnitas es un par de ecuaciones de primer grado de la forma:

$$\begin{cases} ax + by = e \\ cx + dy = f \end{cases}$$

Coeficientes: a, b, c, d — Términos independientes: e, f — Incógnitas: x, y

Un par de números (*x*, *y*) es una **solución** del sistema cuando verifica las dos ecuaciones a la vez.

Ejemplo

- El sistema $\begin{cases} -x - y = 7 \\ 2x + 3y = 9 \end{cases}$ es un sistema de ecuaciones lineales, ya que las dos ecuaciones son de primer grado.
- El sistema $\begin{cases} -x - y = 7 \\ 2xy + 3 = 9 \end{cases}$ no es un sistema de ecuaciones lineales, ya que la segunda ecuación no es de primer grado, porque *xy* es un monomio de grado 2.

16 **Determina si los siguientes sistemas son sistemas de ecuaciones lineales. En caso afirmativo, indica las incógnitas, los coeficientes y los términos independientes.**

a. $\begin{cases} 3x + 11y = 67 \\ 5x - 3y = 5 \end{cases}$ **b.** $\begin{cases} x + 3\sqrt{y} = 14 \\ 2x - 3y = 4 \end{cases}$ **c.** $\begin{cases} -2x + y = \sqrt{9} \\ x - \sqrt{16}y = 8 \end{cases}$ **d.** $\begin{cases} -3x + y = 2 \\ 2x - y^2 = 4 \end{cases}$

17 Actividad resuelta

Comprueba si los pares (45, 12) y (40, 17) son soluciones del sistema $\begin{cases} x + y = 57 \\ x - y = 33 \end{cases}$.

Sustituimos los dos pares de valores en las dos ecuaciones:

- $\begin{cases} x + y = 57 \\ x - y = 33 \end{cases} \Rightarrow \begin{cases} 45 + 12 = 57 \\ 45 - 12 = 33 \end{cases} \Rightarrow$ (45, 12) es solución del sistema.
- $\begin{cases} x + y = 57 \\ x - y = 33 \end{cases} \Rightarrow \begin{cases} 40 + 17 = 57 \\ 40 - 17 \neq 33 \end{cases} \Rightarrow$ (45, 17) no es solución del sistema.

18 **Indica si la pareja de valores es solución o no de cada sistema de ecuaciones.**

a. $\begin{cases} 3x - y = 7 \\ 2x + 5y = 16 \end{cases}$ $(x = 3,\ y = 2)$ **b.** $\begin{cases} 2x + y = 4 \\ x - \frac{2}{3}y = \frac{1}{2} \end{cases}$ $(x = 3,\ y = -2)$

Sistemas de ecuaciones equivalentes

Dos **sistemas** de ecuaciones son **equivalentes** cuando tienen las mismas soluciones.

Ejemplo

$\begin{cases} 3x-2y=11 \\ x-y=3 \end{cases}$ y $\begin{cases} 6x-4y=22 \\ -3x+3y=-9 \end{cases}$ son equivalentes porque tienen la misma solución: (5, 2)

19 Indica qué sistemas son equivalentes a $\begin{cases} 3x+y=10 \\ x+3y=6 \end{cases}$ con solución (3, 1).

A. $\begin{cases} 3x+y=10 \\ 3x+9y=18 \end{cases}$ **B.** $\begin{cases} 3x+y=10 \\ 2x+4y=16 \end{cases}$ **C.** $\begin{cases} \frac{3x}{2}+\frac{y}{2}=5 \\ \frac{x}{2}-\frac{3y}{2}=3 \end{cases}$ **D.** $\begin{cases} \frac{x}{6}+\frac{y}{6}=2 \\ 2x-2y=4 \end{cases}$

Obtenemos **ecuaciones equivalentes**:

- Si sumamos o restamos el mismo término a los dos miembros de la ecuación.
- Si multiplicamos o dividimos los dos miembros de la ecuación por el mismo número distinto de cero.
- Si sustituimos una de las ecuaciones por la suma o resta de ambas.

20 ### Actividad resuelta

Encuentra tres sistemas equivalentes al sistema $\begin{cases} 2x+y=4 \\ 2x-2y=10 \end{cases}$ que tiene como solución (3, –2).

Procedimiento	Sistema equivalente obtenido
Sumamos 3 en los dos miembros de la primera ecuación.	$\begin{cases} 2x+y+3=4+3 \\ 2x-2y=10 \end{cases} \Rightarrow \begin{cases} 2x+y+3=7 \\ 2x-2y=10 \end{cases} \Rightarrow \begin{cases} 2\cdot 3+(-2)+3=7 \\ 2\cdot 3-2\cdot(-2)=10 \end{cases} \Rightarrow \begin{cases} 7=7 \\ 10=10 \end{cases}$
Dividimos la segunda ecuación entre 2.	$\begin{cases} 2x+y=4 \\ \frac{2x}{2}-\frac{2y}{2}=\frac{10}{2} \end{cases} \Rightarrow \begin{cases} 2x+y=4 \\ x-y=5 \end{cases} \Rightarrow \begin{cases} 2\cdot 3+(-2)=4 \\ 3-(-2)=5 \end{cases} \Rightarrow \begin{cases} 4=4 \\ 5=5 \end{cases}$
Sustituimos la segunda ecuación por la suma de ambas.	$\begin{cases} 2x+y=4 \\ 2x+2x+y-2y=4+10 \end{cases} \Rightarrow \begin{cases} 2x+y=4 \\ 4x-y=14 \end{cases} \Rightarrow \begin{cases} 2\cdot 3+(-2)=4 \\ 4\cdot 3-(-2)=14 \end{cases} \Rightarrow \begin{cases} 4=4 \\ 14=14 \end{cases}$

21 Encuentra dos sistemas equivalentes a cada uno de los siguientes, indicando las operaciones que efectúas.

a. $\begin{cases} 3x-y=7 \\ 2x+5y=16 \end{cases}$ **b.** $\begin{cases} -x+9y=5 \\ x+5y=9 \end{cases}$ **c.** $\begin{cases} 3x-3y=3 \\ 12x+24y=72 \end{cases}$ **d.** $\begin{cases} 30x-10y=70 \\ 2x+5y=16 \end{cases}$

22 Forma parejas de sistemas equivalentes. Indica las operaciones que realizas.

A. $\begin{cases} x-y=2 \\ x+y=12 \end{cases}$ **B.** $\begin{cases} \frac{2}{3}x+2y=16 \\ x+y=10 \end{cases}$ **C.** $\begin{cases} 2x+6y=48 \\ 3x+7y=58 \end{cases}$ **D.** $\begin{cases} \frac{x}{6}+\frac{y}{6}=2 \\ 2x-2y=4 \end{cases}$

23 Andrés y Luis están comprando libros para sus hijos. En total han comprado 18 libros, unos a 24 € y otros a 30 €, y se han gastado 462 €. Escribe un sistema de ecuaciones que permita hallar cuántos compraron de cada tipo y, después, busca uno equivalente más sencillo.

3 ¿Cómo resolvemos un sistema de ecuaciones?

Solución gráfica de un sistema

24 **PLANTEAMOS JUNTOS.** Observa las siguientes posiciones de dos rectas en el plano. Dos rectas en el plano pueden ser coincidentes, secantes o paralelas.

a.

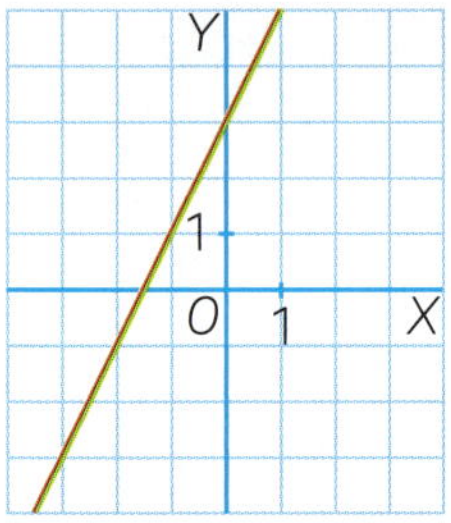

b.

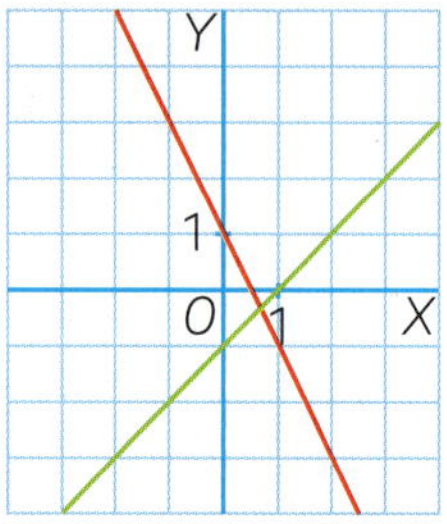

c.

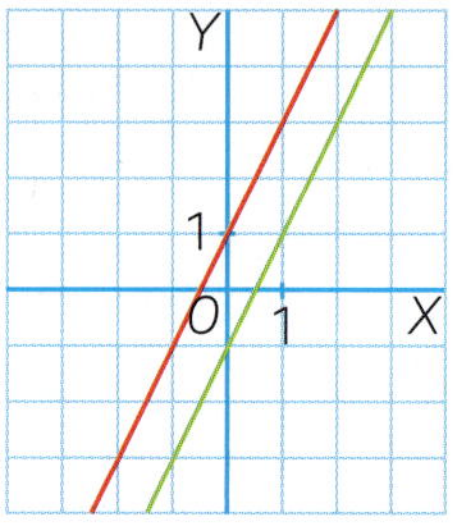

Si representamos cada recta con una ecuación lineal con dos incógnitas, ¿cómo serán los sistemas que se formen? ¿Cuántas soluciones pueden tener?

Para resolver un sistema de ecuaciones lineales por el **método gráfico** seguimos estos pasos:

MÉTODO GRÁFICO

Resolvemos el sistema $\begin{cases} 4x-2y=-6 \\ x+2y=1 \end{cases}$.

Paso 1

Despejamos la misma incógnita en las dos ecuaciones y elaboramos una tabla de valores para cada una.

$4x-2y=-6 \Rightarrow y=2x+3$

x	−1	0	1	2
y	1	3	5	7

$x+2y=1 \Rightarrow y=\frac{1-x}{2}$

x	−1	0	1	2
y	1	$\frac{1}{2}$	0	$-\frac{1}{2}$

Paso 2

Representamos las dos rectas en un mismo plano cartesiano, teniendo en cuenta las tablas de valores y determinamos el punto en el que se cortan, el (−1, 1).

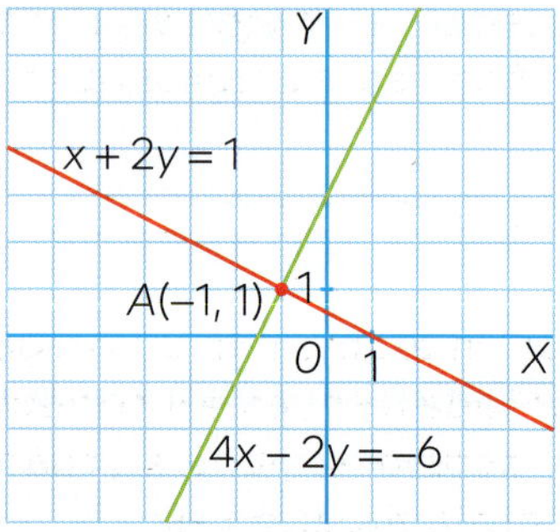

Las coordenadas del punto de intersección son las soluciones del sistema de ecuaciones, $x=-1$, $y=1$.

25 Escribe la solución de cada sistema de ecuaciones.

a.

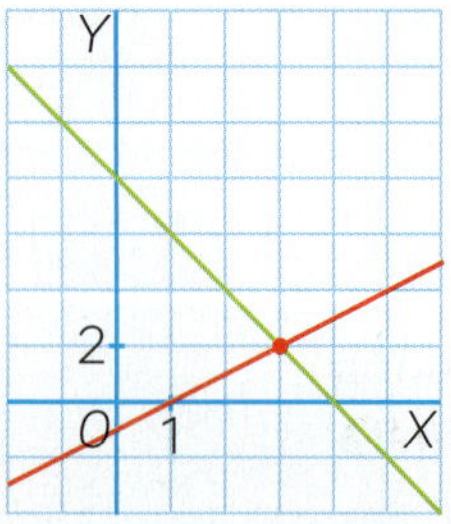

b.

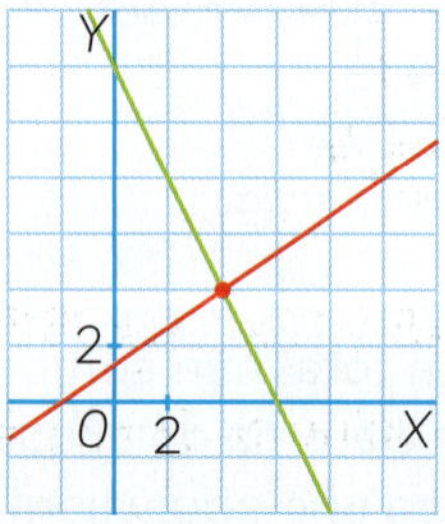

c.

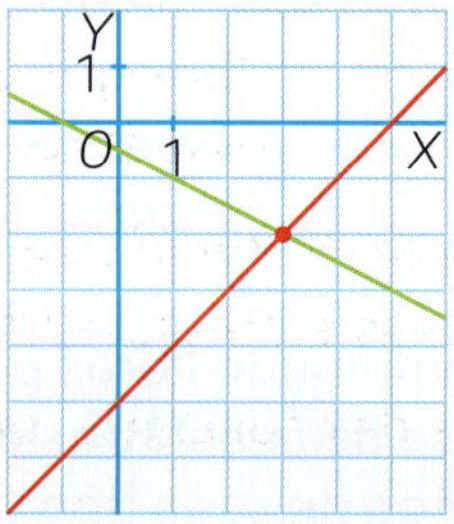

Los sistemas de ecuaciones pueden tener una **solución única**, **infinitas soluciones** o **no tener solución**. La posición de las rectas indica el número de soluciones del sistema:

- Si las rectas se cortan en un **único punto**, entonces el sistema tiene una **única solución**.
- Si las rectas **coinciden**, entonces el sistema tiene **infinitas soluciones**.
- Si las rectas son **paralelas**, entonces el sistema **no tiene solución**.

Ejemplo

$$\begin{cases} x-2y=3 \\ x+3y=-2 \end{cases} \Rightarrow \begin{cases} x=1 \\ y=-1 \end{cases} \Rightarrow (1,-1)$$

Tiene una única solución.

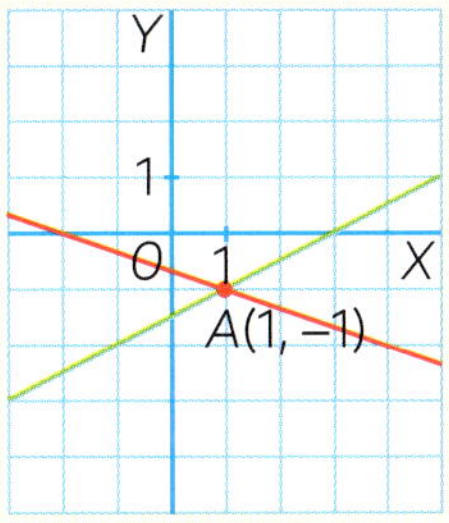

$$\begin{cases} x-y=-2 \\ 2x-2y=-4 \end{cases}$$

Tiene infinitas soluciones.

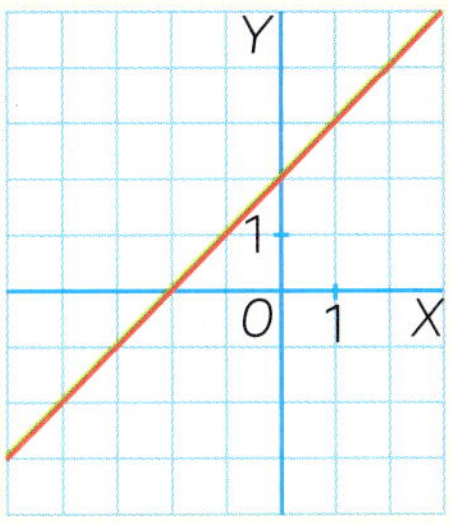

$$\begin{cases} 2x-3y=-6 \\ 2x-3y=0 \end{cases}$$

No tiene solución.

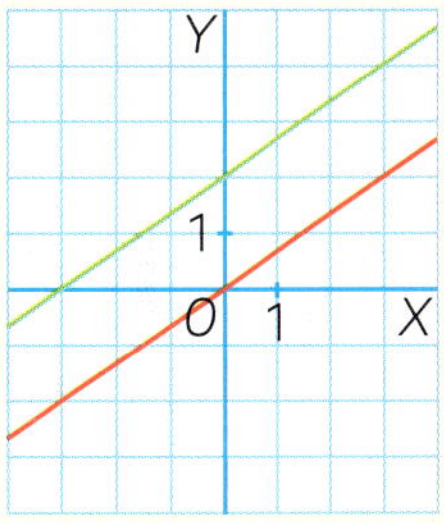

26 MAT-TIC **Resuelve gráficamente los siguientes sistemas de ecuaciones lineales con dos incógnitas. Indica el número de soluciones de cada uno. A continuación, comprueba tus soluciones con el interactivo** GeoGebra ***Resolución de sistemas: Método gráfico.***

a. $\begin{cases} 3x+y=7 \\ -3x-y=1 \end{cases}$

b. $\begin{cases} 2x+y=9 \\ 4x+2y=18 \end{cases}$

c. $\begin{cases} x+2y=2 \\ x+y=4 \end{cases}$

d. $\begin{cases} x-y=1 \\ 3x-3y=3 \end{cases}$

e. $\begin{cases} x-y=1 \\ 3x-3y=-3 \end{cases}$

f. $\begin{cases} 4x-2y=0 \\ x-y=0 \end{cases}$

g. $\begin{cases} x+3y=-1 \\ 2x-y=5 \end{cases}$

h. $\begin{cases} 3x+y=6 \\ 6x+2y=12 \end{cases}$

27 **Las soluciones de un sistema pueden no ser números enteros. Resuelve los siguientes sistemas gráficamente graduando los ejes de manera oportuna.**

a. $\begin{cases} x-2y=1 \\ -3x+2y=-5 \end{cases}$

b. $\begin{cases} 4x+3y=4 \\ -2x+6y=3 \end{cases}$

28 **Para calificar un examen de 30 preguntas, por cada respuesta correcta se otorgan cinco puntos y por cada respuesta incorrecta se restan dos. Si un estudiante contestó a todas las preguntas y obtuvo 94 puntos, ¿cuántas preguntas respondió correctamente? El sistema que representa la situación es:**

$$\begin{cases} x+y=30 \\ 5x-2y=94 \end{cases}$$

Resuelve el sistema gráficamente con la ayuda del programa GeoGebra **y halla la solución del problema.**

29 **El punto (2, 3) es el punto de corte de las rectas que forman los sistemas:**

$$\begin{cases} 2x+3y=13 \\ 4x-y=5 \end{cases} \qquad \begin{cases} 2x+3y=13 \\ 12x-3y=15 \end{cases}$$

a. ¿Los sistemas son equivalentes? ¿Por qué?

b. ¿Qué relación observas entre las ecuaciones $4x-y=5$ y $12x-3y=15$? Explica.

c. Propón otro sistema de ecuaciones que tenga como solución $(x=2, y=3)$ y muestra su solución gráficamente.

Métodos algebraicos de resolución de sistemas

Para resolver un sistema de ecuaciones lineales por el **método de reducción** seguimos estos pasos:

MÉTODO DE REDUCCIÓN

Resolvemos el sistema $\begin{cases} 5x-4y=22 \\ -7x-6y=4 \end{cases}$.

Paso 1

Multiplicamos una o las dos ecuaciones por algún número, de modo que obtengamos un sistema en el que los coeficientes de *x* o de *y* sean iguales y de signo contrario.

El mínimo común múltiplo de 4 y 6 es 12. Por tanto, multiplicamos la primera ecuación por 3 y la segunda ecuación por –2 para que tengan signo contrario.

$$\begin{cases} 5x-4y=22 \xrightarrow{\cdot 3} \\ -7x-6y=4 \xrightarrow[\cdot(-2)]{} \end{cases} \begin{cases} 15x-12y=66 \\ 14x+12y=-8 \end{cases}$$

Paso 2

Sumamos las ecuaciones para eliminar la incógnita con coeficientes opuestos.

$$\begin{array}{rrrrr} & 15x & - & 12y & = & 66 \\ + & 14x & + & 12y & = & -8 \\ \hline & 29x & & & = & 58 \end{array}$$

Paso 3

Despejamos para obtener el valor de la incógnita.

$$29x=58 \Rightarrow x=\frac{58}{29}=2$$

Paso 4

Sustituimos el valor obtenido en una de las ecuaciones para obtener el valor de la otra incógnita:

$$5x-4y=22 \Rightarrow 5\cdot 2-4y=22 \Rightarrow y=\frac{22-10}{-4}=\frac{12}{-4}=-3$$

La solución del sistema es (2, –3). Se puede comprobar sustituyendo los valores en el sistema inicial.

30 **Resuelve, por el método de reducción, los siguientes sistemas.**

a. $\begin{cases} 3x-4y=5 \\ -2x+3y=-3 \end{cases}$ b. $\begin{cases} 3x-4y=8 \\ -2x+3y=5 \end{cases}$ c. $\begin{cases} 10x-7y=-4 \\ 15x+11y=37 \end{cases}$ d. $\begin{cases} 6x-25y=-1 \\ 8x-5y=27 \end{cases}$

31 **Actividad resuelta**

Halla la solución de este sistema $\begin{cases} 2x-4y=8 \\ -3x+6y=5 \end{cases}$ **por el método de reducción.**

$$\begin{cases} 2x-4y=8 \xrightarrow{\cdot 3} \\ -3x+6y=5 \xrightarrow[\cdot 2]{} \end{cases} \begin{cases} 6x-12y=24 \\ -6x+12y=10 \end{cases}$$

Sumando las dos ecuaciones obtenemos la igualdad 0 = 34, que es falsa. Por tanto, el sistema no tiene solución.

32 Actividad resuelta

Halla la solución del sistema $\begin{cases} x-2y=3 \\ 2x-4y=6 \end{cases}$ por el método de reducción.

$$\begin{cases} x-2y=3 \\ 2x-4y=6 \end{cases} \xrightarrow{\cdot(-2)} \begin{cases} -2x+4y=-6 \\ 2x-4y=6 \end{cases}$$

Al sumar las dos ecuaciones, obtenemos la igualdad $0=0$, que es cierta. Por tanto, el sistema tiene infinitas soluciones.

33 **Aplica el método de reducción para resolver cada sistema. Indica si no tienen solución, si tienen infinitas soluciones o si tienen solo una.**

a. $\begin{cases} 3x-4y=5 \\ -6x+8y=10 \end{cases}$

b. $\begin{cases} 4x+3y=18 \\ 5x-6y=3 \end{cases}$

c. $\begin{cases} 3x-4y=5 \\ -6x+8y=-10 \end{cases}$

d. $\begin{cases} 2x+y=5 \\ 6x+3y=15 \end{cases}$

e. $\begin{cases} -8x+12y=24 \\ 6x-9y=18 \end{cases}$

f. $\begin{cases} 3x+8y=34 \\ 5x+6y=20 \end{cases}$

g. $\begin{cases} 16x-20y=-5 \\ -12x+15y=4 \end{cases}$

h. $\begin{cases} 2x+3y=12 \\ x-y=1 \end{cases}$

34 Halla el error cometido al resolver el sistema $\begin{cases} 2x-3y=12 \\ -3x+2y=-13 \end{cases}$ con el método de reducción.

1.° Multiplicamos por 2 la primera ecuación y por 3 la segunda ecuación.

$$\begin{cases} 2x-3y=12 \\ -3x+2y=-13 \end{cases} \Rightarrow \begin{cases} 4x-6y=24 \\ -9x+6y=-39 \end{cases}$$

2.° Sumamos las ecuaciones y obtenemos: $-5x=15 \Rightarrow x=-3$

3.° Reemplazamos el valor de x en la primera ecuación.

$$2(-3)-3y=12 \Rightarrow -6-3y=12 \Rightarrow -3y=18 \Rightarrow y=-6$$

35 Actividad resuelta

Resuelve el sistema $\begin{cases} \dfrac{x-1}{4}+y=2 \\ 1-x=2(y-1) \end{cases}$.

Primero, simplificamos las ecuaciones que forman el sistema.

$$\begin{cases} \dfrac{x-1+4y}{4}=2 \\ 1-x=2y-2 \end{cases} \Rightarrow \begin{cases} x-1+4y=8 \\ 1-x=2y-2 \end{cases} \Rightarrow \begin{cases} x+4y=9 \\ -x-2y=-3 \end{cases}$$

Sumamos las dos ecuaciones y hallamos el valor de la incógnita y:

$$x+4y-x-2y=9-3 \Rightarrow 2y=6 \Rightarrow y=3 \Rightarrow x+4(3)=9 \Rightarrow x+12=9 \Rightarrow x=-3$$

Finalmente, la solución del sistema es $(-3, 3)$.

36 **Resuelve los siguientes sistemas de ecuaciones lineales eliminando previamente paréntesis y denominadores.**

a. $\begin{cases} \dfrac{x-3}{2}-\dfrac{y+1}{6}=-2 \\ -9x+2y=1 \end{cases}$

b. $\begin{cases} 5(2x-1)-3(3y+2)=-1 \\ -4x+7y=-4 \end{cases}$

c. $\begin{cases} \dfrac{2(3x-1)}{3}+\dfrac{3(4y+1)}{4}=\dfrac{1}{12} \\ 3(2x-y)-5(x+4y)=6 \end{cases}$

Para resolver un sistema de ecuaciones lineales por el **método de sustitución** seguimos estos pasos:

MÉTODO DE SUSTITUCIÓN

Resolvemos el sistema $\begin{cases} 7x+y=10 \\ 3x-2y=14 \end{cases}$.

Paso 1

Despejamos una de las incógnitas en una de las dos ecuaciones.

$$7x+y=10 \Rightarrow y=10-7x$$

Paso 2

Sustituimos la expresión obtenida en la otra ecuación.

$$3x-2(10-7x)=14$$

Paso 3

Resolvemos la ecuación resultante.

$$3x-20+14x=14 \Rightarrow 17x-20=14 \Rightarrow$$
$$\Rightarrow 17x=34 \Rightarrow x=\frac{34}{17}=2$$

Paso 4

Calculamos el valor de la otra incógnita en la ecuación despejada.

$$y=10-7(2)=10-14=-4$$

La solución del sistema es (2, –4).

37 **Resuelve los siguientes sistemas de ecuaciones por el método de sustitución.**

a. $\begin{cases} x-3y=9 \\ 4x-3y=18 \end{cases}$ **d.** $\begin{cases} 5x+y=4 \\ 9x-8y=17 \end{cases}$ **g.** $\begin{cases} 4x-5y=-10 \\ 6x+y=2 \end{cases}$ **j.** $\begin{cases} 12x-36y=24 \\ 3x-7y=6 \end{cases}$

b. $\begin{cases} 2x-3y=-1 \\ 5x-7y=-1 \end{cases}$ **e.** $\begin{cases} 9x-2y=20 \\ 5x-6y=16 \end{cases}$ **h.** $\begin{cases} 3x-7y=5 \\ 2x+5y=13 \end{cases}$ **k.** $\begin{cases} -10x+3y=-2 \\ 4x-y=8 \end{cases}$

c. $\begin{cases} 4x-2y=8 \\ 5x+3y=-1 \end{cases}$ **f.** $\begin{cases} 2x-4y=10 \\ -3x+6y=-15 \end{cases}$ **i.** $\begin{cases} 3x-y=19 \\ 2x+7y=5 \end{cases}$ **l.** $\begin{cases} x-6y=0 \\ 10x-21y=0 \end{cases}$

38 **Actividad resuelta**

Resuelve el sistema $\begin{cases} \dfrac{2(6x-4)}{4}+\dfrac{3(y-1)}{6}=0 \\ 3(2x-y)-(6x+3y)=6 \end{cases}$.

$$\begin{cases} \dfrac{2(6x-4)}{4}+\dfrac{3(y-1)}{6}=0 \\ 3(2x-y)-(6x+3y)=6 \end{cases} \Rightarrow \begin{cases} \dfrac{6x-4}{2}+\dfrac{y-1}{2}=0 \\ 3(2x-y)-(6x+3y)=6 \end{cases} \Rightarrow \begin{cases} 6x-4+y-1=0\cdot 2 \\ 3(2x-y)-3(2x+y)=6 \end{cases} \Rightarrow$$

$$\Rightarrow \begin{cases} 6x-4+y-1=0\cdot 2 \\ 2x-y-(2x+y)=2 \end{cases} \Rightarrow \begin{cases} 6x+y-5=0 \\ 2x-y-2x-y=2 \end{cases} \Rightarrow \begin{cases} 6x+y-5=0 \\ -2y=2 \end{cases} \Rightarrow$$

$$\Rightarrow \begin{cases} 6x-1-5=0 \\ y=-1 \end{cases} \Rightarrow \begin{cases} 6x=6 \\ y=-1 \end{cases} \Rightarrow \begin{cases} x=1 \\ y=-1 \end{cases}$$

La solución del sistema es (1, –1).

39 **Opera y resuelve los siguientes sistemas por el método de sustitución.**

a. $\begin{cases} \dfrac{2x-3}{2}-\dfrac{6y+3}{6}=-2 \\ -9x+2y=11 \end{cases}$ **b.** $\begin{cases} 2(1-x)-4(3y-2)=22 \\ -5x+7y=-7 \end{cases}$ **c.** $\begin{cases} -4x+3y=\dfrac{90+7x}{2} \\ 10x-6y=-78-2x \end{cases}$

Para resolver un sistema de ecuaciones lineales por el **método de igualación** seguimos estos pasos:

MÉTODO DE IGUALACIÓN

Resolvemos el sistema $\begin{cases} 5x-4y=23 \\ 2x+5y=-4 \end{cases}$.

Paso 1

Despejamos la misma incógnita en las dos ecuaciones.

$$\begin{cases} 5x-4y=23 \\ 2x+5y=-4 \end{cases} \Rightarrow \begin{cases} x=\dfrac{23+4y}{5} \\ x=\dfrac{-4-5y}{2} \end{cases}$$

Paso 2

Igualamos las expresiones obtenidas.

$$\frac{23+4y}{5}=\frac{-4-5y}{2}$$

Paso 3

Resolvemos la ecuación obtenida y hallamos el valor de la incógnita.

$$2(23+4y)=5(-4-5y) \Rightarrow 46+8y=-20-25y$$
$$\Rightarrow 33y=-66 \Rightarrow y=-\frac{66}{33}=-2$$

Paso 4

Sustituimos el valor obtenido en una de las ecuaciones despejadas y obtenemos el valor de la otra incógnita.

$$x=\frac{-4-5\cdot(-2)}{2}=\frac{-4+10}{2}=3$$

La solución del sistema es (3, –2).

40 **Resuelve por igualación los siguientes sistemas. Hazlo de dos formas, primero despejando *x* y luego despejando *y*.**

a. $\begin{cases} 7x+2y=3 \\ 5x-2y=9 \end{cases}$ b. $\begin{cases} 8x-4y=4 \\ 6x-5y=4 \end{cases}$ c. $\begin{cases} 8x-2y=5 \\ 6x-5y=2 \end{cases}$ d. $\begin{cases} x+y=51 \\ y=2x-6 \end{cases}$

41 **Resuelve los siguientes sistemas por el método de igualación.**

a. $\begin{cases} x+2y=6 \\ x-2y=2 \end{cases}$ c. $\begin{cases} 7x-2y=32 \\ 2x-7y=-23 \end{cases}$ e. $\begin{cases} 2x-3y=1 \\ 3x-4y=3 \end{cases}$ g. $\begin{cases} 5x+3y=1 \\ 6x+4y=7 \end{cases}$

b. $\begin{cases} x+y=7 \\ 5x-2y=7 \end{cases}$ d. $\begin{cases} 8x-2y=5 \\ 6x-5y=2 \end{cases}$ f. $\begin{cases} 4x-5y=2 \\ 5x-6y=-4 \end{cases}$ h. $\begin{cases} 3x+5y=3 \\ 6x+11y=-6 \end{cases}$

Comprueba gráficamente las soluciones de los sistemas con valores de *x* e *y* enteros.

42 **Resuelve el sistema $\begin{cases} 15x+6y=9 \\ -10x-4y=-6 \end{cases}$ por el método de igualación. ¿Qué ocurre?**

43 **NOS REPARTIMOS EL TRABAJO. Lee el problema, identifica el sistema de ecuaciones que representa la situación, encuentra la solución y comprueba que cumpla con las condiciones del enunciado:**

Andrés y Carla han conseguido 48 puntos entre los dos en el último partido. Si hubieran anotado 6 puntos más cada uno, Carla habría conseguido 5 veces los puntos de Andrés. ¿Cuántos puntos ha conseguido cada uno?

A. $\begin{cases} x+y=48 \\ x+6=y+6 \end{cases}$ B. $\begin{cases} x+y=48 \\ x+6=5(y+6) \end{cases}$ C. $\begin{cases} x+y=48 \\ 6x=y \end{cases}$ D. $\begin{cases} 6+x=5y \\ x+y=48 \end{cases}$

44 **Aprendo a pensar.** Simplifica y resuelve los siguientes sistemas de ecuaciones lineales por el método que creas más adecuado. Puedes elegir mediante el método diamante.

a. $\begin{cases} \dfrac{2x-5}{3}-\dfrac{3y-4}{3}=\dfrac{-1}{3} \\ y=x+5 \end{cases}$

b. $\begin{cases} 2x-15=3(y+2) \\ 7(x-4)=-1-5y \end{cases}$

c. $\begin{cases} 4(2x-y)-7(2y+x)=-36 \\ -2(x+2)-7y=-18 \end{cases}$

d. $\begin{cases} \dfrac{3x-7}{4}-\dfrac{2y+1}{6}=0 \\ \dfrac{x+2}{5}-\dfrac{5y+4}{3}=-2 \end{cases}$

¿Crees que siempre es posible aplicar tu método favorito? ¿O es mejor fijarse en el sistema antes de elegir un método u otro?

45 MAT-TIC Sigue entrenando los métodos de resolución de sistemas con los tres interactivos GeoGebra *Resolución de sistemas.*

RESOLUCIÓN DE PROBLEMAS CON SISTEMAS DE ECUACIONES

La suma de dos números es 157 y su diferencia es 41. ¿Qué números son?

Paso 1

Comprender el problema: hacemos un dibujo o esquema de la situación si es necesario e identificamos en lenguaje algebraico lo que conocemos (datos) y asignamos una letra a lo que no (incógnita).

Asignamos al primer número la incógnita x, y al segundo, la y.

Paso 2

Trazar un plan para resolverlo: planteamos un sistema de ecuaciones que permite resolver el problema.

$$\begin{cases} x+y=157 \\ x-y=41 \end{cases}$$

Paso 3

Poner en práctica el plan: resolvemos el sistema de ecuaciones por alguno de los métodos estudiados. En este caso, puesto que tenemos una suma y una diferencia de las incógnitas, el método que resulta más indicado es el de reducción.

$$\begin{cases} x+y=157 \\ x-y=41 \end{cases} \Rightarrow \begin{array}{rcccccc} & x & + & y & = & 157 \\ + & x & - & y & = & 41 \\ \hline & 2x & & & = & 198 \end{array} \Rightarrow x=99 \Rightarrow 99-y=41 \Rightarrow y=58$$

Paso 4

Comprobar los resultados: comprobamos si la solución tiene sentido en el contexto del problema e interpretamos el resultado.

Los números son 99 y 58. Lo comprobamos: $99+58=157$ y $99-58=41$.

46 Analiza la representación. A continuación, escríbela como un sistema de ecuaciones identificando qué representa cada incógnita y resuélvelo.

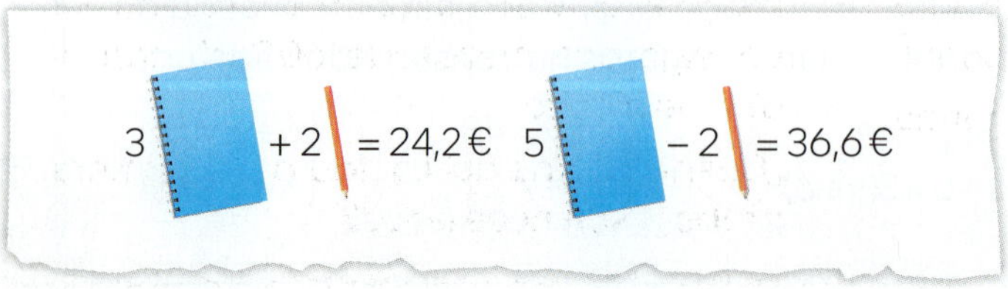

47 La suma de dos números es 14. Añadiendo 1 al mayor se obtiene el doble del menor. ¿Cuáles son los dos números?

48 Hace dos años, la edad de Ana era la quinta parte de la edad de su padre. Dentro de siete años, sus edades sumarán 60 años. Calcula sus edades actuales.

49 En una churrería venden churros y porras. Marc ha comprado 15 churros y 12 porras para sus compañeros, por los que ha pagado en total 6,60 €. Después, ha recordado que hoy venían algunos invitados y ha comprado 5 churros y 7 porras más, que le han costado 3,10 €. Calcula el precio de un churro y el de una porra.

50 Actividad resuelta

Roberto mezcla dos tipos de suavizante para ropa. El primero cuesta 3 €/L y el segundo cuesta solo 1,2 €/L. En total se tienen 10 L, que salen a 2,28 €/L. ¿Qué cantidad se ha usado de cada suavizante?

1.° Traducimos las relaciones entre los datos en un sistema de ecuaciones:

- Se mezclan dos tipos de suavizantes para obtener 10 L: $x + y = 10$.
- Se mezclan x litros del suavizante caro con y litros del suavizante barato: $3x + 1{,}2y = 22{,}8$.

El sistema que hay que resolver es: $\begin{cases} x + y = 10 \\ 3x + 1{,}2y = 22{,}8 \end{cases}$

2.° Resolvemos el sistema: $\begin{cases} x + y = 10 \\ 3x + 1{,}2y = 22{,}8 \end{cases} \Rightarrow \begin{cases} x = 6 \\ y = 4 \end{cases}$

3.° Expresamos la solución en su contexto y la comprobamos:

Se mezclan 6 L del suavizante caro con 4 L del suavizante barato, por un importe total de $3 \cdot 6 + 4 \cdot 1{,}2 = 22{,}8$ €.

51 Un agricultor mezcla dos variedades de café en grano. El kilo de la primera variedad cuesta 3,6 € y el kilo de la segunda cuesta la mitad. Quiere preparar en total 20 kg de mezcla y que le salga a 2,43 €/kg. ¿Qué cantidad debe poner de cada variedad?

52 Para elaborar un chocolate se mezcla una variedad al 90 % de pureza con otra más suave, al 50 %. Se quiere conseguir un kilo de chocolate con una pureza del 75 %. ¿Qué cantidad hay que poner de cada variedad?

53 Cris y Diego están realizando dos tipos de experimentos en el laboratorio, mezclando diferentes líquidos con porcentajes de alcohol distintos.

Experimento *A*

El líquido de la primera probeta contiene un 32 % de alcohol, y el de la segunda, un 65 %. Quieren mezclarlos de manera que en la tercera probeta se consiga una mezcla de 390 mL con el 51 % de alcohol.

¿Cuántos litros del líquido de la segunda probeta son necesarios?

Experimento *B*

El líquido de la primera probeta contiene un 49 % de alcohol, y el de la segunda probeta, un 80 %. Quieren mezclarlos de manera que en la tercera probeta se consiga una mezcla de 600 mL con el 61 % de alcohol.

¿Cuántos litros del líquido de la primera probeta son necesarios?

NUESTRO RETO ¿Iguales o diferentes?

Averigua si hay diferencias de género en el acceso a diferentes puestos del departamento de matemáticas de una universidad

Paso 1

Investigación

Forma grupos de 3 o 4 estudiantes con los que vas a elegir una facultad española de ciencias con departamento de matemáticas.

Buscaréis en su web el personal docente (profesores titulares, doctorandos, catedráticos y catedráticos eméritos) para estudiar el número de hombres y mujeres que forma parte de cada categoría y catalogarlos en una tabla como la siguiente.

	Doctorandos	Profesores titulares	Catedráticos y eméritos
N.º Mujeres	●●●	●●●	●●●
N.º Hombres	●●●	●●●	●●●

Con los datos de vuestra tabla, sacad conclusiones sobre desigualdad y diferencias haciendo referencia a la igualdad de oportunidades en el ámbito académico universitario y a la participación plena y efectiva de las mujeres en el campo de la ciencia.

Paso 2

Inventa un problema

Con las conclusiones y los datos de la tabla del paso 1, plantea un problema que se pueda resolver con un sistema de ecuaciones. Puedes ayudarte con la plantilla y con el siguiente ejemplo.

El número de doctorandos es siete veces el número de doctorandas, el número de profesoras titulares es la mitad del número de profesores titulares, que son $\frac{4}{3}$ *de los doctorandos. La suma de los profesores catedráticos y catedráticos eméritos es igual al número de profesoras titulares y catorce veces la suma entre las profesoras catedráticas y las profesoras catedráticas eméritas. Sabiendo que solo hay una profesora catedrática y ninguna emérita, ¿sabrías convertir estos datos en un sistema de ecuaciones y resolverlo?*

¿Cómo te ha ido el reto? Entra y haz tu valoración

EN RESUMEN

Ecuaciones lineales con dos incógnitas

Una **ecuación lineal con dos incógnitas** es una ecuación de primer grado de la forma:

Coeficientes

$$ax + by = c$$

Término independiente

Incógnitas

Las **soluciones** de la ecuación $ax + by = c$ son los pares de valores (x, y), que toman x e y que cumplen la igualdad. Tiene **infinitas soluciones**.

Sistemas de ecuaciones lineales

Un **sistema de dos ecuaciones lineales** con dos incógnitas es un par de ecuaciones de primer grado de la forma:

Coeficientes

$$\begin{cases} ax + by = e \\ cx + dy = f \end{cases}$$

Términos independientes

Incógnitas

Un par de números (x, y) son una **solución** del sistema cuando verifican las dos ecuaciones a la vez.

Dos **sistemas** de ecuaciones son **equivalentes** cuando tienen las mismas soluciones. Obtenemos ecuaciones equivalentes:

- Si sumamos o restamos el mismo término a los dos miembros de la ecuación.
- Si multiplicamos o dividimos los dos miembros de la ecuación por el mismo número distinto de cero.
- Si sustituimos una de las ecuaciones por la suma o resta de ambas.

Métodos de resolución de sistemas de ecuaciones

Gráfico

1.° Despejamos la misma incógnita en las dos ecuaciones y elaboramos una tabla de valores para cada una.

2.° Representamos las dos rectas en un mismo plano cartesiano y determinamos el punto en el que se cortan.

Reducción

1.° Multiplicamos una o las dos ecuaciones por algún número para que los coeficientes de x o de y sean iguales y de signo contrario.

2.° Sumamos las ecuaciones para eliminar la incógnita con coeficientes opuestos.

3.° Resolvemos la ecuación obtenida.

4.° Sustituimos el valor obtenido en una de las ecuaciones para obtener el valor de la otra.

Sustitución

1.° Despejamos una de las incógnitas en una de las dos ecuaciones.

2.° Sustituimos el valor obtenido en la otra ecuación.

3.° Resolvemos la ecuación resultante.

4.° Calculamos el valor de la otra incógnita en la ecuación despejada.

Igualación

1.° Despejamos la misma incógnita en las dos ecuaciones.

2.° Igualamos las expresiones obtenidas.

3.° Resolvemos la ecuación obtenida y hallamos el valor de la incógnita.

4.° Sustituimos el valor obtenido en una de las ecuaciones despejadas y obtenemos el valor de la otra.

PRACTICAMOS

Actividades

1 **Aprendo a pensar.** Organiza en un mapa mental los conceptos que has aprendido.

2 Indica las incógnitas, los coeficientes y los términos independientes de los siguientes sistemas de ecuaciones.

a. $\begin{cases} 2x+3y=8 \\ 4x+9y=10 \end{cases}$

b. $\begin{cases} \frac{x}{2}=y \\ x-\frac{y}{3}=5 \end{cases}$

c. $\begin{cases} \frac{3x}{4}+\frac{4y}{3}=5 \\ x-7y=-10 \end{cases}$

d. $\begin{cases} 6x+10y=52 \\ 6x+\frac{y}{4}=-1 \end{cases}$

3 Indica si la pareja de valores es solución o no de cada sistema de ecuaciones.

a. $\begin{cases} 2x+3y=8 \\ 4x+9y=10 \end{cases}$ $(x=1,\ y=2)$

b. $\begin{cases} \frac{1}{2}x-2y=-4 \\ 2x-\frac{y}{3}=1 \end{cases}$ $(x=-4,\ y=-27)$

4 Escribe dos sistemas equivalentes a $\begin{cases} 6x-10y=2 \\ 6x+3y=15 \end{cases}$, realizando las operaciones indicadas.

a. Cambiando la 2.ª ecuación por la suma de ambas.

b. Cambiando la 1.ª ecuación por el resultado de multiplicar la 1.ª por 3 y sumarle el doble de la 2.ª.

5 Indica cuáles de los siguientes sistemas son sistemas de ecuaciones lineales.

a. $\begin{cases} 2xy+5y=14 \\ x-4xy=25 \end{cases}$

b. $\begin{cases} y-9x=11 \\ 7y+3x=4 \end{cases}$

c. $\begin{cases} x+8=14 \\ 2x-5y=-8 \end{cases}$

d. $\begin{cases} 3x+y=4 \\ 6+2y=20 \end{cases}$

6 Comprueba si los siguientes pares de valores son solución del sistema de ecuaciones $\begin{cases} 2x-8y=4 \\ -4x+y=7 \end{cases}$.

a. $(x=4,\ y=0)$

b. $(x=2,\ y=0)$

c. $(x=-2,\ y=-1)$

d. $(x=6,\ y=1)$

7 Actividad resuelta

Completa el sistema de ecuaciones:

$$\begin{cases} -2x-9y=\bullet \\ 3x-5y=\bullet \end{cases}$$

De forma que la solución sea (−1, 1).

Al sustituir la solución, deben cumplirse ambas ecuaciones:

$$\begin{cases} -2\cdot(-1)-9\cdot 1=2-9=-7 \\ 3\cdot(-1)-5\cdot 1=-3-5=-8 \end{cases}$$

Por tanto, el sistema es: $\begin{cases} -2x-9y=-7 \\ 3x-5y=-8 \end{cases}$

8 Completa los siguientes sistemas, de forma que la solución sea $(x=3,\ y=-2)$.

a. $\begin{cases} 5x-2y=\bullet \\ 4x+y=\bullet \end{cases}$

b. $\begin{cases} x+\bullet y=-5 \\ \bullet x-3y=27 \end{cases}$

9 Encuentra un sistema de ecuaciones lineales equivalente a cada uno de los siguientes.

a. $\begin{cases} 12x+16y=20 \\ -3x-6y=-9 \end{cases}$

b. $\begin{cases} 2x+y=2 \\ -2x+y=-2 \end{cases}$

c. $\begin{cases} -10x+15y=-25 \\ x=2y-1 \end{cases}$

d. $\begin{cases} \frac{x}{2}+\frac{y}{3}=1 \\ 4(x-1)-2y=7 \end{cases}$

10 Cuando resolvemos gráficamente el sistema $\begin{cases} ax+by=11 \\ ax-by=-19 \end{cases}$ obtenemos dos rectas que se cortan en el punto (2, 3). ¿Cuáles son los valores de a y b?

11 Indica qué operaciones se han realizado en cada sistema de ecuaciones para obtener el equivalente.

a. $\begin{cases} 12x-36y=12 \\ 3x-7y=5 \end{cases} \Rightarrow \begin{cases} x-3y=1 \\ 6x-14y=10 \end{cases}$

b. $\begin{cases} 8x-5y=5 \\ 9x+4y=-4 \end{cases} \Rightarrow \begin{cases} \frac{8x}{5}-y=1 \\ 17x-y=1 \end{cases}$

12 Resuelve gráficamente el sistema $\begin{cases} 2x=6 \\ 3y=-12 \end{cases}$.

¿Cómo son las rectas que aparecen?

13 Escribe la solución de cada sistema de ecuaciones.

a.
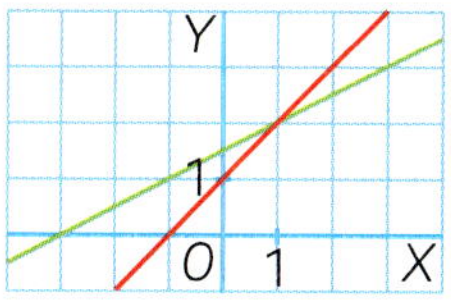

b.
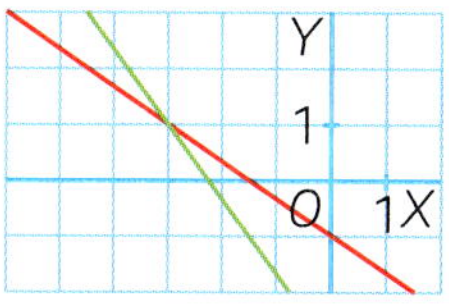

c.
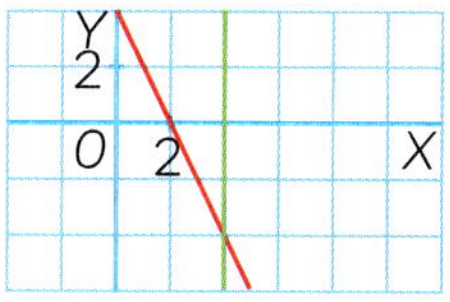

d.
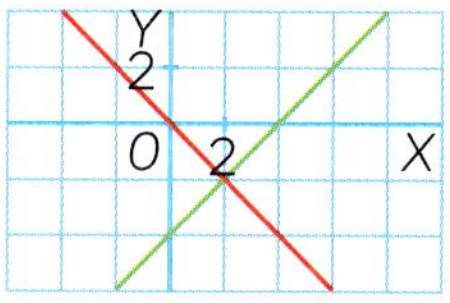

14 Determina el número de soluciones que tiene cada sistema.

a.
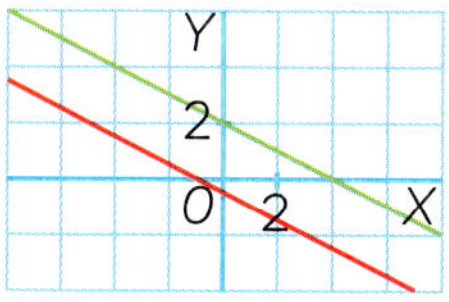

b.
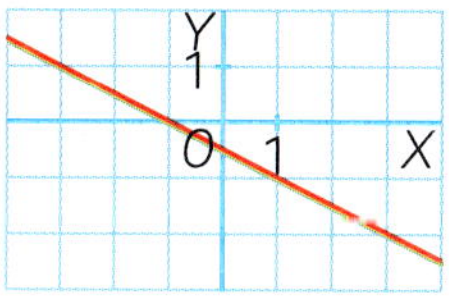

c.
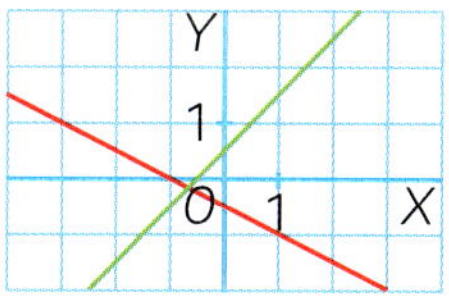

d.
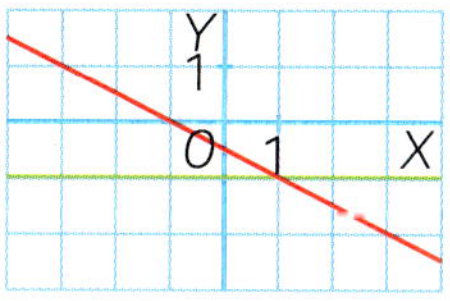

15 Encuentra la solución de los siguientes sistemas y compruébala gráficamente.

a. $\begin{cases} x=-3 \\ x+y=0 \end{cases}$

b. $\begin{cases} y=4 \\ -3x+y=-2 \end{cases}$

c. $\begin{cases} 2x=6 \\ -x+3y=3 \end{cases}$

d. $\begin{cases} x=1 \\ y=-3 \end{cases}$

e. $\begin{cases} x+2y=3 \\ y=-1 \end{cases}$

f. $\begin{cases} x=-4 \\ -x-y=1 \end{cases}$

16 Resuelve por el método de reducción los siguientes sistemas de ecuaciones.

a. $\begin{cases} 5x-4y=1 \\ 3x-2y=2 \end{cases}$

b. $\begin{cases} 7x-5y=2 \\ 5x-3y=3 \end{cases}$

c. $\begin{cases} 3x+3y=4 \\ 8x-11y=17 \end{cases}$

d. $\begin{cases} 2x+3y=20 \\ 6x+4y=7 \end{cases}$

e. $\begin{cases} -3x+6y=2 \\ 4x+7y=-1 \end{cases}$

f. $\begin{cases} 3x+6y=1 \\ 4x+9y=2 \end{cases}$

Comprueba gráficamente las soluciones con valores de x e y enteros.

17 Resuelve por el método de sustitución los sistemas siguientes.

a. $\begin{cases} 6x-5y=7 \\ -3x+2y=6 \end{cases}$

b. $\begin{cases} 3x-2y=1 \\ -4x+2y=2 \end{cases}$

c. $\begin{cases} 3x-5y=-1 \\ -2x+2y=5 \end{cases}$

d. $\begin{cases} -8x+5y=-2 \\ 6x-7y=8 \end{cases}$

e. $\begin{cases} 4x-3y=9 \\ -2x+6y=6 \end{cases}$

f. $\begin{cases} 2x-4y=7 \\ -3x+5y=6 \end{cases}$

g. $\begin{cases} 20x-13y=1 \\ -4x+3y=6 \end{cases}$

h. $\begin{cases} 12x-18y=30 \\ 27x+9y=18 \end{cases}$

Comprueba gráficamente las soluciones de los sistemas con valores de x e y enteros.

18 Utiliza el método de sustitución para resolver los siguientes sistemas de ecuaciones lineales con dos incógnitas.

I. $\begin{cases} 2x-4y=8 \\ -3x+6y=5 \end{cases}$

II. $\begin{cases} x-2y=3 \\ 2x-4y=6 \end{cases}$

a. ¿Qué solución tiene cada sistema?

b. Comprueba los resultados resolviéndolos de manera gráfica.

19 Resuelve los siguientes sistemas con el método de igualación.

a. $\begin{cases} x+y=4 \\ -2x+y=1 \end{cases}$

b. $\begin{cases} x-7y=9 \\ x-6y=1 \end{cases}$

c. $\begin{cases} 6x-y=7 \\ 4x+y=3 \end{cases}$

d. $\begin{cases} -x+5y=4 \\ x-7y=-2 \end{cases}$

e. $\begin{cases} 2x+5y=12 \\ 4x-3y=-2 \end{cases}$

f. $\begin{cases} 4x-3y=0 \\ 5x+3y=27 \end{cases}$

g. $\begin{cases} -6x-15y=9 \\ 2x+5y=-3 \end{cases}$

h. $\begin{cases} -6x-15y=7 \\ 4x+10y=6 \end{cases}$

20 Escribe un sistema de ecuaciones cuya única solución sea $(x=4,\ y=-7)$.

21 Escribe un sistema de ecuaciones con infinitas soluciones y que se verifique para $(x=-10,\ y=19)$.

22 Escribe una ecuación que junto con $3x-y=9$ forme un sistema que:

a. Tenga una solución.

b. Tenga infinitas soluciones.

c. No tenga solución.

Problemas

23 Plantea un sistema de dos ecuaciones con dos incógnitas para este problema: El número de camas de un hotel es 104. El hotel tiene 78 habitaciones, entre individuales y dobles.

24 En mi instituto hay 11 profesores de matemáticas, y el número de mujeres supera en 3 al de hombres. ¿Cuántos profesores y profesoras dan clase en el mismo instituto? Resuélvelo gráficamente.

25 Dos números suman 102 y el primero es 36 unidades menor que el segundo. Encuentra ambos números.

26 Dos números suman 51. Si restamos la tercera parte del primero menos la sexta parte del segundo, el resultado obtenido es 1. Halla los dos números.

27 La suma de dos números es 385. Si a la tercera parte del número mayor le sumamos el triple del número menor, el resultado obtenido es 131. ¿De qué números estamos hablando?

28 El cajero de un supermercado cuenta los billetes que hay en la caja al final del día. Cuando termina de contar los billetes de 20 € y de 50 €, tiene un total de 55 billetes que suman 1430 €. ¿Cuántos billetes de cada tipo hay en la caja?

29 Sabiendo que una garrafa de aceite equivale a cinco botellas y que tres garrafas y siete botellas de aceite suman 11 L, ¿qué capacidad tiene cada garrafa y botella de aceite?

30 Guillermo y Mateo han vendido 50 docena de huevos en el mercado en un día. Por la mañana los han vendido a 3 € la docena. Por la tarde, los han vendido a 2 € la docena. En total han obtenido 138 €. ¿Cuántas docenas han vendido por la mañana?

31 Por una mezcla de 8 L y 3 L de vino de distinta calidad se han pagado 30 €. Calcula el precio de cada tipo de vino sabiendo que comprando un litro de cada uno hay que pagar 5 €.

32 En una balanza, el peso de uno de los platillos es igual a dos tercios del peso del otro, pero si pasamos 70 g de uno a otro, la balanza queda en equilibrio. ¿Qué cantidad en gramos había inicialmente en cada platillo?

33 Problema resuelto

Un móvil y una tableta cuestan 500 €, pero en la tienda me ofrecen el móvil al 50 % y, además, un descuento del 15 % en la tableta. Con esa oferta, el precio total se queda en 320 €. ¿Cuál era el precio inicial de cada artículo?

Si el móvil costaba x y se rebaja el 50 %, se paga el 50 % de x, es decir, $0{,}5x$.

Con la rebaja, se paga solo el 100 % − 15 % = 85 % del precio de la tableta, que es y, es decir, $0{,}85y$.

Planteamos el sistema de ecuaciones y resolvemos por el método de reducción, multiplicando por −0,5 la primera ecuación:

$$\begin{cases} x+y=500 \\ 0{,}5x+0{,}85y=320 \end{cases} \Rightarrow \begin{cases} -0{,}5x-0{,}5y=-250 \\ 0{,}5x+0{,}85y=320 \end{cases} \Rightarrow$$

$$\Rightarrow 0{,}35y=70 \Rightarrow y=\frac{70}{0{,}35}=200 \Rightarrow x=300$$

El móvil costaba 300 €, y la tableta, 200 €.

34 Por una camisa y una falda hay que pagar 92 €. La falda tiene una rebaja del 10 % y la camisa tiene una rebaja del 25 %, por lo que el precio final se queda en 79,8 €. Calcula el precio inicial de la camisa y de la falda.

35 En una tienda de ropa los 14 empleados pueden elegir uniforme entre falda o pantalón. El doble de empleados que elige la falda excede en 4 al número de empleados que elige el pantalón. ¿Cuántos empleados hay con cada tipo de uniforme?

36 En los grados de informática se matricularon aproximadamente la quinta parte de mujeres que de hombres en los últimos años. Suponiendo que en total fueran 72 000 estudiantes, ¿cuántos serían hombres y cuántas mujeres?

37 Tengo monedas en dos huchas. En total tengo 24 monedas. Si paso 5 monedas de una hucha a otra, tendré las mismas en ambas huchas. ¿Cuántas monedas hay en cada hucha?

38 Cada 11 de febrero se celebra el Día Internacional de la Mujer y la Niña en la Ciencia. Un instituto organiza unas jornadas para conmemorarlo, a las que se apuntan 560 estudiantes. Sabiendo que el número de alumnas interesadas supera en 228 al de alumnos, ¿cuántas alumnas y cuántos alumnos asistieron a esas jornadas?

39 En un hospital hay 56 mujeres, entre médicos y enfermeras. Llegan otras 15 doctoras y 9 enfermeras, con lo que hay tantas doctoras como enfermeras. ¿Cuántas había inicialmente?

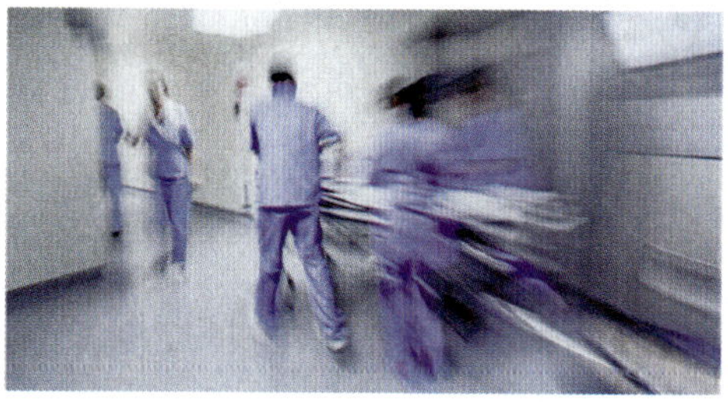

40 La brecha salarial de género es el porcentaje resultante de dividir dos cantidades: la diferencia entre el salario de los hombres y las mujeres, dividida entre el salario de los hombres. En una determinada profesión, el salario de un hombre y una mujer suman 4500 €, y la brecha salarial es de 0,125 (un 12,5 %). ¿Cuáles son sus sueldos?

41 El dueño de una cafetería ha comprado leche a 0,75 €/L. Preparar cafés hasta llegar a un litro le cuesta 1,75 €.

a. ¿Cuántos litros de café y cuántos litros de leche deberá mezclar para que 20 L de café con leche le cuesten 23 €?

b. ¿A cuánto le sale el litro de café con leche?

Comprueba lo que has aprendido

1 Indica la solución de cada sistema.

a.

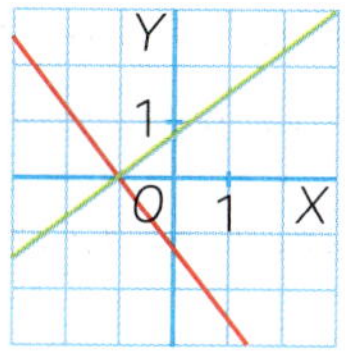

c.

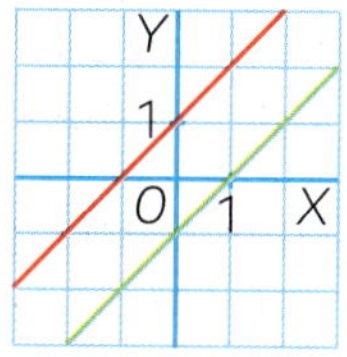

b.

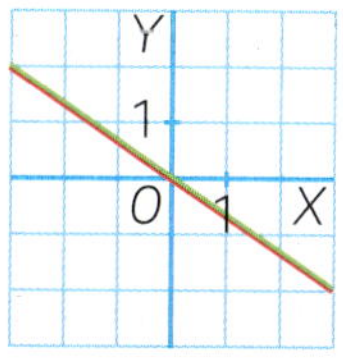

d.

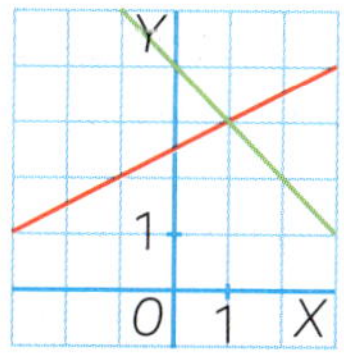

2 Resuelve gráficamente los siguientes sistemas.

a. $\begin{cases} 2x - y = 1 \\ -3x + y = 4 \end{cases}$ **b.** $\begin{cases} x + 5y = 2 \\ 2x + 3y = -3 \end{cases}$

3 Indica el número de soluciones que tienen estos sistemas de ecuaciones.

a. $\begin{cases} 6x - 4y = 8 \\ -9x + 6y = -12 \end{cases}$ **b.** $\begin{cases} 3x - y = 7 \\ y = 5 \end{cases}$

4 Resuelve los siguientes sistemas.

a. $\begin{cases} 5x - 3y = 9 \\ 6x - y = 16 \end{cases}$ **b.** $\begin{cases} 4x + 2y = -3 \\ -3x + 6y = 5 \end{cases}$

5 Simplifica y resuelve el siguiente sistema.

$$\begin{cases} \dfrac{3x+2}{4} - \dfrac{3y+4}{6} = \dfrac{-8}{3} \\ 4y - 5x = 18 \end{cases}$$

6 En un juego de mesa, sumas 3 puntos cuando ganas, 1 punto cuando empatas y no sumas puntos cuando pierdes. Si has ganado el mismo número de juegos que has empatado, y has conseguido 16 puntos, ¿cuántos juegos has ganado y cuántos has empatado?

7 Jorge ha comprado varios libros y cuadernos para este curso. En total ha comprado 20 artículos por 256 €. Sabiendo que un libro cuesta 20 € y un cuaderno cuesta 4 €, calcula cuántos cuadernos y cuántos libros ha comprado.

8 La suma de dos números es 145. Si al primer número se le resta el doble del segundo, obtienes 10. ¿Cuáles son los dos números?

Mis competencias Autoevaluación

3.4 Cada oveja con su pareja

¡EMPEZAMOS!

- ¿Crees que todo el mundo tiene acceso a la energía?
  - ○ Sí ○ No
- ¿En qué medida depende tu día a día de la energía eléctrica?
  - ○ Nada ○ Bastante
  - ○ Poco ○ Mucho
- ¿Qué porcentaje de la energía que consumes crees que proviene de fuentes de energía renovables?
  - ○ 0 % ○ 50 %
  - ○ 25 % ○ 75 %
- ¿Crees que sería positivo para tu entorno apostar por energías no contaminantes?
  - ○ Nada ○ Bastante
  - ○ Poco ○ Mucho

- ¿Qué te parecen las preguntas de esta encuesta? ¿Te han sorprendido?
- ¿Te habías planteado alguna vez cuestiones sobre la procedencia del suministro eléctrico?
- ¿Conoces fuentes de energía no contaminantes?

¡VAMOS A APRENDER!

1. Llegar a acuerdos.
2. Diferenciar correspondencias de funciones.
3. Estudiar gráficamente las funciones.
4. Reconocer características de las funciones lineales: pendiente y ordenada en el origen.
5. Hallar la ecuación de la recta.
6. Resolver problemas de aplicación de funciones.
7. Organizar los pasos para hacer el estudio de una función a través de un cronograma.
8. Optimizar y hacer un uso sostenible de la energía.

NUESTRO RETO

Cuestión de energía

Determinarás la función que relaciona el consumo de energía eléctrica de tu casa con su coste y, comparando los resultados obtenidos con los de tus compañeros, reflexionarás sobre el uso que haces de la energía eléctrica, sobre cómo optimizarlo y hacer que sea más sostenible mediantes tús hábitos diarios.

¡Vamos allá!

1 ¿Cómo se relacionan las *x* y las *y*?

Correspondencias y funciones

1 Las básculas de las tiendas, los supermercados o las cajas pesan los productos y calculan automáticamente su precio. Son máquinas que asignan un determinado precio al peso de cada producto.

- ¿Sabrías escribir una fórmula para calcular el precio de las naranjas que están a 1,98 €/kg?

Una **correspondencia** es cualquier relación que queramos establecer entre los elementos de dos conjuntos. El conjunto de partida se llama **conjunto inicial**, y el de llegada, **conjunto final**.

Una **función**, *f*, es una correspondencia entre dos conjuntos tal que a cada elemento del conjunto inicial le corresponde un único valor del conjunto final.

Función	No función
Este diagrama muestra la correspondencia entre un número y su cuadrado. 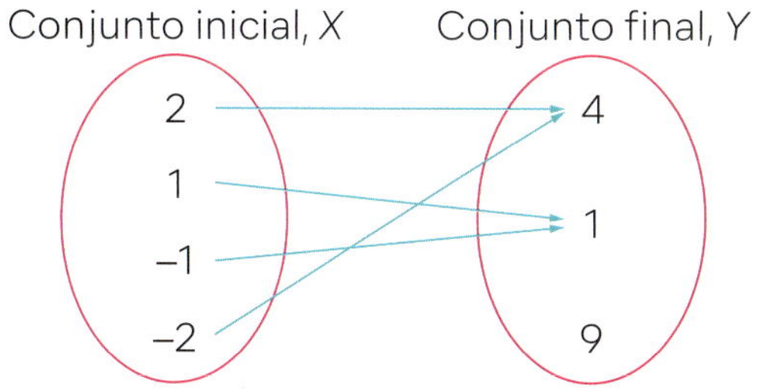 A cada elemento del conjunto inicial le corresponde un **único elemento** del conjunto final.	Este diagrama muestra varias personas y cada una puede practicar uno o más deportes. 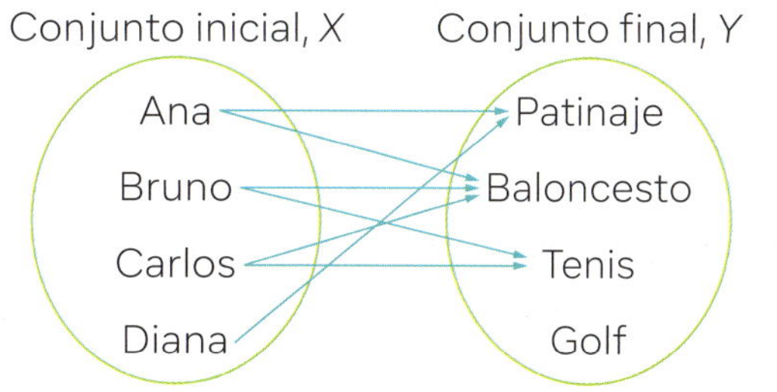 Algunos elementos del conjunto inicial se relacionan con **varios elementos** del conjunto final.

En una **función**, los elementos del conjunto inicial forman la **variable independiente**. La representamos con una letra: *x*, *t*... Los elementos del conjunto final forman la **variable dependiente** o imagen. La representamos con la letra *y* o como *f*(*x*), *f*(*t*)...

2 **Se define la correspondencia que asigna a cada jugador de béisbol las cifras de su número de camiseta, por ejemplo, al número 23 le corresponden las cifras 2 y 3.**

a. ¿Hay algún elemento del conjunto final al que corresponda más de un elemento del conjunto inicial?

b. ¿Se trata de una función? Razona tu respuesta.

3 Actividad resuelta

Encuentra la función que relaciona el lado de un hexágono regular y su perímetro. Identifica las variables dependiente e independiente.

La expresión algebraica que representa el perímetro es $y = 6x$.

La longitud del lado es la variable independiente, representada por x, y la variable dependiente, y, es el perímetro que depende de dicha longitud.

4 Encuentra la función que relaciona el lado de un cuadrado con su área. Identifica las variables independiente y dependiente.

5 Cinco amigos han organizado sus fechas de nacimiento como indica la tabla. Representa con diagramas de Venn las siguientes correspondencias.

1.°	Óscar	23 de marzo
2.°	Chiara	10 de junio
3.°	Fermín	7 de julio
4.°	Laura	10 de julio
5.°	Raúl	23 de agosto

a. Asociar cada número de orden con su día de nacimiento.

b. Asociar cada número de orden con su mes de nacimiento.

c. Asociar cada número de orden con su fecha completa.

d. ¿Alguna de estas correspondencias es una función?

¿Qué ejemplos se te ocurren sobre correspondencias y funciones?

6 Los estudiantes de una clase se ordenan según su número de lista. Indica si las siguientes correspondencias son funciones.

a. A cada número de la lista se le asigna el número de hermanos.

b. A cada número de la lista se le asigna su DNI.

Coordenadas cartesianas. Fórmulas, tablas y gráficas

Los **ejes cartesianos** o **ejes de coordenadas** son dos rectas perpendiculares graduadas, una horizontal y otra vertical, que dividen el plano en cuatro regiones.

Las **coordenadas cartesianas** de un punto P del plano son un par ordenado de números que indican su posición respecto de los ejes y que se expresan como $P(x, y)$, en este caso $P(-3, 1)$

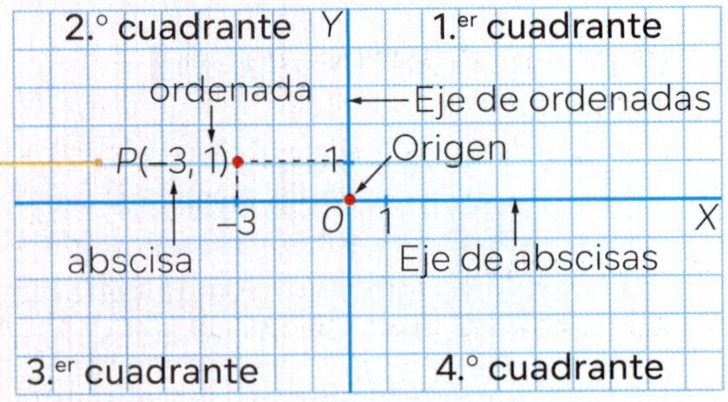

7 Representa en el plano cartesiano los siguientes puntos e indica en qué cuadrante están.

a. $A(-5, 2)$

b. $B(3{,}25; -4)$

c. $C(-5; -3{,}5)$

d. $D(5, 2)$

8 Escribe las coordenadas de los puntos representados.

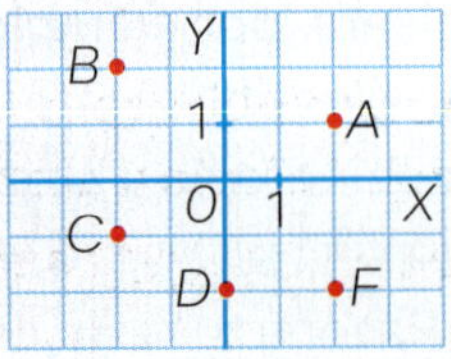

Para expresar la relación entre dos magnitudes, se utilizan **enunciados**, **fórmulas**, **tablas** y **gráficas**. Y, dado que las funciones también son relaciones, podemos representarlas del mismo modo.

ENUNCIADO

Una placa fotovoltaica genera una media de 150 vatios (W) por cada metro cuadrado de superficie.

TABLA

Metros cuadrados (x)	Vatios (y)
0	0
1	150
2	300
3	450
4	600
x	$150 \cdot y$

GRÁFICA

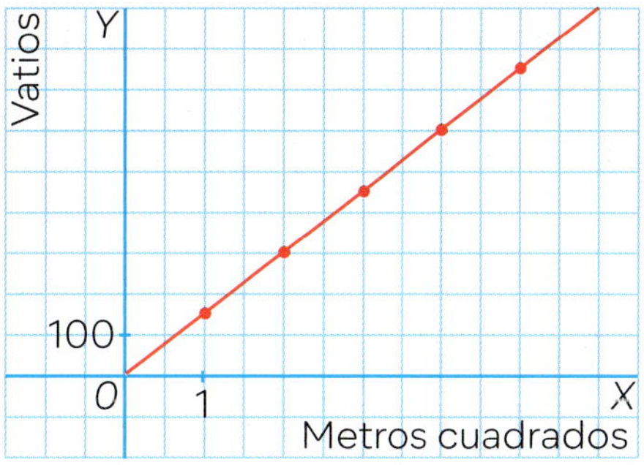

FÓRMULA

$y = 150 \cdot x$

o

$f(x) = 150 \cdot x$

donde la x representa la variable independiente, y la y, la variable dependiente.

9 Dos magnitudes están relacionadas mediante la fórmula $y = 2x - 3$. Realiza las siguientes actividades.

a. Construye la tabla de valores correspondiente.

b. Representa la relación de manera gráfica.

c. Indica una situación cotidiana que se ajuste a esa fórmula.

10 Álvaro ha consultado las temperaturas previstas en su ciudad en la web de la Agencia Estatal de Meteorología (AEMET). La imagen muestra la previsión.

00	01	02	03	04	05	06	07	08	09	10	11	12
11°	10°	9°	8°	7°	6°	6°	5°	4°	5°	6°	7°	9°

a. Construye una tabla de valores con los datos de la imagen.

b. ¿Qué temperatura había a las 6 de la mañana?

c. ¿A qué hora la temperatura bajó de 10 °C?

11 Realiza las actividades a partir de la siguiente relación: "La base de un rectángulo mide 2 cm más que su altura".

a. Construye una tabla de valores asociada.

b. Si y es el perímetro del rectángulo, escribe la fórmula que permite obtener el perímetro a partir de la altura.

c. Si x es la altura del rectángulo, ¿cuánto mide su base?

12 La gráfica recoge la estatura de Sergio entre los 6 y los 12 años. Observa y contesta.

a. ¿Cuál era la estatura de Sergio a los 6 años? ¿Y cuando tenía 10 años?

b. ¿A qué edad superó los 1,5 m de altura?

c. ¿En algún momento su estatura permanece constante?

d. Construye la tabla de valores asociada.

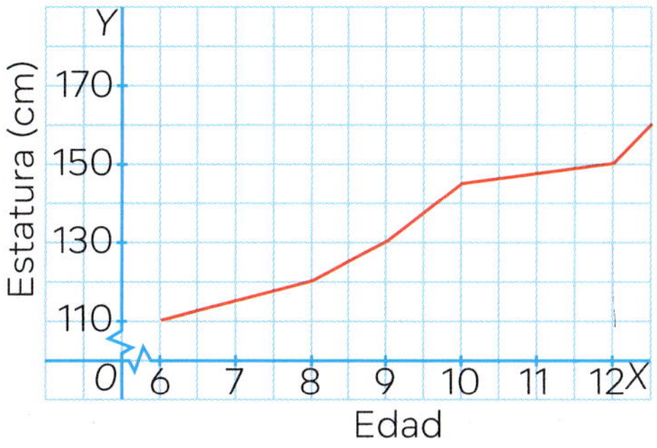

13 En una habitación hay varias bombillas de bajo consumo. Si se dejaran encendidas 10 horas, supondrían un gasto de 0,15 €. Calcula cuánto gastarían en 24 h.

Pista: Ayúdate con una tabla y una gráfica para encontrar la fórmula. Considera el tiempo como x y el coste como y.

2 ¿Estudiamos y dibujamos una función?

Dominio y recorrido

14 En una factura conjunta de luz y gas es muy probable encontrar gráficos como el siguiente. ¿Qué información puedes obtener a partir de estos datos?

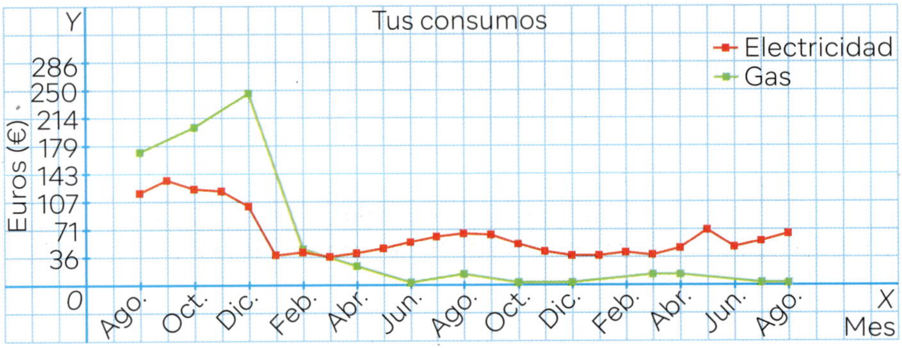

- ¿En qué meses del año hay mayor consumo? ¿A qué crees que se debe?

- El **dominio** de una función *f* es el conjunto de valores que puede tomar la variable independiente. Se suele escribir como *D*(*f*).
- El **recorrido** de una función *f* es el conjunto de valores que puede tomar la variable dependiente. Se suele escribir como *R*(*f*).

Ejemplo

La gráfica representa un trayecto en bicicleta.

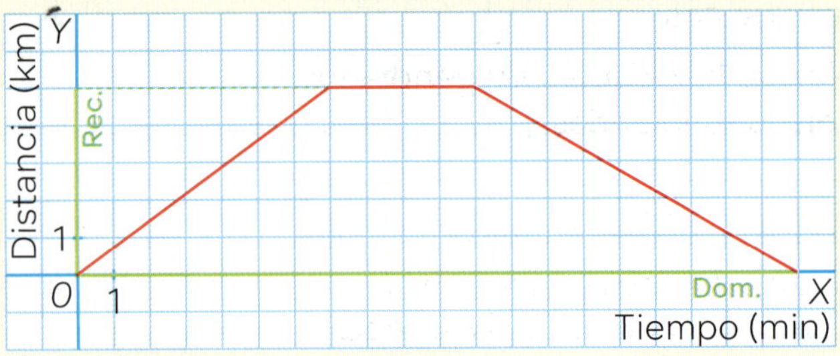

- La **variable independiente** es el tiempo y sus valores se indican en el eje de abscisas.
- La **variable dependiente** es la distancia recorrida y sus valores se indican en el eje de ordenadas.

- El **dominio** de la función son los números del intervalo [0, 20].
- El **recorrido** son los números del intervalo [0, 5].

15 MAT-TIC Visualiza con el interactivo GeoGebra *Dominio y recorrido de una función* cómo cambian dominio y recorrido según vayas cambiando la gráfica de una función.

16 Dibuja una función cuyo dominio sean todos los valores del intervalo [–4, 4] y su recorrido sea el conjunto de valores del intervalo [–3, 6].

17 Un instalador de paneles solares tiene una tabla que le ayuda a calcular el espacio necesario para su instalación.

a. Determina si la relación entre la cantidad de paneles y el espacio es una función. En caso afirmativo, representa gráficamente los datos de la tabla.

b. Indica su dominio y recorrido si el máximo valor que toma la variable independiente es 6.

N.º paneles solares	Espacio (m²)
1	2,5
2	5
3	7,5
5	12,5
6	15

Las **gráficas** se estudian de izquierda a derecha, en el sentido creciente de la variable independiente.

18 Actividad resuelta

Di si las siguientes gráficas representan una función. En caso afirmativo, indica su dominio y recorrido.

a.

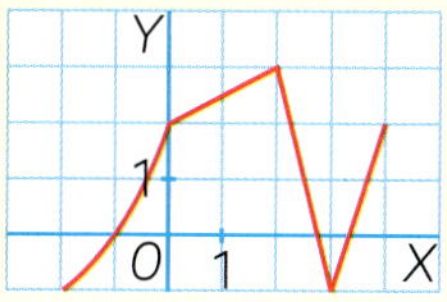

b.

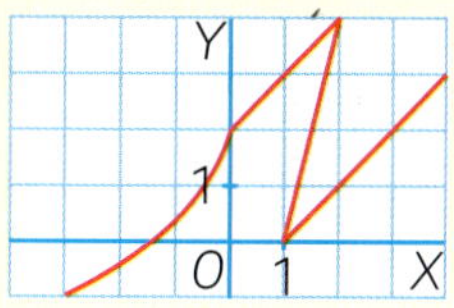

a. Es una función, ya que a cada valor de x le corresponde un único valor de y. El dominio son los números del intervalo $[-2, 4]$, y el recorrido, $[-1, 3]$.

b. No es una función, ya que a algunos valores de x les corresponde más de un valor de y. Por ejemplo, a $x = 2$ le corresponden $y = 1$ e $y = 4$.

19 **Indica si las siguientes gráficas representan una función. En caso afirmativo, indica su dominio y recorrido.**

a.

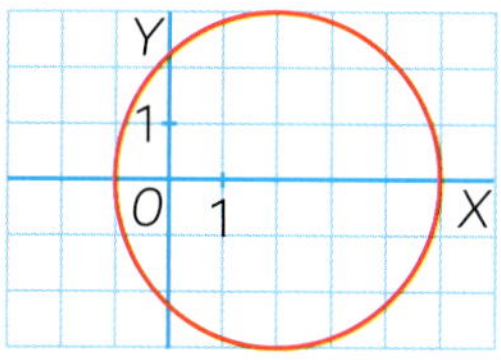

b.

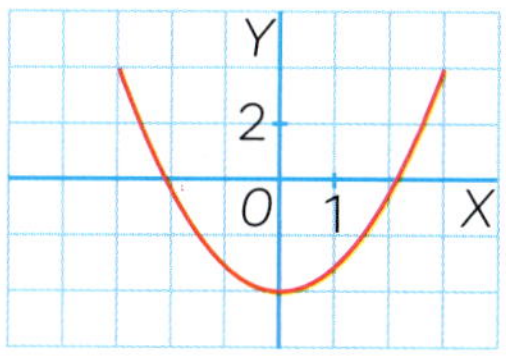

c.

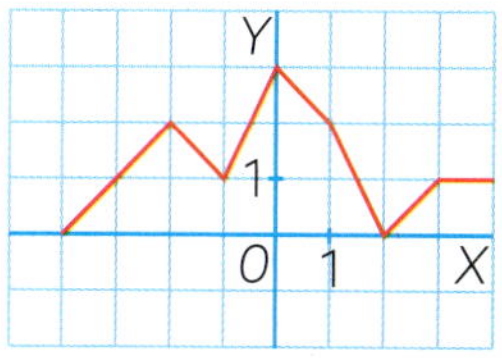

Continuidad

- Una función es **continua** en un intervalo si su gráfica no presenta saltos.
- Una función es **discontinua** si presenta saltos para algún valor de la variable independiente. Los puntos en los que una función presenta saltos se llaman **discontinuidades**.

Función continua	Función discontinua
En cierta compañía de electricidad se cobra conforme al tiempo de suministro a razón de 0,2 € por kW. 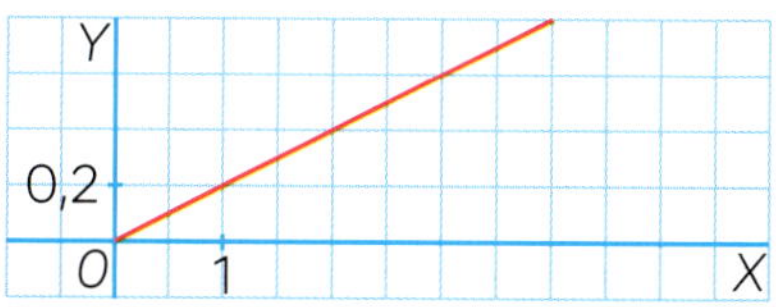 Esta función es **continua** en su dominio, ya que su gráfica no presenta cortes ni saltos y podemos dibujarla sin levantar el lápiz del papel.	En otra compañía no cobran la 1.ª hora de suministro y, a partir de ese momento, el precio es de 0,3 € por kW o fracción. 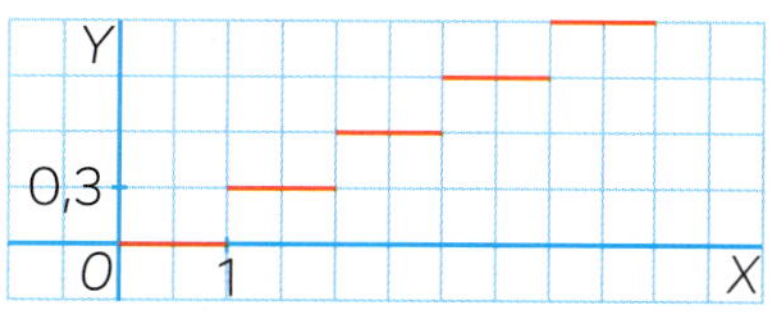 La función es **discontinua**, ya que su gráfica presenta saltos y no podemos dibujarla sin levantar el lápiz del papel. Esta función es discontinua en $x = 1$, $x = 2$, $x = 3$, …

20 **Establece si estas funciones son continuas o discontinuas e indica, en su caso, los puntos de discontinuidad.**

a.

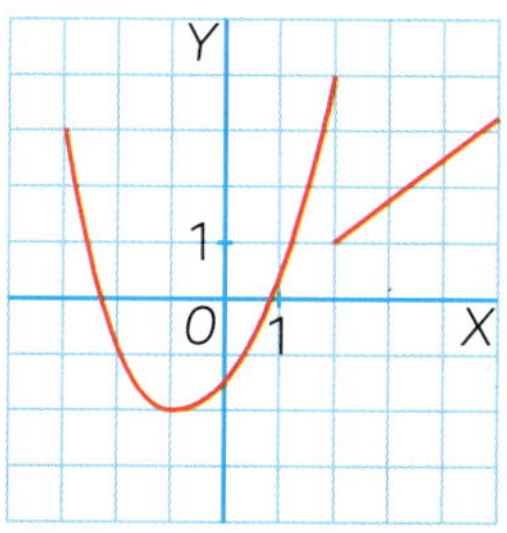

b.

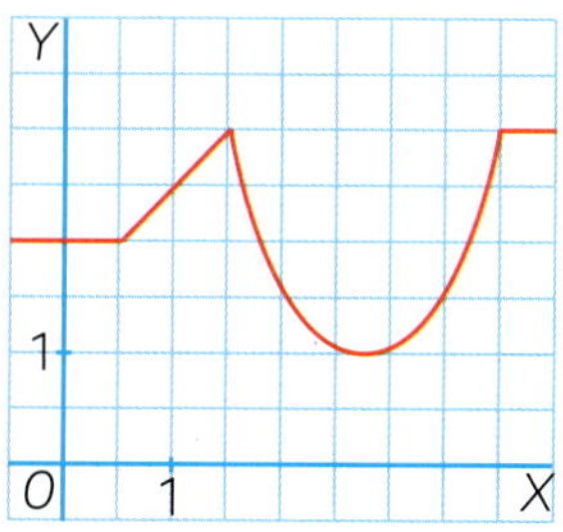

c.

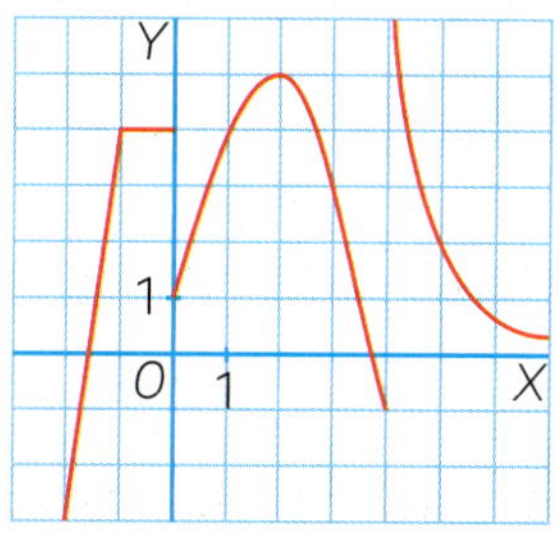

Puntos de corte con los ejes

- Los **puntos de corte con el eje** *X* tienen la coordenada *y* igual a cero: (*x*, 0).
- Los **puntos de corte con el eje** *Y* tienen la coordenada *x* igual a cero: (0, *y*).

21 Actividad resuelta

Indica los puntos de corte con los ejes de la gráfica de la imagen.

- Puntos de corte con el eje *X*: *A*(−3, 0) y *C*(2, 0)
- Puntos de corte con el eje *Y*: *B*(0, 1)

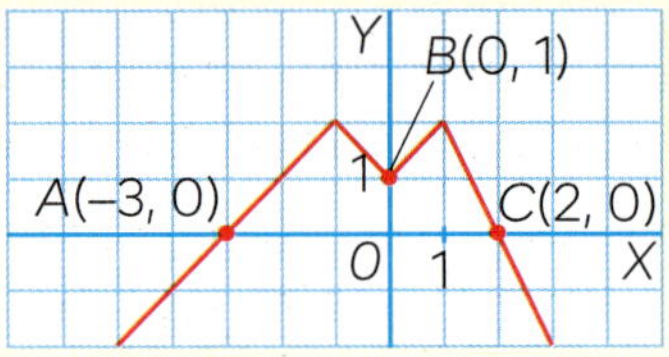

22 **Indica los puntos de corte con los ejes en estas gráficas.**

a. 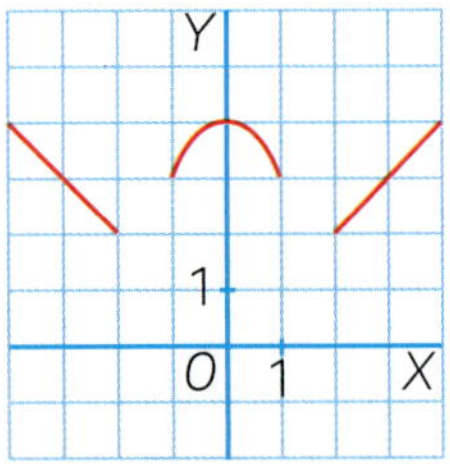

b. 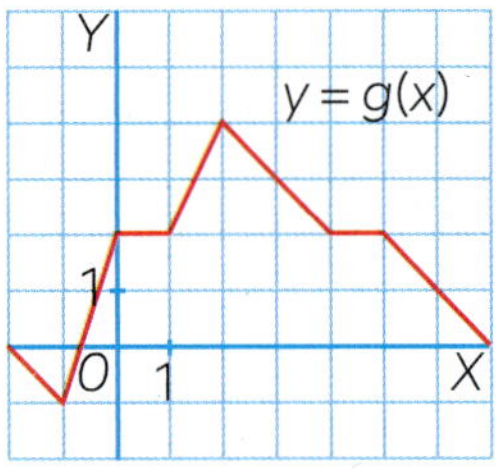

c. 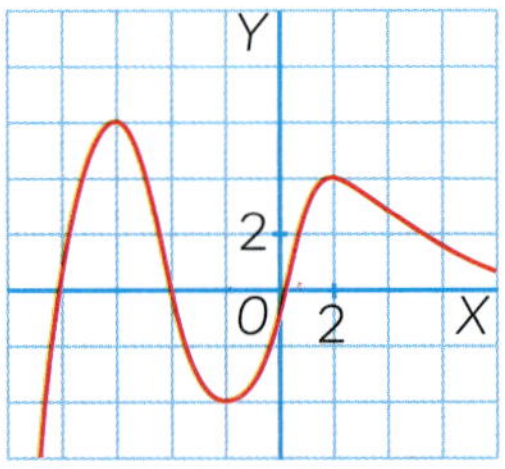

Crecimiento

Una función en un intervalo es:

- **Creciente**, si al aumentar el valor de la variable independiente, aumenta el valor de la dependiente.
- **Decreciente**, si al aumentar el valor de la variable independiente, disminuye el valor de la dependiente.
- **Constante**, si al aumentar el valor de la variable independiente, el valor de la variable dependiente siempre es el mismo.

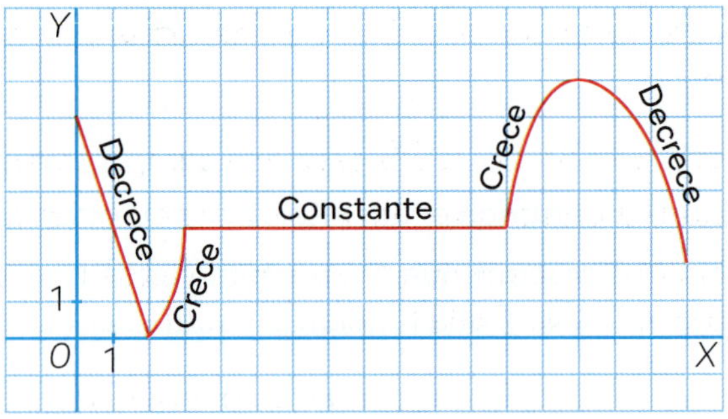

23 **La tabla indica la evolución del kilovatio hora a lo largo de un determinado día. Indica en qué tramos la función es creciente, en cuáles es decreciente y si en algún intervalo se ha mantenido constante.**

24 **Se ha aplicado calor a un bloque de hielo hasta que se ha evaporado completamente y se ha elaborado una gráfica con los datos recogidos.**

a. Indica en qué eje se representa la temperatura (°C) y el tiempo (minutos). ¿Cuál es la variable dependiente?

b. ¿Es una función creciente o decreciente?

c. Antes de cambiar completamente de estado, permanece un tiempo a temperatura constante. Explica cuándo ocurre en este caso.

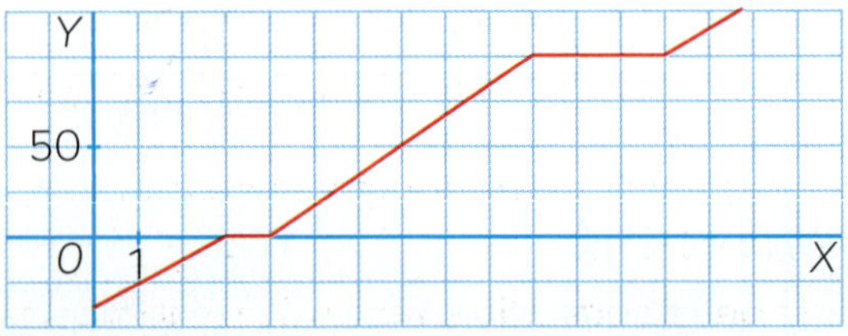

Monotonía: máximos y mínimos

Una función continua tiene:

- Un **máximo** en un punto si a la izquierda de ese punto la función crece y a la derecha decrece.
- Un **mínimo** en un punto si a la izquierda de ese punto la función decrece y a la derecha crece.
- Si una función tiene más de un máximo, llamamos **máximo absoluto** a aquel con mayor ordenada, y **máximos relativos**, al resto.
- Si una función tiene más de un mínimo, llamamos **mínimo absoluto** a aquel con menor ordenada, y **mínimos relativos**, al resto.

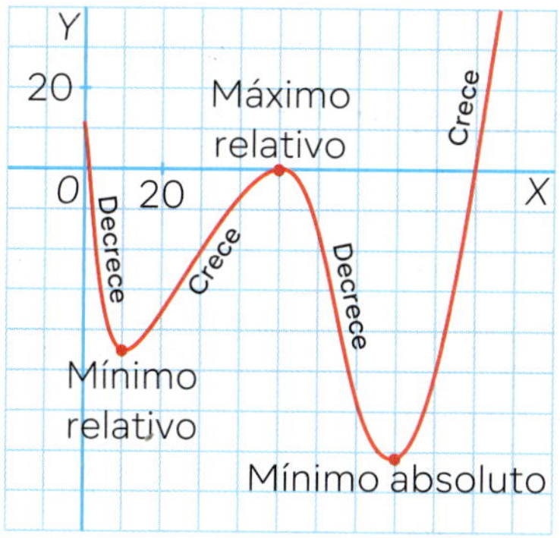

25 **Indica los intervalos de crecimiento y decrecimiento, así como los puntos de corte con los ejes de coordenadas, de las siguientes funciones. ¿Tienen máximos o mínimos? En caso afirmativo, indica cuales.**

a.

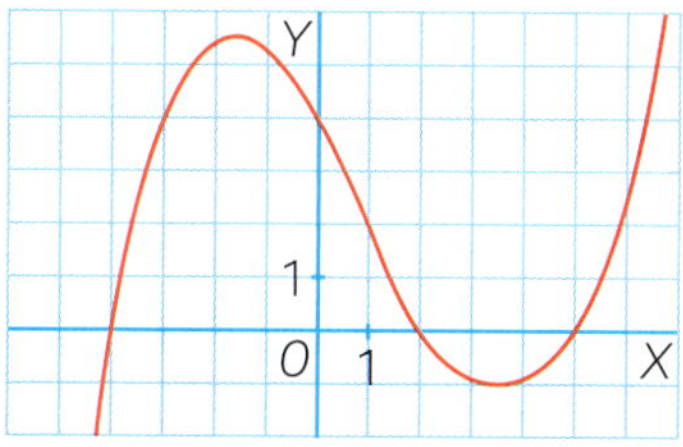

b.

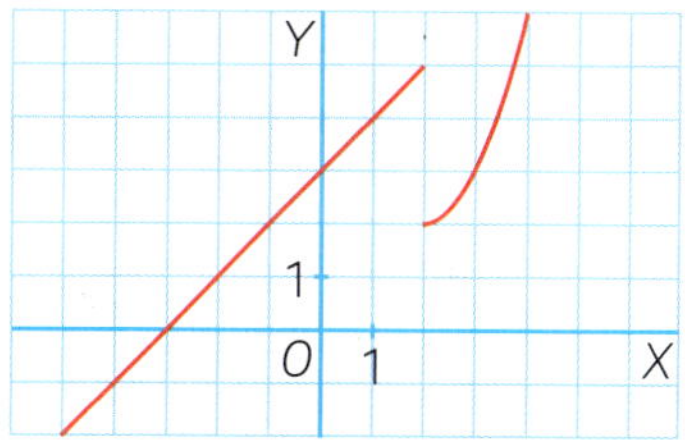

26 **Observa la gráfica de la función $f(x)$. Si la función es continua, indica los puntos de corte con los ejes, sus máximos y mínimos y determina su monotonía.**

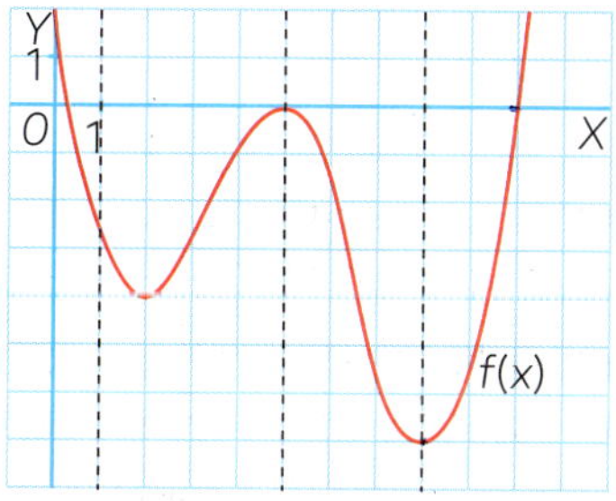

27 **Dibuja una función para cada caso que cumpla con la condición señalada.**

a. Es continua. Es creciente en (–8, 2) y decreciente en (2, 7).

b. Tiene dos máximos, el primero está en (–3,5; –1) y el otro es simétrico a ese punto por el eje Y.

28 **TRABAJAMOS POR TURNOS.** **Unos obreros están colocando postes a lo largo de una carretera, con una separación de 5 m entre cada poste y el siguiente.**

a. Construye una tabla de valores en la que aparezca el número de postes que hay que colocar dependiendo de la longitud de la carretera.

b. Representa gráficamente los valores de la tabla. ¿Es una función continua?

c. ¿Tiene máximos o mínimos?

29 **Un biólogo tiene varios cultivos en su laboratorio. El aire acondicionado se ha estropeado y el termómetro de la sala ha recogido los datos que aparecen en la gráfica.**

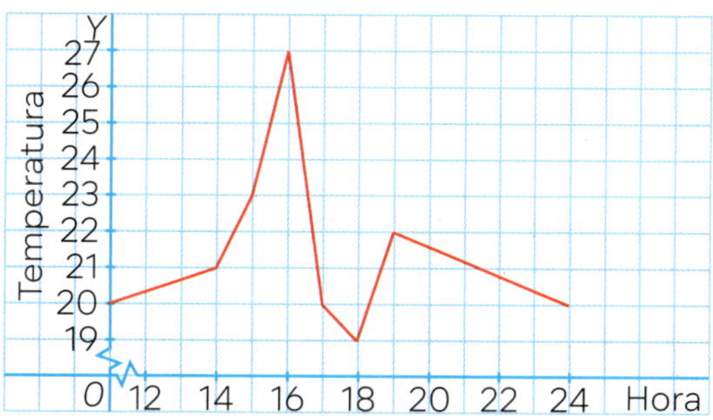

a. Describe los cambios de temperatura entre las 12 y las 24 horas e indica la temperatura máxima y la mínima.

b. La alarma del laboratorio suena si la temperatura supera los 23 °C. ¿Cuánto tiempo estuvo sonando, aproximadamente?

3 ¿Cómo dibujamos las rectas?

Función lineal

30 Las funciones forman parte de nuestra vida cotidiana. Por ejemplo, en la factura de la luz podemos representar con una función el gasto en función del consumo. El consumo de electricidad se mide en kilovatios hora, que representaremos con la variable independiente x. El gasto mensual es una cantidad fija, que corresponde a la potencia contratada y el alquiler de equipos de medida y que representamos con una constante, n. A esta cantidad se le añade el precio de los kilovatios hora consumidos, $m \cdot x$. Si dibujamos esta función, ¿qué objeto obtenemos?

Una **función lineal** es de la forma $y = mx + n$, donde m y n son dos números cualesquiera. Su representación gráfica es una línea recta.

- n es la **ordenada en el origen** e indica el punto de corte con el eje Y: $(0, n)$
- m es la **pendiente** de la recta e indica su inclinación. Dependiendo de su signo se pueden dar estos casos:

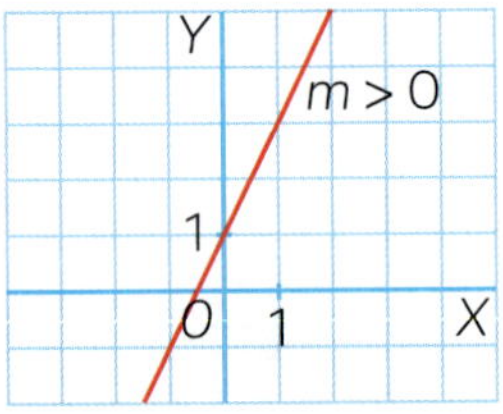

La pendiente es positiva.
La recta es creciente.

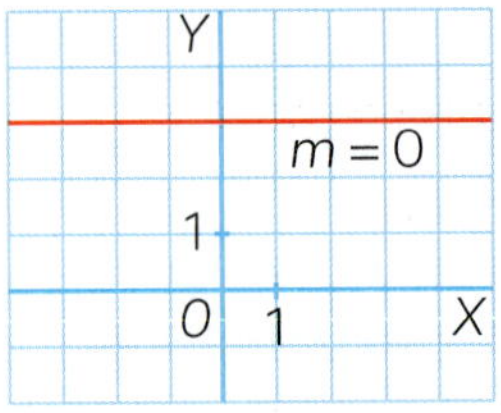

La pendiente es 0.
La recta es constante.

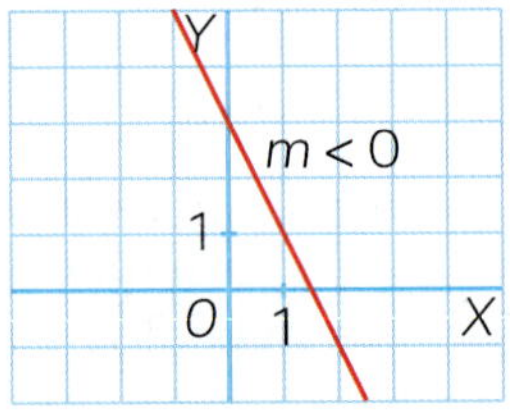

La pendiente es negativa.
La recta es decreciente.

31 Representa las funciones y comprueba si son lineales.

a.

x	−2	−1	0	1	2
y	4	3	2	1	0

b.

x	−2	−1	0	1	2
y	4	1	0	1	4

32 MAT-TIC Asocia las rectas con la ecuación correspondiente y determina el valor de m.

A. $y = -2x + 3$

B. $y = 3$

C. $y = \frac{1}{4}x$

D. $y = -2x - 1$

Puedes comprobar tu solución con el interactivo GeoGebra *Funciones lineales*.

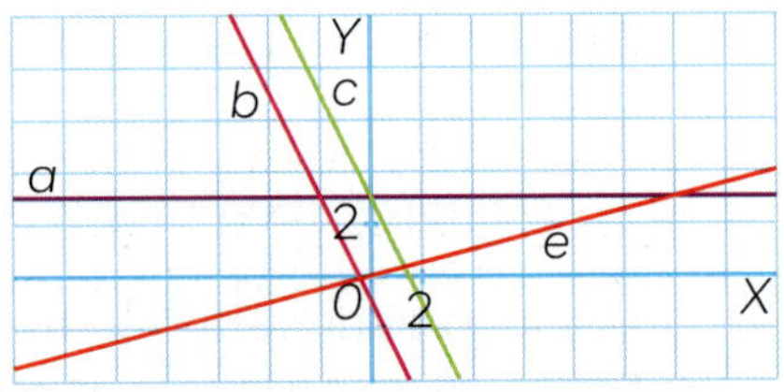

33 Determina la ordenada en el origen en cada gráfica.

a.

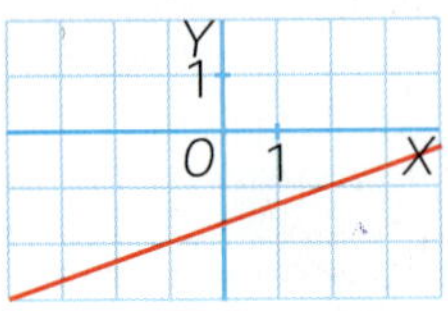

b.

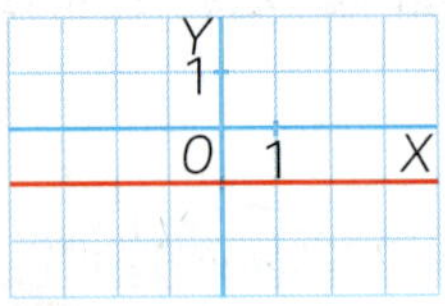

c.

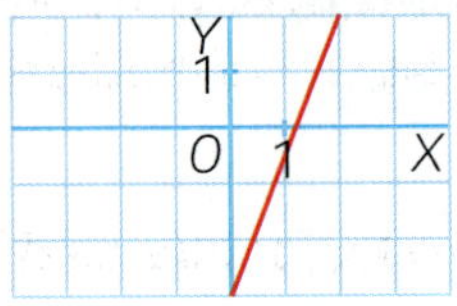

¿Cómo podrías demostrar que tu respuesta es correcta?

34 Sin dibujarlas, indica si estas funciones son crecientes, decrecientes o constantes.

a. $y = 10x - 43$ b. $y = x + 13$ c. $y = -43$ d. $y = -8x + 15$

35 **Aprendo a pensar.** Con la ayuda de un cronograma, nombra todos los pasos que hay que tener en cuenta a la hora de realizar el estudio de una función. Después, dibuja la función $y = 2x + 3$.

36 **Actividad resuelta**

Ana tiene que pagar una factura de la luz cuyos gastos fijos son de 6,24 € y cuyo precio por kilovatio hora contratado es 0,13 €.

a. Escribe la función que te permite calcular el gasto mensual de Ana en función de los kilovatios hora e indica la pendiente y su ordenada en el origen.

b. Si ha pagado 46,80 €, ¿cuántos kilovatios ha consumido?

a. Llamando *x* a los kilovatios hora e *y* al gasto, obtenemos: $y = 0{,}13x + 6{,}24$, donde 0,13 es la pendiente.

Como es positiva, la recta es creciente. La ordenada en el origen es 6,24.

b. Sustituimos en la fórmula:

$$46{,}80 = 0{,}13x + 6{,}24 \Rightarrow 0{,}13x = 46{,}80 - 6{,}24 \Rightarrow x = \frac{40{,}56}{0{,}13} = 312$$

Ana ha consumido 312 kilovatios hora.

37 **Salvador anduvo 2 km en media hora, hasta llegar a un pueblo, donde se paró a desayunar. Luego empezó a andar otra vez con un ritmo de 4 km a la hora. ¿Qué distancia total ha recorrido al cabo de 3 horas? ¿Y en media hora?**

Las funciones $y = mx$ se llaman **funciones de proporcionalidad directa.**

- La pendiente $m \neq 0$ se llama **constante de proporcionalidad.**
- Su gráfica es una recta que pasa por el origen.

38 **Actividad resuelta**

El lavavajillas de casa de Juan, que utiliza una vez al día, consume 15 L de agua por cada lavado. En casa de Elsa friegan los platos a mano dos veces al día y tienen un grifo de bajo consumo que vierte una media de 20 L de agua por cada lavado.

Halla las funciones que indican el consumo de agua (*y*) por día (*x*) al fregar en cada casa. ¿Qué opción te parece más sostenible?

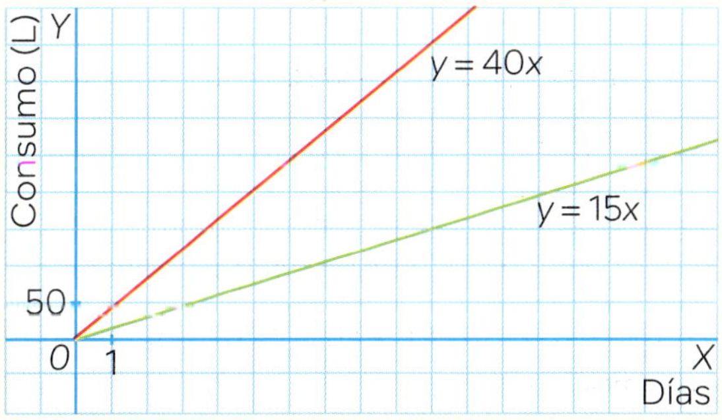

La expresión de las funciones que indica el consumo de agua (*y*) por día (*x*) al fregar en cada casa son:

Casa de Juan: $y = 15x$

Días	1	7	14	•••	*x*
Consumo (L)	15	105	210	•••	15*x*

Casa de Elsa: $y = 2 \cdot 20x = 40x$

Días	1	7	14	•••	*x*
Consumo (L)	40	280	560	•••	40*x*

Si los días de lavado son iguales, conviene usar un lavavajillas, como hacen en casa de Juan, ya que es más respetuoso con el medioambiente.

39 **En una tienda online venden paquetes de 10 bombillas de bajo consumo a 40 € cada uno.**

a. Halla la función que relaciona el precio a pagar con el número de paquetes comprados.

b. Identifica la pendiente y traza la gráfica.

40 **En la etiqueta de una lavadora se indica un consumo de 70 kWh por cada 100 lavados.**

a. ¿Cuánto consume por cada lavado?

b. Halla la función que relaciona el número de lavados y el consumo en kWh.

4 ¿Cómo escribimos una recta?

Ecuación de la recta

41 Completa las tablas y representa las rectas $y = 2x - 3$ e $y = 2x + 1$.

x	−2	−1	0	1	2
$y = 2x - 3$	●●●	●●●	●●●	●●●	●●●

x	−2	−1	0	1	2
$y = 2x + 1$	●●●	●●●	●●●	●●●	●●●

¿Cómo son las rectas? ¿Qué tienen en común sus ecuaciones?

Una **recta** de la forma $y = mx + n$, donde m es la pendiente y n es la ordenada en el origen, está expresada en su **forma explícita**.

La **pendiente** m de la recta que pasa por $P(x_1, y_1)$ y $Q(x_2, y_2)$ es:

$$m = \frac{y_2 - y_1}{x_2 - x_1}$$

Un punto $P(x, y)$ pertenece a una recta $y = mx + n$ si verifica su ecuación.

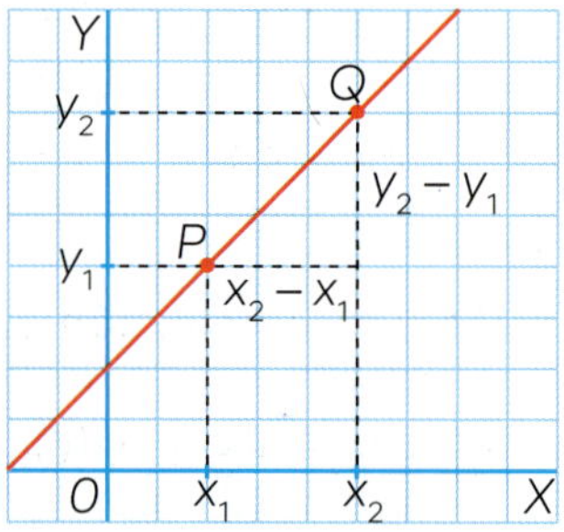

42 Actividad resuelta

Estudia si los puntos $A(3, 11)$ y $B(-4, -27)$ pertenecen a la recta $y = 3x - 15$.

Sustituimos las coordenadas de los puntos en la ecuación:

- $11 \neq 3 \cdot 3 - 15 \Rightarrow A(3, 11)$ no pertenece a la recta.
- $-27 = 3 \cdot (-4) - 15 \Rightarrow B(-4, -27)$ pertenece a la recta.

43 **Estudia si los puntos $A(2, 7)$ y $B(11, -10)$ pertenecen a la recta $y = 4x - 1$.**

Si se conocen m y n, tenemos la **ecuación de la recta**. Si no, es necesario calcularlos a partir de los datos disponibles.

En los próximos ejemplos, veremos cómo calcular una ecuación de una recta bajo ciertas condiciones:

- Dados dos puntos, con la fórmula de la pendiente.
- Dado un punto y su pendiente.
- Dado un punto y su ordenada en el origen.
- Dados dos puntos, con un sistema de ecuaciones.

Ejemplo

La ecuación de la recta que pasa por los puntos $P(0, 3)$ y $Q(2, 1)$ tiene pendiente:

$$m = \frac{y_2 - y_1}{x_2 - x_1} \Rightarrow m = \frac{1 - 3}{2 - 0} = -1 < 0 \Rightarrow \text{La recta es decreciente} \Rightarrow y = -x + n$$

Ahora, calculamos n sustituyendo uno de los puntos por ejemplo $P(0, 3)$ en la recta:

$$3 = 0 + n \Rightarrow n = 3 \Rightarrow y = -x + 3$$

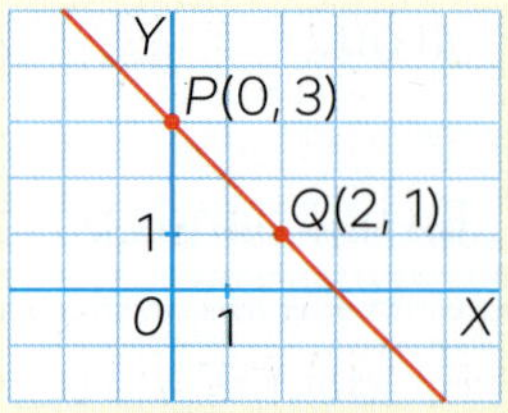

44 **Calcula, en cada caso, la recta que pasa por los puntos indicados.**

a. $A(5, 1)$ y $B(7, -7)$ **b.** $A(-1, 3)$ y $B(4, 23)$ **c.** $A(1, 1)$ y $B(-3, 9)$

45 Actividad resuelta

Halla la ecuación de la recta que pasa por $A(3, 4)$ y cuya:

a. **Pendiente es $m = 5$.**

1.º Como la pendiente es $m = 5$, la ecuación de la recta será: $y = 5x + n$.

2.º Al pasar por el punto $A(3, 4)$, la ecuación debe cumplirse para $x = 3$ e $y = 4$.

Sustituimos estos valores en la ecuación de la recta y despejamos n.

$$y = 5x + n \Rightarrow 4 = 5 \cdot 3 + n \Rightarrow 4 = 15 + n \Rightarrow$$
$$\Rightarrow n = 4 - 15 = -11$$

Por tanto, la ecuación de la recta es $y = 5x - 11$.

b. **Ordenada en el origen es $n = -11$.**

1.º Como la ordenada en el origen es $n = -11$, la ecuación de la recta será: $y = mx - 11$.

2.º Al pasar por el punto $A(3, 4)$, la ecuación debe cumplirse para $x = 3$ e $y = 4$.

Sustituimos estos valores en la ecuación de la recta y despejamos m.

$$y = mx - 11 \Rightarrow 4 = 3m - 11 \Rightarrow 15 = 3m \Rightarrow m = 5$$

Por tanto, la ecuación de la recta es $y = 5x - 11$.

46 **Calcula la ecuación de la recta con pendiente $m = 6$ y que pasa por el punto $(2, -5)$.**

47 **Calcula la ecuación de la recta que pasa por $(-1, -4)$ y cuya ordenada en el origen es $n = \frac{2}{3}$.**

Ejemplo

Calculamos la ecuación de la recta que pasa por los puntos $A(3, 4)$ y $B(-1, -16)$ a partir de un sistema de ecuaciones, sin usar la fórmula de la pendiente.

Sustituimos cada punto en la ecuación $y = mx + n$ y obtenemos el sistema:

$$\begin{cases} 4 = m \cdot (3) + n \\ -16 = m \cdot (-1) + n \end{cases} \Rightarrow \begin{cases} 4 - 3m = n \\ -16 + m = n \end{cases} \Rightarrow 4 - 3m = -16 + m \Rightarrow m = 5$$

Por tanto, $n = -11$ y la ecuación de la recta es $y = 5x - 11$.

48 **Halla, de dos maneras distintas, las ecuaciones de las rectas que pasan por los dos puntos indicados.**

a. $A(1, 4)$ y $B(5, -4)$

b. $A(-2, 2)$ y $B(-3, 2)$

c. $A(-4, 3)$ y $B(5, 10)$

- Dos rectas son **paralelas** si tienen la **misma pendiente**. No tienen **ningún punto en común.**

  Las rectas r y t son paralelas, ya que tienen la misma pendiente, $m = 2$.

- Dos rectas son **secantes**, si tienen **distinta pendiente**. Tienen un **único punto en común**.

  Las rectas s y t y s y r son secantes pues sus pendientes son distintas.

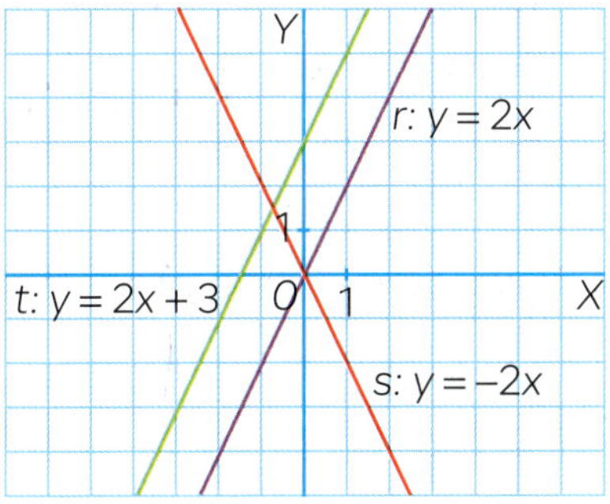

49 **Estudia la posición relativa de las siguientes rectas.**

a. $\begin{cases} r: y = 3x - 2 \\ s: y = -3x - 2 \end{cases}$

b. $\begin{cases} r: y = \frac{6}{9}x + 6 \\ s: y = \frac{26}{39}x + \frac{3}{5} \end{cases}$

c. $\begin{cases} r: y = 7x - 2 \\ s: y = 7x + 8 \end{cases}$

d. $\begin{cases} r: y = \frac{10}{15}x + 6 \\ s: y = \frac{-24}{36}x + \frac{30}{5} \end{cases}$

50 **Halla la ecuación de la recta en cada caso.**

a. Paralela a $y = -7x + 11$ que pasa por $A(-3, 15)$

b. Paralela a $y = 3x - 6$ que pasa por $A\left(\frac{2}{3}, -1\right)$

NUESTRO RETO

Cuestión de energía

Determina la función que relaciona el consumo de energía eléctrica con su coste y reflexiona sobre el uso que haces de la misma

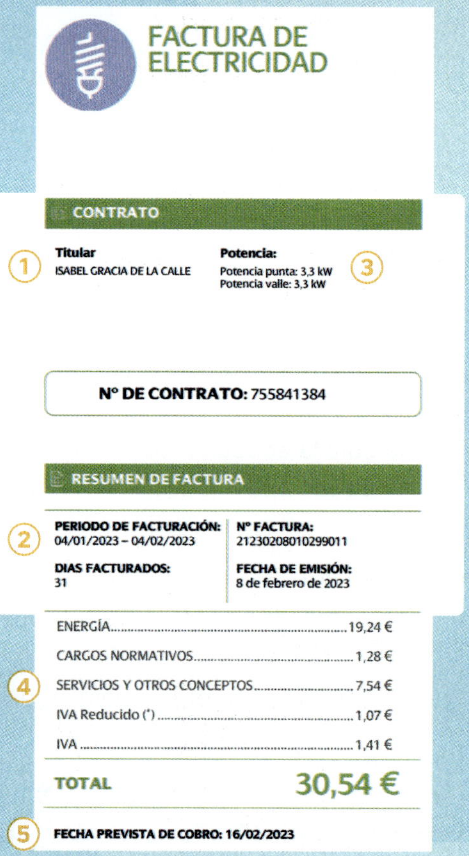

FACTURA DE ELECTRICIDAD

CONTRATO

(1) **Titular** ISABEL GRACIA DE LA CALLE	**Potencia:** Potencia punta: 3,3 kW Potencia valle: 3,3 kW (3)

Nº DE CONTRATO: 755841384

RESUMEN DE FACTURA

(2) **PERIODO DE FACTURACIÓN:** 04/01/2023 – 04/02/2023	**Nº FACTURA:** 21230208010299011
DIAS FACTURADOS: 31	**FECHA DE EMISIÓN:** 8 de febrero de 2023

ENERGÍA	19,24 €
CARGOS NORMATIVOS	1,28 €
(4) SERVICIOS Y OTROS CONCEPTOS	7,54 €
IVA Reducido (*)	1,07 €
IVA	1,41 €
TOTAL	**30,54 €**

(5) **FECHA PREVISTA DE COBRO: 16/02/2023**

Paso 1

Aprende a leer un recibo

Pide en casa el último recibo de la luz (mensual o bimensual) y trata de localizar los siguientes datos:

1. Datos de la factura.
2. Resumen de facturación y evolución de consumo.
3. Datos relacionados con el suministro.
4. Detalle de facturación y consumos.
5. Información de utilidad.

Paso 2

Cálculo de la función

Como podrás comprobar, el recibo de la luz, al margen de los impuestos, consta de dos tipos de conceptos: fijos y variables. La potencia contratada y el alquiler de equipos de medida son conceptos fijos, mientras que el concepto variable depende de la energía que se consume.

Para poder escribir la función, anota cuánto se abona por kWh consumido. Además, llama x a los kilovatios hora consumidos, e y, a los gastos en euros.

Paso 3

Propuestas

Ahora, compara los resultados obtenidos con los de tus compañeros y, en un debate con tu clase, propón hábitos de consumo diario para hacer un uso más sostenible de la energía. Acuérdate de la importancia de la cortesía cuando expongas tus ideas, de mantener una postura adecuada y del contacto visual con tu interlocutor.

¿Cómo te ha ido el reto? Entra y haz tu valoración

EN RESUMEN

Funciones

Una **función**, f, es una correspondencia entre dos conjuntos tal que, a cada elemento del **conjunto inicial**, X, le corresponde un único valor del **conjunto final**, Y.

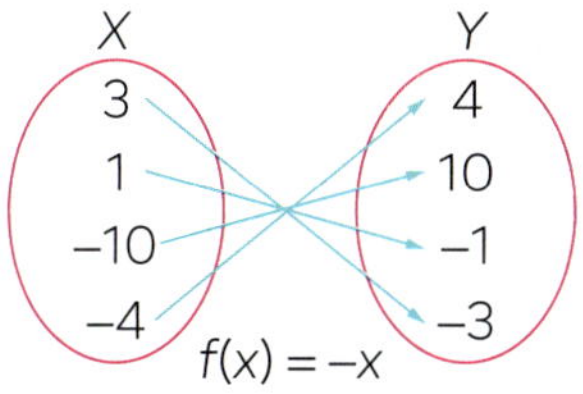

Una función se puede representar de las siguientes formas.

Enunciado

Una placa fotovoltaica genera una media de 150 vatios (W) por cada metro cuadrado de superficie.

Tabla

Variable independiente, x (m²)	Variable dependiente, y (W)
0	0
1	150
2	300
x	$150 \cdot x$

Gráfica y fórmula

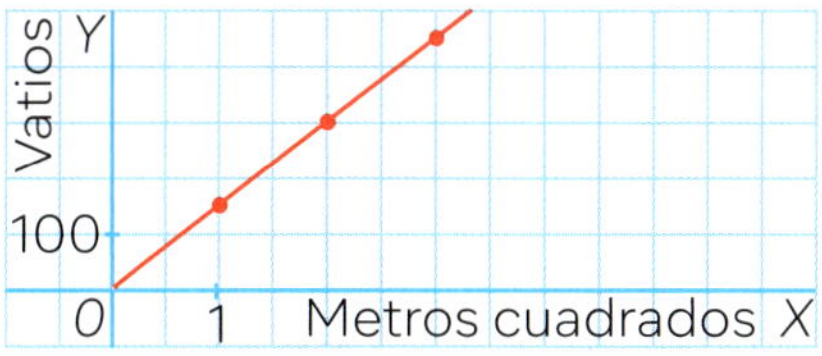

$y = 150 \cdot x$ o $f(x) = 150 \cdot x$

Estudio de funciones

Continua

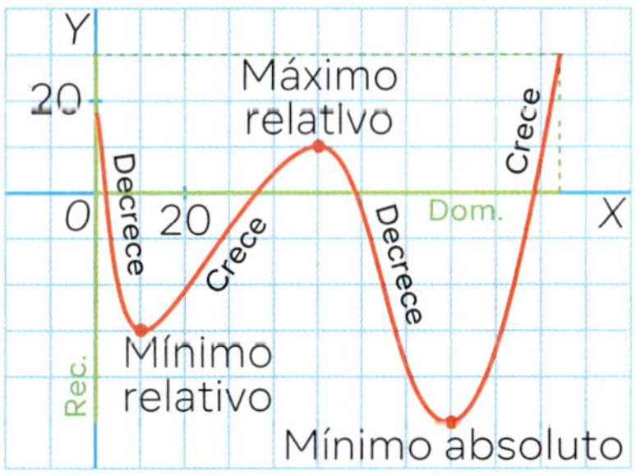

Discontinua

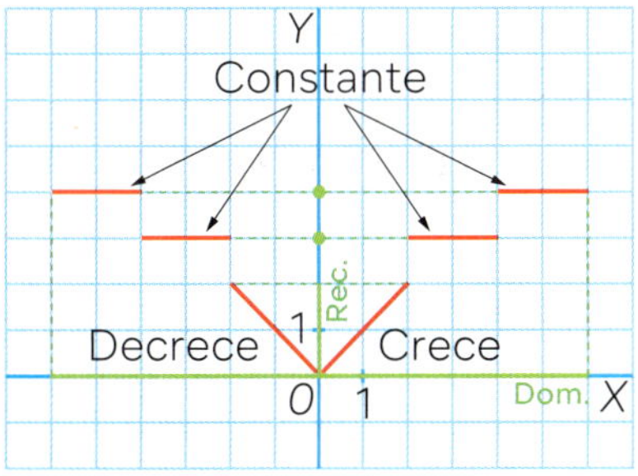

Función lineal

Una **función lineal** es de la forma $y = mx + n$, donde m y n son dos números cualesquiera. Su representación gráfica es una línea recta:

- n es la **ordenada en el origen** e indica el punto de corte con el eje Y: $(0, n)$
- m es la **pendiente** de la recta e indica su inclinación. Dependiendo de su signo se pueden dar estos casos:

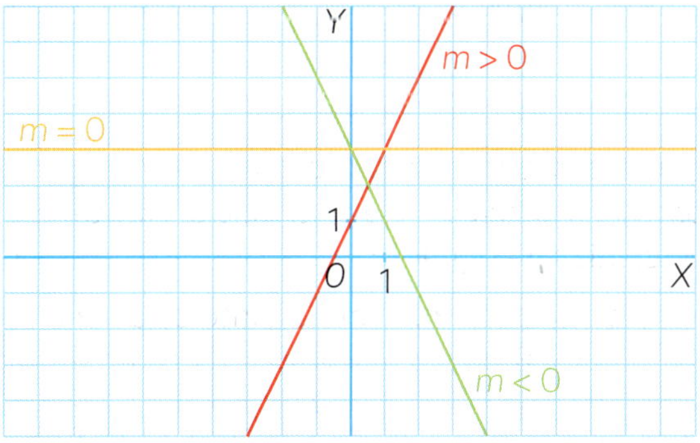

Ecuación de la recta

Una **recta** de la forma $y = mx + n$, donde m es la pendiente y n es la ordenada en el origen, está expresada en su **forma explícita**.

La pendiente m de la recta que pasa por $P(x_1, y_1)$ y $Q(x_2, y_2)$ es $m = \frac{y_2 - y_1}{x_2 - x_1}$.

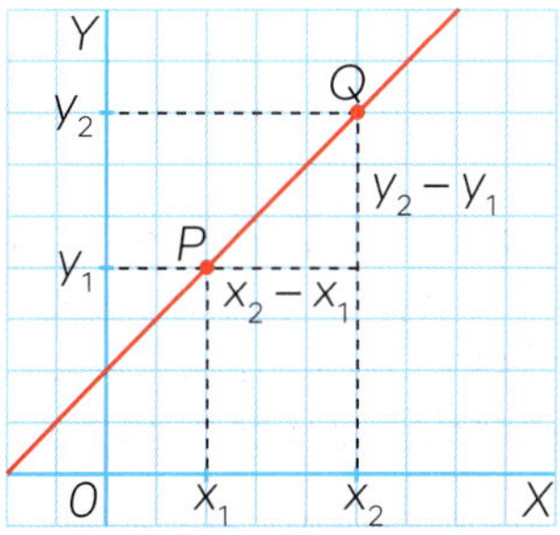

PRACTICAMOS

Actividades

1 **Aprendo a pensar.** Organiza en un mapa mental los conceptos que has aprendido.

2 Escribe las coordenadas de los puntos representados en la gráfica.

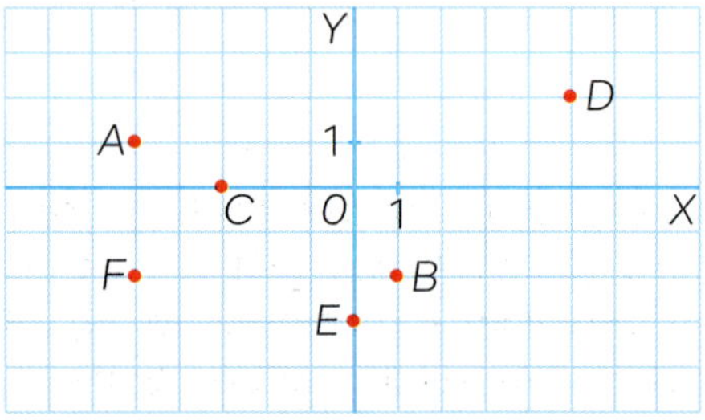

3 Representa los siguientes puntos e indica en qué cuadrante se encuentra cada uno.

a. $A(-2, 5)$
b. $B(3; -1{,}5)$
c. $C(-3{,}5; -4{,}5)$
d. $D(4, 0)$
e. $E(0, -2)$
f. $F(4, 1)$

4 Escribe las coordenadas de estos siete puntos pertenecientes a la gráfica.

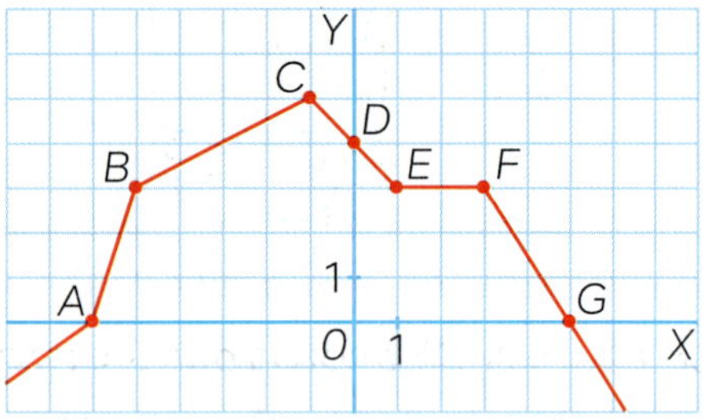

5 La fórmula de una función es $y = x^3 - 1$.

a. Completa la siguiente tabla.

x	−2	−1	0	1	2
y	●●●	●●●	●●●	●●●	●●●

b. Dibuja los puntos de la tabla. ¿Están alineados?

6 Justifica si las siguientes correspondencias son funciones.

a. A cada número natural se le asigna la suma de sus cifras.

b. A cada número natural se le asignan sus divisores.

c. Al DNI de cada persona se le asigna su número de móvil.

d. A la edad de cada persona se le asigna su peso.

7 Encuentra la fórmula que permite obtener el perímetro de un cuadrado a partir de la longitud del lado.

a. Construye una tabla de valores. ¿Tiene sentido dar valores negativos? ¿Y fraccionarios?

b. Representa la gráfica.

8 Explica si las gráficas representan funciones.

a.

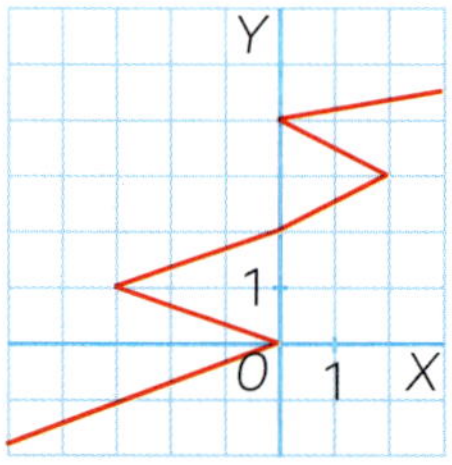

c.

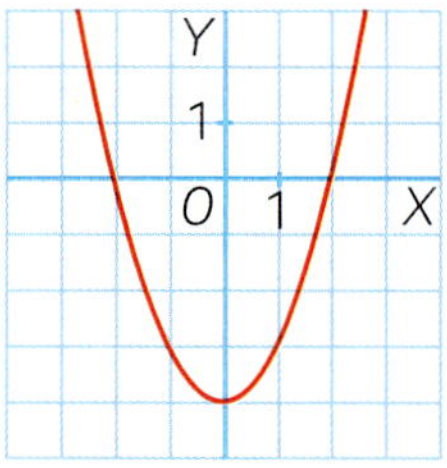

b.

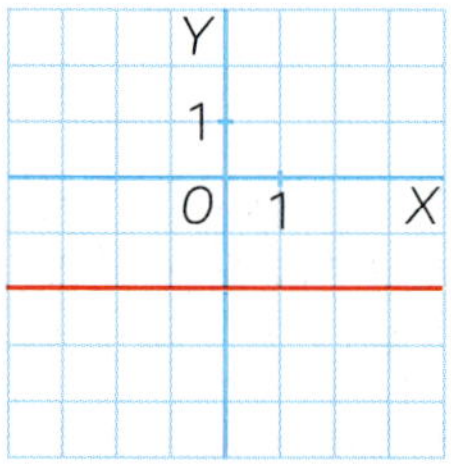

d.

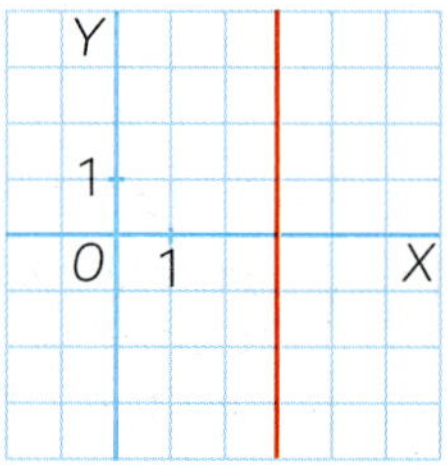

9 Dibuja una función para cada caso.

a. Su dominio es (–2, 4) y tiene una discontinuidad.

b. Su dominio toma todos los valores del eje *X* y tiene tres discontinuidades.

c. Su recorrido son los valores negativos del eje *Y*.

d. Es discontinua en todo su dominio.

10 Explica si las siguientes funciones son continuas. En las que no lo sean, indica los puntos de discontinuidad.

a.

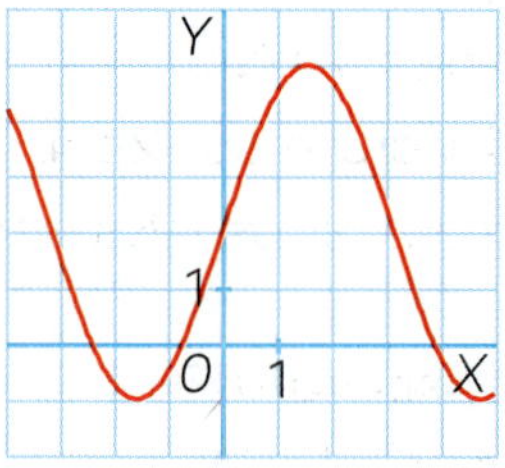

c.

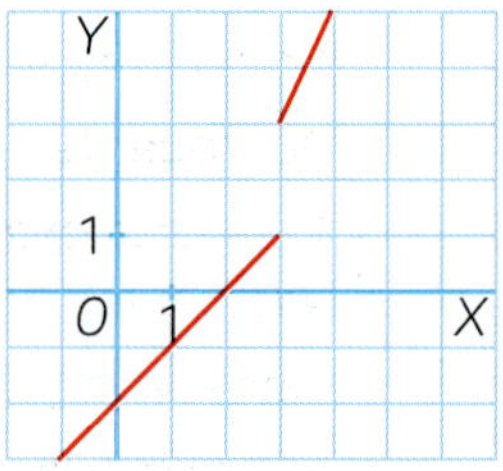

b.

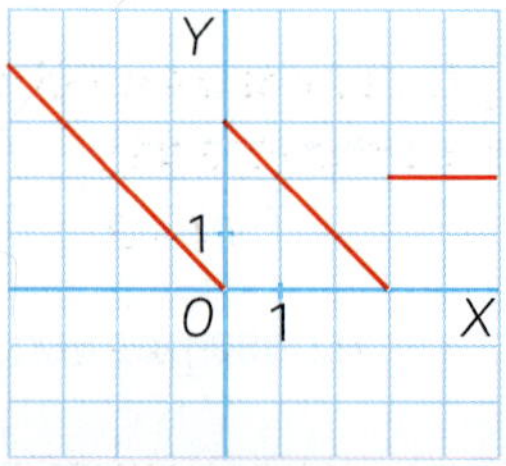

d.

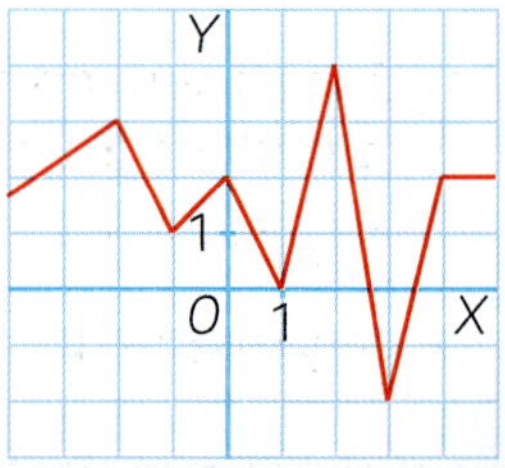

11 Indica el dominio y el recorrido, los puntos de corte con los ejes, los intervalos de crecimiento y decrecimiento y los máximos y mínimos de las siguientes funciones.

a.
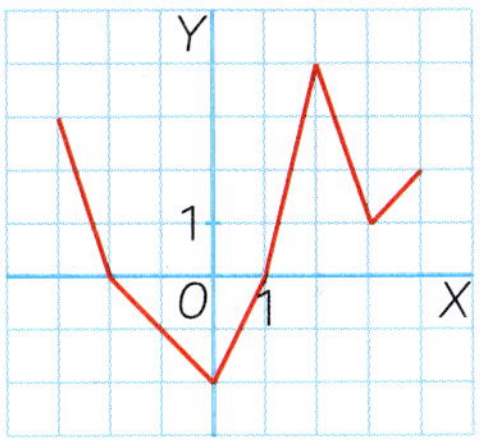

c.
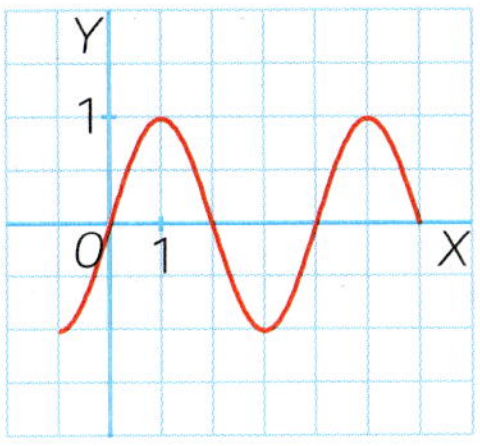

b.
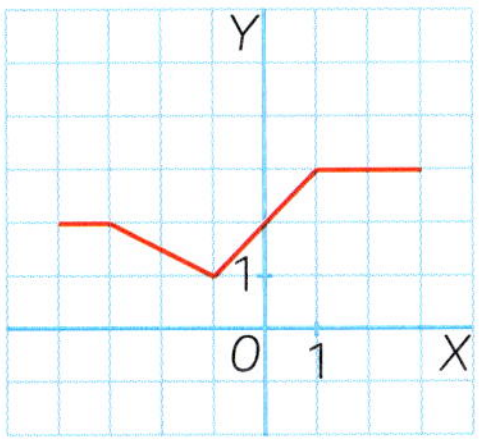

d.
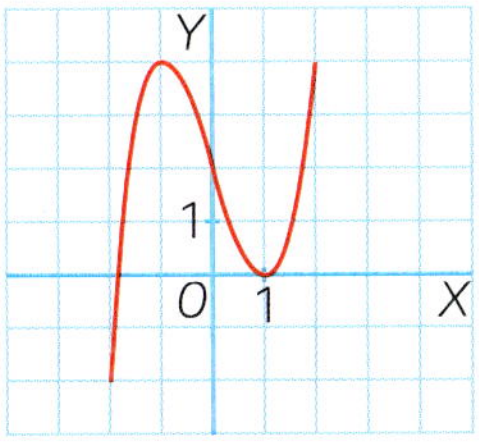

12 Pablo está describiendo una función a partir de su gráfica, pero ha cometido algunos errores. Encuentra los errores en la descripción y corrígelos.

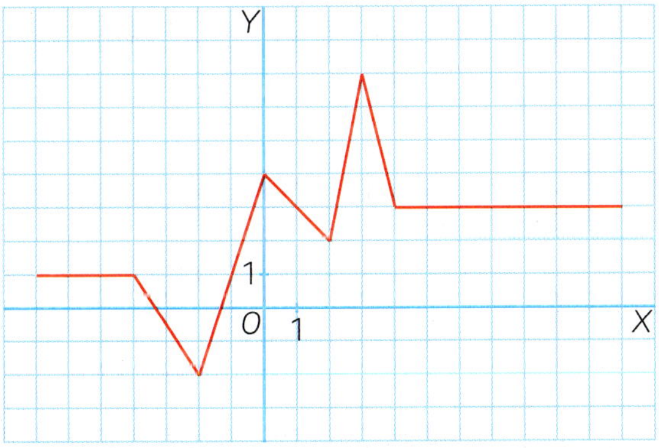

- El dominio va de –6 a 7.
- El recorrido es [–2, 7].
- Corta a los ejes en tres puntos.
- Decrece de –4 a –2 y crece de –2 a 4.
- Tiene dos extremos absolutos y dos extremos relativos.
- Tiene un máximo absoluto en 7.
- El mínimo absoluto es (–2, –2).

13 Indica la pendiente y la ordenada en el origen de estas funciones y represéntalas.

a. $y = 2x - 5$

c. $y = 4 - 3x$

b. $y = -2x - 3$

d. $y = \frac{1}{2}x - 1$

14 **Actividad resuelta**

Calcula la pendiente y la ordenada en el origen de la función a partir de la gráfica.

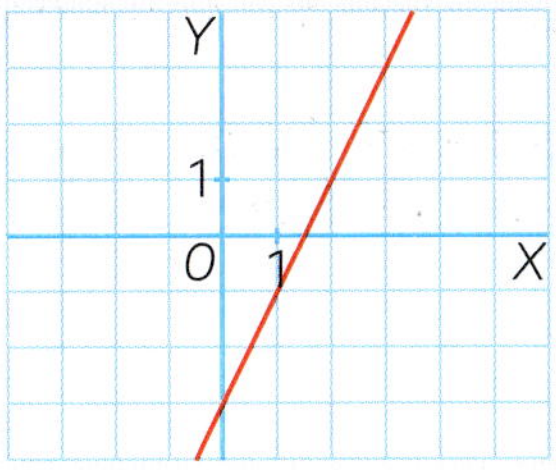

La ordenada en el origen es el valor de la ordenada del punto de corte de la recta con el eje Y: $n = -3$. Como la recta pasa por (0, –3) y (2, 1), calculamos su pendiente a partir de ellos.

$$m = \frac{y_2 - y_1}{x_2 - x_1} = \frac{1-(-3)}{2-0} = \frac{4}{2} = 2$$

15 Calcula la pendiente y la ordenada en el origen de la función a partir de la gráfica.

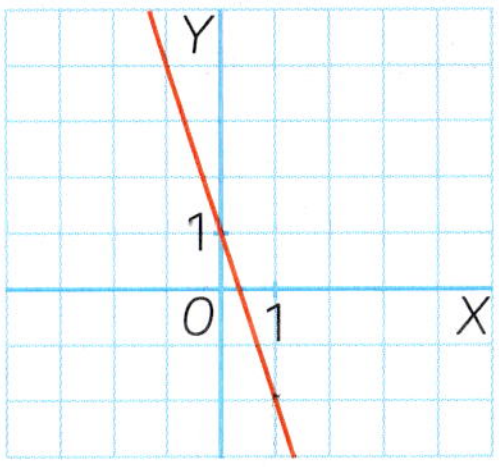

16 Asocia cada gráfica con la opción correcta.

A.
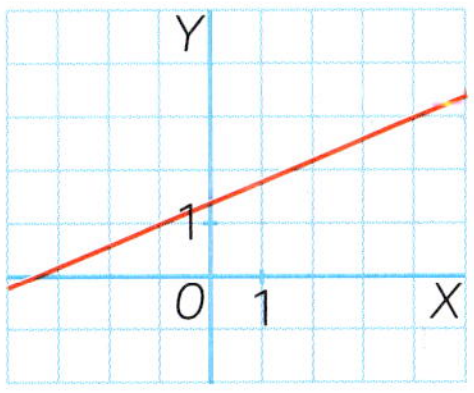

C.
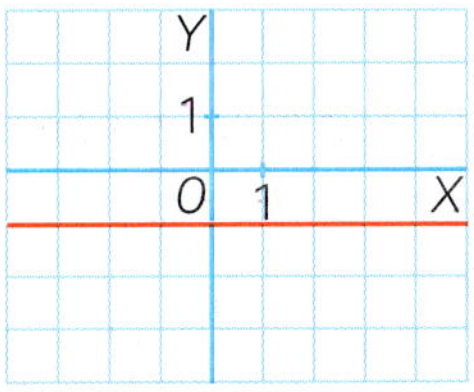

B.
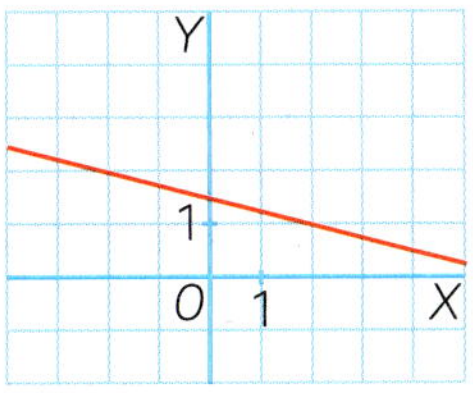

D.
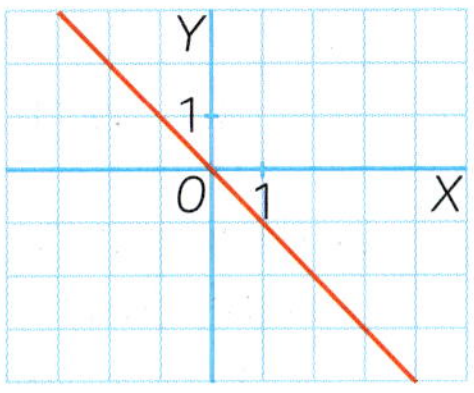

I. $m = 0$ y $n > 0$

III. $m < 0$ y $n > 0$

II. $m > 0$ y $n > 0$

IV. $m < 0$ y $n = 0$

17 Estudia si el punto $A(5, -8)$ y el punto $B(-3, -7)$ pertenecen a las siguientes rectas.

a. $y = 2x - 2$ b. $y = 2x - 1$ c. $y = 2 - 2x$

18 Asocia cada tabla con su función lineal.

A.

x	−4	0	4	8
$f(x)$	−3	5	13	21

B.

x	−4	0	4	8
$f(x)$	−5	−3	−1	1

C.

x	−4	0	4	8
$f(x)$	14	10	6	2

D.

x	−4	0	4	8
$f(x)$	−3,75	0,25	4,25	3,25

I. $f(x) = 10 - x$ **III.** $f(x) = \frac{1}{4} + x$

II. $f(x) = 2x + 5$ **IV.** $f(x) = \frac{x}{2} - 3$

19 Calcula las funciones a partir de estos datos.

a. Su pendiente es 3 y su ordenada en el origen es −8.

b. Su pendiente es −1 y pasa por el punto (0, 1).

c. Pasa por los puntos (−5, 3) y (0, −7).

20 Halla las ecuaciones de las rectas paralelas a $y = 5 - 3x$ que cumplan las siguientes condiciones.

a. Su ordenada en el origen es −3.

b. Pasa por el punto (0, 7).

21 Actividad resuelta

Estudia la posición relativa de las siguientes rectas.

$r: 2x - 3y = 4$ $s: y + 1 = \frac{2}{3}(x - 1)$

Para estudiar su posición relativa, operamos en las dos ecuaciones y despejamos la y para escribirlas en su forma explícita.

- $2x - 4 = 3y \Rightarrow \frac{2x - 4}{3} = y \Rightarrow y = \frac{2}{3}x - \frac{4}{3}$
- $y = -1 + \frac{2}{3}x - \frac{2}{3} \Rightarrow y = \frac{2}{3}x - \frac{5}{3}$

Las dos rectas tienen la misma pendiente, $\frac{2}{3}$, por lo que son paralelas.

22 Estudia la posición relativa de los siguientes pares de rectas sin representarlas gráficamente.

a. $\begin{cases} r: y - 4 = -8(x + 2) \\ s: \frac{x - 3}{2} = \frac{y + 5}{-16} \end{cases}$ **b.** $\begin{cases} r: y = 3(x + 2) - 5x \\ s: y - 1 = \frac{9x - 7}{3} \end{cases}$

23 Al calcular la ecuación de la recta que pasa por (2, 3) y (5, 18), se toman los puntos en ese orden. ¿Se obtendrá la misma ecuación de la recta si se toman los puntos en el orden contrario?

24 Halla la ecuación de la recta paralela a $y = -3x + 6$ y con ordenada en el origen igual a la de la recta $y = -x - 2$.

25 Estudia si los puntos $A(2, 5)$, $B(4, 13)$ y $C(74, 293)$ están alineados, hallando la ecuación de la recta que pasa por A y B y comprobando si C pertenece a ella.

Problemas

26 En la gráfica aparece el precio de las acciones de una compañía a lo largo de 30 días.

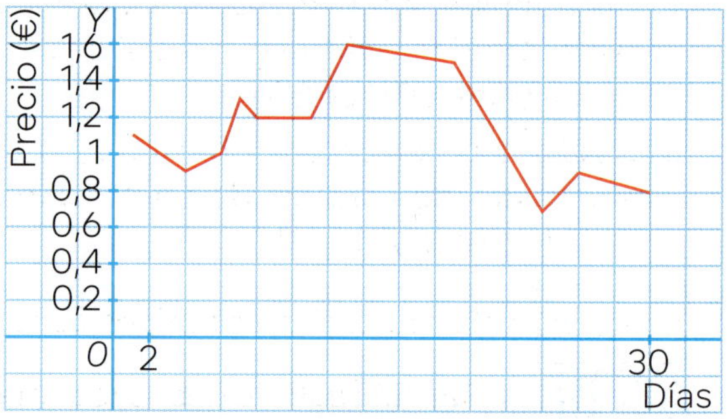

a. ¿Es la gráfica de una función? Identifica las variables dependiente e independiente.

b. Describe la evolución del precio de las acciones.

c. Mónica compró 1000 acciones el día 6 y las vendió el día 19. ¿Cuánto dinero ganó o perdió?

d. Ángel compró 1250 acciones el día 13, vendió 750 el día 24, y el resto, el día 26. ¿Cuánto dinero ganó o perdió?

e. ¿Cuál es el mayor beneficio que se podía haber obtenido negociando con 2000 acciones?

27 **Un comercial que trabaja media jornada cobra 600 € al mes, más el 10 % de las ventas que realiza.**

a. Escribe la función que permite calcular su salario mensual a partir de sus ventas y determina qué tipo de función es.

b. Si el vendedor quiere ganar al menos 1000 €, ¿cuáles deben ser sus ventas?

28 **Marina ha instalado en su piso bombillas led que le han costado 100 € y que gastan 6 € al mes. Carlos, por el contrario, ha comprado unas menos eficientes que le han valido 40 €, pero gastan 5 veces más que las leds.**

a. Halla para cada tipo de bombilla la función que permite calcular el coste total en función del número de meses.

b. ¿Cuántos meses deben pasar para que sean más rentables las de Marina?

29 **En un concurso se obtienen 100 € si se pasa la primera fase y 150 € por cada pregunta acertada en la segunda fase.**

a. Realiza una tabla en la que se relacione el número de aciertos en la segunda fase con la cantidad total obtenida. Calcula 6 valores.

b. Representa gráficamente los datos de la tabla anterior. Utiliza en el eje *Y* una escala que vaya de 50 € en 50 €.

c. Obtén la ecuación de la función. ¿Cuál fue el número de aciertos de un concursante premiado con 2650 €?

30 **Una compañía de gas tiene dos tipos de tarifas:**

- **TarifaIgual:** pagas cada mes la misma cantidad.
- **EcoTarifa:** pagas una cantidad fija y otra variable que depende del consumo.

a. Con TarifaIgual pagas cada mes 60 €. ¿Cuánto pagas en 2 meses? ¿Y en 1 año? Escribe la ecuación de la función.

b. Con la EcoTarifa pagas 20 € fijos cada mes y 15 € por cada 300 kWh consumidos. Escribe la ecuación que permite calcular lo que pagarás cada mes según los kWh que gastes.

c. ¿A partir de qué consumo mensual es conveniente contratar la TarifaIgual?

Comprueba lo que has aprendido

1 **¿Representan funciones las gráficas siguientes? Indica el dominio y recorrido en caso afirmativo.**

a.

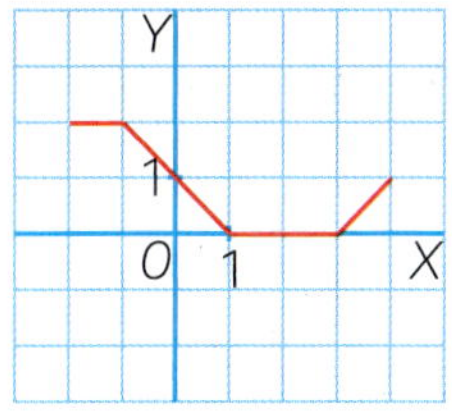

b.

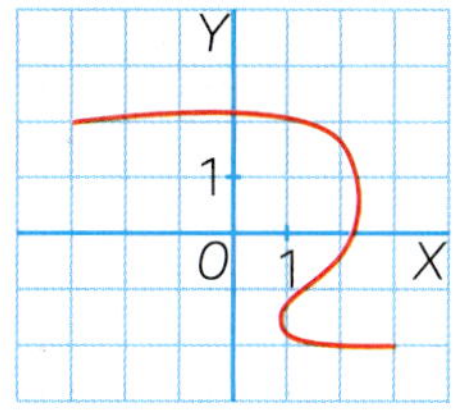

2 **Dos magnitudes están relacionadas mediante la fórmula: $y = 3x - 1$**

a. Construye la tabla de valores correspondiente.

b. Representa la gráfica.

c. ¿Qué tipo de función es?

3 **Estudia el dominio, el recorrido, el crecimiento y decrecimiento y la continuidad de la función representada en la gráfica. ¿Tiene máximos o mínimos en el intervalo [−4, 2]?**

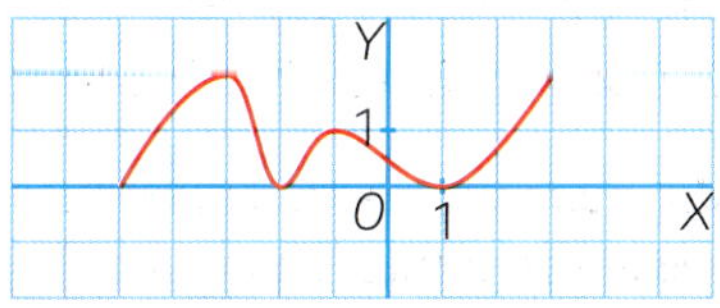

4 **Calcula la ecuación de cada recta a partir de los datos indicados.**

a. La ordenada en el origen es 4 y pasa por (1, 2).

b. Pasa por $A(2, -3)$ y $B(4, -11)$.

5 **Indica la posición relativa de las siguientes rectas, escribiéndolas en forma explícita.**

a. $\begin{cases} r: 3x - y + 7 = 0 \\ s: y = \dfrac{-1}{3}x + 7 \end{cases}$

b. $\begin{cases} r: 5x - 4y + 9 = 0 \\ s: \dfrac{x-1}{4} = \dfrac{y+3}{5} \end{cases}$

6 **Un lápiz de memoria tiene una velocidad de transferencia de datos de 10 MB/s. Al empezar a copiar datos, el dispositivo tenía ya 150 MB de datos almacenados. Construye una tabla de valores relacionando el tiempo transcurrido y el tamaño almacenado, en las unidades adecuadas. ¿Qué función relaciona ambas variables?**

Mis competencias | Autoevaluación

Bloque 4 SENTIDO ESTOCÁSTICO

4.1. ¿Y todos estos datos?

4.1 ¿Y todos estos datos?

¡EMPEZAMOS!

Hábitos saludables

- ¿Qué información extraes de la infografía?
- ¿Crees que podrías mejorar tus hábitos y volverlos más saludables?
- ¿Podrías aplicar la estadística y la probabilidad para estudiar los hábitos de salud de tu clase?

¡VAMOS A APRENDER!

1. Cumplir con las tareas asignadas.
2. Identificar la población, la muestra y clasificar las variables estadísticas.
3. Representar datos en tablas de frecuencias y gráficos estadísticos.
4. Calcular parámetros de centralización y de dispersión.
5. Identificar experimentos aleatorios y describir el espacio muestral y sus sucesos.
6. Hallar la probabilidad de un suceso con la regla de Laplace.
7. Argumentar un hecho con evidencias.
8. Cuidar nuestra salud a través de hábitos saludables.

NUESTRO RETO

Cuidamos nuestra salud

Aplicarás la estadística y la probabilidad para conocer los hábitos de salud de los estudiantes de secundaria y, con tu grupo, redactarás un informe presentando datos, tablas, parámetros y conclusiones. ¿Se podrían mejorar vuestros hábitos?

¡Vamos allá!

1 ¿Cómo planteamos un estudio estadístico?

Población y muestra

1 **Eres el representante de clase y te encargan elegir una película de la biblioteca para ver con tus compañeros. ¿Cómo lo harías? Aquí te doy unos consejos:**

- Haz una lista de diferentes géneros (como acción, comedia, musical...
- Pregunta a tus compañeros qué género prefieren.
- Una vez tengas las respuestas, agrupa las preferencias y ordénalas de la más votada a la menos votada.

De esta manera, sabrás qué tipo de película es más probable que agrade a la mayoría.

La **estadística** nos permite analizar propiedades y hacer previsiones sobre un número grande de individuos observando solo unos pocos.

Población	Muestra	Individuo
La población es el conjunto de elementos sobre el que realizamos un estudio estadístico.	La muestra es la parte de la población de la que recogemos los datos. Para que un estudio estadístico sea válido, la muestra debe reflejar las características de la población, es decir, debe ser una muestra representativa.	Un individuo es cada elemento que forma parte de la muestra o población.

Ejemplo: En un colegio se va a realizar una encuesta para saber cuál es la asignatura favorita de los estudiantes. Como son muchos estudiantes en todo el colegio, elegimos 12 de cada curso para encuestarlos. ¿Cuáles son la población, la muestra y los individuos de este estudio?		
La población son todos los estudiantes del colegio.	La muestra está conformada por 12 estudiantes de cada curso.	Cada estudiante del colegio es un individuo de la población.

2 **Antes de sacar al mercado un nuevo zumo, 500 adultos son seleccionados para estudiar su aceptación. ¿Cuáles son la población, la muestra y los individuos del estudio?**

3 **Escribe una muestra para las siguientes poblaciones. ¿Cuáles son los individuos en cada caso?**

a. Habitantes del mundo.

b. Personas que viven en Europa.

c. Pacientes de una consulta odontológica.

d. Goles marcados por un equipo de fútbol.

4 **En un centro de día para personas mayores quieren hacer una encuesta sobre hábitos saludables a un 40 % de sus usuarios. Indica si estas formas de elegir la muestra te parecen adecuadas y, si no es a sí, explica qué distorsiones podría haber en las conclusiones.**

a. Se entrega un cuestionario a la entrada del gimnasio.

b. Se encuesta a las personas que se ofrecen voluntarias.

c. Se eligen las personas al azar.

5 **Analiza en qué caso está mal seleccionada la muestra y explica por qué.**

a. Para establecer la altura de los estudiantes de 2.º de ESO, se ha realizado una encuesta entre los integrantes del equipo de baloncesto.

b. Para determinar la preferencia que los habitantes de una ciudad tienen por los candidatos a presidir el gobierno, se realiza una encuesta de opinión a 50 personas.

c. El Ministerio para la Transición Ecológica y el Reto Demográfico quiere saber la opinión de la comunidad en la ciudad de Toledo sobre la construcción de una central hidroeléctrica en el río Tajo. Para ello toma como muestra a toda la población del barrio Azucaica.

6 **En una ciudad de 1000000 habitantes se quiere hacer un estudio sobre la calidad de la prensa escrita. Para ello se seleccionan 2000 personas, de las cuales 150 tienen estudios superiores, y el resto, estudios medios. 995 son mayores de 45 años, y el resto, menores.**

a. Indica cuáles son la población y la muestra del estudio.

b. ¿Crees que la muestra seleccionada es representativa respecto al nivel de estudios? ¿Y respecto a la edad?

Variables estadísticas

Una **variable estadística** es la característica o propiedad objeto del estudio. Puede ser:

CUALITATIVA	CUANTITATIVA	
	Discreta	Continua
No podemos expresarla mediante un número.	Se expresa mediante un número y toma solo valores aislados.	Se expresa mediante un número y puede tomar todos los valores de un intervalo.
Ejemplo: Color favorito, estilo de ropa favorita…	**Ejemplo:** Edad, talla de ropa o de calzado…	**Ejemplo:** Altura, peso…

7 **Una asociación ecologista ha realizado la siguiente encuesta sobre el medio de transporte que utiliza habitualmente la población para ir a trabajar.**

1. Sexo: M ☐ F ☐ 2. Edad: ________ años
3. Medio de transporte habitual:
Coche ☐ Metro ☐ Bus ☐ Bici ☐ Otro ☐
4. Distancia de casa al lugar de trabajo: ____________________
5. Tiempo de viaje en minutos: ____________________

Indica el tipo de variable estudiada en cada pregunta.

8 **Clasifica algunas de las variables estadísticas que analiza el Instituto Nacional de Estadística (INE) al realizar una encuesta sobre las "Condiciones de vida" a la población de España.**

a. Cantidad de dinero a la que ascienden los ingresos o los gastos de la familia en un mes.

b. Periodicidad del salario cobrado (diario, quincenal, mensual).

c. Cantidad de personas que reciben ingresos en la familia.

d. Último lugar al que fueron de vacaciones.

e. Tiempo de duración de las últimas vacaciones.

f. Dinero destinado a gastos imprevistos.

9 **Piensa en seis ejemplos de variables estadísticas: dos de cualitativa, dos de cuantitativa y otros dos, que se puedan estudiar tanto cualitativa como cuantitativamente.**

2 ¿Cómo organizamos los datos?

Datos y tablas de frecuencias

10 Hemos medido las alturas (en cm) de todos los compañeros de un curso de 2.º de ESO. Los resultados obtenidos se recogen en la siguiente tabla.

Chicas								Chicos							
166	161	153	161	160	154	159	157	175	147	159	160	163	163	150	164
152	157	161	154	159	168	158	158	160	168	167	158	166	163	158	149
166	163	158	155	161	158	155	168	168	167	157	172	170	145	160	170
159	152	156	160	150	155	159	162	162	170	156	165	178	175	167	168
160	166	166	158	157	163	158	157	157	168	165	168	165	157	154	159

a. ¿Por qué crees que se han diferenciado los datos de los chicos y de las chicas?

b. ¿Cuántos datos hemos recogido?

c. ¿Son todos los números distintos unos a otros?

d. ¿Cuántos valores distintos toman los datos?

e. Según la información anterior, ¿puedes sacar alguna conclusión?

En una **tabla de frecuencias**, recogemos los valores que toma la variable estadística, x_i, de menor a mayor, con sus frecuencias asociadas.

x_i = talla zapatos	34	35	36	37	38	39	40	41	42	43
Cantidad de personas	2	1	10	15	18	10	6	4	2	2

Cuando una variable estadística toma muchos valores distintos, se agrupan los datos en intervalos, llamados **clases**, y se toma como x_i el valor medio del intervalo. Se denomina a este valor **marca de clase**, x_i, del intervalo.

Estas son las **tablas de frecuencias de datos agrupados** y sus frecuencias asociadas se calculan de igual manera que en el caso de las variables discretas.

En una tabla de frecuencia de datos agrupados es conveniente considerar todos los intervalos de la misma amplitud.

Alturas (cm)	[145, 150)	[150, 155)	[155, 160)	[160, 165)	[165, 170)	[170, 175)	[175, 180)
Marca de clase x_i	147	152	157	162	167	172	177
Cantidad de personas f_i	3	8	27	18	17	4	3

- **Frecuencia absoluta, f_i:** Es el número de veces que aparece x_i en el recuento.
- **Frecuencia relativa, h_i:** Es el cociente entre la frecuencia absoluta, f_i, y el número total de datos, N. Puede expresarse también en forma de porcentaje si se multiplica por 100 el número decimal correspondiente. $h_i = \frac{f_i}{N}$
- **Frecuencia absoluta acumulada, F_i:** Es la suma de las frecuencias absolutas de los valores menores o iguales a x_i.
- **Frecuencia relativa acumulada, H_i:** Es el cociente entre la frecuencia acumulada, F_i, y el número total de datos, N. Puede expresarse también en forma de porcentaje. $H_i = \frac{F_i}{N}$

Ejemplo

Queremos estudiar el número de veces que 24 estudiantes de 2.º ESO practican deporte a la semana. Los datos recogidos son los siguientes.

4	3	5	2	6	4	3	0	5	3	0	2
3	4	4	5	3	1	1	2	3	5	3	6

Para organizar los datos, realizamos el recuento y construimos la tabla de frecuencias:

x_i	Recuento	f_i	h_i	F_i	H_i
0	||	2	0,083	2	0,083
1	||	2	0,083	$2 + 2 = 4$	0,167
2	|||	3	0,125	$2 + 2 + 3 = 4 + 3 = 7$	0,292
3	~~||||~~ ||	7	0,292	$7 + 7 = 14$	0,583
4	||||	4	0,167	$14 + 4 = 18$	0,75
5	||||	4	0,167	$18 + 4 = 22$	0,917
6	||	2	0,083	$22 + 2 = 24$	1
		$N = 24$	1		

La frecuencia absoluta acumulada del último dato coincide con el número total de datos.

La suma de las frecuencias relativas siempre es igual a 1 y coincide con el último dato de las frecuencias relativas acumuladas.

11 **Se ha preguntado a 25 personas cuántas veces han ido al cine en el último mes. Las respuestas han sido: 1, 0, 2, 1, 0, 1, 1, 2, 3, 0, 2, 1, 1, 2, 0, 4, 2, 3, 4, 1, 3, 2, 3, 0 y 1.**

a. ¿De qué tipo es la variable?

b. Elabora una tabla de frecuencias.

c. ¿Cuál es el valor más frecuente de la variable?

12 MAT-TIC **Construye la tabla de frecuencias para los siguientes datos. Sigue entrenando con el interactivo de GeoGebra *Tablas de frecuencias*.**

Talla de zapatos	34	35	36	37	38	39	40	41	42	43
Cantidad de personas	2	1	10	15	18	10	6	4	2	2

13 **Las estaturas en centímetros de algunos estudiantes de 2.º de ESO son:**

145	140	149	151	139
147	145	143	142	146
148	150	138	141	142
149	152	147	148	150
142	144	147	160	158

a. ¿De qué tipo es la variable estudiada?

b. Presenta los datos en una tabla de frecuencias.

c. ¿Qué estatura tiene la mayor frecuencia absoluta? ¿Y la menor? ¿Qué conclusión puedes sacar a raíz de estos datos?

d. Ahora, repite la actividad agrupando los datos de 5 en 5. ¿Ha cambiado algo?

14 Los pesos en kilogramos de 24 niños al nacer son:

1,9	3,5	2,8	2,1	1,8	3,6	4,1	4,2
2,7	3	2,7	2	3,2	3,3	4,2	2,2
3,6	2,1	2,8	1,8	3,5	3,7	3,1	3,4

a. Agrupa los datos de 0,5 en 0,5 y elabora la tabla.

b. ¿Cuántos bebés han pesado más de 3 kg?

15 Se ha pedido a 40 personas que valoren de 1 a 5 su bienestar y felicidad.

4	4	2	1	2	2	4	4	2	3	4	3	2	5	2	1	4	3	2	2
4	5	3	5	4	2	1	3	2	2	1	4	4	5	2	1	3	2	1	1

a. ¿De qué tipo es la variable estadística estudiada?

b. Elabora una tabla de frecuencias a partir de los datos recogidos en el estudio.

c. ¿Cuál es el valor de la variable más frecuente?

16 ## Actividad resuelta

Los datos obtenidos al preguntar la cantidad de hermanos que tienen los estudiantes de una clase de Música de 2.º de ESO son:

2, 1, 1, 1, 1, 0, 2, 1, 2, 2, 1, 2, 1, 1, 0, 1, 0, 1, 2, 0

Elabora una tabla de frecuencias y escribe tres conclusiones del estudio en términos de porcentajes.

x_i = Número de hermanos	f_i	h_i		F_i	H_i	
		Decimal	%		Decimal	%
0	4	0,2	20	4	0,2	20
1	10	0,5	50	14	0,7	70
2	6	0,3	30	20	1	100
	$N = 20$	1	100			

A partir de los datos de la tabla podríamos concluir que:

- El 20 % de los estudiantes de 2.º de ESO no tienen hermanos.
- El 30 % de los estudiantes tiene 2 hermanos.
- El 70 % de los estudiantes tiene un hermano o ninguno.

17 La cantidad de neveras que se vendieron en una tienda de electrodomésticos cada día del mes de noviembre, se presentan en la tabla siguiente.

1	2	4	3	0	1	2	1	2	3	1	0	1	4	5
3	1	0	2	1	1	1	1	0	2	3	0	3	1	4

a. Construye la tabla de frecuencias.

b. ¿Qué indica la frecuencia relativa del nivel de ventas de las neveras en el mes de noviembre?

c. ¿Qué porcentaje de días se vendieron 4 neveras? ¿Y una nevera?

Gráficos estadísticos

A través de las tablas de frecuencias se organiza, se estudia y se obtiene información sobre una determinada variable estadística, pero hay una manera más visual y eficaz de presentar y recopilar esa misma información. Se trata de los gráficos estadísticos.

Diagrama de barras y polígono de frecuencias	Diagrama de sectores	Pictogramas	Histogramas
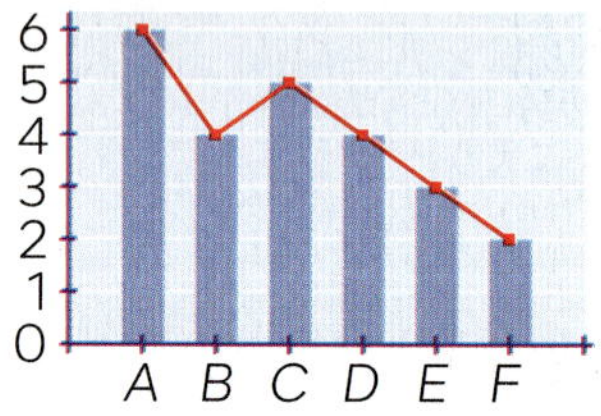	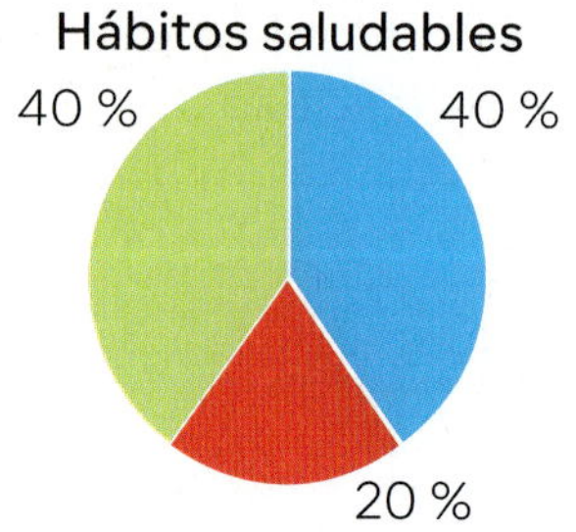	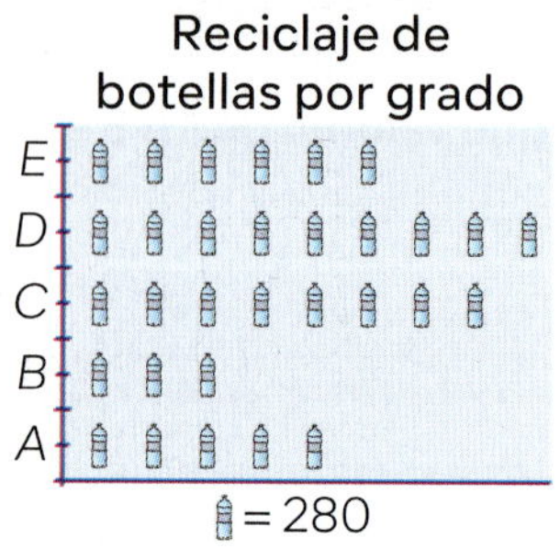	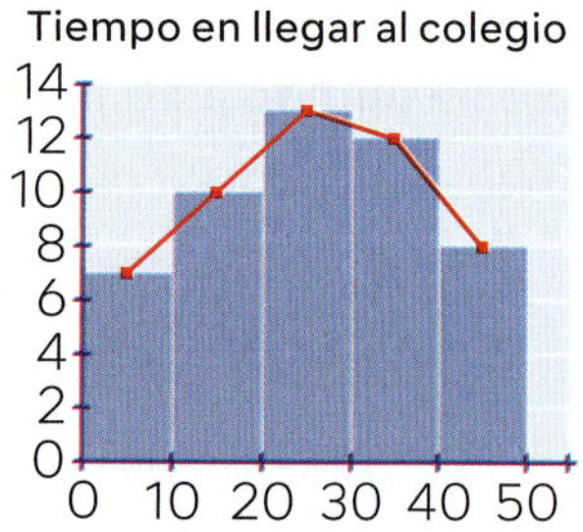
Cada valor lo representamos con una barra de longitud proporcional a su frecuencia. Se utiliza tanto para **variables cualitativas** como **cuantitativas**. Si marcamos los puntos medios de los extremos superiores de cada barra y los unimos, obtenemos el **polígono de frecuencias**.	Cada valor lo representamos mediante un sector de amplitud proporcional a su frecuencia. Se utiliza **preferentemente** para **variables cualitativas**.	Utilizamos dibujos o símbolos a los que les asignamos un valor específico, para representar la variable **cuantitativa discreta** estudiada.	Se utiliza para **datos agrupados en clases**, representados mediante rectángulos cuya base tiene la longitud de la clase y una altura proporcional a su frecuencia.

Ejemplo

En la siguiente tabla se muestra cuántos perros se han adoptado en el primer cuatrimestre del año en una protectora de animales.

Recuento	f_i
Enero	5
Febrero	3
Marzo	4
Abril	2
	$N = 14$

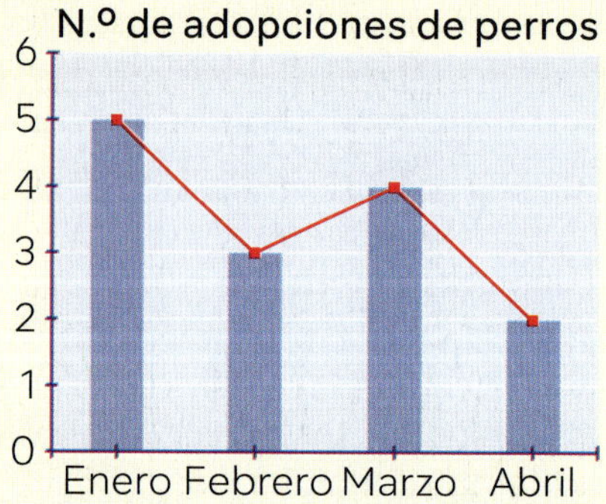

18 **En un examen de matemáticas de 2.º de ESO 3 estudiantes han suspendido, 5 han aprobado por los pelos, 4 han sacado un bien, 7 han sacado notable, y 5, sobresaliente.**

a. Construye la tabla de frecuencias asociada.

MAT-TIC Representa la distribución en un diagrama de barras y un polígono de frecuencias. Puedes ayudarte con una hoja de cálculo o con el interactivo GeoGebra *Diagramas de barras.*

19 **En el diagrama de barras se muestran los jugadores, clasificados por categorías, que tiene un club de baloncesto.**

a. ¿Cuántas categorías de baloncesto tiene el club?

b. Construye la tabla de frecuencias.

c. Elabora el polígono de frecuencias.

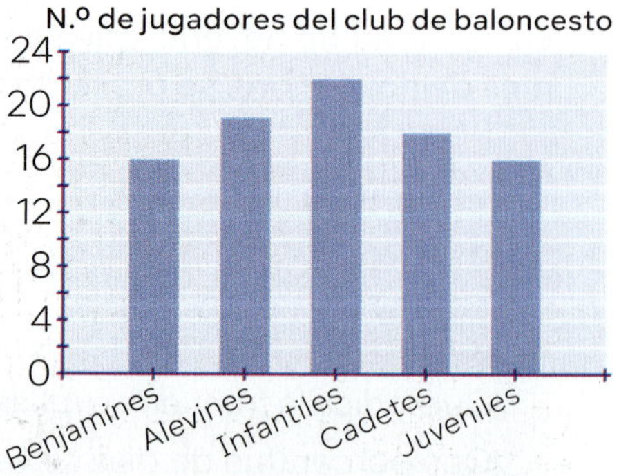

Ejemplo

Se ha realizado una encuesta de opinión a 800 personas sobre la calidad de la última película de estreno en los cines, y se han obtenido los siguientes resultados.

Calidad de la película	f_i	h_i	Amplitud del sector
Excelente	254	0,32	$0{,}32 \cdot 360° = 115{,}2°$
Buena	362	0,45	$0{,}45 \cdot 360° = 162°$
Normal	100	0,13	$0{,}13 \cdot 360° = 46{,}8°$
Regular	65	0,08	$0{,}08 \cdot 360° = 28{,}8°$
Mala	19	0,02	$0{,}02 \cdot 360° = 7{,}2°$
	$N = 24$	0,02	360°

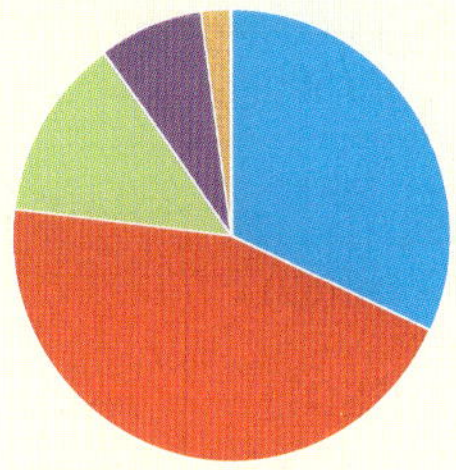

La amplitud de cada sector es producto de la frecuencia relativa del dato por 360°.

Amplitud del sector (°) = $h_i \cdot 360°$

20 Con el fin de preservar la riqueza de nuestros bosques, se ha implantado una política de plantación de árboles en los últimos años.

Año	2018	2019	2020	2021	2022
N.º de árboles	510	405	356	421	298

a. Representa estos datos mediante un diagrama de barras y un polígono de frecuencias.

b. Construye el diagrama de sectores de los datos asociados, indicando los sectores en porcentaje.

21 Se ha preguntado a 50 personas por su hábito saludable preferido y se han representado sus respuestas en un diagrama de sectores.

a. Extrapola los datos del diagrama de sectores para construir la tabla de frecuencias.

b. Elabora el diagrama de barras y el polígono de frecuencias.

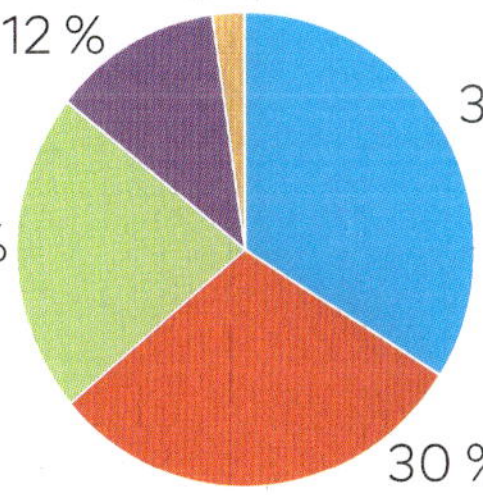

22 La tabla muestra los datos recogidos al preguntar a 40 estudiantes sobre su tipo de juego de mesa favorito.

Juego de mesa	Estrategia	Cultura	Habilidad	Lógica
Chicas	5	4	8	5
Chicos	7	4	6	1

a. Haz un diagrama de barras, con diferentes barras para chicos y chicas.

b. MAT-TIC Representa los resultados totales en un diagrama de sectores con porcentajes. Puedes ayudarte con una hoja de cálculo o con el interactivo GeoGebra *Diagramas de sectores*.

Ejemplo

La cantidad de naranjas recogidas en los últimos seis meses del año en una finca agrícola de Valencia se muestra en la tabla y se representa en el siguiente pictograma.

Mes	N.º de unidades
Julio	13 500
Agosto	9000
Septiembre	18 000
Octubre	18 000
Noviembre	27 000
Diciembre	13 500

Naranjas producidas

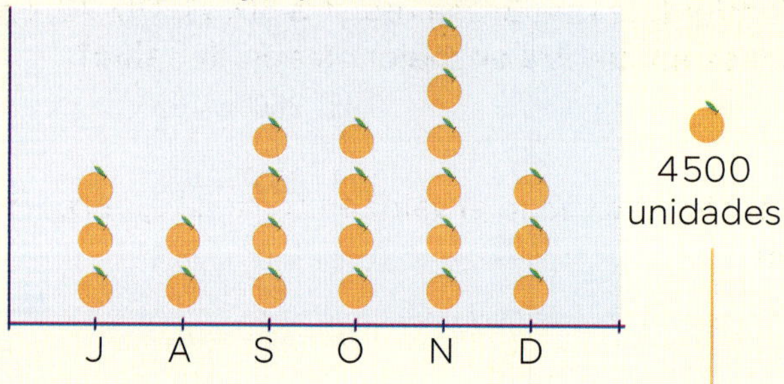

En este pictograma asignamos a cada dibujo el valor de 4500 unidades.

23 **En la tabla se registra el número de estudiantes de cada grupo de 2.º de ESO de un instituto.**

a. Representa estos datos mediante un pictograma.
   Ten en cuenta que: 🧍 = 5 estudiantes.

b. Construye el diagrama de barras y el polígono de frecuencias.

Grupo	N.º de estudiantes
A	30
B	35
C	25

Ejemplo

El tiempo que tardan 50 estudiantes en llegar al colegio es el siguiente.

Tiempo (min)	Marca de clase x_i	f_i	h_i	F_i	H_i
[0, 10)	5	7	0,14	7	0,14
[10, 20)	15	10	0,2	17	0,34
[20, 30)	25	13	0,26	30	0,60
[30, 40)	35	12	0,24	42	0,84
[40, 50)	45	8	0,16	50	1
		$N = 50$	1		

Tiempo en llegar al colegio

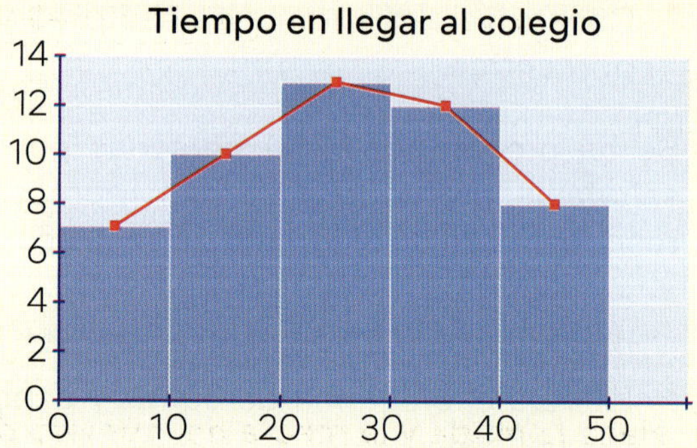

Si un intervalo aparece cerrado con un corchete, el extremo está incluido en dicho intervalo. Si aparece cerrado con un paréntesis, el extremo no está incluido.

24 **Se pregunta a 30 estudiantes de una clase de 2.º ESO por su altura en centímetros y se recogen los resultados en la tabla siguiente.**

a. Agrupa los datos en 4 intervalos de amplitud 5.

b. Elabora la tabla de frecuencias.

c. Representa los datos organizados en la tabla con un histograma.

148	149	150	150	151	155
152	151	153	154	148	146
150	153	157	148	161	150
152	158	161	151	148	156
160	149	155	153	158	156

3 ¿Qué datos son más regulares?

Parámetros de centralización

25 **El doctor Palomo mide las pulsaciones en las mismas condiciones a dos de sus pacientes, Alberto y Bruna, durante una semana. Alberto registra 74, 78, 79, 76, 69, 73 y 69, mientras que Bruna registra 50, 91, 110, 70, 65, 60 y 72. ¿Quién crees que se encuentra en mejor estado de salud?**

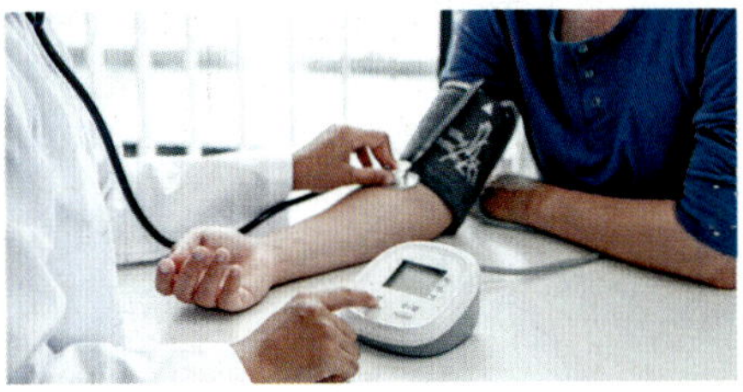

Los **parámetros de centralización** expresan el valor en torno al que se sitúan los datos de una muestra. Los principales son:

Moda	Media	Mediana
La **moda**, M_o, es el valor de la variable que tiene mayor frecuencia. En algunos estudios estadísticos puede existir más de una moda.	La **media aritmética**, $\bar{x}$ es el resultado de dividir la suma de todos los datos entre el número total de datos.	La **mediana**, ***M***, es el valor central de la variable, es decir, el valor que hace coincidir el número de datos menores que él con el número de datos mayores. Para calcularla, ordenamos los datos de menor a mayor: • Si el número de datos es impar, es el dato que ocupa el centro de la distribución. • Si el número de datos es par, es la media de los dos datos centrales.

Ejemplo:

Las puntuaciones obtenidas por Clara en los ejercicios realizados en el campeonato de gimnasia rítmica han sido:

6, 7, 6, 6, 8, 9, 7

La puntuación con mayor frecuencia es 6, pues aparece 3 veces. Por tanto: $M_o = 6$	La puntuación media de Clara la obtenemos sumando las 7 puntuaciones y dividiendo el resultado entre 7: $\bar{x} = \frac{6+7+6+6+8+9+7}{7} = \frac{49}{7} = 7$	Para obtener la mediana de las puntuaciones de Clara, ordenamos los datos de menor a mayor y elegimos el central: 6 6 6 7 7 8 9 Por lo tanto, $M = 7$. Si Clara realiza un ejercicio más con una puntuación de 6, la mediana es: 6 6 6 6 7 7 8 9 $M = \frac{6+7}{2} = 6{,}5$

26 **Halla la moda y la media del número de pacientes que han asistido a la consulta de un dentista en una semana. Los datos han sido:**

Día	Lunes	Martes	Miércoles	Jueves	Viernes
N.º de pacientes	5	8	12	12	7

27 **Encuentra la mediana de los siguientes grupos de datos.**

a. 7 8 8 3 2 6 2 3 6 8 9

b. 2 1 3 4 3 7 3 6 5 6 6

c. 10 40 20 30 20 20 30 50 30 40 10

d. 45 36 27 38 26 25 36 31 45 38 45

28 **Determina si las afirmaciones son verdaderas o falsas. Explica tu respuesta.**

a. El promedio o media aritmética solo se puede calcular para variables cuantitativas.

b. La media y la mediana siempre son iguales.

c. En un conjunto de diez datos iguales, la media, la mediana y la moda son iguales.

Si los datos vienen en una tabla de frecuencias, hallamos la media multiplicando cada valor por su frecuencia y dividiendo entre el número total de datos.

29 Actividad resuelta

Se registra el número de horas diarias de sueño de 25 personas. Halla la moda y la media.

Horas diarias de sueño	4	5	8	10
N.° de personas (frecuencia)	5	10	6	4

La moda es 5 horas, porque es el dato que más se repite.

La media de las horas de sueño la calculamos así: $\overline{x} = \frac{4 \cdot 5 + 5 \cdot 10 + 8 \cdot 6 + 10 \cdot 4}{25} = \frac{158}{25} = 6{,}32$

30 Un pediatra hace un estudio sobre la edad, en meses, a la que los bebés comienzan a caminar y obtiene los siguientes datos de 12 bebés: 12, 13, 12, 11, 15, 12, 13, 10, 14, 11, 12 y 13 meses. Halla la moda y la media de los datos.

31 En la tabla se registraron los resultados de la prueba de salto de dos estudiantes que compiten para entrar en el club de atletismo.

	1.er intento	2.° intento	3.er intento	4.° intento
Carlos Bertrán	1,20 m	1,19 m	1,24 m	1,35 m
Jesús Pérez	1,28 m	1,21 m	1,21 m	1,25 m

Si el estudiante ganador es aquel que tenga la mejor media de salto en los cuatro intentos, ¿cuál de los dos logró entrar en el club de atletismo?

Cuando los datos no tienen la misma importancia, utilizamos la **media ponderada**. Para hallarla sumamos los productos de cada dato por su peso y dividimos el resultado entre la suma de los pesos.

32 Actividad resuelta

En un ejercicio se calcula la puntuación final valorando la creatividad, que representa el 40 % de la puntuación, y la precisión, que representa el 60 %. Si un compañero de Clara obtiene un 8 en creatividad y un 7 en precisión, ¿cuál será su nota?

Para calcular la nota usamos la media ponderada, así:

$$\overline{x} = \frac{40 \cdot 8 + 60 \cdot 7}{40 + 60} = \frac{740}{100} = 7{,}4$$

33 En un concurso de debate se valoran cuatro aspectos con distintos pesos: el respeto tiene un peso de 4, la comunicación, de 3, la claridad de las ideas, de 2, y el lenguaje gestual, de 1. Raúl obtuvo 8, 7, 8 y 6 puntos, respectivamente, en cada categoría, y Sonia obtuvo 7, 10, 8 y 5 puntos. ¿Quién ganó el debate?

34 En un centro se ha realizado una encuesta a un grupo de 20 estudiantes para averiguar cuántos países han visitado hasta ese momento. Las respuestas han sido:

2 3 5 5 1 6 4 5 3 3 2 2 1 1 2 2 1 2 1 3

a. Halla la moda, la media y la mediana.

b. Si a este grupo se añaden las respuestas de Julio que ha visitado un total de 10 países, ¿qué medidas varían?

Parámetros de dispersión

Las **medidas de dispersión** nos indican si los datos están próximos entre sí o están dispersos.

- El **recorrido** o **rango** es la diferencia entre el mayor y el menor de los valores que toma la variable.
- La **desviación respecto a la media** de cada dato es la diferencia entre ese dato y la media de la distribución, es decir, $x_i - \bar{x}$.
- La **desviación media**, $D_{\bar{x}}$, es la media de los valores absolutos de las desviaciones respecto a la media.
- La **varianza**, s^2, es la media de los cuadrados de las desviaciones de los datos respecto a la media.
- La **desviación típica**, s, es la raíz cuadrada positiva de la varianza.

> Si el dato es mayor que la media, la desviación es positiva y si el dato es menor es negativa. Al calcular la media de las desviaciones, el resultado sería 0. Por ello, en la desviación media se toman valores absolutos.
>
> Otra forma de evitar que, al hacer la media de las desviaciones, se compensen las positivas y las negativas es usar parámetros como la varianza, que utilizan las desviaciones al cuadrado.

Ejemplo

Los gráficos reflejan la temperatura en dos zonas terrestres a lo largo de una semana.

Temperatura zona *A*

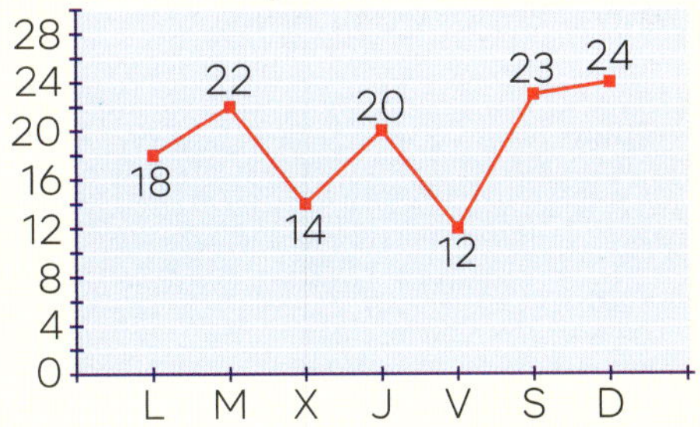

Temperatura zona *B*

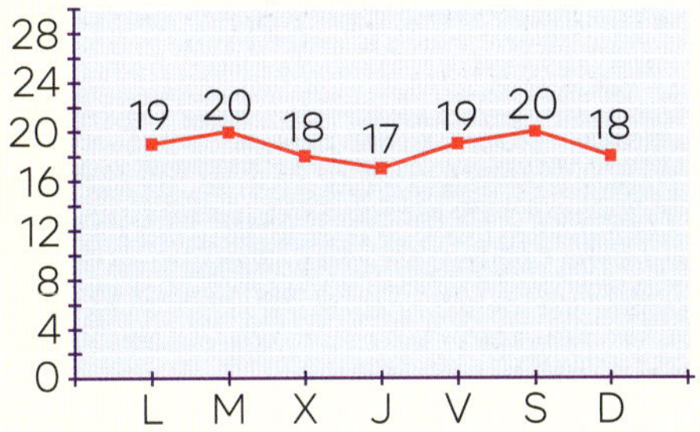

- Las **medias** son iguales, en ambos casos la temperatura media es de 19°. Como este dato no nos dice mucho, analizamos las medidas de dispersión.
- El **rango** de la zona *A* es 24 – 12 = 12 y el rango de la zona *B* es 20 – 17 = 3, lo que nos sugiere que en la zona *B* las temperaturas son más estables.
- Calculamos la **desviación media**, la **varianza** y la **desviación típica** para cada zona:

x_i	$x_i - \bar{x}$	$\lvert x_i - \bar{x} \rvert$	$(x_i - \bar{x})^2$
18	18 – 19 = –1	1	1
22	22 – 19 = 3	3	9
14	14 – 19 = –5	5	25
20	20 – 19 = 1	1	1
12	12 – 19 = –7	7	49
23	23 – 19 = 4	4	16
24	24 – 19 = 5	5	25
		26	**126**

y_i	$y_i - \bar{y}$	$\lvert y_i - \bar{y} \rvert$	$(y_i - \bar{y})^2$
19	19 – 19 = 0	0	0
20	20 – 19 = 1	1	1
18	18 – 19 = –1	1	1
17	17 – 19 = –2	2	4
19	19 – 19 = 0	0	0
20	20 – 19 = 1	1	1
18	18 – 19 = –1	1	1
		6	**8**

Desviación media	Varianza	Desviación típica
$D_{\bar{x}} = \frac{26}{7} = 3{,}71$	$s_x^2 = \frac{126}{7} = 18$	$s_x = \sqrt{18} = 4{,}24$

Desviación media	Varianza	Desviación típica
$D_{\bar{y}} = \frac{6}{7} = 0{,}86$	$s_y^2 = \frac{8}{7} = 1{,}14$	$s_y = \sqrt{1{,}14} = 1{,}07$

El análisis nos sugiere que las temperaturas de *B* son más estables y regulares que las de *A*.

35 **Juan y sus 11 amigos cronometran el tiempo que tarda cada uno en resolver un acertijo. En esta tabla se muestras esos tiempos, en minutos.**

10	8	12	15	10	6
7	5	11	13	9	14

a. Halla el rango.

b. Calcula la desviación media de los tiempos.

36 **En clase de Tecnología harán un trabajo sobre el consumo doméstico de energía. Marina y Javier consultan en casa las facturas del último año para saber qué consumo han tenido. Estos son los datos bimensuales en kWh.**

Marina	390	386	383	373	388	391
Javier	398	390	380	345	365	384

Calcula las medidas de dispersión para cada caso.

37 **En la siguiente tabla se muestran los minutos que tardan dos autobuses distintos en realizar un determinado trayecto.**

	Día 1	Día 2	Día 3	Día 4	Día 5	Día 6
Autobús *A*	22	21	23	22	22	22
Autobús *B*	17	26	22	18	23	26

a. Calcula la media, la moda y la mediana.

b. Calcula el recorrido y la desviación media.

c. ¿Cuál de los dos autobuses cogerías si quisieras llegar puntual a tu destino? Explica tu respuesta analizando los resultados obtenidos.

38 **Determina la media, la mediana y la moda de los datos representados en el siguiente gráfico de barras.**

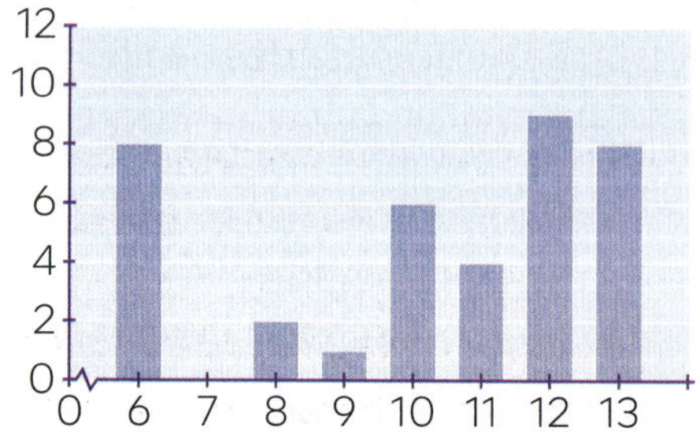

a. Construye la tabla de frecuencias asociada.

b. Halla el recorrido y la desviación media.

c. Calcula la varianza y la desviación típica.

d. Construye el diagrama de sectores asociado a los datos en forma de porcentaje.

39 **En la siguiente tabla se recogen las estaturas, en centímetros, de los jugadores de dos equipos de baloncesto de Málaga:**

Equipo	J1	J2	J3	J4	J5
A	190	192	195	198	200
B	180	185	195	210	200

a. Calcula la media y la mediana de cada equipo.

b. Calcula el recorrido y la desviación media.

c. Calcula la varianza y la desviación típica.

d. Teniendo en cuenta los resultados obtenidos en los apartados anteriores, ¿qué conclusiones puedes sacar respecto a las estaturas de cada uno de los equipos?

4 ¿Al azar o con previsión?

Experimentos aleatorios

40 Un famoso cirujano tiene unos resultados increíbles en sus operaciones, un 99 % de las mismas han terminado con éxito. Un enfermo conoce ese dato y le pregunta al cirujano antes de la operación:

Si tú fueras el enfermo, ¿estarías tranquilo o te echarías a temblar después de oír al cirujano? Razona tu respuesta.

Experimento determinista	Experimento aleatorio
Podemos predecir su resultado.	Podemos realizarlo tantas veces como queramos y no podemos predecir el resultado.
Ejemplo: El experimento de sacar, sin mirar, una bola de una cesta que contiene solo bolas rojas es determinista, ya que podemos predecir que siempre saldrá una bola roja. 	**Ejemplo:** El experimento de sacar, sin mirar, una bola de una cesta que contiene bolas rojas y verdes es aleatorio, ya que no sabemos con certeza que saldrá una bola roja. 

41 Indica si los siguientes experimentos son aleatorios o deterministas.

a. Sacar sin mirar una tarjeta de un grupo formado por 2 tarjetas rojas, 3 tarjetas azules y 1 tarjeta amarilla.
b. Pesar un cesto de 3 kg de patatas.
c. Anotar el horario de salida del tren de la estación.
d. Reproducir una canción de una lista de música.
e. Extraer una carta de la baraja y medir su anchura.
f. Lanzar un dado jugando al parchís y anotar el resultado.

42 **Actividad resuelta**

Propón dos experimentos aleatorios relacionados con las fichas de un dominó.

- Experimento 1: Dejar caer todas las fichas y contar cuántas quedan boca abajo.
- Experimento 2: Extraer una de las fichas y anotar la suma de los puntos obtenidos.

43 Escribe dos experimentos aleatorios relacionados con los siguientes objetos.

a. Dos dados cúbicos.
b. Trece bolas de tres colores distintos.

El **espacio muestral**, *E*, es el conjunto formado por todos los resultados posibles de un experimento aleatorio.

Ejemplo

Escribe el espacio muestral del experimento "tirar un dado".

Al lanzar un dado podemos obtener un número del 1 al 6.

Por tanto, el espacio muestral es $E = \{1, 2, 3, 4, 5, 6\}$.

44 **Escribe el espacio muestral que se obtiene al extraer una bola del bombo de 90 bolas de un bingo.**

45 **Extraemos sin mirar una carta de una baraja española de 40 cartas.**

a. ¿Cuántos resultados posibles hay? Describe el espacio muestral.

b. Si miramos solo el número sin importar el palo, ¿cuál es el espacio muestral?

46 MAT-TIC **Descubre el azar a través del parchís con el interactivo de** GeoGebra ***Esperando el cinco.***

Sucesos

TIPOS DE SUCESOS			
Elemental	**Compuesto**	**Seguro**	**Imposible**
Es cada resultado posible del espacio muestral. Estos sucesos no pueden descomponerse en otros más sencillos.	Es el que está formado por más de un suceso elemental.	Es el que se cumple siempre. Coincide con el espacio muestral, *E*.	Es el que no se realiza nunca. Lo representamos con el símbolo ∅.
Ejemplo: En el experimento "sacar una bola del bombo que tiene una bola azul (*A*), una roja (*R*) y una morada (*M*)", tenemos:			
$\{R\}, \{A\}, \{M\}$	$\{R, A\}, \{R, M\}, \{A, M\}$	$E = \{R, A, M\}$	$\varnothing$

47 **Observa las imágenes y determina si los sucesos son seguros o imposibles.**

a. Coger, sin mirar, una naranja de la caja.

b. Sacar una puntuación menor o igual que 12 al lanzar un dado.

c. Escoger un lápiz de color negro.

48 **En el experimento "Sacar una carta de una baraja española":**

a. Describe un suceso elemental.

b. Describe un suceso imposible.

c. Describe un suceso seguro.

d. Describe un suceso compuesto.

49 **Describe en los casos siguientes un suceso de tipo elemental, uno compuesto, uno seguro y uno imposible.**

a. Lanzar un dado tetraédrico con caras numeradas del 1 al 4.

b. Sacar una carta de una baraja española.

c. Elegir al azar una vocal.

50 Actividad resuelta

Un mago tiene 5 tarjetas numeradas de 1 a 5. Sin mirar, un voluntario del público escoge una de ellas.

a. **Escribe el espacio muestral del experimento.**

b. **El suceso A = "sacar un 1 o un 2" = {1, 2} es un suceso compuesto. ¿Cuántos sucesos compuestos formados por dos elementos hay?**

c. **El suceso B = "sacar un número distinto de 1" = {2, 3, 4, 5} está compuesto por cuatro sucesos elementales. ¿Cuántos sucesos compuestos están formados por cuatro elementos?**

a. Espacio muestral $E = \{1, 2, 3, 4, 5\}$

b. Los sucesos formados por dos elementos son 10:

{1, 2}, {1, 3}, {1, 4}, {1, 5}, {2, 3}, {2, 4}, {2, 5}, {3, 4}, {3, 5}, {4, 5}

c. Los sucesos formados por cuatro elementos son 5:

{1, 2, 3, 4}, {1, 2, 3, 5}, {1, 2, 4, 5}, {1, 3, 4, 5}, {2, 3, 4, 5}

51 Se lanzan tres monedas y se anotan los resultados obtenidos.

a. Escribe el espacio muestral.

b. Describe un suceso elemental y un suceso compuesto.

c. ¿Cuántos sucesos formados por tres elementos hay?

52 Actividad resuelta

Se lanzan al aire una moneda y un dado tetraédrico (con 4 caras numeradas del 1 al 4).

a. **Elabora un gráfico de árbol y escribe el espacio muestral.**

b. **Escribe los elementos del suceso "salir cara y número impar".**

c. **Escribe los elementos del suceso "salir un 6".**

a. $E = \{C\,1, C\,2, C\,3, C\,4, X\,1, X\,2, X\,3, X\,4\}$.

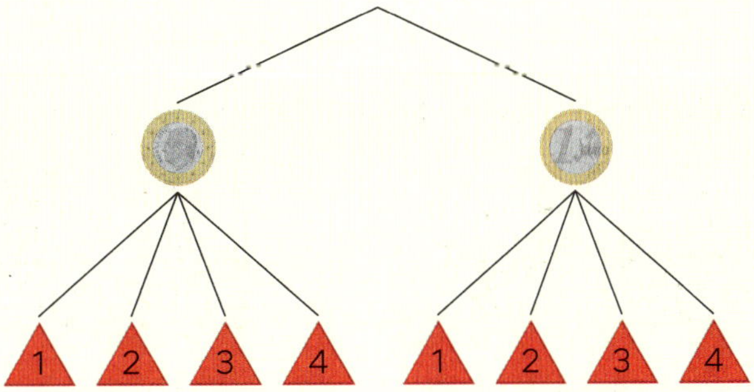

b. $\{C\,1, C\,3\}$

c. Se trata de un suceso imposible, Ø, puesto que en este experimento nunca puede salir un 6.

53 Roberto ha respondido al azar las cuatro preguntas de verdadero o falso de un examen.

a. Elabora un gráfico de árbol y escribe el espacio muestral.

b. Escribe los elementos del suceso A = "responder falso solo a una de las cuatro preguntas".

c. Escribe los elementos del suceso B = "responder verdadero al menos a tres preguntas".

d. Escribe los elementos del suceso C = "responder falso a 5 preguntas".

e. Escribe los elementos del suceso D = "responder verdadero a ninguna pregunta".

5 ¿Cómo se conectan la estadística y la probabilidad?

Frecuencia de un suceso y estimación de la probabilidad

54 **Aprendo a pensar.** **Mira el video y contesta a las preguntas, argumentándolas.**

a. ¿Qué tipo de reparto se plantea inicialmente en el experimento de Antonie Gombard?

b. ¿Qué otra forma de reparto sugieren Pascal y Fermat, puesto que no estaban de acuerdo con el propuesto inicialmente?

c. ¿Quién crees que tiene razón?

- La **frecuencia absoluta**, f_i, de un suceso es el número de veces que se verifica dicho suceso durante las N repeticiones de un experimento aleatorio.
- La **frecuencia relativa**, h_i, de un suceso es el cociente entre su frecuencia absoluta y el número N de repeticiones del experimento aleatorio. Es un número entre 0 y 1.

La **probabilidad** de un suceso A, **$P(A)$**, es el número al que se aproxima la frecuencia relativa de A al repetir el experimento indefinidamente.

- Es un número comprendido entre 0 y 1.
- La probabilidad del suceso imposible es 0 y la del suceso seguro es 1.

¿Te parece interesante la conexión entre estadística y probabilidad?

Ejemplo

Lanzamos una moneda 200 veces y anotamos las frecuencias absolutas y relativas del suceso A: "salir cara" después de 20, 40, 60, ..., 200 lanzamientos, respectivamente. Organizamos los resultados obtenidos en una tabla y representamos gráficamente la situación.

Lanzamientos	f_i	h_i
20	11	0,550
40	18	0,450
60	31	0,517
80	42	0,525
100	48	0,480
120	59	0,492
140	72	0,514
160	83	0,519
180	92	0,511
200	101	0,505

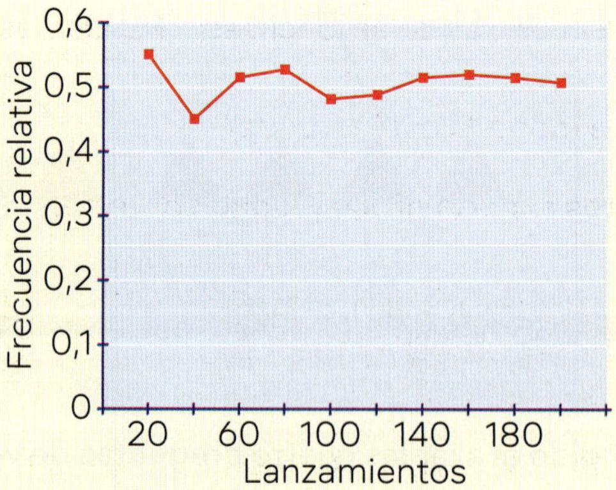

Observemos que la frecuencia relativa del suceso A tiende a estabilizarse en torno al número 0,5. Este valor es la probabilidad del suceso A.

55 Arturo lanza un dado y anota el número que consigue. Esto lo repite varias veces, obteniendo los siguientes resultados.

CANTIDAD DE LANZAMIENTOS	NÚMERO QUE MUESTRA LA CARA DE UN DADO					
	1	2	3	4	5	6
50 veces	4	9	11	10	7	9
100 veces	11	14	21	18	18	18
200 veces	31	33	40	31	34	31
500 veces	85	86	92	73	94	70

a. A medida que la cantidad de lanzamientos aumenta, ¿qué ocurre con la frecuencia absoluta de los sucesos?

b. ¿A qué valor se aproxima la frecuencia relativa de cada suceso?

c. MAT-TIC Observa cómo se estabiliza la frecuencia con el interactivo GeoGebra *Estabilización de la frecuencia en el lanzamiento de un dado.*

56 En la tabla se registran las sumas obtenidas al lanzar dos dados 5000 veces.

Suma	2	3	4	5	6	7	8	9	10	11	12
f	139	266	417	570	702	841	707	539	400	294	125

a. Halla las frecuencias relativas.

b. ¿Cuál es el espacio muestral del experimento?

c. ¿Qué sucesos tienden a tener la misma probabilidad? ¿Por qué?

d. ¿Cuál es el suceso de mayor probabilidad? ¿Cuál es el menos probable?

e. Representa gráficamente las frecuencias relativas.

57 Lola lanza varias veces una moneda. Ha obtenido estos resultados.

Lanzamiento	10	100	500	1000
Caras	4	42	195	403
Frecuencia relativa	0,4	0,42	0,39	0,403

a. Redondea las frecuencias a las décimas. ¿Puedes asignar una probabilidad al suceso C = "salir cara"?

b. ¿Puede ser que la moneda esté trucada?

58 Analiza los siguientes experimentos y luego contesta.

a.

LANZAR UN DADO DE 8 CARAS 500 VECES							
1	2	3	4	5	6	7	8
51	62	62	70	66	66	58	65

b.

LANZAR UN DADO DE 6 CARAS 500 VECES					
1	2	3	4	5	6
92	94	82	84	73	75

a. Halla las frecuencias relativas para los sucesos de cada experimento.

b. Representa gráficamente las frecuencias relativas.

c. ¿En qué experimento crees que es más probable obtener un 5? ¿Por qué?

d. Si se lanzara un dado con 20 caras, numeradas del 1 al 20, ¿cuál crees que sería la probabilidad de obtener 5? Explica tu respuesta.

6 ¿Cómo calculamos una probabilidad?

Sucesos equiprobables

59 Observa la imagen y contesta.

Diabetes: la enfermedad silenciosa

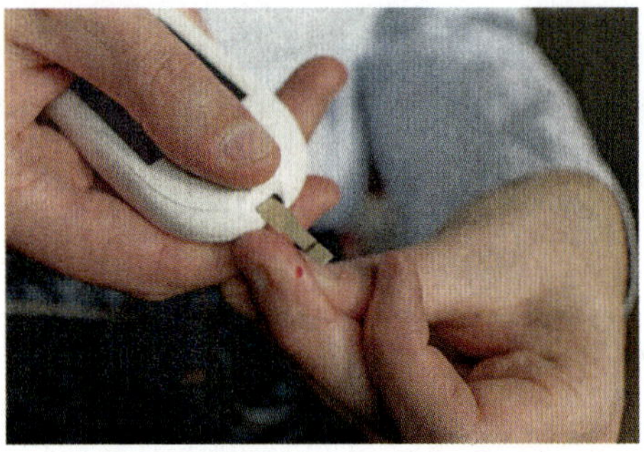

1 de cada 10 adultos convive con ella: ¡casi un tercio sin saberlo!

Según la *International Diabetes Federation*, la población española en 2021 era de 46 745 210 habitantes, de los cuales, entre los adultos (20–79 años), 5 141 300 padecían la enfermedad. Busca información sobre la diabetes en internet.

- ¿Cuál es la probabilidad de que una persona adulta seleccionada al azar sea diabética?

Si en un experimento aleatorio todos los sucesos elementales tienen la misma probabilidad decimos que son **sucesos equiprobables**.

Ejemplo

El espacio muestral al lanzar un dado es $E = \{1, 2, 3, 4, 5, 6\}$.

La probabilidad de sacar 1 es la misma que la de 2, que la de 3... Como hay seis resultados posibles, la probabilidad de cada uno es:

$$P(1) = P(2) = P(3) = P(4) = P(5) = P(6) = \frac{1}{6}$$

Observa que $P(1) + P(2) + P(3) + P(4) + P(5) + P(6) = \frac{1}{6}+\frac{1}{6}+\frac{1}{6}+\frac{1}{6}+\frac{1}{6}+\frac{1}{6} = 1$.

Por tanto, los sucesos son equiprobables.

60 Clasifica los sucesos en equiprobables y no equiprobables.

a. Obtener cara o cruz al lanzar una moneda.

b. Obtener amarillo o azul al girar esta ruleta.

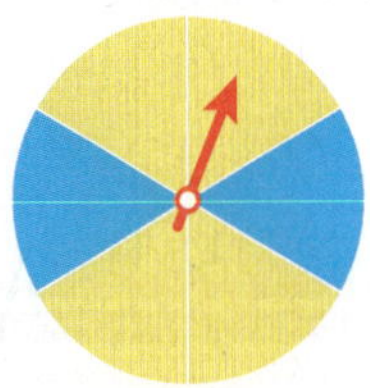

c. Obtener 1, 2 o X al lanzar este dado.

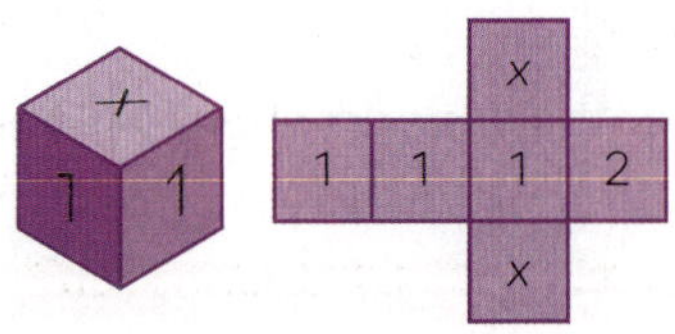

61 ¿En cuál de las siguientes ruletas es igual de probable obtener azul que amarillo?

A.

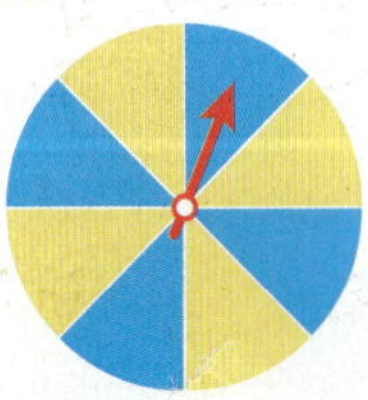

B.

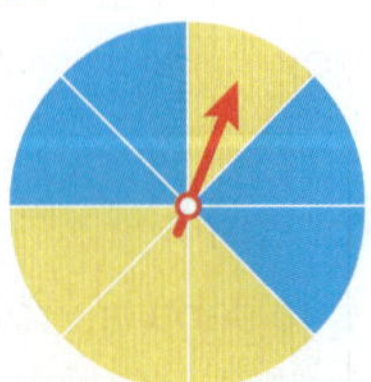

C.

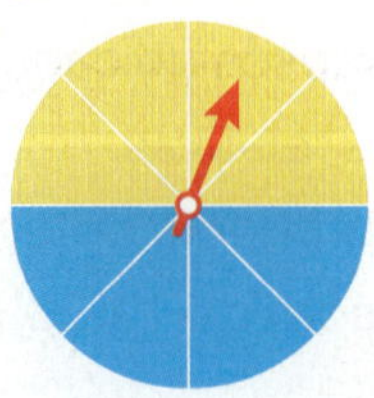

D.

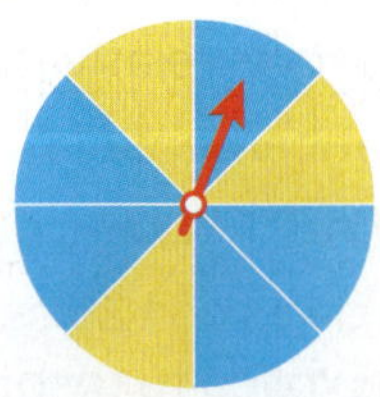

Regla de Laplace

Si en un experimento aleatorio los sucesos elementales son equiprobables, la probabilidad de un suceso *A* es la razón entre los casos favorables y los casos posibles.

$$P(A) = \frac{\text{n.º casos favorables}}{\text{n.º casos posibles}}$$

Ejemplo

Calculamos la probabilidad de que al lanzar un dado, salga un número par:

El dado tiene 6 caras numeradas del 1 al 6: 6 casos posibles.

$$P(A) = \frac{3}{6} = 0,5$$

En un dado, el 2, el 4 y el 6 son pares: 3 casos favorables.

62 En una urna hay 2 bolas verdes, 1 blanca y 3 rojas. Si se saca una bola sin mirar, ¿cuál es la probabilidad de que la bola sea verde? ¿Y de que sea roja?

63 De 50 personas que hay en una plaza, 22 llevan paraguas y 28 llevan chubasquero. ¿Qué probabilidad hay de elegir al azar una que lleve chubasquero?

64 De una baraja española de 40 cartas se extrae una carta. Calcula la probabilidad de obtener:

a. Un tres. b. El rey de bastos. c. Un rey que no sea de bastos. d. Una sota o un caballo.

65 Se lanza un dado de 8 caras numeradas del 1 al 8.

a. ¿Qué probabilidad hay de sacar un número par?
b. ¿Qué probabilidad hay de obtener un número primo?
c. ¿Qué es más probable, obtener un múltiplo de 2 o un múltiplo de 3?

66 La profesora de Eva va a sortear los personajes que deberán representar sus estudiantes en una función sobre comida saludable. En la gráfica se puede ver cuántos personajes habrá de cada tipo.
Calcula la probabilidad de que Eva represente cada tipo de personaje.

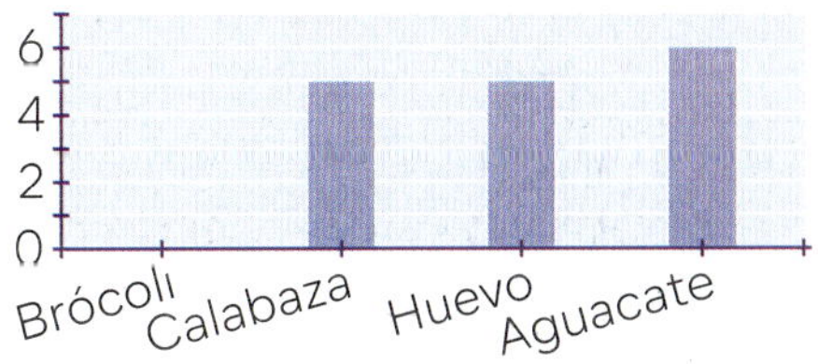

67 ### Actividad resuelta

Consideremos el experimento que consiste en lanzar tres monedas. Calcula la probabilidad de obtener solo dos caras.

Elaboramos el gráfico de árbol del espacio muestral y determinamos los casos posibles:

$$E = \{CCC, CCX, CXC, CXX, XCC, XCX, XXC, XXX\}$$

Hay 8 casos posibles.

Determinamos, ahora, el número de casos favorables del suceso.

$$A = \text{"salir solo dos caras"} = \{CCX, CXC, XCC\}$$

Hay 3 casos favorables.

Aplicamos la regla de Laplace para obtener la probabilidad de obtener dos caras:

$$P(A) = \frac{3}{8} = 0,375$$

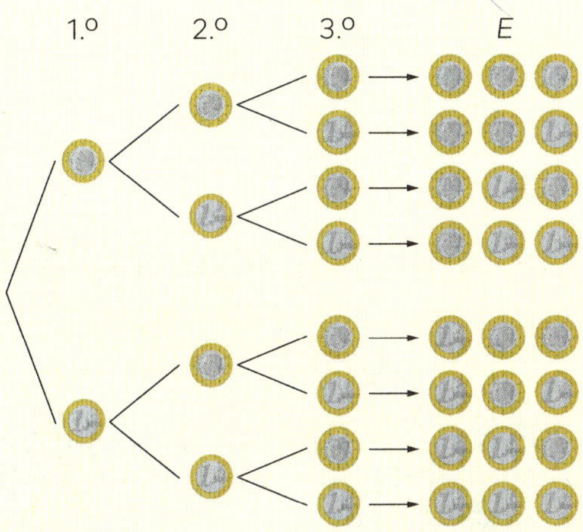

68 En la clase de Educación Física hay 5 niñas y 3 niños.

a. Si hay que hacer una actividad en parejas, ¿cuántas parejas distintas se pueden formar?

b. ¿Cuál es la probabilidad de que las parejas sean mixtas?

69 En un restaurante se ofrece el siguiente menú.

Cada persona debe escoger un entrante, un plato principal y un postre. ¿Cuál es la probabilidad de que, al escoger una persona, esta no haya comido potaje ni yogur?

MENÚ

Entrante

Crema de calabaza con langostinos

Ensalada de quinoa

Plato principal

Potaje

Corvina al horno

Postre

Fruta de temporada

Yogur casero

70 A una reunión asisten dos mujeres y tres hombres.

a. Si se saludan dándose un apretón de manos, ¿cuántos saludos de manos se realizarán si no se repite ninguna persona?

b. ¿Cuál es la probabilidad de que el saludo sea entre dos hombres?

71 El equipo de voleibol de 2.º de ESO, desea elaborar una bandera con dos franjas horizontales de diferente color. Los colores que han preseleccionado son azul, amarillo, blanco y verde.

a. ¿Cuántas opciones de color tienen para diseñar la bandera?

b. ¿Cuál es la probabilidad de que elijan el verde para una de las franjas?

72 En una rifa se han vendido 100 números, que van del 1 al 100.

a. Si Valeria ha comprado 2 números de la rifa, y Tamara, 10, ¿quién tiene mayor probabilidad de ganar? ¿Por qué?

b. ¿Cuántos números debería comprar Marcela para que su probabilidad de ganar sea 0,25?

73 **TRABAJAMOS POR TURNOS.** En una empresa que fabrica tornillos realizan un control de producción recogiendo 600 tornillos cada día de la semana y comprobando los que salen defectuosos:

Día	L	M	X	J	V
Defectuosos	12	9	7	11	10

¿Qué has aportado y qué has recibido?

a. Halla la frecuencia relativa de los tornillos defectuosos de cada día.

b. Halla la frecuencia relativa de los tornillos defectuosos a lo largo de la semana.

c. Si elegimos al azar uno de los tornillos fabricados en la semana, ¿cuál es la probabilidad de que sea defectuoso?

NUESTRO RETO Cuidamos nuestra salud

¿Qué importancia tienen los hábitos saludables?

Paso 1

Planificación y recogida de datos

NOS REPARTIMOS EL TRABAJO. Forma un grupo con 2 o 3 personas con las que llevarás a término este reto. Cada grupo tendrá que elegir un hábito saludable (alimentación equilibrada, deporte, meditación, higiene, dormir bien...) y llevar a cabo una encuesta sobre el hábito elegido. Para la encuesta tendréis que:

- Elegir una muestra de 100 estudiantes que sea representativa y a los cuales entrevistaréis.
- Definir una variable cuantitativa.
- Redactar la pregunta relativa a la variable elegida.

Acuerda con tu profesor si hacer la encuesta con boli y papel o utilizando alguna aplicación.

Paso 2

Tratamiento y análisis de datos

Una vez tengáis todos los datos, haced un análisis exhaustivo, elaborando tablas de frecuencias y gráficos y calculando los parámetros de centralización y de dispersión.

Ahora, si se elige una persona de la población al azar, ¿cuál es la probabilidad de que tenga hábitos saludables?

Paso 3

Conclusiones

Finalmente, redactad un informe explicando la metodología utilizada, presentando los datos, las tablas, los gráficos, el cálculo de los parámetros y vuestras conclusiones sobre ellos. Podéis utilizar las pautas del documento descargable.

¿Cómo te ha ido el reto? Entra y haz tu valoración

EN RESUMEN

Estudio estadístico: datos y representación gráfica

Población	Muestra	Individuo

Variable cualitativa	Variable cuantitativa	
	Discreta	Continua
No podemos expresarla mediante un número.	Se expresa mediante un número y toma solo valores aislados.	Se expresa mediante un número y puede tomar todos los valores de un intervalo.

Frecuencia absoluta, f_i	Frecuencia relativa, h_i	Frecuencia acumulada, F_i	Frecuencia relativa acumulada, H_i
Número de veces que aparece un valor en el recuento.	Cociente entre la frecuencia absoluta y el número total de datos: $h_i = \frac{f_i}{N}$	Suma de las frecuencias de los valores menores o iguales a x_i.	Cociente entre la frecuencia acumulada y el número total de datos: $H_i = \frac{F_i}{N}$

Si la variable es cuantitativa continua o discreta con muchos valores posibles, los datos se agrupan en intervalos.
Marca de clase: es el valor medio del intervalo. Representa a todos los valores del intervalo.

Diagrama de barras y polígono de frecuencia	Diagrama de sectores	Pictogramas	Histogramas
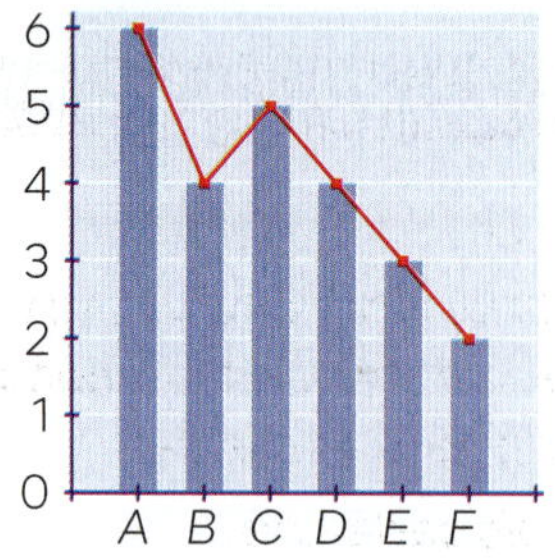	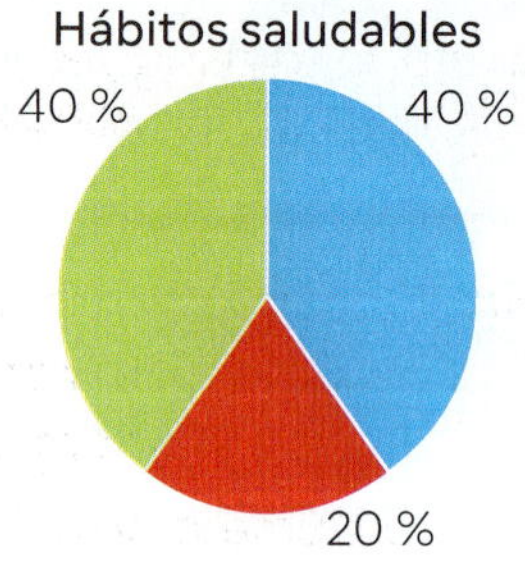	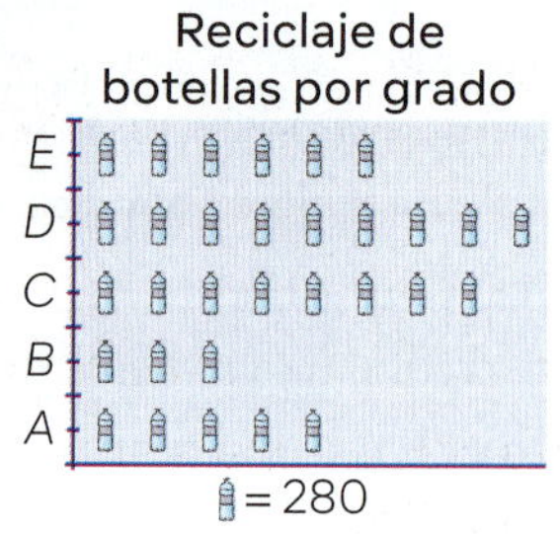	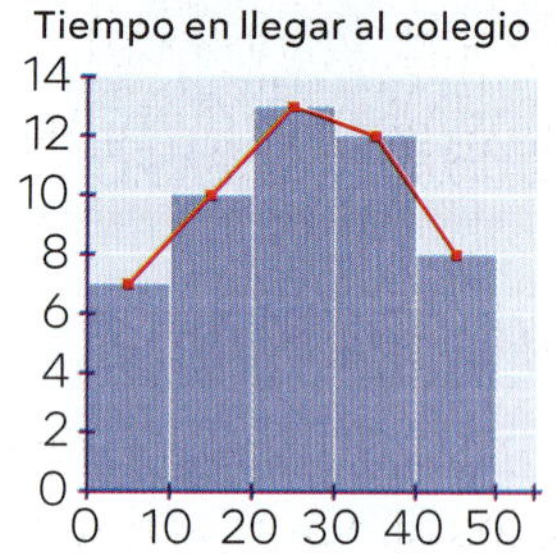

Parámetros de centralización y de dispersión

Parámetros de centralización	
Moda, M_0: valor o valores de la variable de mayor frecuencia.	**Media**, $\bar{x}$: cociente de la suma de todos los datos entre el número total de datos.
Mediana, M: dato que ocupa el centro de la distribución cuando los datos se ordenan de menor a mayor.	**Media ponderada**: cociente de la suma de los productos de cada dato por su peso entre la suma de los pesos.
Parámetros de dispersión	
Recorrido o rango: diferencia entre el mayor y el menor de los valores de la variable.	**Varianza**, s^2: media de los cuadrados de las desviaciones de los datos respecto de su media.
Desviación media, $D_{\bar{x}}$: media de los valores absolutos de las desviaciones respecto a la media $x_i - \bar{x}$.	**Desviación típica**, s: raíz cuadrada positiva de la varianza.

Probabilidad

Experimento determinista	Experimento aleatorio
Podemos predecir su resultado.	Podemos realizarlo tantas veces como queramos y no podemos predecir el resultado.

Tipos de sucesos

Elemental	Compuesto	Seguro	Imposible
Es cada resultado posible del espacio muestral.	Es el que está formado por más de un suceso elemental.	Es el que se cumple siempre. Coincide con el espacio muestral, *E*.	Es el que no se realiza nunca. Lo representamos con el símbolo ∅.

La **probabilidad de un** suceso *A*, *P*(*A*), es el número al que se aproxima la frecuencia relativa de *A* al repetir el experimento indefinidamente. Se trata de un número comprendido entre 0 (probabilidad de un suceso imposible) y 1 (probabilidad del suceso seguro).

Si en un experimento aleatorio todos los sucesos elementales tienen la misma probabilidad decimos que son **sucesos equiprobables**. En este caso, la probabilidad de un suceso *A* es:

$$P(A) = \frac{\text{n.º casos favorables}}{\text{n.º casos posibles}}$$ → Regla de Laplace

PRACTICAMOS

Actividades

1 **Aprendo a pensar.** Organiza en un mapa mental los conceptos que has aprendido.

2 **Identifica si los siguientes estudios son aplicados a una población o a una muestra.**

a. Para conocer el rendimiento escolar de Matilde, sus padres analizaron sus notas de Matemáticas y Música.

b. Una farmacia desea conocer la edad de sus clientes. Para ello, realiza una encuesta todos los sábados de un mes.

c. Una universidad ha realizado un estudio sobre la cantidad de integrantes del grupo familiar de sus estudiantes. Para ello, completaron una ficha de datos el día de su matrícula.

3 **Propón tres estudios estadísticos en los que el análisis de toda la población sea inviable y se deba recurrir a una muestra.**

4 **Indica si estas variables son cualitativas o cuantitativas, y en ese caso, si son continuas o discretas. Sobre un festival de música:**

a. Número de asistentes cada año.

b. Precio de la entrada cada año.

c. Tipo de música de los grupos que tocan.

d. Número de grupos que actúan cada año.

5 **Este pictograma muestra el número de botellas recicladas por los cursos de ESO.**

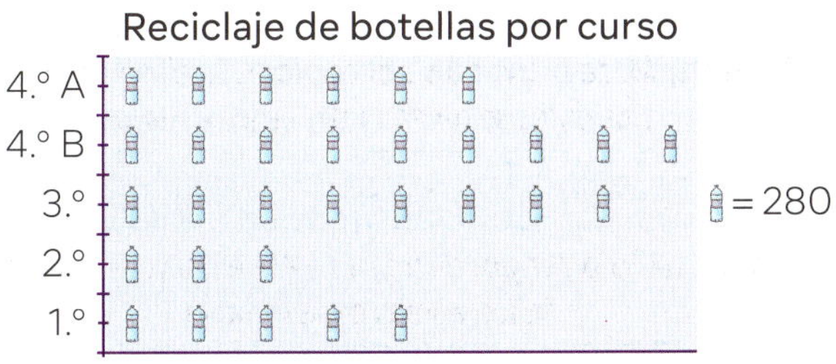

a. Construye la tabla de frecuencias.

b. Elabora un gráfico de sectores.

PRACTICAMOS

6 Se ha preguntado por la flor preferida de 40 personas. Los datos obtenidos son:

Flor		f_i
Rosa		12
Fresia		8
Margarita		4
Girasol		75
Otras		75

Elabora una tabla de frecuencias y escribe tres conclusiones del estudio en términos de porcentajes.

7 Se ha preguntado el color preferido a un grupo de personas. Copia y completa la tabla.

Color		Rojo	Azul	Verde	Amarillo	
f_i		4	10	●●●	●●●	40
h_i	Dec.	●●●	0,25	0,5	●●●	1
	%	10	●●●	●●●	15	100

8 En la tabla se registra el país de procedencia de los estudiantes Erasmus que han llegado a una universidad de la ciudad.

País	f_i
Francia	7
Inglaterra	28
Alemania	27
Italia	14
Grecia	9
Rusia	12
Suecia	12

a. Construye la tabla de frecuencias asociada al gráfico.

b. Dibuja el diagrama de sectores relativos a estos datos, representando los números en porcentajes.

c. Representa estos datos mediante un diagrama de barras y un polígono de frecuencias.

9 Las alturas en centímetros de los miembros de la familia Vera son:

- Madre: 175
- Padre: 180
- Hugo: 165
- Eva: 150
- Fran: 150
- Ada: 156

Calcula la moda y la media.

10 Observa los datos representados en el siguiente diagrama de barras. Construye la tabla de frecuencias, calcula la media y las medidas de dispersión.

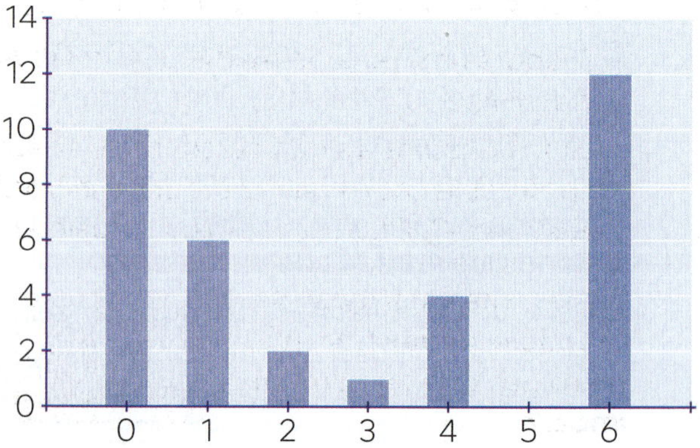

11 Si la media aritmética de 10 enteros positivos es 5, ¿cuál es el mayor valor posible que puede tomar alguno de ellos?

12 De los experimentos siguientes indica cuáles son aleatorios y escribe su espacio muestral.

a. Medir el tiempo que tarda una canica en llegar al suelo.

b. Lanzar una moneda a un tablero de ajedrez y anotar si toca o no alguna línea.

c. Indicar el número de litros de pintura necesarios para pintar tu habitación.

13 Se escriben en cinco papeles las letras de la palabra París, se meten en una bolsa y se extrae una letra al azar.

P A R I S

a. Escribe los sucesos elementales.

b. Describe el suceso "sacar consonante".

c. Describe un suceso imposible.

d. Describe un suceso seguro.

14 Alba y Julio se enfrentarán en 6 partidas de piedra, papel, tijera. Calcula la probabilidad del suceso *A* = "Julio gana 4 partidas".

15 Se ha lanzado un dado 100 veces y se han obtenido los siguientes resultados.

Cara	1	2	3	4	5	6
f_i	19	18	16	18	16	13

Calcula la frecuencia relativa de:

a. Obtener múltiplo de 3.

b. Sacar menos de 3.

c. No sacar un 5.

d. No sacar ni 5 ni 6.

16 El número de pilas recicladas por 15 personas durante seis meses es:

8 5 4 4 6 6 3 2 1 5 4 4 5 2 3

a. Elabora una tabla de frecuencias relativas y absolutas.

b. Si se preguntara a otra persona por el número de pilas recicladas, ¿cuál sería la posible respuesta? ¿Cuál sería la menos posible?

17 En la urna, ¿es igual de probable extraer un número par que un número impar?

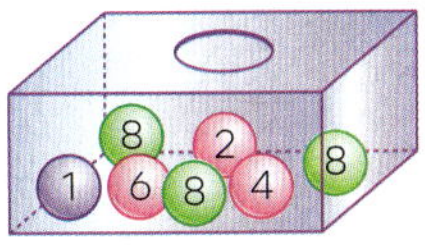

18 Se elige al azar un número entre 1 y 50. Calcula la probabilidad de que sea múltiplo de:

a. 4

b. 4 y 5

c. 5

d. 4 o 5.

Problemas

19 Un agricultor posee dos hectáreas de tierra apta para el cultivo y desea saber si contiene los nutrientes apropiados. Para ello, toma 2 kg de tierra de diferentes zonas de la superficie y la examina en el laboratorio. En función de los resultados de los análisis, decidirá qué productos químicos debe agregar a la tierra.

a. Indica cuáles son la población y la muestra del estudio.

b. ¿La muestra seleccionada es representativa? Explica tu respuesta.

20 El número de portátiles Normal, Premium y Supra reparados en los últimos 7 días por un servicio técnico son:

N, P, P, S, P, S, P, N, S, S, S, N, N, P, P, N, S,
P, P, S, N, P, N, P, P, N, P, N, N, S

a. ¿De qué tipo es la variable estudiada?

b. Presenta los datos en una tabla de frecuencias.

c. ¿Qué ordenadores parecen ser los más defectuosos?

21 Para conocer los hábitos de lectura de los estudiantes de 2.º de ESO se hace una encuesta.

a. Clasifica las preguntas de la encuesta según el tipo de variable estudiada.

1. ¿Qué tipo de actividades extraescolares realizas?
2. ¿Cuántas horas al día dedicas a leer?
3. ¿Cuántas horas al día dedicas a otro tipo de actividades extraescolares que no sean leer?
4. ¿Cuál es el título del libro que estás leyendo actualmente?
5. ¿Desde hace cuánto tiempo estás leyendo este libro?

b. Escribe tres preguntas más que estudien variables cuantitativas continuas y discretas.

c. Propón tres preguntas más que estudien variables cualitativas.

22 Los días al mes que salen a correr varias personas son:

Días	f_i
[0, 5)	8
[5, 10)	11
[10, 15)	15
[15, 20)	9
[20, 25)	5

a. Completa la tabla de frecuencias.

b. ¿Cuántos corredores corren entre 5 y 20 días?

23 El número de fotografías que ha hecho Gorka con su teléfono móvil durante los 20 días que ha estado de intercambio en París han sido:

63	60	31	57	49	29	14	38	50	19
48	23	28	19	21	22	36	18	46	27

a. Agrupa los datos en intervalos de amplitud 10 y haz la tabla de frecuencias.

b. Representa los datos en un histograma.

c. ¿Cuál es la marca de clase más frecuente?

d. ¿Cuántos días ha hecho menos de 40 fotos?

24 Observa la evolución de la población con diabetes en España por sexos y contesta. (Fuente: Ministerio de Sanidad, noviembre 2022)

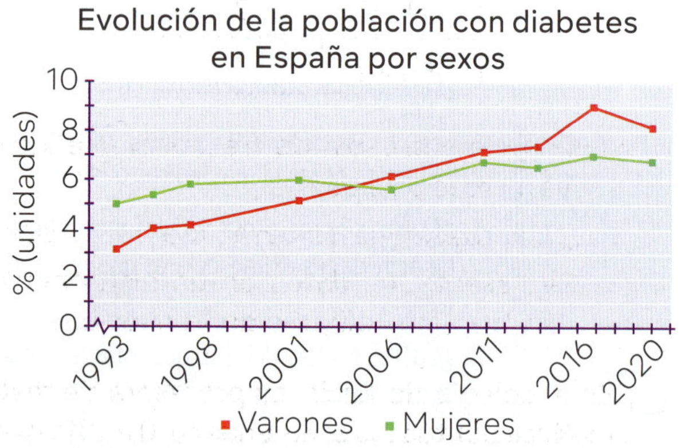

a. ¿Cómo es la evolución de la diabetes desde 1993?

b. ¿Quién padece más esta enfermedad, los hombres o las mujeres?

c. ¿Siempre ha sido así? ¿En qué año se produce el cambio?

25 El siguiente polígono de frecuencias muestra la cantidad de pacientes, por edad, que se encuentran hospitalizados en una clínica.

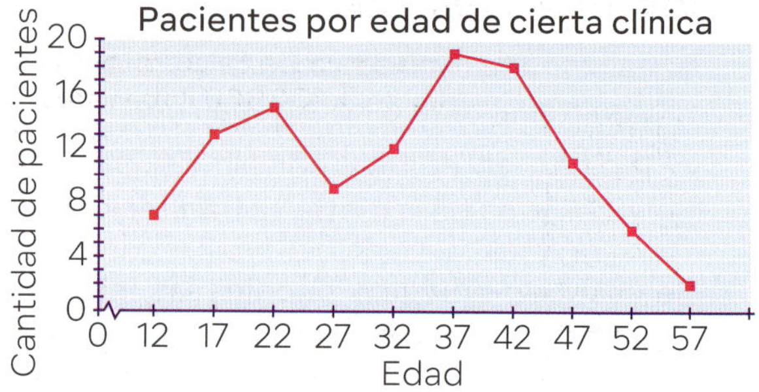

a. Determina la media, la moda y la mediana de los datos representados.

b. Escribe tres conclusiones con respecto a las medidas de centralización calculadas.

26 Compara las gráficas de la evolución de las principales causas de mortalidad en España en 2019 y en 2020 (Fuente: INE, 2022).

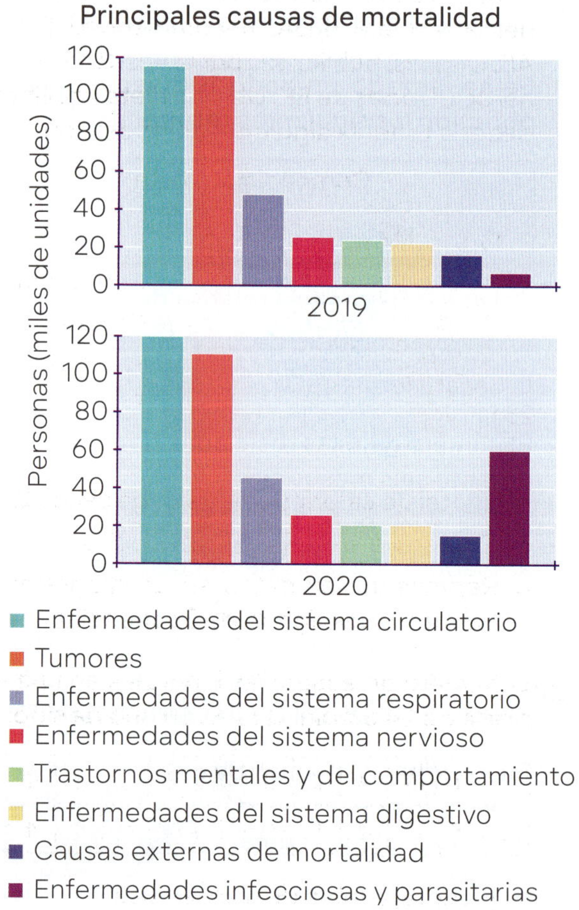

a. ¿Qué enfermedad provoca más mortalidad? ¿Y cuál menos?

b. ¿A qué se debe la subida de la barra morada?

27 Observa la tasa de casos de coronavirus por cada 100 000 habitantes desde febrero 2020 hasta marzo 2022 (Fuente: Ministerio de Sanidad, 2022) y contesta.

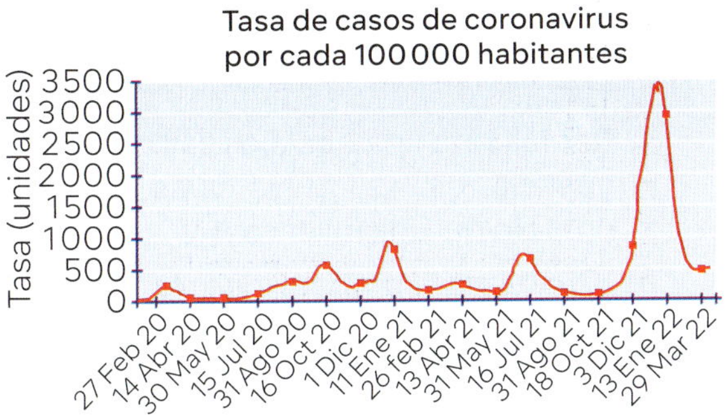

a. Según el gráfico, ¿cuántas olas de COVID hubo en España? ¿Cuál ha sido la más grave?

b. Compara la tasa (casos por 100 000 habitantes) de enero–febrero de 2021 y las de esos mismos meses de 2022.

28 Según las recomendaciones sobre aportaciones a la dieta (RDA, *Recommended Dietary Allowances*) publicadas por la Academia Nacional de Ciencias de EE. UU. una dieta equilibrada debería tener la siguiente composición.

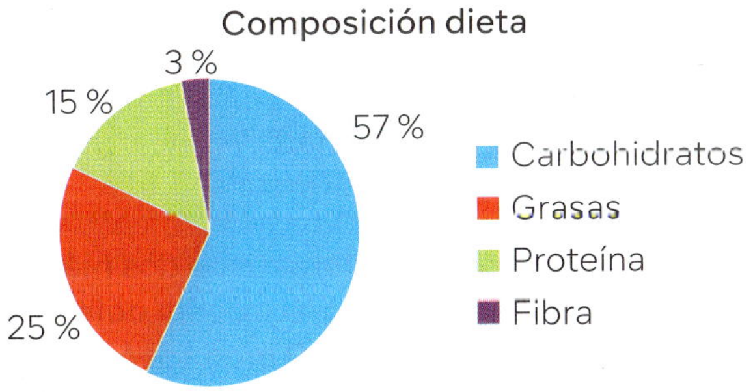

Si el total de calorías diarias debe ser de 2100:

a. Construye la tabla de frecuencias.

b. Representa los datos en un diagrama de barras y un polígono de frecuencias.

29 El número de ausencias laborales en una empresa de 24 empleados en un año ha sido:

2	1	3	4	2	3	3	3	4	3	0	3
1	3	1	4	0	0	2	1	0	0	4	2

a. Elabora la tabla de frecuencias.

b. Haz un diagrama de barras y uno de sectores.

c. ¿Qué porcentaje de empleados se ha ausentado menos de 2 días?

30 Se ha hecho un examen de ortografía entre un grupo de estudiantes consistente en escribir un texto dictado. El número de faltas cometidas por cada uno se recoge en el siguiente diagrama.

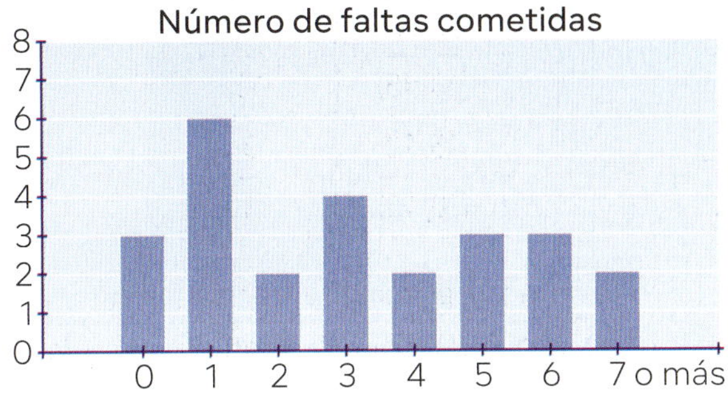

a. Construye una tabla de frecuencias.

b. Si el examen se aprueba con menos de tres faltas de ortografía, ¿cuántos estudiantes lo han superado?

c. Construye un diagrama de sectores a partir de los datos.

31 Al realizar el inventario de un almacén se han pesado todos los paquetes que se encuentran en existencias:

Masa (kg)	f_i
[0, 10)	9
[10, 20)	12
[20, 30)	14
[30, 40)	3
[40, 50)	1

a. Completa la tabla de frecuencias e indica las marcas de clase.

b. ¿Cuántos paquetes pesan menos de 30 kg?

c. Representa los datos en un histograma y construye su polígono de frecuencias.

32 En el colegio de Alicia, su profesora de matemáticas puntúa los exámenes de 0 a 100. Alicia tiene una media de 60 puntos de sus primeros cuatro exámenes y en el quinto examen sacó 80 puntos.

a. ¿Cuál es la media de las notas de Alicia después de los cinco exámenes?

b. Si el último examen es global y vale el 60 %, ¿qué nota final ha obtenido?

33 En el histograma se representa la masa de diferentes marcas y modelos de dispositivos electrónicos.

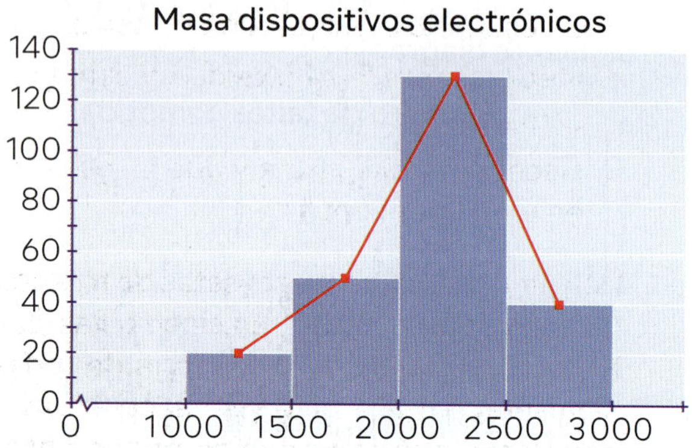

a. Elabora la tabla de frecuencias absolutas y relativas.

b. ¿Cuántos dispositivos tienen una masa menor de 2 kg?

34 En una encuesta sobre hábitos alimenticios se han recogido los siguientes datos sobre el número de piezas de fruta que se consumen diariamente.

Piezas	0	1	2	3	4	5
f_i	14	22	18	10	6	2

a. Halla la moda, la media y la mediana.

b. Representa los datos en un diagrama de sectores.

35 Los 92 000 turistas que el año pasado visitaron nuestras playas se alojaron en hoteles, según este diagrama.

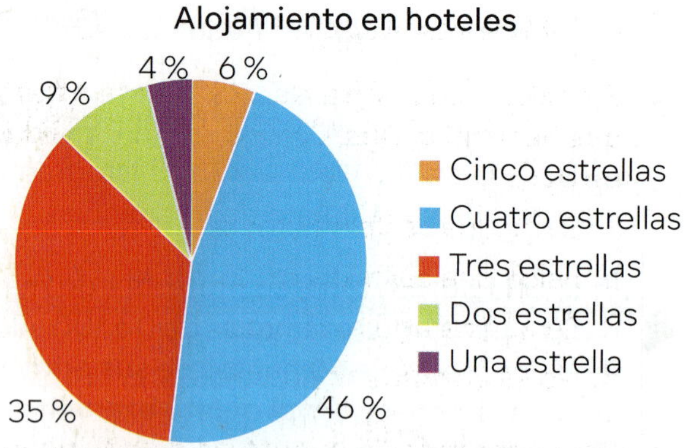

a. Elabora la tabla de frecuencias.

b. Construye el diagrama de barras.

c. ¿Cuántas personas se alojaron en un hotel de tres o menos estrellas?

36 Se sospecha que una moneda está trucada. Los resultados de obtener cruz en sucesivos lanzamientos han sido:

Lanzamientos	10	20	40	80	160
N.º de cruces	5	9	16	26	52

a. Representa en unos ejes cartesianos la frecuencia relativa de las caras respecto del número de lanzamientos.

b. ¿Cuál sería la probabilidad de "sacar cara"?

c. ¿Está trucada la moneda?

37 De una baraja española de 40 cartas se extrae una carta. Calcula la probabilidad de obtener:

a. El rey de bastos.

b. Un rey que no sea de bastos.

c. Una figura (sota, caballo o rey).

d. Una carta que no sea de oros.

38 En una bolsa hay 6 tarjetas: 3 con números positivos y 3 con negativos. Se eligen de la bolsa dos tarjetas al azar y se multiplican los números. Anotamos el signo del producto.

a. ¿Son equiprobables los sucesos A = "salir un número positivo" y B = "salir un número negativo"?

b. Calcula la probabilidad de que el producto sea un número positivo.

39 Una fábrica de grapadoras tiene dos máquinas, *A* y *B*. La *A* produce 4 grapadoras defectuosas cada 250 fabricadas y la *B* produce 6 defectuosas por cada 400 fabricadas. Clara tiene una defectuosa. ¿Con qué máquina es más probable que se haya fabricado?

40 Carla y Ruth juegan con unos dados cúbicos en cuyas caras están escritos los seis primeros números primos. Ruth propone el siguiente juego: "Lanzamos los dados hasta que el producto sea 6 o 49. Si sale 49, ganas tú, y si sale 6 gano yo". Carla no acepta las condiciones del juego. ¿Por qué crees que lo hace?

41 Una urna contiene 100 bolas numeradas del 00 al 99. Se extrae una al azar. Calcula la probabilidad de que:

a. La suma de las cifras sea 8.

b. El producto de las cifras sea menor que 10.

Comprueba lo que has aprendido

1 Para realizar un estudio acerca del número de veces que los turistas visitan una ciudad al año, se encuesta a 300 turistas en el aeropuerto.

a. ¿Cuál es la población del estudio estadístico? ¿Y la muestra?

b. ¿De qué tipo es la variable estudiada?

2 En una empresa, la antigüedad en años de 50 trabajadores viene dada por la tabla:

Años	1	2	3	4	5	6	7	8
Empleados	7	6	4	7	8	9	5	4

a. Construye la tabla de frecuencias.

b. Dibuja el diagrama de barras y el de sectores.

c. Calcula la media, la mediana y la moda.

3 Para estudiar el crecimiento de 24 cerdos de 3 meses se han registrado los siguientes pesos.

40,3 46,1 45,8 44,7 38,3 37,2 45,6 42,5
46,2 48,9 41,4 45,8 43,9 47,4 45 42,2
40,8 43,7 48 47,3 42,9 38,7 43 39,9

a. Agrupa los datos en intervalos y haz la tabla de frecuencias.

b. Representa los datos en un histograma.

c. ¿Cuál es la marca de clase más frecuente?

4 Los minutos que hablan por teléfono cada día de la semana los miembros de dos familias son:

Día	L	M	X	J	V	S	D
Familia 1	75	65	71	56	59	63	70
Familia 2	93	90	70	69	68	72	71

Calcula el rango, la desviación media y la desviación típica de cada conjunto de datos.

5 Se recoge el número de veces que un grupo de estudiantes ha montado en bici el último mes.

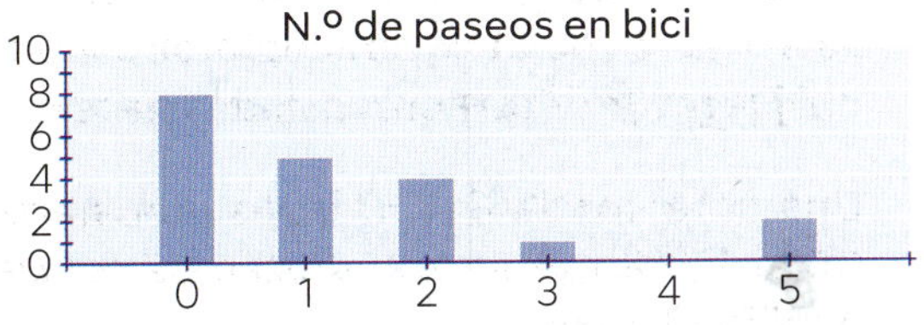

a. Haz una tabla de frecuencias.

b. Calcula la media, la mediana y la moda.

6 De los siguientes experimentos, señala los aleatorios.

a. Medir la distancia de la Tierra a la Luna.

b. El resultado de un partido de tenis.

c. Medir el tiempo que tarda un semáforo en cambiar.

d. Hacer girar una ruleta y que caiga la flecha en un número impar.

7 Una empresa elabora camisetas de tres colores (amarillo, azul y verde) y en cinco tallas (S, M, L, X, XL). Si se guarda una muestra de todas las camisetas en una caja y se saca al azar una camiseta, ¿qué resultado se podría obtener? Escribe todas las posibilidades.

8 Lanzamos dos dados cúbicos de distinto color y anotamos el producto de los dos resultados obtenidos.

a. Escribe el espacio muestral.

b. ¿Son equiprobables los sucesos elementales?

Escribe los resultados de los sucesos:

c. Salir 12.

d. Salir menos de 3.

e. Salir número primo.

9 En una bolsa hay 5 bolas rojas, 3 azules y 2 blancas. Si se extrae una bola al azar, calcula las probabilidades de que:

a. No sea blanca.

b. Sea blanca o azul.

c. Sea amarilla.

d. No sea amarilla.

10 Se extrae una carta de una baraja española que tiene 40 cartas. Calcula las probabilidades de que:

a. Salga una carta de oros o de copas.

b. Salga una carta de copas o una figura.

c. Salga una figura de oros.

d. No salga ninguna figura de oros.

11 Para construir un puente en cierto lugar del país, se presentaron para la licitación tres empresas regionales, seis nacionales y cuatro extranjeras. ¿Cuál es la probabilidad de que salga elegida una empresa nacional?

Mis competencias | Autoevaluación

El libro de **Matemáticas 2.º ESO** forma parte del Proyecto Editorial de Educación Secundaria de SM.

Autoría
Miguel Nieto, Fernando Alcaide, Antonio Pérez
– Proyecto MAT-TIC con GeoGebra: Antonio Pérez, José Luis Álvarez, José Manuel Arranz, Rafael Losada, José Antonio Mora, Manuel Sada

Edición
M.ª Federica Cocco, I més Servicios Editoriales

Corrección
Javier López

Ilustración
Juan Antonio Rocafort Huerta/Archivo SM; Pau Valls Pérez; OTHER LANDS (cubierta)

Fotografía
Diana Baratella Condado, Fidel Puerta/Archivo SM; GeoGebra ; Getty Images ; Instituto Geográfico Nacional ; iStock ; Itstockphoto ; Shutterstock ; Telecinco Cinema, Mod Producciones, Himenóptero ; © 2017, Agencia Española de Cooperación Internacional para el Desarrollo (AECID), Ministerio de Asuntos Exteriores y de Cooperación ; ©2019 Trollbäck Company I globalgoals.org / ONU (Organización de las Naciones Unidas); 123RF ; Ablestock ; "Domino Test" (https://skfb.ly/VISv) by KageG and "Old Hardcover Book" (https://skfb.ly/6ZFNs) by Suricacto are licensed under Creative Commons Attribution (http://creativecommons.org/licenses/by/4.0/)

Iconografía
Diana Baratella / Fidel Puerta

Diseño de cubierta e interiores
Estudio SM

Maquetación
Noemí Expósito, Estudio SM, I més Servicios Editoriales

Responsable de Desarrollo
Arturo García

Responsable de Producto
Eva Béjar

Gerencia de Desarrollo
Yolanda Hernández

Gerencia de Arte
Mario Dequel

Gerencia de Producto
Charo Zazo

Gerencia de Producción
Antonio de Pedro

Dirección editorial
Jorge Lite

Todas las actividades contenidas en este libro han de ser realizadas en un cuaderno aparte, nunca en el propio libro. Los espacios incluidos son meramente indicativos y su finalidad es puramente didáctica.

Gestión de las direcciones electrónicas

Debido a la naturaleza dinámica de internet, SM no puede responsabilizarse de los cambios o las modificaciones en las direcciones y los contenidos de los sitios web a los que remite en este libro. Con el objeto de garantizar la adecuación de las direcciones electrónicas de esta publicación, SM emplea un sistema de gestión que redirecciona las URL que con fines educativos aparecen en la misma hacia diversas páginas web; entre otras de uso frecuente: http://es.wikipedia.org, www.youtube.es. SM declina cualquier responsabilidad por los contenidos o la información que pudieran albergar, sin perjuicio de adoptar de forma inmediata las medidas necesarias para evitar el acceso desde las URL de esta publicación a dichas páginas web en cuanto tenga constancia de que pudieran alojar contenidos ilícitos o inapropiados. Para garantizar este sistema de control es recomendable que el profesorado compruebe con antelación las direcciones relacionadas y que comunique a la editorial cualquier incidencia a través del correo electrónico ediciones@grupo-sm.com.

ISBN General: 978-84-9856-218-7
ISBN Andalucía: 978-84-9856-219-4
ISBN Comunidad de Madrid: 978-84-9856-220-0
Impreso en la UE / *Printed in EU*